Realitätsbezüge im Mathematikunterricht

Reihe herausgegeben von

Werner Blum, Universität Kassel, Kassel, Deutschland
Rita Borromeo Ferri, Universität Kassel, Kassel, Deutschland
Gilbert Greefrath, Universität Münster, Münster, Deutschland
Gabriele Kaiser, Universität Hamburg, Hamburg, Deutschland
Hans-Stefan Siller, Universität Würzburg, Würzburg, Deutschland
Katrin Vorhölter, Universität Hamburg, Hamburg, Deutschland

Mathematisches Modellieren ist ein zentrales Thema des Mathematikunterrichts und ein Forschungsfeld, das in der nationalen und internationalen mathematikdidaktischen Diskussion besondere Beachtung findet. Anliegen der Reihe ist es, die Möglichkeiten und Besonderheiten, aber auch die Schwierigkeiten eines Mathematikunterrichts, in dem Realitätsbezüge und Modellieren eine wesentliche Rolle spielen, zu beleuchten. Die einzelnen Bände der Reihe behandeln ausgewählte fachdidaktische Aspekte dieses Themas. Dazu zählen theoretische Fragen ebenso wie empirische Ergebnisse und die Praxis des Modellierens in der Schule. Die Reihe bietet Studierenden, Lehrenden an Schulen und Hochschulen wie auch Referendarinnen und Referendaren mit dem Fach Mathematik einen Überblick über wichtige Ergebnisse zu diesem Themenfeld aus der Sicht von Expertinnen und Experten aus Hochschulen und Schulen. Die Reihe enthält somit Sammelbände und Lehrbücher zum Lehren und Lernen von Realitätsbezügen und Modellieren.

Die Schriftenreihe der ISTRON-Gruppe ist nun Teil der Reihe „Realitätsbezüge im Mathematikunterricht". Die Bände der neuen Serie haben den Titel „Neue Materialien für einen realitätsbezogenen Mathematikunterricht".

Weitere Bände in der Reihe http://www.springer.com/series/12659

Martin Frank · Christina Roeckerath
(Hrsg.)

Neue Materialien für einen realitätsbezogenen Mathematikunterricht 9

ISTRON-Schriftenreihe

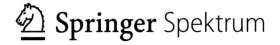

Hrsg.
Martin Frank
Steinbuch Centre for Computing
Karlsruhe Institute of Technology
Eggenstein-Leopoldshafen, Deutschland

Christina Roeckerath
Lehrstuhl für Angewandte und Computergestützte
Mathematik, RWTH Aachen University
Aachen, Deutschland

ISSN 2625-3550   ISSN 2625-3569 (electronic)
Realitätsbezüge im Mathematikunterricht
ISBN 978-3-662-63646-6   ISBN 978-3-662-63647-3 (eBook)
https://doi.org/10.1007/978-3-662-63647-3

Die Deutsche Nationalbibliothek verzeichnet diese Publikation in der Deutschen Nationalbibliografie; detaillierte bibliografische Daten sind im Internet über http://dnb.d-nb.de abrufbar.

Planung/Lektorat: Annika Denkert
Springer Spektrum ist ein Imprint der eingetragenen Gesellschaft Springer-Verlag GmbH, DE und ist ein Teil von Springer Nature.
Die Anschrift der Gesellschaft ist: Heidelberger Platz 3, 14197 Berlin, Germany

Wir widmen diesen Band Ahmed Ismail, der leider viel zu früh verstorben ist.

Geleitwort

Das vorliegende Buch ist der 27ste Band in der ISTRON-Reihe mit schulnahen Beiträgen zu Realitätsbezügen und Modellieren im Mathematikunterricht. Während die ersten 18 Bände zwischen 1993 und 2011 im Franzbecker-Verlag erschienen sind (Titel der Reihe: „Materialien für einen realitätsbezogenen Mathematikunterricht"), gehören die nächsten acht Bände ebenso wie der vorliegende Band zur 2013 etablierten Reihe „Realitätsbezüge im Mathematikunterricht" bei Springer (Titel der Unterreihe: „Neue Materialien für einen realitätsbezogenen Mathematikunterricht"). Der Grundansatz der ISTRON-Reihe ist es, Lehrkräften Ideen an die Hand zu geben, wie sie in der täglichen Unterrichtspraxis Realitätsbezüge und Modellierungsbeispiele behandeln und die hiermit verbundenen pädagogischen Intentionen umsetzen können. Die Beiträge in den ISTRON-Bänden sollen einerseits konkrete Beispiele für unterrichtsrelevante Verbindungen von Mathematik und Lebenswelt präsentieren und andererseits den Lehrkräften hinreichende Freiräume für die Adaption dieser Beispiele an jeweilige Lehr-/Lernsituationen ermöglichen. Die Beiträge sollen Wege zu einem qualitätsvollen lebensweltbezogenen Mathematikunterricht aufzeigen und die Unterrichtsvorbereitung so weit unterstützen, dass praxisnahe Möglichkeiten zur Behandlung der präsentierten Beispiele sichtbar werden. Exemplarische Beispiele für solche Beiträge finden sich insbesondere in dem ISTRON-Band, der aus Anlass des 25-jährigen Bestehens der ISTRON-Gruppe erschienen ist und ausgewählte aktualisierte Beiträge aus früheren ISTRON-Bänden enthält.[1]

Der Name „ISTRON" geht auf eine kleine internationale Gruppe zurück, die sich 1990 in Istron Bay auf Kreta gegründet hat und deren Ziel es war und ist, den Mathematikunterricht durch die Berücksichtigung von Realitätsbezügen und Modellieren zu verbessern und dem Lehren und Lernen von Mathematik hierdurch mehr Sinn zu geben. Seit 1991 gibt es eine deutschsprachige ISTRON-Gruppe, gegründet von Gabriele Kaiser und dem Autor dieses Geleitworts (der auch der internationalen Gruppe angehört), welche dieselbe Zielsetzung hat und diese u. a. Mit jährlichen Fortbildungsveranstaltungen und eben mit der ISTRON-Schriftenreihe fördern möchte. Lernende sollen mithilfe von Lebensweltbezügen im Mathematikunterricht sowohl Aspekte dieser Welt besser verstehen als auch allgemeine mathematische Kompetenzen wie Modellieren, Problemlösen oder Kommunizieren erwerben, ein angemessenes Bild von Mathematik erhalten, mathematische Inhalte tiefer verstehen sowie ihre Motivation für und ihr Interesse an Mathematik weiterentwickeln.

Der vorliegende Band ist sowohl konzeptionell als auch inhaltlich ein ganz besonderer Band in der ISTRON-Reihe. Er wird in Gänze von dem Projekt CAMMP (Computational and Mathematical Modeling Program) verantwortet, das von den beiden Bandherausgebern Martin Frank (Karlsruher Institut für Technologie, bis 2017 RWTH Aachen) und Christina Roeckerath (Kaiser-Karls-Gymnasium Aachen) geleitet wird. CAMMP wurde in 2011 an der RWTH Aachen ins Leben gerufen und hat seit dem Wechsel von Martin Frank an das KIT zwei Standorte, Karlsruhe und Aachen. Seit der Gründung von CAMMP haben die dort Mitwirkenden zahlreiche Modellierungstage und -wochen mit Schülerinnen und Schülern der

---

[1] H.-S. Siller, G. Greefrath & W. Blum (Hrsg., 2018). Neue Materialien für einen realitätsbezogenen Mathematikunterricht 4. 25 Jahre ISTRON-Gruppe – eine Best-of-Auswahl aus der ISTRONSchriftenreihe. Wiesbaden: Springer Spektrum

Sekundarstufe durchgeführt, in denen authentische forschungsbasierte Beispiele für mathematische Modellierungen behandelt wurden, unter substantieller Verwendung digitaler Hilfsmittel. Einige dieser Beispiele wie die Modellierung eines Solarkraftwerks oder die Hintergründe von Computertomographie und von Datenkomprimierung werden im vorliegenden Band praxisnah und im Detail vorgestellt. Alle Materialien in diesem Band sind aus den Erfahrungen mit den Modellierungstagen und -wochen der letzten zehn Jahre hervorgegangen. Es sind durchweg komplexe Beispiele, sowohl von der zum Verständnis nötigen Mathematik als auch vom nötigen außermathematischen Wissen her, und haben daher eher den Charakter von Workshops, Projekttagen oder Schülerlaboren. Es sind aber auch durchweg Beispiele, die mit schulmathematischem Wissen behandelt werden können. Dieser 27ste ISTRON-Band soll es Mathematiklehrkräften ermöglichen, sich mit diesen Beispielen im Detail vertraut zu machen und Anregungen zu gewinnen, wie diese interessanten und hochaktuellen Themen mit Schülergruppen behandelt werden können. Reihen wie Bandherausgeber/innen hoffen, dass mit den hier vorgestellten Beiträgen zukünftig noch viel mehr Schülerinnen und Schüler diese spannenden Modellierungsbeispiele kennenlernen dürfen und damit sowohl für ihr Weltverständnis als auch für ihr Mathematikverständnis profitieren können.

Kassel   Werner Blum
März 2021   für die Herausgeber/innen der ISTRON-Reihe

Vorwort

Ziel dieses Buchs ist es, die gesellschaftliche Bedeutung von Mathematik und der computer-gestützten Wissenschaften einer breiten Öffentlichkeit bewusst zu machen. Die hier vor-gestellten Materialien wurden im Rahmen des Projekts CAMMP (Computational and Mathe-matical Modeling Program, www.cammp.online) an der RWTH Aachen und dem Karlsruher Institut für Technologie entwickelt und vielfach erprobt. Unser Anspruch ist es, Möglich-keiten aufzuzeigen, wie bereits Schülerinnen und Schüler aktiv forschungsbasierte, relevante und authentische mathematische Modellierung betreiben können. Zielgruppen dieses Bandes sind daher vor allem Lehrkräfte und angehende Lehrkräfte. Diese möchten wir befähigen und ermutigen, ihren Schülerinnen und Schülern forschungsbasierte Modellierung zu vermitteln.

Seinen Ursprung hat CAMMP als Modellierungswoche an der RWTH Aachen, erstmals durchgeführt im Jahr 2011. Das Konzept entspricht den an der TU Kaiserslautern entwickelten und seit 1993 durchgeführten Modellierungswochen. Auf Anregung des Kompetenzzentrums ANTalive entwickelte sich CAMMP zum Schülerlabor. Zu diesem Zweck wurden Projekt-tage konzipiert (sogenannte CAMMP days, die Modellierungswochen wurden umbenannt zu CAMMP weeks). Die ersten CAMMP days wiederum hatten ihren inhaltlichen Ursprung in Lehrmaterial, das für Studierende der Höheren Mathematik entwickelt wurde. Seitdem wurden zahlreiche weitere CAMMP days entwickelt, hauptsächlich durch Abschlussarbeiten sowie Promotionen. Ein Großteil der CAMMP-Arbeitsgruppe wechselte 2017 an das Karlsruher In-stitut für Technologie (KIT), sodass nun Angebote an beiden Standorten gemacht werden. Das Fundament aller CAMMP-Aktivitäten ist eine enge Zusammenarbeit zwischen (angehenden) Lehrkräften und Forschenden in angewandter Mathematik und Simulationswissenschaften.

Dem Einsatz des hier vorgelegten Materials in der Schule standen und stehen ver-schiedene Hürden im Weg. Um die Hürde der technischen Umsetzung so niedrig wie mög-lich zu halten, wurden seit 2019 Cloud-Versionen aller Workshops entwickelt. Diese er-lauben die Bearbeitung im Web-Browser, ohne Installation zusätzlicher Software. Als tech-nisches Werkzeug zur Bearbeitung der Materialien reicht demnach ein internetfähiges Gerät mit Web-Browser. Die webbasierte Materialbereitstellung soll den Zugang zu den Materia-lien möglichst niederschwellig gestalten und gut realisierbar für die Nutzung in Schulen und auch für das Selbststudium zu Hause machen. Besonders bewährt hat sich dieser Ansatz als im Frühjahr 2020 mit der Corona-Krise das Distanzlernen weltweit eine große Bedeutung an Schulen und Universitäten erlangt hat.

Sämtliches Material ist frei unter Creative Common Lizenz (CC-BY-SA) verfügbar, kann (und soll!) von Lehrkräften an ihre Unterrichtsziele angepasst werden, und kann modifiziert und ergänzt werden. Bei Erfolg dieses Bandes planen wir regelmäßige Austauschtreffen zu diesem Material.

Danksagung

Die Arbeiten, auf denen dieser Band basiert, wurden durch verschiedene Fördergeber unterstützt:

- das zdi-Zentrum ANTalive,
- das Exploratory Teaching Space der RWTH Aachen, welches die Erstellung mehrerer Workshops gefördert hat,
- das diesem Band zugrundeliegende Vorhaben wird im Rahmen der gemeinsamen „Qualitätsoffensive Lehrerbildung" von Bund und Ländern mit Mitteln des Bundesministeriums für Bildung und Forschung unter dem Förderkennzeichen 01JA1813 gefördert, wobei die Verantwortung für den Inhalt dieser Veröffentlichung bei den Autoren liegt,
- die Bürgerstiftung der Sparkasse Aachen, die CAMMP bereits seit 2015 unterstützt,
- die Robert Bosch Stiftung, die das Projekt im Rahmen des Programms Our Common Future gefördert hat,
- Simulierte Welten, ein Projekt welches durch das Ministerium für Wissenschaft, Forschung und Kunst, Baden-Württemberg gefördert wird.

Die vorgestellten Materialien entstanden durch einen intensiven Austausch und eine kreative Zusammenarbeit verschiedenster Personengruppen. An dieser Stelle möchten wir allen Mitwirkenden für ihr großartiges Engagement danken.

Für die Unterstützung und Mitgestaltung der Workshops gilt ein besonderer Dank allen Studierenden, die im Rahmen ihrer Tätigkeit als studentische Hilfskraft oder im Rahmen von Abschlussarbeiten einen wesentlichen Beitrag zur Entwicklung des Lehr- und Lernmaterials geleistet haben.

Ein weiterer Dank gilt den wissenschaftlichen Mitarbeitenden, die sich zum einen mit großem Einsatz sowohl beratend, aber auch aktiv in die Entwicklung der Workshops eingebracht haben.

Ein besonderer Dank gilt Samuel Braun, der sich mit unermüdlichem Engagement und Geduld für die technische Realisierung der Workshop-Plattform eingesetzt hat. Auch danken wir Marcel Marnitz, Janna Tinnes und Marco Berghoff für die Mithilfe bei der technischen Umsetzung der Workshops und den abgeordneten Lehrkräften von Simulierte Welten, die sich bereit erklärt haben die Kapitel dieses Bandes insbesondere aus schulpraktischer Sicht kritisch zu lesen.

Nicole Faber und Ahmed Ismail haben das Computational and Mathematical Modeling Program mitgegründet und aufgebaut. Besonderer Dank gilt Sebastian Walcher, der CAMMP in Aachen weiterführt und die Idee für dieses Buch hatte, Sarah Schönbrodt, die die Zusammenstellung des Bandes organisiert hat, und allen Autorinnen und Autoren der einzelnen Kapitel.

Karlsruhe   Martin Frank
Aachen   Christina Roeckerath
November 2020

Erweitertes Inhaltsverzeichnis

Einführung

Martin Frank, Christina Roeckerath und Sarah Schönbrodt

In diesem Band werden fünf computergestützte Workshops vorgestellt, die Schüler/innen einen problemorientierten Einblick in die Welt der mathematischen Modellierung bieten. In diesem einführenden Kapitel legen wir dar, warum wir computergestützte mathematische Modellierung in der Schule für relevant und machbar halten. Nach einer kurzen Auseinandersetzung mit dem Prozess des mathematischen Modellierens diskutieren wir die Grundgedanken der in diesem Buch präsentierten Workshops: Realität, Relevanz, Authentizität und Reichhaltigkeit. Dabei versuchen wir, einen Bezug zu den von Heinrich Winter formulierten Grunderfahrungen herzustellen.

Aufbau und Einsatzmöglichkeiten des Lehr- und Lernmaterials

Maike Gerhard, Maren Hattebuhr, Sarah Schönbrodt und Kirsten Wohak

Dieses Kapitel liefert einen Überblick über das in diesem Band beschriebene Begleitmaterial, welches Lehrende bei der Durchführung der fünf hier vorgestellten Workshops unterstützen soll. In diesem Zusammenhang werden Einsatzmöglichkeiten der Workshops aufgezeigt und der Aufbau des digitalen Lehr- und Lernmaterials detailliert beschrieben. Zudem wird der Zugriff auf die cloudbasierte Workshop-Plattform angeleitet und der Umgang mit dieser Plattform vorgestellt. Die Durchführung der Workshops auf der Plattform ist ohne den Download von Programmen und ohne die Eingabe von jeglichen personenbezogenen Daten möglich.

Erneuerbare Energien – Modellierung und Optimierung eines Solarkraftwerks

Sarah Schönbrodt

Die Entwicklung und der Einsatz effizienter erneuerbarer Energieformen wird mit Blick auf den fortschreitenden Klimawandel immer bedeutender. In diesem Workshop werden Solarkraftwerke betrachtet, bei denen flache Spiegel Sonnenstrahlen auf ein Absorberrohr fokussieren. In dem Rohr befindet sich ein Wärmeträgerfluid, z. B. Wasser. Dieses wird erhitzt und im Falle von Wasser verdampft. Mithilfe einer Dampfturbine wird elektrische Energie erzeugt. Im Workshop entwickeln die Lernenden ein mathematisches Modell für die Ausrichtung der Spiegel und die Leistung eines Solarkraftwerks. Anschließend werden verschiedene Kraftwerksparameter optimiert und Modellverbesserungen eingebaut (Abb. 1).

In diesem Kapitel werden Materialien für die Mittelstufe (ab Klasse 9) und für die Oberstufe vorgestellt. Im Workshop für die Mittelstufe kommen zahlreiche geometrische

Abb. 1 Fresnel-Kraftwerk
Puerto Erado 2 in Südspanien.
(Quelle: EBL)

Überlegungen zum Einsatz. Der Schwerpunkt im Workshop für die Oberstufe liegt hingegen auf der Optimierung. Die Lernenden entwickeln kreativ eigene Optimierungsstrategien und vergleichen diese mit gängigen Strategien aus Wirtschaft und Forschung. Die Materialien der beiden Workshop-Versionen können beliebig kombiniert und erweitert werden.

Gibt es den Klimawandel wirklich? – Statistische Analyse von realen Temperaturdaten

Maren Hattebuhr

Der Klimawandel ist in aller Munde und wird rege in der Öffentlichkeit und Politik diskutiert. Er beschreibt eine signifikante Änderung des Klimas, die sowohl auf natürlichen als auch auf nicht-natürlichen (anthropogenen) Ursachen beruht. Aber wie kommen Wissenschaftler/innen überhaupt zu der verlässlichen Aussage, dass es den Klimawandel gibt?

In diesem Workshop nähern sich Lernende ab der Oberstufe mithilfe wissenschaftlicher Methoden dieser Fragestellung und wie sicher ihre Antwort ist (Abb. 2).

Dafür werden echte Temperaturdaten seit Beginn der Industrialisierung untersucht und durch einen linearen Trend approximiert. Mathematisch liegt hier die lineare Regressionsanalyse zugrunde. Die Aussagekraft des Regressionsmodells wird in einem Hypothesentest untersucht. Lernende erfahren so eine authentische Problemstellung vor dem Hintergrund der mathematischen Modellierung zu evaluieren und kritisch und objektiv ein sehr emotionsgeladenes Thema zu reflektieren.

Abb. 2 Darstellung der globalen Erdoberflächentemperaturanomalien von 1900 bis 2018 angelehnt an Hawkins

Abb. 3 Ein Teddybär vor einem
Computertomograph. (Quelle:
www.tieraerztlicheszentrum.de)

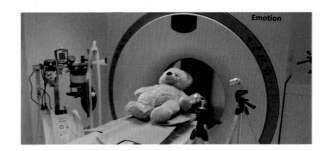

Einblicke in unseren Körper durch Computertomographie

Kirsten Wohak

Um das Innere von untersuchten Personen zum Beispiel nach einem Unfall, nach verletzten Knochen oder Organen hin zu untersuchen, können Computertomographen eingesetzt werden. Diese liefern dem ärztlichen Fachpersonal ein Abbild des Querschnitts der untersuchten Körperstelle.

Doch wie ist es möglich mithilfe von Röntgenstrahlen Abbildungen der inneren Struktur der durchstrahlten Körperteile zu erhalten? Durch die Untersuchung von Gleichungssystemen, der Berücksichtigung von Messfehlern und der Beschreibung der verwendeten Strahlen als Geraden in der Parameterdarstellung können Lernende der Oberstufe eine Antwort auf diese Frage finden. Dabei analysieren sie wichtige Eigenschaften wie die Existenz und Eindeutigkeit einer Lösung von linearen Gleichungssystemen. Im Workshop kommen reale Daten von Computertomographen zum Einsatz. Dieses Thema bietet die Möglichkeit fächerübergreifend mit Mathematik, Physik und Informatik zu arbeiten (Abb. 3).

Musik-Streamingdienste – Datenkomprimierung am Beispiel von Liedern

Kirsten Wohak und Jonas Kusch

Musik-Streamingdienste stellen ihren Nutzer/innen die komplette Welt der Musik zur Verfügung. Dabei wird beim Abrufen der Lieder nur wenig Datenvolumen benötigt.

Doch wie ist es möglich bei so hoher Streaming-Qualität nur so geringe Datenmengen zu verbrauchen? Die Lösung stellt die Fourier-Transformation dar, welche ein Basiswechsel zwischen dem Zeit und Frequenzraum ist.

Dabei werden ausgewählte Frequenzen entfernt, ohne dass die Klangqualität eines Musikstücks für das menschliche (Abb. 4) Gehör verringert wird. Durch die geringere Anzahl an Frequenzen nehmen die Lieder weniger Speicherplatz ein. Die Lernenden erarbeiten eigene Kriterien für ein Komprimierungsverfahren und wenden diese auf ein Lied an. Die Leitfrage lautet dabei: Wie stark darf ich komprimieren, damit immer noch eine gute Qualität vorhanden ist?

Im Material für die Mittelstufe liegt der Fokus auf der Erstellung von Tönen und Dreiklängen sowie der Komprimierung eines Liedes, wobei die Fourier-Transformation als Blackbox behandelt wird. Lernende der Oberstufe hingegen führen die Basiswechsel selbstständig aus und verwenden sie, um ein Lied gemäß ihrem Hörmodell zu komprimieren. Durch die Behandlung von Tönen, welche Sinusschwingungen sind, eignet sich dieses Thema für fächerübergreifenden Unterricht mit den Fächern Mathematik, Physik, Musik und Informatik.

Abb. 4 Beispiel eines
psychoakustischen Modells
eines Menschen. (Quelle: https://
tinyurl.com/y2tbzqfj)

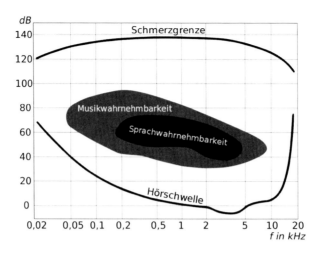

Wie erkennt die App Shazam ein Musikstück?

Maike Gerhard und Jonas Kusch

Shazam ist eine App für das Smartphone, die Songs blitzschnell erkennt und dem Nutzer/
der Nutzerin unter anderem Titel, Interpret/in und Songtext mitteilt. Mittlerweile ist Shazam
eine der bekanntesten und beliebtesten Apps weltweit – im Jahr 2019 wurden pro Tag etwa
20 Mio. Datenbankanfragen gestellt. Was Shazam so erfolgreich macht, ist die Vorgehensweise mithilfe der Fourier-Transformation sogenannte „akustische Fingerabdrücke" der Lieder zu erstellen. Diese Fingerabdrücke sind vergleichbar mit menschlichen Fingerabdrücken,
denn sie sind weniger komplex als die Songs in ihrer Gesamtheit, aber dennoch für jedes
Lied einzigartig (Abb. 5).

In diesem Workshop erfahren Lernende ab der Klasse 9, wie man den digitalen Fingerabdruck eines Liedes erzeugt und wie diese Fingerabdrücke zum Zwecke der Identifikation
miteinander verglichen werden. Die Fourier-Analyse bildet die mathematische Basis des
Workshops.

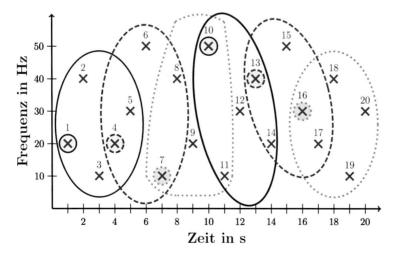

Abb. 5 Spektogramm eines kleinen Musikstücks und Einteilung dessen in sechs Target Zones inklusive
hervorgehobener Anchor Points

Inhaltsverzeichnis

Martin Frank, Christina Roeckerath und Sarah Schönbrodt

Zusammenfassung

Wir legen dar, warum wir computergestützte mathematische Modellierung in der Schule sowohl für relevant als auch für machbar halten. Nach einer kurzen Auseinandersetzung mit dem Prozess des mathematischen Modellierens diskutieren wir die Grundgedanken der in diesem Buch präsentierten Workshops: Realität, Relevanz, Authentizität und Reichhaltigkeit. Dabei versuchen wir, einen Bezug zu den von Heinrich Winter formulierten Grunderfahrungen herzustellen.

1.1 Warum computergestützte mathematische Modellierung?

Zahlreiche Lehrbücher über Mathematik bzw. den Mathematikunterricht in Deutschland beziehen sich auf die Grunderfahrungen von Heinrich Winter. Dieser Band ist keine Ausnahme. Die Grunderfahrungen lauten (Winter, 1995):

„Der Mathematikunterricht sollte anstreben, die folgenden drei Grunderfahrungen, die vielfältig miteinander verknüpft sind, zu ermöglichen:

M. Frank (✉) · S. Schönbrodt
Karlsruher Institut of Technologie (KIT), Eggenstein-Leopoldshafen, Deutschland
E-mail: martin.frank@kit.edu

S. Schönbrodt
E-mail: schoenbrodt@kit.edu

C. Roeckerath
RWTHAachen, Aachen, Deutschland
E-mail: christina@roeckerath.de

(1) Erscheinungen der Welt um uns, die uns alle angehen oder angehen sollten, aus Natur, Gesellschaft und Kultur, in einer spezifischen Art wahrzunehmen und zu verstehen,

(2) mathematische Gegenstände und Sachverhalte, repräsentiert in Sprache, Symbolen, Bildern und Formeln, als geistige Schöpfungen, als eine deduktiv geordnete Welt eigener Art kennen zu lernen und zu begreifen,

(3) in der Auseinandersetzung mit Aufgaben Problemlösefähigkeiten, die über die Mathematik hinaus gehen, (heuristische Fähigkeiten) zu erwerben.

Das Wort Erfahrung soll zum Ausdruck bringen, dass das Lernen von Mathematik weit mehr sein muss als eine Entgegennahme und Abspeicherung von Information, dass Mathematik erlebt (möglicherweise auch erlitten) werden muss."

Ziel dieses Bandes ist es, Vorschläge für Unterrichtsmaterial zu machen, das die erste Grunderfahrung zum Ausgangspunkt macht. Die dritte Grunderfahrung wird dabei mit einbezogen und die zweite nachgeordnet behandelt. Unserem Verständnis nach ist gerade dies eine der Hauptcharakteristika von mathematischer Modellierung: Ausgangspunkt ist eine reale, relevante Fragestellung aus Natur, Gesellschaft und Kultur, zu deren Verständnis Mathematik benötigt wird. Diese Mathematik beschafft man sich oder entwickelt man gemäß ihrer Notwendigkeit für die Problemstellung. Wir bezeichnen diese Herangehensweise an das Unterrichten von Mathematik auch als problemorientiert, im Gegensatz zum methodenorientierten Ansatz. Als methodenorientierte Sichtweise bezeichnen wir die Wahrnehmung von Mathematik als eine Geisteswissenschaft, in sich abgeschlossen, begründet auf Axiomen und logischen Schlussfolgerungen, wie von Winter in der zweiten Grunderfahrung beschrieben. Diese Sichtweise spiegelt sich beispielsweise in der sukzessiven Einführung der Zahlbereiche (natürliche, ganze, rationale, reelle, komplexe Zahlen) wider und bestimmt meist den Aufbau des Mathematikunterrichts (sowohl an Schule als auch an Hochschule).

Unserer Ansicht nach kommen die erste und dritte Winter'sche Grunderfahrung im Mathematikunterricht oftmals nachgeordnet vor. Dies wird u. a. durch die COACTIV Studie unterstrichen, in deren Rahmen ca. 45.000 Aufgaben untersucht wurden, die im Schuljahr 2003/2004 in der 9. und 10. Klasse im Mathematikunterricht gestellt worden waren. Nur wenige Aufgaben stellten tatsächlich außermathematische oder innermathematische Bezüge im Sinne des Modellierens her (vgl. Jordan et al., 2008). Die dritte Winter'sche Grunderfahrung kann durchaus als besonders herausfordernd angesehen werden, da sie ohne substanzhaltige offene Aufgabenstellungen nicht greifen kann.

Einige gewinnbringende Ansätze zur Implementierung der ersten Winter'schen Grunderfahrung im Mathematikunterricht mit einem Fokus auf komplexen Modellierungsaufgaben wurden in verschiedenen Veröffentlichungen wie z. B. in Frank et al. [2018] oder Wohak et al. [2021] bereits vorgestellt.

Dass wir die erste Grunderfahrung ins Zentrum stellen, bedeutet nicht, dass wir diese als höherwertig ansehen; es bedeutet auch nicht, dass wir den methodenorientierten Unterricht von Mathematik für falsch halten. Im Gegenteil: Es spricht viel dafür, Mathematik methodenorientiert zu unterrichten. Wir sind jedoch überzeugt, dass methodenorientiertem Unterricht problemorientiertes Material zur Seite gestellt werden sollte, das über zum methodischen Thema passende Übungsaufgaben hinausgeht. Mathematik wird im Rahmen der hier vorgestellten Workshops daher nie um der Mathematik Willen betrieben, sondern stets zur Lösung eines außermathematischen, realen, relevanten, authentischen Problems (oder in den Worten Winters zur Wahrnehmung und Beschreibung einer Erscheinung der Welt) eingesetzt.

Dabei bedeutet *real,* dass es sich um ein wirklich vorkommendes Problem handelt (vgl. Greefrath & Vorhölter, 2016; Vos, 2011). Als *relevant* bezeichnen wir ein Problem, wenn dieses aus der Erfahrungswelt der Schüler/innen stammt oder sie zumindest eine Beziehung zu dem Problem aufbauen können (vgl. Maaß, 2010). Ob eine Schülerin oder ein Schüler ein Problem als relevant ansieht oder ein Interesse für dieses entwickeln kann, hängt von dem Lernenden und dessen individueller Lernsituation ab (vgl. Maaß, 2010). Unter *authentisch* verstehen wir in Anlehnung an eine Definition von Niss [1992], dass das außermathematische Problem für Experten in diesem Gebiet relevant ist und von diesen als ein Problem angesehen wird, mit dem sie sich in ihrer Arbeit auseinandersetzen würden (Niss, 1992, zitiert nach Kaiser & Schwarz, 2010; Maaß, 2010). Diese Definition möchten wir in diesem Beitrag aufgreifen und um den Aspekt erweitern, dass nicht nur die gewählte Problemstellung authentisch sein soll, sondern, dass beim Lösen dieser Probleme in Workshops bzw. im Unterricht die Mathematik präsentiert wird und die mathematischen Modelle entwickelt werden, die in der Realität (ggf. in komplexerer Form) tatsächlich zum Lösen der Probleme verwendet werden (vgl. Vos, 2011). Dieser Anspruch führt dazu, dass bei der Lösung der Problemstellungen teilweise auch Mathematik verwendet wird, die nicht (mehr) Teil des Lehrplans in der Schule ist. In den in diesem Band

beschriebenen Workshops werden unter anderem Matrizen, mehrdimensionale Optimierungsprobleme, Zeitreihenanalysen und die Fourier-Transformation verwendet. Auf den ersten Blick mag es unmöglich erscheinen, mit Schüler/innen Workshops durchzuführen, die mathematische Begriffe benötigen, die bestenfalls in frühen Studiensemestern unterrichtet werden. Mit dem hier vorgestellten Material wollen wir den Gegenbeweis antreten. Dieses und anderes Material wurde in über 250 eintägigen Workshops mit insgesamt mehr als 4400 Schüler/innen erfolgreich durchgeführt. Schlüssel dazu ist, dass wir den mechanischen Aspekt von Mathematik (d. h. das Rechnen an sich) durch Computereinsatz entlasten. Dabei handelt es sich tatsächlich weniger um eine didaktische Notlösung als um die realistische Vorgehensweise einer angewandten Mathematikerin oder eines angewandten Mathematikers. In diesem Sinne sind die Workshops näher an Universitätsmathematik als an Schulmathematik: Der Fokus der Modellierungsprobleme liegt in der Aufstellung wohlgestellter (d. h. eindeutig und stabil lösbarer) Probleme. Die Berechnung der Lösung selbst wird dem Computer überlassen. Optionales Zusatzmaterial erklärt jedoch die Grundzüge der verwendeten Lösungsalgorithmen.

Es ist auch wichtig festzuhalten, dass in den Workshops letztlich Inhalte und Methoden aller Bereiche von MINT vorkommen können: neben Mathematik auch Informatik für die Programmierung, und das Verständnis einer technischen oder naturwissenschaftlichen Fragestellung. Dennoch steht bei den Workshops die Mathematik im Zentrum; das Programmieren beschränkt sich auf Arbeitsschritte, die sich nicht wesentlich von der Bedienung eines graphischen Taschenrechners unterscheiden. Die Anwendungshintergründe werden in jedem Workshop so ausführlich erläutert, dass alle notwendigen Informationen vorliegen. Jedoch sollen die Materialien zur weiteren Recherche ermuntern.

Der Modellierungsprozess kann vereinfacht in Form eines Kreislaufs (s. Abb. 1.1) dargestellt werden, der als wesentliche Schritte des Modellierens das Vereinfachen und Strukturieren

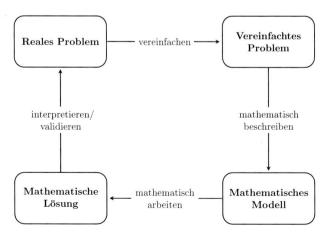

Abb. 1.1 Vereinfachter Modellierungskreislauf angelehnt an Blum [1985]

Abb. 1.2 Modellierungsspirale angelehnt an die Solution Helix of Math der Initiative Computer-Based Math, www. computationalthinking.org/helix. Zugegriffen: 05. November 2020. Den Autoren ist bewusst, dass es sich im mathematischen Sinne nicht um eine Helix handelt

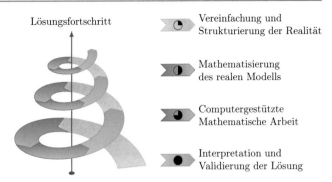

Lösungsfortschritt

◗ Vereinfachung und Strukturierung der Realität

◑ Mathematisierung des realen Modells

◐ Computergestützte Mathematische Arbeit

● Interpretation und Validierung der Lösung

der Realität (Schritt 1), das Mathematisieren (Schritt 2), das (computergestützte) mathematische Arbeiten (Schritt 3) und das Interpretieren und Validieren einer gefundenen Lösung im Hinblick auf die Realsituation auszeichnet (vgl. Blum, 1985). Ein schöneres Bild ist das einer Modellierungsspirale (s. Abb. 1.2), die die vier wesentlichen Schritte aufgreift, aber um die dritte Dimension des Lösungsfortschritts ergänzt (vgl. Frank et al., 2018). Diese in der didaktischen Literatur seltener zu findende Darstellung des Modellierungsprozesses hebt hervor, dass Modellieren zwar ein iterativer Prozess ist, dass man sich jedoch keineswegs im Kreis dreht, sondern Stück für Stück in Richtung einer besseren, problemadäquateren Lösung voranschreitet. Beide Darstellungen können dazu genutzt werden, gemeinsam mit den Lernenden über den Verlauf des Modellierungsprozesses zu diskutieren und sollen als Orientierungshilfe dienen. Der Einbau des Modellierungskreislaufs kann als metakognitives, strategisches Element betrachtet werden, welches die Reflexion des Modellierungsprozesses durch die Schüler/innen unterstützen und damit den Aufbau mathematischer Modellierungskompetenzen erleichtern soll (vgl. Schukajlow et al., 2011). Die Modellierungskompetenz kann dabei kurz beschrieben werden als „die Fähigkeit, die jeweils nötigen Prozessschritte beim Hin- und Herwechseln zwischen Realität und Mathematik problemadäquat auszuführen sowie gegebene Modelle zu analysieren oder vergleichend zu beurteilen" (Blum, 2007, zitiert nach Kaiser et al., 2013). Schüler/innen sollen die Fähigkeit erwerben, den Wechsel zwischen Realität und Mathematik zu vollführen.

Es sei hier zudem noch einmal auf den wesentlichen Unterschied zwischen mathematischer Modellierung und einem mathematischen Modell hingewiesen: Modellierung bezeichnet einen Prozess, während ein Modell aus einem mathematischen Objekt zur Beschreibung einer außermathematischen Situation (z. B. eine Differentialgleichung zur Beschreibung eines physikalischen Prozesses) besteht. Die Analyse eines gegebenen Modells unterscheidet sich ebenso fundamental vom Durchlaufen des Modellierungskreislaufs.

Die Leitfrage dieses Abschnitts (*Warum computergestützte mathematische Modellierung?*) lässt sich nicht nur im Hinblick auf die Grunderfahrungen Heinrich Winters beantwor-

ten, sondern überdies durch die von der Kultusministerkonferenz festgelegten Bildungsstandards (die durchaus ebenso auf Winter fußen) (vgl. Kultusministerkonferenz, 2003, 2012). In diesen ist das mathematische Modellieren als eine der allgemeinen mathematischen Kompetenzen, die die Schüler/innen im Fach Mathematik erwerben sollen, fest verankert. Auch die oben beschriebenen Modellierungsschritte werden dort als typische Teilschritte des Modellierens explizit ausgewiesen (vgl. Kultusministerkonferenz, 2012). Die Workshops, die im Rahmen dieses Bandes vorgestellt werden, sollen Lehrkräfte dazu ermutigen, Modellierungsprojekte zu authentischen, relevanten und realen Problemstellungen im Unterricht einzubringen, indem sie nicht nur das notwendige Hintergrundwissen zu den Problemstellungen, sondern überdies konkrete Unterrichtsmaterialien an die Hand bekommen. Als Orientierung für die Lehrkraft, in welchem Schritt des Modellierungsprozesses die Lernenden sich befinden, finden sich die Symbole ◗, ◑, ◐ und ● aus Abb. 1.2 in den Kap. 3–7 zu den Workshops wieder – immer dann, wenn der entsprechende Modellierungsschritt absolviert wird.

Auch ein lernfördernder Einsatz digitaler Werkzeuge wird in den Bildungsstandards hervorgehoben:

„Die Entwicklung mathematischer Kompetenzen wird durch den sinnvollen Einsatz digitaler Mathematikwerkzeuge unterstützt. Das Potenzial dieser Werkzeuge entfaltet sich im Mathematikunterricht

- beim Entdecken mathematischer Zusammenhänge, insbesondere durch interaktive Erkundungen beim Modellieren und Problemlösen,
- durch Verständnisförderung für mathematische Zusammenhänge, nicht zuletzt mittels vielfältiger Darstellungsmöglichkeiten,
- mit der Reduktion schematischer Abläufe und der Verarbeitung größerer Datenmengen,
- durch die Unterstützung individueller Präferenzen und Zugänge beim Bearbeiten von Aufgaben einschließlich der reflektierten Nutzung von Kontrollmöglichkeiten." (Kultusministerkonferenz, 2012)

Sämtliche der hier genannten Ziele digitaler Werkzeuge finden sich in unterschiedlicher Ausprägung in den zu diesem Band gehörenden computergestützten, digitalen Lernmaterialien wieder. Außerdem werden Nutzen und Einsatzmöglichkeiten digitaler Werkzeuge für bzw. im Modellierungsunterricht detailliert von Greefrath und Siller (2018, 2010) beschrieben.

Das in diesem Band vorgestellte Lernmaterial besteht zum überwiegenden Teil aus Arbeitsblättern, umgesetzt in einem interaktiven Online-Format. Der Aufbau der interaktiven Lernmaterialen wird in Kapitel 2 beschrieben. Die Modellierungsschritte sind (zumindest anfangs) stark angeleitet, und Ergebnisse sind in Code-Lückentexte einzufügen. Diese Vorgehensweise ist der praktischen Umsetzung geschuldet und entspricht nicht vollständig der Vision eines problemorientierten Unterrichts. Dieser zeichnet sich unserer Ansicht nach durch möglichst große Offenheit (in der Wahl der mathematischen Beschreibung bzw. Methode) aus. Insbesondere kann unserer Meinung nach Modellierung dazu verwendet werden, kreativen Umgang mit Mathematik zu lehren und zu lernen. Offenheit des Lösungswegs berücksichtigt unterschiedliche Interessen und Kenntnisstände der Lernenden – Stichwort Heterogenität. Zudem sollte der Anteil von aktiven und eigenständigen Arbeitsphasen möglichst groß sein. Langfristiges Ziel eines mathematischen Modellierungsunterrichts sollte es unserer Meinung nach sein, Schüler/innen zu befähigen, offen formulierte Probleme (wie zum Beispiel die des International Mathematical Modeling Contests, IMMC[1]) kreativ und mit freier Wahl der Methoden anzugehen.

Auch wenn die Realisierung dieser Vision noch viel Arbeit und Zeit benötigen wird, so kann man zumindest festhalten, dass Reichhaltigkeit einer Problemstellung notwendige Voraussetzung für die Ermöglichung von kreativer Mathematik ist. Unter einer reichhaltigen Problemstellung verstehen wir solche Problemstellungen, die möglichst viele der folgenden Eigenschaften aufweisen, die u. a. bei Heiliö und Pohjolainen (2016) bereits benannt werden:

- Das Problem ist sowohl innermathematisch als auch außermathematisch interdisziplinär. Das heißt es sind zur Lösung verschiedene Gebiete der Mathematik sowie weiteres nicht-mathematisches Wissen zu nutzen (vgl. Heiliö & Pohjolainen, 2016).
- Das Problem ist offen und lässt verschiedene Lösungsstrategien zu. Die Offenheit eines Problems verstehen wir damit insbesondere im Sinne von Blum und Wiegand (Wiegand & Blum, 1999, zitiert nach Greefrath, Greefrath [2004]), die ein Problem als offen bezeichnen, wenn der Weg von Ausgangs- zu Zielzustand unklar ist.
- Die Lösung des Problems erlaubt es zu erkennen, dass eine vollständige und perfekte Lösung nicht immer existiert und auch die Definition von „gelöst" divers sein kann (vgl. Heiliö & Pohjolainen, 2016).

- Das Problem lässt einfache und auch komplexe Modellierung zu und ermöglicht den Lernenden einen kreativen Einsatz von Mathematik (vgl. Heiliö & Pohjolainen, 2016; Sube, 2019).
- Das Problem macht den Lernenden die Bedeutung von Teamwork für das Lösen realer Problemstellungen deutlich (vgl. Heiliö & Pohjolainen, 2016).

Natürlich muss die Ausprägung der verschiedenen Prinzipien an die die jeweils gegebenen Rahmenbedingungen angepasst werden. Findet das Modellierungsangebot in einer längerfristigen Projektzeit statt, so können die Lernenden Problemstellungen durchaus sehr offen und eigengesteuert bearbeiten. Steht hingegen weniger Zeit zur Verfügung, wie beispielsweise im Rahmen einer Doppelstunde im Mathematikunterricht oder sogar in einer Abiturprüfungsaufgabe, so müssen die Arbeitsaufträge kleinschrittiger und enger gefasst werden (vgl. Sube et al., 2020).

Ein weiteres langfristiges Ziel, welches mit dem vorliegenden Material noch nicht gänzlich zufriedenstellend erreicht wird, ist eine Didaktik der mathematischen Modellierung jenseits von Fallbeispielen. Bücher über mathematische Modellierung (so auch dieses) bestehen häufig aus einer Ansammlung von Anwendungsbeispielen, und im Rahmen deren Behandlung werden mathematische Werkzeuge verwendet. Wie sähe eine Didaktik der mathematischen Modellierung aus, die nicht die erste Winter'sche Grunderfahrung der zweiten vorzieht, sondern beide Grunderfahrungen, mithin also die methodenorientierte und die problemorientierte Sichtweise auf die Mathematik, verbindet? Die Antwort auf diese Frage ist Gegenstand weiterer Forschung.

1.2   Es funktioniert!

Und diese Workshops macht ihr mit ganz normalen Schulklassen? Ist das nicht bloß was für Hochbegabte? Ich glaube nicht, dass meine Schüler/innen so komplexe Probleme bearbeiten können.

Diese Zweifel und Bedenken wurden häufig von Lehrkräften geäußert, die erstmals in Kontakt mit den hier beschrieben, aber auch mit weiteren, ähnlich komplexen Lernmaterialien von CAMMP[2] gekommen sind – wohl gemerkt bevor sie diese im tatsächlichen Einsatz im Rahmen von eintägigen Workshops erlebt haben. Diese Bedenken möchten wir an dieser Stelle gerne aufgreifen und unseren Erfahrungen in der Durchführung der Workshops gegenüberstellen.

---

[1]https://immchallenge.org/. Zugegriffen: 10. November 2020

[2]Weitere Informationen zu CAMMP (Computational Mathematical Modeling Program, www.cammp.online) sind im Vorwort dieses Bandes zu finden.

Seit 2011 haben bereits mehr als 9900 Schüler/innen an Modellierungsaktivitäten von CAMMP (Modellierungswochen, Modellierungstage u. a.) teilgenommen, davon rund 4400 Schüler/innen von der 8. bis zur 13. Klasse an Modellierungstagen zu den in diesem Band beschriebenen und ähnlichen Workshops. Dabei handelte es sich in erster Linie um ganze Schulklassen (meist Mathematikkurse) deutscher Gymnasien und Gesamtschulen, aber auch um einzelne begabte Schüler/innen, oder um Kurse für MINT-begeisterte Lernende. Verschiedene Workshops wurden zudem mit Schulklassen aus den Niederlanden, Belgien, Frankreich, China sowie Mexiko durchgeführt. Insbesondere durch die Vielfalt des Lernmaterials, bestehend aus normalen Arbeitsblättern, gestuften Hilfsmaterialien, aber auch durch weiterführende, meist offene Zusatzmaterialien, kann dieser heterogenen Schülerschaft begegnet werden.

Nach den Modellierungsveranstaltungen zu den Workshops, die in diesem Band beschrieben sind, wurden die Schüler/innen gefragt: *Was hast du für dich persönlich durch die Teilnahme am Workshop gelernt?*

- „Ich habe entdeckt, dass Mathe auch Spaß machen kann und gleichzeitig die Welt ein bisschen besser macht" (Teilnehmerin CAMMP day Solarkraftwerk 2016, Gymnasium, Klasse 11).
- „Ich habe ein Verständnis für die Entstehung solcher Projekte im echten Leben entwickelt, was 1. eine gute Abwechslung zum gewöhnlichen Unterricht ist und 2. zu einer guten Orientierung im Bezug auf die spätere Berufslaufbahn beigetragen hat" (Teilnehmer an einer Unterrichtsreihe zum Workshop Solarkraftwerk 2020, Gymnasium, Klasse 11).
- „dass mir das Lösen von Problemen Spaß macht" (Teilnehmer CAMMP day Computertomographie 2019, Gymnasium, Klasse 10).
- „dass die Mathematik sich mit den Problemen im Alltag beschäftigt" (Teilnehmer CAMMP day Computertomographie 2019, Gymnasium, Klasse 10).
- „Wir brauchen mathematische Modellierung fast überall" (Teilnehmer CAMMP day Shazam 2019, Gymnasium, Klasse 11)
- „dass Mathe auch in Bereichen gebraucht wird in denen man Mathe am wenigsten erwartet" (Teilnehmerin CAMMP day Shazam 2018, Gymnasium, Klasse 10)
- „Mathematik kann als Werkzeug verwendet werden, um Geschehen in der Natur zu untersuchen und hat hierbei eine sehr hohe Aussagekraft" (Teilnehmer CAMMP day Klimawandel 2019, Gymnasium, Klasse 12).

Dieser exemplarische Einblick in die Rückmeldungen der Schüler/innen zeigt, dass die Workshops bieten, was im Mathematikunterricht der Schule zum Teil zu kurz kommt: die mathematische Modellierung von realen, authentischen Problemen aus dem Alltag der Lernenden, bei deren Lösung sowohl Kenntnisse anderer Schulfächer einbezogen werden, aber auch innermathematisch vernetzend und facettenreich gearbeitet wird.

Wir hoffen, dass sich die Lehrkräfte, die dieses Buch lesen, auf diese Art der Modellierung und des Mathematiktreibens mit ihren Schüler/innen einlassen.

Literatur

Blum, W. (1985). Anwendungsorientierter Mathematikunterricht in der didaktischen Diskussion? In K. et al. (Hrsg.), *Mathematische Semesterberichte. Zur Pflege des Zusammenhangs zwischen Schule und Universität* (Bd. 32, 2, S. 195–232). Vandenhoeck & Ruprecht.

Blum, W. (2007). Mathematisches Modellieren – Zu schwer für Schüler und Lehrer? In *Beiträge zum Mathematikunterricht* (S. 3–12). Franzbecker.

Frank, M., Richter, P., Roeckerath, C., & Schönbrodt, S. (2018). Wie funktioniert eigentlich GPS? – Ein Computergestützter Modellierungsworkshop. In G. Greefrath & S. Siller (Hrsg.), *Digitale Werkzeuge, Simulationen und mathematisches Modellieren* (S. 137–163). Springer.

Greefrath, G. (2004). Offene Aufgaben mit Realitätsbezug – Eine Übersicht mit Beispielen und erste Ergebnisse aus Fallstudien. *mathematica didactica, 27*(2), 16–38.

Greefrath, G., & Siller, H.-S. (2018). Digitale Werkzeuge, Simulationen und mathematisches Modellieren. In G. Greefrath & S. Siller (Hrsg.), *Digitale Werkzeuge, Simulationen und mathematisches Modellieren* (S. 3–22). Springer.

Greefrath, G., & Vorhölter, K. (2016). *Teaching and learning mathematical modelling: Approaches and developments from German speaking countries.* Springer International Publishing.

Greefrath, G., Kaiser, G., Blum, W., & Borromeo Ferri, R. (2013). Mathematisches Modellieren – Eine Einführung in theoretische und didaktische Hintergründe. In R. Borromeo Ferri, G. Greefrath, & G. Kaiser (Hrsg.), *Mathematisches Modellieren für Schule und Hochschule. Realitätsbezüge im Mathematikunterricht* (S. 11–37). Springer Spektrum.

Heiliö, M., & Pohjolainen, S. (2016). Introduction. In S. Pohjolainen (Hrsg.), *Mathematical modelling* (S. 1–5). Springer International Publishing.

Jordan, A., Krauss, S., Löwen, K., et al. (2008). Aufgaben im COACTIV-Projekt: Zeugnisse des kognitiven Aktivierungspotentials im deutschen Mathematikunterricht. *JMD,29,* 83–107.

Kaiser, G., & Schwarz, B. (2010). Authentic modelling problems in mathematics education – Examples and experiences. *JMD, 31,* 51–76.

Kultusministerkonferenz. (2003). Bildungsstandards im Fach Mathematik für den Mittleren Schulabschluss. www.kmk.org/fileadmin/Dateien/veroeffentlichungen_beschluesse/2003/2003_12_04-Bildungsstandards-Mathe-Mittleren-SA.pdf. Zugegriffen: 3. März 2021.

Kultusministerkonferenz. (2012). Bildungsstandards im Fach Mathematik für die Allgemeine Hochschulreife. www.kmk.org/fileadmin/Dateien/veroeffentlichungen_beschluesse/2012/2012_10_18-Bildungsstandards-Mathe-Abi.pdf. Zugegriffen: 3. März 2021.

Maaß, K. (2010). Classification scheme for modelling tasks. *JMD, 31*(2), 285–311.

Niss, M. (1992). *Applications and modelling in school mathematics-directions for future development.* IMFUFA Roskilde Universitetscenter.

Schukajlow, S., Blum, W., & Krämer, J. (2011). Förderung der Modellierungskompetenz durch selbständiges Arbeiten im Unterricht mit und ohne Lösungsplan. *Praxis der Mathematik in der Schule, 53*(2), 40–45.

Siller, H., & Greefrath, G. (2010). Mathematical modelling in class regarding to technology. In *Proceedings of the 6th CERME conference* (S. 2136–2145).

Sube, M. (2019). *Entwicklung und Evaluation von Unterrichtsmaterial zu Data Science und mathematischer Modellierung mit Schülerinnen und Schülern*. Dis., RWTH Aachen.

Sube, M., Camminady, T., Frank, M., & Roeckerath, C. (2020). Vorschlag für eine Abiturprüfungsaufgabe mit authentischem und relevantem Realitätsbezug. In G. Greefrath & K. Maaß (Hrsg.), *Modellierungskompetenzen – Diagnose und Bewertung* (S. 153–187). Springer.

Vos, P. (2011). What is 'Authentic' in the teaching and learning of mathematical modeling? In G. Kaiser, W. Blum, R. Borromeo Ferri, & G. Stillman (Hrsg.), *Trends in teaching and learning of mathematical modelling ICTMA 14* (S. 713–722). Springer.

Wiegand, B., & Blum, W. (1999). Offene Probleme für den Mathematikunterricht – Kann man Schulbücher dafür nutzen? In *Beiträge zum Mathematikunterricht* (S. 590–593).

Winter, H. (1995). Mathematikunterricht und Allgemeinbildung. *Mitteilungen der Gesellschaft für Didaktik der Mathematik, 61*, 37–46. https://ojs.didaktik-der-mathematik.de/index.php/mgdm/article/view/69/80.

Wohak, K., Sube, M., Schönbrodt, S., Frank, M., & Roeckerath, C. (2021). Authentische und relevante Modellierung mit Schülerinnen und Schülern an nur einem Tag?! In M. Bracke, M. Ludwig, & K. Vorhölter (Hrsg.), *Modellierungsprojekte mit Schülerinnen und Schülern. Realitätsbezüge im Mathematikunterricht. zur Veröffentlichung eingereicht*. Springer.

Aufbau und Einsatzmöglichkeiten des Lehr- und Lernmaterials

Maike Gerhard, Maren Hattebuhr, Sarah Schönbrodt
und Kirsten Wohak

Zusammenfassung

Ziel dieses Bandes ist es, Lehrende bei der Durchführung der fünf beschriebenen Workshops im eigenen Schulunterricht zu unterstützen. Dieses Kapitel gibt einen Überblick über den allgemeinen Aufbau der Kapitel, in denen die Workshops beschrieben werden. Die Kapitel dienen als Vorbereitung für den Einsatz der Workshops-Materialien im schulischen Kontext. Anschließend werden alle Elemente des digitalen Lernmaterials vorgestellt. In diesem Zusammenhang wird auch auf die verwendete Software (Jupyter Notebooks, Programmiersprache `Julia`) eingegangen und der Zugang auf die Workshop-Plattform angeleitet. Zudem werden konkrete Möglichkeiten für den Einsatz der Workshopmaterialien in der Schule aufgezeigt.

2.1 Das begleitende Lehrmaterial

In diesem Band werden fünf Workshops (zu den Themen Solarkraftwerk, Klimawandel, Computertomographie, Datenkomprimierung und Shazam) inklusive der zugehörigen digitalen Lernmaterialien detailliert beschrieben und um didaktische Erläuterungen ergänzt. Die Workshops werden und wurden bereits in verschiedenen Veranstaltungen von Lernenden unterschiedlicher Jahrgangsstufen bearbeitet. Die

Lernmaterialien der Workshops sind dabei unter Einbezug der Lernenden kontinuierlich verbessert und weiterentwickelt worden. Alle fünf Workshops basieren auf einer **realen und authentischen Fragestellung** aus Technik, Wissenschaft oder Wirtschaft.

Um die Durchführung der Workshops in der Schule zu erleichtern, ist das in diesem Band realisierte Begleitmaterial für Lehrende entstanden. Die Kapitel zu den einzelnen Workshops sind so gestaltet, dass sie zur Vorbereitung und als Unterstützung während der Durchführung der Workshops eingesetzt werden können. Sie weisen alle folgenden Aufbau auf:

Einleitung
Jedes Kapitel beginnt mit einer kurzen Einleitung. In dieser wird die Problemstellung des Workshops umrissen und in einen größeren Kontext eingeordnet.

Übersicht über die Inhalte der Workshops
Es folgt eine Übersicht über die inner- und außermathematischen Inhalte des Workshops. Hinsichtlich der außermathematischen Inhalte werden Anknüpfungspunkte zu weiteren Fachbereichen genannt, die sich für einen fächerübergreifenden Einsatz des Materials anbieten.

Einstieg in die Problemstellung
Es wird eine ausführliche Einführung in die vorliegende Problemstellung gegeben. In dieser werden sowohl die kontextorientierten als auch die mathematischen Grundlagen für die Bearbeitung des Workshops geschaffen. Außerdem werden die verwendeten Daten vorgestellt. Dieser Abschnitt eignet sich besonders für die Vorbereitung eines problemorientierten Unterrichtseinstiegs in das Thema des Workshops. Bei uns findet der Einstieg stets über eine Problempräsentation statt, in welche die Lernenden aktiv eingebunden werden. Die Präsentationsfolien stehen Ihnen auf der Workshop-Plattform, die im Abschnitt 2.3 beschrieben wird, zur Verfügung.

M. Gerhard (✉)
RWTH Aachen, Aachen, Deutschland
E-mail: maike.gerhard@rwth-aachen.de

M. Hattebuhr · S. Schönbrodt · K. Wohak
Karlsruher Institut of Technology (KIT), Eggenstein-Leopoldshafen, Deutschland
E-mail: hattebuhr@kit.edu

S. Schönbrodt
E-mail: schoenbrodt@kit.edu

K. Wohak
E-mail: wohak@kit.edu

Aufbau der Workshops

Es wird der methodische Aufbau des Workshops präsentiert: In einer Übersicht werden namentlich alle Arbeitsblätter aufgelistet, die der Workshop umfasst. Gegebenenfalls werden Hinweise zu Zusatzaufgaben bzw. Zusatzblättern gegeben.

Vorstellung der Workshopmaterialien

Dann folgt das Kernstück der Kapitel: die Beschreibung des Workshopmaterials. Es werden sämtliche digital realisierte Arbeitsmaterialien vorgestellt. Dabei umfasst ein Unterkapitel in der Regel genau ein Arbeitsblatt. Alle erläuternden Texte und Aufgabenstellungen sowie deren Abfolge (teils mit angepassten Formulierungen) sind von den digitalen Arbeitsblättern übernommen. Der Fließtext im Buch wird außerdem um die Metaebende der Modellierungsspirale ergänzt: Sobald wir im Modellierungsprozess einen Schritt weitergehen, wird dieser besonders gekennzeichnet. Dazu führen wir folgende Symbole ein:

◐ Vereinfachung und Strukturierung der realen Situation sowie Treffen von Annahmen

◑ Mathematisierung des realen Modells

◕ Computergestützte mathematische Arbeit, die zu einer mathematischen Lösung führt

● Interpretation und Validierung der Lösung in Bezug auf die reale Situation

Unsere Erfahrung zeigt, dass es Lernenden häufig hilft, sich bewusst zu machen, in welchem Schritt des Modellierungsprozesses sie sich gerade befinden und welche Schritte anschließend folgen. Eine theoretische Betrachtung des Modellierungsprozesses veranschaulicht durch (a) einen Kreislauf und (b) eine Spirale ist in Kapitel 1 zu finden.

Zu allen Aufgabenteilen werden Lösungsvorschläge angegeben. Diese umfassen sowohl die mathematische Herleitung inklusive Endergebnis als auch die daraus resultierende Eingabe im Codefeld. So können Aufgaben im digitalen Lernmaterial leicht den entsprechenden Abschnitten im Band zugeordnet werden und vice versa. Das erleichtert die Orientierung im Unterricht, wenn in Diskussionen mit Lernenden schnell zwischen den verschiedenen Medien gewechselt werden muss. Ein weiterer Vorteil ist, dass bei der Lektüre des Bandes nicht das Onlinematerial als Ergänzung hinzugezogen werden muss. Der Band steht für sich.

Weiterhin wird die Beschreibung des digitalen Lernmaterials an geeigneten Stellen durch didaktische Kommentare ergänzt. In diese Kommentare sind die Erfahrungen aus zahlreichen Workshopdurchführungen eingeflossen. Sie beinhalten

• Hinweise auf typische Fehler seitens der Lernenden,
• Hinweise auf mögliche Anknüpfungspunkte für einen fächerübergreifenden Unterricht,
• Empfehlungen zur Vertiefung bestimmter Aspekte sowie

• Erläuterungen zur Grundidee bzw. Intentionen der einzelnen Aufgaben.

Weiterführende Modellierungsaufgaben

Der letzte Abschnitt liefert Vorschläge für weiterführende Modellierungsaufgaben. Das sind Aufgaben, die gewisse Aspekte des Workshops vertiefen und somit an das vorhandene Material anschließen, aber weder im Band noch im digitalen Lernmaterial ausgearbeitet sind. Lehrende können diese Ideen aufgreifen, um den Workshop selbstständig zu erweitern oder um Themen für Facharbeiten oder Seminarkurse zu benennen.

Anhang: Stundenverlaufsplan und schulmathematische Anknüpfung

Im Anhang dieses Bandes ist für jeden Workshop ein exemplarischer Stundenverlaufsplan und ein Ablauf der Arbeitsblätter mit schulmathematischer Anbindung zu finden. Der exemplarische Stundenverlaufsplan teilt den Inhalt eines Workshops in 90-minütige Doppelstunden ein und gibt an, welche Inhalte in welchem Umfang jeweils behandelt werden. Er stellt eine Orientierungshilfe für die konkrete Unterrichtsplanung dar.

Da die Lernenden die Materialien in ihrem individuellen Tempo bearbeiten (sollen), muss das vorgegeben Schema an die jeweilige Lerngruppe angepasst werden. Es wird empfohlen den Workshop nicht in einem starren Zeitplan zu behandeln, sondern Lernenden die Zeit zu geben im eigenen Lerntempo die Problemstellungen zu erarbeiten. Dies wird insbesondere durch verschiedene Zusatzaufgaben sowie die in in Abschnitt 2.3.2 beschriebenen optionalen Lernhilfen erleichtert. Der Ablaufplan der Arbeitsblätter fasst tabellarisch die Arbeitsblätter eines Workshops sowie deren Inhalte zusammen. Hier werden auch Anknüpfungspunkte der häufig aus der Hochschulmathematik stammenden Inhalten zur Schulmathematik aufgeführt. Zudem wird gekennzeichnet, wann im Verlauf eines Workshops Diskussionen im Plenum empfehlenswert sind. Gegebenenfalls werden verschiedene Konzepte für die Durchführung eines Workshops angegeben. Diese unterscheiden sich hinsichtlich der Reihenfolge, in der die Lernmaterialien bearbeitet werden.

2.2 Einsatzmöglichkeiten der Lernmaterialien in der Schule

Die in diesem Band vorgestellten Workshops eignen sich besonders für ein schülerzentriertes, kooperatives Lernen in Kleingruppen. Zum einen ist diese Arbeitsweise authentisch, da auch in der Realität meist mehrere Personen zusammen an der Lösung eines komplexen Problems arbeiten – und das in jeglichen Bereichen. Die Lehrkraft unterstützt dabei als Mentor, ähnlich wie ein Projektleiter. Zum anderen werden diverse Vorteile genutzt, die kooperatives Lernen im Allgemeinen mit sich bringt: Es unterstützt die Selbstständigkeit in der Aneignung neuer Inhalte und fördert den Erwerb von Kommunikationskompetenzen, da die Lernenden im Austausch mit anderen Lernenden eigene Idee äußern und begründen (vgl. Tsay & Brady, 2010; Zakaria et al., 2010). Zudem kann es verstärkt zu einem begeisterten Lernen der Schüler/innen beitragen.

Durch die hier vorgestellten Workshops sollen Lernende Gelerntes vernetzen und damit die interdisziplinäre Verschränkung verschiedener Schulfächer, aber insbesondere der uns umgebenden Welt, erleben. Ziel ist es, Lernenden die Möglichkeit zu geben, sich aktiv Lerninhalte zu erarbeiten und diese praxisbezogen anzuwenden. Die Workshops dieses Bandes stellen Beispiele dar, mit denen solche Lerneinheiten realisiert werden können. Die zugehörigen Lernmaterialien wurden für eintägige Workshops des Programms CAMMP entwickelt und in erster Linie im Rahmen von außerschulischen Veranstaltungen an der RWTH Aachen und dem KIT durchgeführt.

Langfristiges Ziel der entwickelten Lernmaterialien ist es, dass diese direkten Einsatz im schulischen Unterricht finden. Vor diesem Hintergrund wurden vereinzelte Workshops bereits exemplarisch im Rahmen von mehrere Doppelstunden umfassenden Unterrichtsreihen erprobt.

Mögliche Rahmenbedingungen für den Einsatz der Modellierungworkshops in der Schule sind:

- Projekte: Die Modellierungsworkshops können sowohl im Rahmen von einzelnen Projekttagen, als auch von Projektwochen oder AGs durchgeführt werden.
- Unterrichtseinheiten im Regelunterricht (im Klassenbzw. Kursverband): Hier bieten sich insbesondere fächerübergreifende Durchführungen an, da in allen Workshops Inhalte anderer Disziplinen aufgegriffen werden. Durch diese Gestaltung der Workshops können Synergien zwischen unterschiedlichen Schulfächern leicht problemorientiert ausgenutzt werden. Beispiele für Schulfächer, die in verschiedenen Bundesländern bereits curricular verankert sind, sind die Fächer NwT (Naturwissenschaft und Technik) und IMP (Informatik, Mathematik, Physik) aus Baden-Württemberg oder Differenzierungskurse, die beispielsweise in Nordrhein-Westfalen und im Saarland existieren.
- Fach- oder Seminararbeiten: Die Modellierungsworkshops bieten eine ausgezeichnete Grundlage für die anschließende eigenständige Forschung einzelner Lernender an weiterführenden offenen Fragestellungen. Fragestellungen, die sich dafür eignen, werden am Ende eines jeden Workshopkapitels ausgewiesen.

- Frei- oder Übergangsarbeitszeiten: Die Workshops können zur individuellen Förderung einzelner Lernender eingesetzt werden.

Ein besonderer Vorteil der digitalen, cloudbasierten Realisierung des Lernmaterials ist, dass dieses sowohl im Rahmen von Präsenzunterricht als auch in der Heimarbeit eingesetzt werden kann. Die Workshops sind damit insbesondere für das Distanzlernen geeignet. Auch eine hybride Durchführung der Workshops ist denkbar. Kann nur ein Teil der Lernenden in der Schule sein, können die anderen Lernenden online dazu geschaltet werden. Im Rahmen des Programms CAMMP wurde die Durchführung in Präsenz bereits über viele Jahre hinweg erprobt. Die virtuelle Durchführung der Workshops wurde im Jahr 2020 sehr plötzlich erforderlich. Dank der cloudbasierten Realisierung des Lernmaterials war diese neue Art der Durchführung jedoch problemlos möglich. Um das kooperative Arbeiten auch im virtuellen Format zu ermöglichen, kommen Kommunikationsplattenformen zum Einsatz, die einen Austausch über Videokonferenzen sowie einen Chat ermöglichen. Die Lernenden können so leicht in kleinen Gruppen (2–3 Lernende) an den Modellierungsworkshops arbeiten und sich austauschen.

Die fünf vorgestellten Workshops setzen jeweils verschiedene mathematische Inhalte voraus und eigenen sich damit für Lernende unterschiedlicher Jahrgangsstufen. Die Tab. 2.1 bietet eine Übersicht über die mathematischen Inhalte der Workshops und die jeweils notwendigen Vorkenntnisse. Mithilfe dieser Tabelle können Lehrende gezielt einen geeigneten Workshop für ihre Lerngruppe auswählen.

Zu den beiden Themen Datenkomprimierung und Solarkraftwerk werden in diesem Band jeweils zwei Workshops vorgestellt. Eine Version bietet sich für die Durchführung in der Mittelstufe (WS I), die andere Version für die Durchführung in der Oberstufe (WS II) an. Folglich unterscheiden sich die mathematischen Voraussetzungen, wie auch die thematisierten mathematischen Inhalte. In den entsprechenden Kapiteln wird detailliert erläutert, wo die Unterschiede liegen (s. Kap. 3 und 4).

2.3 Das digitale Lernmaterial

An dieser Stelle möchten wir die Leserin/den Leser dazu einladen sich auf der Workshop-Plattform anzumelden und während der Lektüre des folgenden Abschnittes durch die digitalen Materialien zu stöbern. So lässt sich die folgende Beschreibung von Aufbau und Intention des Lernmaterials mit deren tatsächlicher Betrachtung kombinieren. Im folgenden Abschnitt wird der Zugang zur Workshop-Plattform, auf der sich sämtliche digitale Arbeitsmaterialien befinden, kurz beschrieben.

Tab. 2.1 Übersicht über die Inhalte und Voraussetzungen der Workshops. Bei den Themen Datenkomprimierung und Solarkraftwerk bezeichnet WS I den Workshop, der für die Mittelstufe und WS II den Workshop, der für die Durchführung in der Oberstufe geeignet ist

Thema	Ab Jgst.	Notwendige Vorkenntnisse	Mathematische Inhalte
Solarkraftwerk	9	WS I: Winkelpaare, Strahlensätze, Funktionsbegriff, Pythagoras	Geometrie, Trigonometrie, Winkelbeziehungen im Dreieck, Optimierung
	11	WS II: Winkelpaare, Strahlensätze, Funktionsbegriff, Parameterdarstellung von Geraden	Geometrie, Trigonometrie, Winkelbeziehungen im Dreieck, Integration, Optimierung und Algorithmen
Klimawandel	10	Lineare und quadratische Funktionen, Differentialrechnung, arithmetisches Mittel	Umgang mit Daten, lineare Regressionsanalyse, Optimierung, Bestimmtheitsmaß, Hypothesentests
Computertomographie	11	Vektoren, Parameterdarstellung von Geraden im $\mathbb{R}^2$ und Ebenen im $\mathbb{R}^3$, Schnittpunkte zwischen Geraden	Inverse Probleme, Parameterdarstellung von Geraden und Ebenen, Matrizen
Datenkomprimierung	9	WS I: Funktionsbegriff	Funktionsgleichungen, trigonometrische Funktionen, Fourier-Transformation
	11	WS II: Funktionsbegriff, Vektoren	Funktionsgleichungen, trigonometrische Funktionen, Vektoren, Matrizen, Fourier-Transformation, Basiswechsel
Shazam	9	Lineare, quadratische und trigonometrische Funktionen	Sinusschwingungen, Steckbriefaufgaben (für Geraden und Parabeln), Fourier-Transformation, (partielle) Integration

Abb. 2.1 QR-Code für die Webseite, die zur Workshop-Plattform führt: www.cammp.online/183.php

Hinweis: Bei der Registrierung auf der Workshop-Plattform werden keinerlei personenbezogenen Daten erhoben.

2.3.1 Zugriff auf das digitale Lernmaterial

Über www.cammp.online/183.php gelangt man zu der Webseite, auf der der Zugang zur Workshop-Plattform in einem kurzen Video schrittweise angeleitet wird. Bei der erstmaligen Anmeldung muss ein Nutzeraccount angelegt werden. Es ist zu berücksichtigen, dass das folgende Präfix händisch in den Usernamen eingebaut wird (Abb. 2.1). Das Präfix lautet

cammp_ (Beispiel Username: cammp_Mathefan123)
Das Passwort ist frei wählbar.
Für die Durchführung der Workshops in der eigenen Lerngruppe muss sich auch jeder Lernende einmalig einen Account anlegen.

Nach erfolgreicher Registrierung ist die in Abb. 2.2 dargestellte Ordnerstruktur im eigenen Nutzeraccount vorhanden. Im Ordner eines beliebigen Workshops (Ordner *shazam*, Ordner *klimawandel* usw.) sind die Arbeitsblätter (Unterordner *worksheets*) sowie auszudruckende Dokumentations- und Antwortblätter (Unterordner *printables*) zu finden. Auch Tipps bzw. Infoblätter liegen dort bereit (Unterordner *help*). Durch einen Doppelklick auf das erste Arbeitsblatt (Datei: *AB1.ipynb*) kann mit der Bearbeitung des Workshops begonnen werden (s. Abb. 2.2). Alle Änderungen und Eingaben auf den Arbeitsblättern werden automatisch gespeichert. Dies gilt sowohl für die Accounts der Lehrenden als auch für die Accounts der Lernenden. Für die Durchführung der Workshops muss keine Software installiert werden.

Jeder Nutzeraccount beinhaltet zunächst nur das Material für die Lernenden (ohne Lösungsvorschläge und Präsentationsfolien). Die Lernmaterialien mit Lösungsvorschlägen können von der Lehrkraft mit dem Passwort

shohTh3a

auf der Startseite der Workshop-Plattform freigeschaltet werden. Die Arbeitsblätter mit Lösungen werden dann automatisch in die bereits existierenden *worksheets*-Ordner geladen und sind durch den Suffix **-Lsg** kenntlich gemacht. Zudem erscheint im Account des Lehrenden zu jedem Workshop ein Ordner *presentations*. In diesem liegen Präsentati-

Abb. 2.2 Screenshot der Ordnerstruktur auf der Workshop-Plattform ohne Arbeitsblätter mit Lösungsvorschlägen

onsfolien. Diese können für den Unterrichtseinstieg und für Diskussions- bzw. Sicherungsphasen genutzt werden.

2.3.2 Aufbau und Elemente des digitalen Lernmaterials

In diesem Abschnitt werden die digitalen Arbeitsmaterialien und deren zentrale Bausteine beschrieben, die in allen Workshops zu finden sind.

Sämtliche digitale Arbeitsmaterialien für die Lernenden sind in der Entwicklungsumgebung Jupyter Notebook[1] umgesetzt. Diese bietet den Vorteil, dass Arbeitsaufträge, erklärende Abbildungen und kleine Codeabschnitte übersichtlich und in beliebiger Reihenfolge in einem einzigen Dokument kombiniert werden können. Deshalb haben sich Jupyter Notebooks in vielen Wissenschaftsbereichen zum Standardwerkzeug entwickelt. Der aktuelle Arbeitsstand wird nach jeder Sitzung automatisch gespeichert. Das erlaubt eine Bearbeitung des Materials mit Unterbrechungen – wie sie im Rahmen des Schulunterrichts zu erwarten ist.

Jeder Workshop besteht aus mehreren digitalen Arbeitsblättern, die jeweils als Jupyter Notebooks umgesetzt sind. In Abb. 2.3 ist ein Ausschnitt eines digitalen Arbeitsblattes dargestellt. Im Folgenden werden die einzelnen markierten Bausteine, deren Reihenfolge und Anzahl in den einzelnen Workshops variieren, vorgestellt.

Textfelder
Mithilfe der Textfelder[2] werden die Lernenden durch den Workshop geleitet. Sie beinhalten beispielsweise Einführungen in die Problemstellungen, mathematische bzw. inhaltliche Erläuterungen oder konkrete Aufgabenstellungen. Zudem kann ihnen aufgrund von verwendeten Symbolen (Stift für Notizen und Bildschirm für Code) entnommen werden, ob der entsprechende Aufgabenteil schriftlich mit Stift und Papier bearbeitet oder als Code im nächsten Codefeld eingegeben werden soll.

Codefelder
Codefelder schließen in der Regel an Textfelder an. Die Codefelder müssen von den Lernenden gemäß der Aufgabenstellung im vorangegangenen Textfeld bearbeitet werden. An dieser Stelle nehmen die Lernenden aktiv Änderungen am digitalen Arbeitsblatt vor. Um den Umgang mit den Codefeldern zu erleichtern, enthalten sie Kommentare, die jeweils mit einer Raute (#) beginnen (vgl. folgendes Codebsp. Zeile 1). Zusätzlich sind die Stellen, an denen Lernende Code eingeben müssen, durch den Platzhalter NaN (engl. *not a number*) markiert.

Der letzte Abschnitt eines Codefelds enthält meist Funktionen, die der automatischen Überprüfung der Eingabe dienen. Diese „Überprüfefunktionen" dürfen **nicht** geändert werden. Ein entsprechender Kommentar (z. B. # Ab hier nichts ändern) weist die Lernenden darauf hin. Ändern die Lernenden die „Überprüfefunktion" dennoch, so können diese Änderungen durch Anklicken des entsprechenden Codefeldes und mehrfaches drücken von „Strg + z" rückgängig gemacht werden. Alternativ kann die/der Lehrende die Arbeitsblätter mit der Lösung öffnen und dort die korrekte Schreibweise der „Überprüfefunktion" nachvollziehen.

Führen die Lernenden ein Codefeld (durch Mausklick auf den Run-Button) aus, so wird ihre Eingabe im Hintergrund überprüft. Sie erhalten aufgabenspezifische Ausgaben. Diese beinhalten unter anderem eine Bewertung der Eingabe. Dies wird weiter unten im Abschnitt zur **Ausgabe** detaillierter aufgegriffen.

In der Beschreibung der Workshops in diesem Band tauchen die Codefelder hauptsächlich in den Lösungsvorschlägen auf und grenzen sich durch ihre besondere Schreibmaschinenschriftart vom restlichen Text ab. Sie sind dabei wörtlich von den digitalen Codefeldern übernommen. Die Codeteile, die jeweils von den Lernenden eingegeben werden, sind im Buch fett gedruckt (vgl. folgendes Codebeispiel, Zeile 2). Alle übrigen Codeteile sind Kommentare oder vorimplementierte Funktionen. Sie werden nicht fett gedruckt. Diese sichtbare Hervorhebung soll die Lehrenden in der Betreuung der Workshops unterstützen.

Ein Lösungsvorschlag einer Codeeingabe sieht beispielsweise wie folgt aus:

```
1   # Berechnung des Abstandes zwischen
    zwei Schnittpunkten
```

---

[1] Weitere Informationen zu Jupyter gibt es unter: www.jupyter.org. Zugegriffen: 07. September 2020

[2] Zur Formatierung des Textes wird die Auszeichnungssprache Markdown verwendet, weshalb man auch von Markdown-Feldern spricht.

Abb. 2.3 Screenshot eines digitalen Arbeitsblattes aus dem Workshop zum Solarkraftwerk

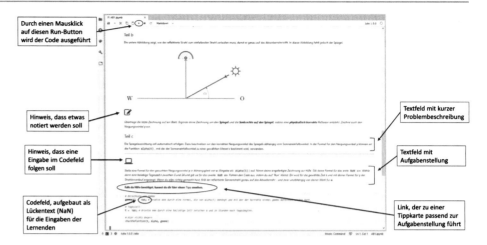

```
2  distance(x1,x2,y1,y2) =
   sqrt((x2-x1)^2+(y2-y1)^2);
```

Den Codefeldern liegt die Programmiersprache[3] Julia zugrunde. Für die Durchführung der Workshops sind keine Programmierkenntnisse notwendig. Vielmehr wird die Programmiersprache im Sinne eines grafischen Taschenrechners eingesetzt. Darüber hinausgehende Programmierfähigkeiten werden selten benötigt und werden durch entsprechendes Arbeitsmaterial schrittweise eingeführt.

Durch im Hintergrund laufende Routinen von Julia, ist es möglich, mit großen Datenmengen zu arbeiten. Auch bietet es die Möglichkeit, die verwendeten Daten verschieden zu visualisieren oder auch akustisch darzustellen, um sie für Lernende zugänglicher zu machen.

Das Material berührt durch den Computereinsatz auch Aspekte, die in der Schule dem Informatikunterricht zugeordnet werden. Der Übergang von der mathematischen Problemstellung zum Algorithmus und letztlich zur Umsetzung im Programmcode ist dabei fließend. Wir verstehen die im Rahmen der Workshops zu entwickelnden Algorithmen als mathematische Elemente. Ein Beispiel wäre die Berechnung von $\sum_{i=0}^{N} i$, die wir als mathematischen Algorithmus (Summe) auffassen, obgleich dieser bei der Eingabe im Code durch eine for-Schleifen umgesetzt und damit häufig als programmiertechnisches Element verstanden wird.

Im Material (sowohl im digitalen Material, als auch im Begleitmaterial in diesem Band) wird für Variablen, Formeln und Gleichungen eine in der Mathematik übliche Notation verwendet. Lediglich wenn direkt Bezug zu einer Eingabe im Code genommen wird, werden die Variablen in der gleichen Schreibweise wie in der Codeeingabe dargestellt. Damit soll Fehlern seitens der Lernenden bei der Codeeingabe vorgebeugt werden.

Ausgabe

Nach der Ausführung eines Codefeldes erhalten die Lernenden eine Rückmeldung. Diese kann verschiedene Elemente, wie Abbildungen, Diagramme, Tonspuren, Rechenergebnisse oder Variablen enthalten. Ein Beispiel einer Ausgabe ist in Abb. 2.4 dargestellt. Die Ausgaben bieten eine Orientierung für die Eigenkontrolle, da die Lernenden (systematisch) untersuchen können, wie sich Änderungen in der Eingabe auf die Ausgabe auswirken.

Im Falle eines typischen Fehlers in der Codeeingabe fängt die automatische Prüfung des Codes diesen ab und weist gezielt auf Verbesserungen hin. So wird eine selbstständige Korrektur durch die Lernenden erleichtert. Dieses individualisierte Feedback unterstützt eine eigenständige Bearbeitung des Materials. Ist die Eingabe so weit von der Lösung entfernt, dass keine eindeutige Fehlerquelle identifiziert werden kann, wird lediglich zurückgemeldet, dass die Eingabe falsch ist. Die Routinen zur Prüfung des Codes, laufen „im Hintergrund", sodass sie von den Lernenden weder eingesehen noch verändert werden sollen. Sie werden in den jeweiligen Codefeldern eines Arbeitsblattes nach dem Hinweis # Ab hier nichts ändern aufgerufen. Diese Aufrufe dürfen nicht verändert werden. Die Interpretation der Ergebnisse sowie deren Einordnung in den jeweiligen Kontext wird in den jeweiligen Aufgabenteilen angeleitet.

Es gibt Aufgaben (häufig Zusatzaufgaben oder Aufgaben auf Zusatzblättern), die so offen formuliert sind, dass eine automatisierte Prüfung der Eingabe nicht möglich bzw. wenig sinnvoll ist. Bei diesen Aufgaben ist es besonders wich-

---

[3]Weitere Informationen zu Julia gibt es unter: www.julialang.org. Zugegriffen: 07. September 2020. Die Autoren haben für die Entwicklung der digitalen Arbeitsblätter (Jupyter Notebooks) Julia gewählt. Grundsätzlich hätten auch andere Programmiersprachen, wie Python oder R, verwendet werden können. Julia überzeugt jedoch durch die einfache Syntax und lässt sich dadurch auch von Personen mit geringen Programmierkenntnissen leichter erfassen.

Abb. 2.4 Screenshot einer Rückmeldung auf einem digitalen Arbeitsblatt aus dem Workshop zum Solarkraftwerk. Hier wurde die korrekte Lösung der Aufgabe bereits eingetragen

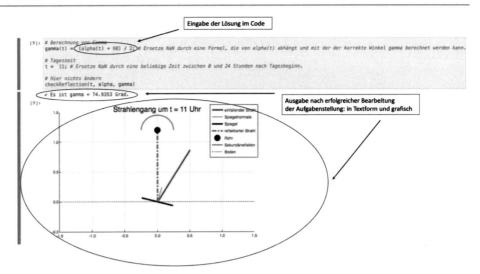

tig, dass die Lernenden die ausgegebenen Teilergebnisse oder Diagramme kritisch hinterfragen.

Die meisten Fehlermeldungen, die bei der Bearbeitung der Workshops auftreten, entstehen durch eine inkorrekte Syntax in der Codeeingabe oder durch eine mathematisch fehlerhaft aufgestellte Formel bzw. Lösung. Selten treten auch technische Probleme auf, die nicht im Zusammenhang mit der (ggf. sogar korrekten) Eingabe im Code stehen. Tabelle A.1 im Anhang A.1 gibt eine Übersicht über verschiedene Probleme, die unserer Erfahrung nach am ehesten bei der Bearbeitung der Workshops auftreten. Gleichzeitig wird dort beschrieben, wie diese Probleme behoben werden können. Die Tabelle liegt zusätzlich als *FAQ.pdf* auf der Workshop-Plattform bereit (s. Abb. 2.2).

Tipps

Zu den meisten Aufgaben wurden Hilfen entwickelt, die als „Tipps" zur Verfügung gestellt werden. Diese Tipps befinden sich auf eigenen Jupyter Notebooks, auf welche die Lernenden über einen Link an der entsprechenden Stelle des Arbeitsblattes gelangen (vgl. Abb. 2.3). Oft stehen mehrere Tipps zur Verfügung. Diese bauen entweder aufeinander auf und werden dabei immer konkreter (gestufte Hilfen) oder die Tipps stehen gleichwertig nebeneinander, beleuchten jedoch unterschiedliche Aspekte einer Aufgabe oder sprechen unterschiedliche Lerntypen an. Tipps können aus Hinweisen, Skizzen, Gleichungen oder Beispielen bestehen. Die Lernenden können eigenständig entscheiden, ob und wann sie auf die Tipps zugreifen. Das ermöglicht eine bedarfsgerechte Unterstützung und beugt so Über- bzw. Unterforderung vor.

Im Band wird darauf verzichtet, den genauen Wortlaut der Tipps wiederzugeben. Vielmehr wird der wesentliche Aspekt der jeweiligen Hilfestellung genannt. ◀

Infoblätter

Auf einigen Arbeitsblättern sind Infoblätter verlinkt, die sich, wie auch die Tipps, in separaten Notebooks öffnen. Diese Infoblätter dienen dazu

- mathematische Fähigkeiten zu vermitteln, die für die Bearbeitung des Workshops notwendig, aber ggf. bei den Lernenden noch nicht vorhanden sind. Alternativ können sie auch zur Wiederholung des Inhalts genutzt werden, oder
- um interessierten Lernenden weiterführende (mathematische, wie auch außermathematische) Informationen anzubieten, die für die erfolgreiche Bearbeitung der Problemstellungen jedoch nicht benötigt werden.

Die Infoblätter sind neben den Zusatzaufgaben und -blättern weitere Mittel zur Differenzierung. Wie bei den Tipps, wird bei der Beschreibung der Infoblätter auf den genauen Wortlaut verzichtet. Es wird stets aufgezeigt, an welchen Stellen solch ein Blatt zur Verfügung steht und knapp umrissen, was thematisiert wird. Grund dafür ist, dass die entsprechenden Informationen den Lehrenden oft an anderer Stelle im Band ausführlich erläutert wurden (bspw. zu Beginn eines Kapitels) und so eine inhaltliche Dopplung vermieden wird.

Kopiervorlagen

Fast alle Workshops umfassen weitere Arbeitsmaterialien (meist pdf-Dateien), die ausgedruckt werden können. Dabei handelt es sich beispielsweise um Skizzen, die von den Lernenden auf verschiedene Weise bearbeitet werden sollen (Hilfskonstruktionen einzeichnen, fehlende Größen ergänzen, Messungen vornehmen, etc.). Dies ist am Computer ohne entsprechende Software schwierig. Daneben gibt es Antwortblätter, auf denen die wichtigsten Erkenntnisse übersichtlich festgehalten werden können, um den Fortschritt im Laufe eines Workshops zu dokumentieren. Die auszudruckenden pdf-Dateien sind an entsprechender Stelle der digitalen

Arbeitsblätter verlinkt und im Ordner *printables* zu finden (s. Abb. 2.2).

Vorbereitung der ersten Workshopdurchführung

Wir empfehlen allen Lehrenden den jeweiligen Workshop vor dem ersten Einsatz des Materials im Unterricht einmal selbst *in der Rolle des Lernenden* durchzuführen.

Auf der Workshop-Plattform liegt zudem eine interaktive Einführung in die Programmiersprache `Julia` bereit. Diese wird im Anhang A kurz beschrieben. Die Einführung kann (muss aber nicht!) vor der ersten Durchführung eines Workshops bearbeitet werden.

Literatur

Tsay, M., & Brady, M. (2010). A case study of cooperative learning and communication pedagogy: Does working in teams make a difference? *Journal of the Scholarship of Teaching and Learning, 10*(2), 78–89.

Zakaria, E., Chin, L. C., & Daud, Y. (2010). The effects of cooperative learning on students' mathematics achievement and attitude towards mathematics. *Journal of Social Sciences, 6*(2), 272–275.

Erneuerbare Energien – Modellierung und Optimierung eines Solarkraftwerks

3

Sarah Schönbrodt

Zusammenfassung

Die Entwicklung und der Einsatz effizienter erneuerbarer Energieformen wird mit Blick auf den fortschreitenden Klimawandel immer bedeutender. Solarkraftwerke gelten in der Forschung zu erneuerbaren Energien als besonders zukunftsträchtig. In diesem Workshop wird ein mathematisches Modell für die Ausrichtung der Spiegel und die Leistung eines Solarkraftwerks entwickelt. Anschließend werden verschiedene Kraftwerksparameter optimiert und mehrere Modellverbesserungen eingebaut.

Workshop für die Mittelstufe:	Workshop für die Oberstufe:
Zielgruppe: Lernende ab Klasse 9	**Zielgruppe:** Lernende ab Klasse 11
Lerneinheiten: 5–6 Doppelstunden à 90 min (s. Anhang B.2.1)	**Lerneinheiten:** 5–6 Doppelstunden à 90 min (s. Anhang B.2.2)
Vorkenntnisse: Winkelbeziehungen im Dreieck, Winkelsumme, Scheitel- und Wechselwinkel, Strahlensätze	**Vorkenntnisse:** Winkelbeziehungen im Dreieck, Trigonometrie, Geraden in Parameterform

Welche erneuerbare Energiequelle für eine effiziente Energieversorgung geeignet ist, hängt stark von regionalen Aspekten (wie bspw. Wetter und Geographie) ab.

In diesem Workshop beschäftigen wir uns mit der Sonnenenergie. Konkret werden solarthermische Kraftwerke mit planaren Spiegeln, sogenannte Fresnel-Kraftwerke, untersucht (vgl. Abb. 3.1). Diese eignen sich besonders in sonnenreichen Gegenden, wie z. B. Spanien oder Kalifornien (vgl. Hattebuhr et al. 2017).

Zum Thema der Solarenergienutzung wurden zwei Workshops entwickelt. Beide werden im Rahmen dieses Kapitels behandelt. Die Workshops richten sich aufgrund ihrer jeweiligen mathematischen Schwerpunkte an unterschiedliche Zielgruppen: Lernende der Mittel- bzw. Oberstufe. Der Einstieg in die Problemstellung, das erste Arbeitsblatt und der Ausblick sind in beiden Workshops identisch. Abb. 3.2 gibt einen Überblick, welche Abschnitte dieses Kapitels für welchen Workshop relevant sind.

Abb. 3.1 Fresnel-Kraftwerk Puerto Erado 2 in Südspanien. (Foto: EBL)

3.1 Einleitung

In Wissenschaft und Wirtschaft wird intensiv daran geforscht erneuerbare Energieträger wirtschaftlich und effizient zu gestalten. Zu den erneuerbaren Energien gehören u. a. Wasserkraft, Biomasse, Sonnenenergie und Geothermie oder Windenergie. Hierbei ist es sinnvoll die passenden regenerativen Energieformen für die jeweils betrachtete Region zu wählen.

S. Schönbrodt (✉)
Karlsruher Institut of Technologie (KIT), Eggenstein-Leopoldshafen, Deutschland
E-mail: schoenbrodt@kit.edu

© Der/die Autor(en), exklusiv lizenziert durch Springer-Verlag GmbH, DE, ein Teil von Springer Nature 2022
M. Frank und C. Roeckerath (Hrsg.), *Neue Materialien für einen realitätsbezogenen Mathematikunterricht 9*,
Realitätsbezüge im Mathematikunterricht, https://doi.org/10.1007/978-3-662-63647-3_3

Abb. 3.2 Übersicht über die
Workshops für die Mittelstufe
(Workshop I) und die Oberstufe
(Workshops II) sowie die jeweils
relevanten Abschnitte in diesem
Kapitel

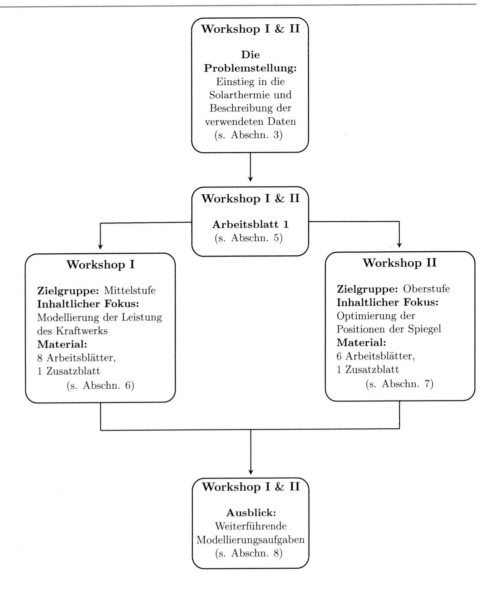

3.2   Übersicht über die Inhalte der Workshops

Mathematische Inhalte – Workshop für die Mittelstufe
Der Schwerpunkt des Workshops für die Mittelstufe liegt auf der Modellierung der Leistung des Kraftwerks. Dabei finden zahlreiche mathematische Begriffe und Konzepte Anwendung, die aus dem Geometrieunterricht bekannt sind.

Inhalte, die *über die Schulmathematik der Mittelstufe hinausgehen* (z. B. Sinus und Kosinus), werden an den entsprechenden Stellen des Workshops *anschaulich eingeführt*. Die mathematischen Inhalte dieses Workshops sind (notwendiges Vorwissen ist unterstrichen):

- Geometrie (Winkelbeziehungen im rechtwinkligen Dreieck, Winkelsumme, Scheitel- und Wechselwinkel, Strahlensätze)

- Trigonometrie (Sinus, Kosinus, Tangens)
- Funktionen
- Optimierung (durch Ablesen der Extrempunkte am Funktionsgraphen)

Dabei ist lediglich Vorwissen zu Winkelpaaren und der Winkelsumme in Dreiecken sowie ein Verständnis von funktionalen Zusammenhängen notwendige Voraussetzung für die Bearbeitung dieses Workshops.

Mathematische Inhalte – Workshop für die Oberstufe
Der Schwerpunkt des Workshops für die Oberstufe liegt weniger auf der physikalisch-technischen Modellierung der Leistung des Kraftwerks, basierend auf geometrischen Überlegungen. Stattdessen liegt der Fokus auf der **Modellierung von Optimierungsproblemen** und der Entwicklung von Verfahren zur Lösung solcher Probleme. Die mathematischen Inhal-

te dieses Workshops sind (notwendiges Vorwissen ist unterstrichen):

- Geometrie (Winkelbeziehungen im rechtwinkligen Dreieck)
- Trigonometrie (Sinus, Kosinus, Tangens)
- Funktionen
- Integration über Riemann-Summen
- Optimierung und die Entwicklung von Optimierungsverfahren
- Geraden in Parameterform

Voraussetzungen für die Bearbeitung des Workshops sind Kenntnisse in Trigonometrie, im Umgang mit Funktionen und über die Darstellung von Geraden in Parameterform.

Außermathematische Inhalte
Beide Workshops sind sowohl inner- wie auch außermathematisch reichhaltig und bieten damit die Möglichkeit, auch fächerübergreifende Projekte (z. B. Mathematik, Physik und Informatik sowie ggf. Geografie) durchzuführen. Insbesondere die folgenden Inhalte dieses Workshops würden sich für fächerübergreifendes Lernen eignen:

- Reflexionsgesetz
- Leistung und Energie
- for-Schleifen und if-else-Abfragen (nur im Workshop für die Oberstufe)
- Entwicklung und Implementierung von eigenen Algorithmen (nur im Workshop für die Oberstufe)

3.3 Einstieg in die Problemstellung und Hintergrundwissen

In solarthermischen Kraftwerken wird die Strahlung der Sonne als Energiequelle genutzt. Mithilfe von Spiegeln wird das Sonnenlicht auf einen Absorber gebündelt. Der Absorber besteht bei den betrachteten solarthermischen Kraftwerken aus einem Rohr, welches ein Wärmeträgerfluid (bspw. Wasser oder ein Thermoöl) enthält. Das Fluid wird durch die konzentrierte Sonnenstrahlung stark erhitzt. So wird die absorbierte Energie der Sonne zunächst in Wärmeenergie umgewandelt. Wird Wasser als Wärmeträgermedium verwendet, kann der entstehende Wasserdampf direkt genutzt werden, um die thermische Energie mittels einer Dampfturbine in elektrische Energie umzuwandeln (s. Abb. 3.3). Solarthermische Kraftwerke haben gegenüber Photovoltaik den großen Vorteil, dass es technisch einfacher ist Energie zu speichern. Dazu können thermische Energiespeicher wie bspw. Speichertanks mit heißem geschmolzenen Salz integriert werden. Auf diese Weise kann auch in der Nacht oder zu sonnenarmen Zeiten

Strom aus Solarenergie bedarfsgerecht zur Verfügung gestellt werden (vgl. BINE Informationsdienst, FIZ Karlsruhe 2013).

Im Bereich der solarthermischen Kraftwerke gibt es verschiedene Konzepte. Die zwei bekanntesten sind **Solarturmkraftwerke** mit zentralen, relativ kleinen Absorbern und **Solarfarmkraftwerke**, bei denen die Absorber mehrere hundert Meter lang sind. In diesem Workshop liegt der Fokus auf den Solarfarmkraftwerken, deren Funktionsweise nachfolgend beschrieben wird. Eine kurze Beschreibung der Solarturmkraftwerke, inklusive bildlicher Darstellung, ist im Ausblick auf weitere Modellierungsaufgaben zu finden (s. Abschn. 3.8).

Weltweit sind bereits zahlreiche solarthermische Kraftwerke in Betrieb. Dennoch arbeitet die Energieforschung weiterhin intensiv daran, die einzelnen Komponenten und Konzepte zu optimieren. Geplante Anlagen werden bereits vor der Konstruktion auf ihre Wirtschaftlichkeit überprüft. Ziel ist es, Kosten zu minimieren und zugleich eine optimale Energieausbeute zu erzielen, indem die vorhandene Sonneneinstrahlung so gut wie möglich genutzt wird (vgl. BINE Informationsdienst, FIZ Karlsruhe 2013).

Die Optimierung der Kraftwerke wird in der Praxis und auch im Rahmen der Workshops basierend auf numerischen Simulationen durchgeführt. Konkret entstand das Lernmaterial zur Optimierung von Solarkraftwerken in Kooperation mit der Firma Frenell[1] und in der Folge mit TSK Flagsol[2]. Die Problemstellung wurde im engen Austausch mit diesen Partnern aus der Praxis zunächst für die Durchführung im Rahmen einer Modellierungswoche aufbereitet und in den folgenden Jahren im Rahmen von computergestützten Lernmaterialien für den Einsatz in Modellierungstagen weiterentwickelt.

Die Workshops bieten den Lernenden damit einen authentischen Einblick in ein praxisrelevantes und aktuelles Forschungsgebiet.

3.3.1 Solarfarmkraftwerke

In Solarfarmkraftwerken sind die Spiegel auf einem riesigen Feld parallel zueinander aufgestellt. Die Spiegel fokussieren das Sonnenlicht auf Absorberrohre, die über den Spiegeln angebracht sind. Im Verlauf des Tages werden die Spiegel der Sonne mithilfe von Motoren oder Seilantrieben nachgeführt (vgl. BINE Informationsdienst, FIZ Karlsruhe 2013). Man unterscheidet zwischen Kraftwerken mit Parabolrinnenkollektoren und planaren Fresnelkollektoren.

Bei Parabolrinnenkraftwerken (s. Abb. 3.4) wird für jedes Absorberrohr eine parabolisch geformte Spiegelrinne als

---

[1] www.frenell.de/, letzter Aufruf: 01.10.2020
[2] www.flagsol.com/, letzter Aufruf: 01.10.2020

Abb. 3.3 Schematischer Aufbau
eines Fresnel-Kraftwerks

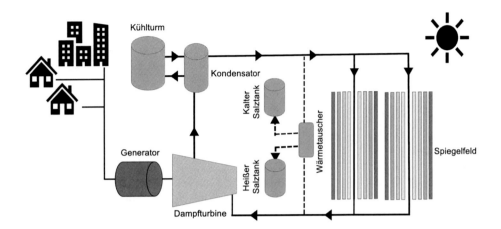

Abb. 3.4 Ein Parabolrinnenkraftwerk in Südspanien. (Foto: schlaich
bergermann partner)

Dem entgegen stehen jedoch hohe Kosten für die Herstellung
und Pflege der Parabolspiegel (vgl. BINE Informationsdienst,
FIZ Karlsruhe 2013).

Bei Fresnel-Kraftwerken wird anstelle einer Parabolrinne
eine Reihe von ebenen Spiegeln verwendet. Mehrere Spiegelreihen fokussieren dabei das einfallende Licht auf ein
Absorberrohr (s. Abb. 3.5). Um reflektierte Sonnenstrahlen
aufzufangen, die das Absorberrohr nur knapp verfehlen,
befindet sich über jedem Rohr ein gekrümmter Spiegel,
der sogenannte Sekundärreflektor, welcher diese Strahlen
mithilfe einer zweiten Spiegelung doch noch auf das Rohr
fokussiert. Wesentliche Vorteile von Fresnel-Kraftwerken
sind die geringeren Kosten für Herstellung, Reinigung
und Wartung der planaren Spiegel. Nachteil ist, dass sich
die Spiegel im Fresnel-Kraftwerk gegenseitig verschatten
können und nicht die komplette Spiegelfläche ausgenutzt
wird.

Im folgenden Abschnitt werden die Daten beschrieben,
die bei der Modellierung der Leistung von Solarkraftwerken
und der darauf basierenden Optimierung verschiedener Kraftwerksparameter zum Einsatz kommen.

Reflektorfläche verwendet. Diese wird der Sonne nachgeführt, sodass sich das Absorberrohr immer in deren Brenn-
punkt befindet. Dies bietet einen hohen Effizienzgrad, da im-
merzu die komplette Spiegelfläche zur Sonne geöffnet ist.

Abb. 3.5 Daggett, Kalifornien,
USA. (Quelle: www.google.
com/maps/place/Daggett, letzter
Aufruf: 27.08.2020)

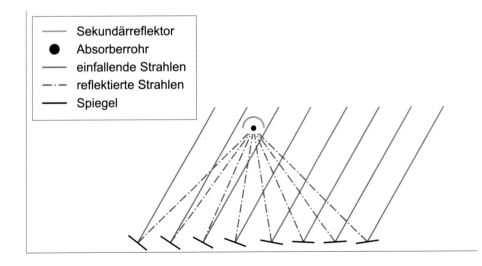

3.3.2   Die Sonnenstrahlung – Datengrundlage

Abb. 3.6 Schematische Reflexion von Sonnenstrahlen in einem Fresnel-Kraftwerk

Wesentlich für die Berechnung der umgesetzten Energie eines Kraftwerks ist die Stärke der Sonnenstrahlung an dem Ort, an dem das Kraftwerk steht oder gebaut werden soll. In diesem Workshop wird Daggett (s. Abb. 3.6), ein sonniger Ort in Kalifornien, als Standort für das Fresnel-Kraftwerk betrachtet. Grund dafür ist, dass für Daggett die notwendigen, im Folgenden beschriebenen Daten vorliegen und dass dort tatsächlich Solarkraftwerke in Betrieb sind. Grundsätzlich ließe sich der Workshop auch mit Daten eines anderen sonnenreichen Standorts, wie z. B. Sevilla (Südspanien) oder Upington (Südafrika) durchführen[3].

Die Strahlung der Sonne kann in **direkte** und **diffuse Strahlung** unterteilt werden. Die diffuse Strahlung kommt u. a. durch Reflexion und Ablenkung von Sonnenstrahlen durch die Atmosphäre und Wolken zustande. Die direkte Strahlung hingegen kommt, wie der Name schon sagt, direkt von der Sonne. Da nur die direkte Strahlung gebündelt auf den Absorber konzentriert werden kann, wird lediglich diese Strahlung bei der Modellierung des Kraftwerks berücksichtigt (vgl. Richter 2017). Die Bestrahlungsstärke der direkten Strahlung (engl. *direct normal irradiance,* DNI) kann für jeden gegebenen Ort auf der Erde mithilfe einer Messung bestimmt werden. Sie bezieht sich auf eine Fläche, die senkrecht auf die einfallenden Sonnenstrahlen steht. Die Bestrahlungsstärke besitzt die Einheit W/m^2. Sie beschreibt die Leistung der Strahlung, die auf eine senkrecht zur Strahlung stehende Fläche von einem Quadratmeter trifft. Zur Messung der Bestrahlungsstärke der direkten Sonnenstrahlung kommen sogenannte Pyrheliometer zum Einsatz (vgl. Duffie und Beckmann 2013).

Die Bestrahlungsstärke der direkten Sonnenstrahlung kann außerdem mithilfe einer zweiten Methode ermittelt werden:

der Verwendung von meteorologischen Modellen. Das sogenannte **Clear Sky Modell MRM** ist ein Beispiel für ein solches meteorologisches Modell. MRM-Modelle gehen vereinfachend davon aus, dass die Sonneneinstrahlung ein symmetrisches Verhalten aufweist. ☽ Beispielsweise wird die Sonneneinstrahlung in manchen Modellen als tagessymmetrisch (um den Zeitpunkt, zu dem die Sonne mittags im Zenit steht) angenommen. Zudem wird angenommen, dass der Himmel stets wolkenlos ist und keine wetterbedingten Schwankungen der Sonnenstrahlung auftreten (vgl. Kambezidis und Psiloglou 2008).[4]

Für diesen Workshop liegt ein Datensatz aus einem Clear Sky MRM Modell vor. Dieser beinhaltet für verschiedene Tageszeiten aller 365 Tage eines Jahres die Bestrahlungsstärke der direkten Sonnenstrahlung in Daggett. Ein Auszug aus diesem Datensatz ist in Tab. 3.1 dargestellt. ☽ Im Workshop wird lediglich ein einziger Tag im Juni betrachtet. Die Daten von Sonnenauf- bis Sonnenuntergang dieses Tages wurden mit der Methode der kleinsten Fehlerquadrate durch ein geeignetes (abgeschnittenes) Polynom approximiert. Das Ergebnis ist in Abb. 3.7 dargestellt. Die Zeit wird in Stunden nach Tagesbeginn (d. h. 15:45 Uhr entspricht 15.75h) angegeben.

Um die Sonnenstrahlung in den Spiegelkraftwerken wie gewünscht auf den Absorber zu reflektieren, müssen die Spiegel entsprechend ausgerichtet werden. Dazu werden Daten, welche die Richtung der einfallenden Sonnenstrahlen beschreiben, benötigt.

Tab. 3.1 Übersicht über die vorliegenden Daten zur Bestrahlungsstärke der direkten Sonnenstrahlung in Daggett basierend auf einem MRM Modell

Tag	Zeit in h nach Tagesbeginn	Bestrahlungsstärke in W/m^2
1	7.91	0
1	8.01	3.68
1	8.11	20.14
⋮	⋮	⋮
1	15.91	263.75
1	16.01	251.21
⋮	⋮	⋮
365	17.61	13.57

---

[3]Nahe Sevilla steht das Solarkraftwerk *PS. 20* und bei Upington das Solarkraftwerk *Khi Solar One,* siehe https://en.wikipedia.org/wiki/List_of_solar_thermal_power_stations, letzter Aufruf: 27.07.2020.

[4]Die Symbole ☽, ☾, ◑ und ● spiegeln die Modellierungsschritte wieder. Die genaue Bedeutung der einzelnen Symbole wird in Abschn. 1.1 detaillierter beschrieben.

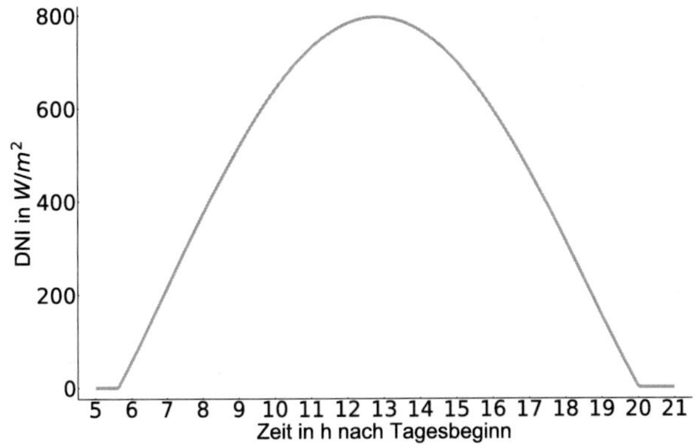

Abb. 3.7 Approximierte Bestrahlungsstärke der direkten Sonnenstrahlung am 21. Juni in Daggett

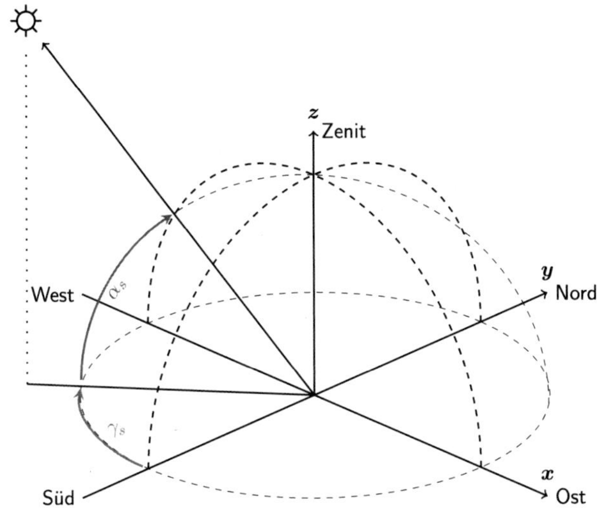

Abb. 3.8 Azimut γ_s und Altitude α_s

Mit den geografischen Daten (Längen- und Breitengrad) des Ortes Daggett kann die Sonnenposition relativ zur Position des Kraftwerks berechnet werden. Die Position der Sonne wird dabei durch zwei Winkel, Azimut und Altitude, beschrieben (s. Abb. 3.8). Man erhält für jede beliebige Tageszeit die Position der Sonne und letztlich die Richtung der einfallenden Sonnenstrahlen relativ zur Tangentialebene durch den Ort Daggett an der Erdkugel (vgl. Duffie und Beckmann 2013).

◔ Da die Lernenden das Solarkraftwerk während des Workshops lediglich im Querschnitt betrachten, wird die Richtung der einfallenden Sonnenstrahlen vereinfacht durch einen einzigen sogenannten **transversalen Sonneneinfallswinkel** α_t beschrieben (vgl. Günther 2004). Dieser ist in Abb. 3.9 dargestellt. Um diesen Winkel zu erhalten wird die Position der Sonne in die Ebene projiziert, die durch die Ost-West-Achse und die Zenit-Achse verläuft. Der Winkel, der von der Ost-Achse und den projizierten Sonnenstrahlen eingeschlossen wird, stellt den im Workshops verwendeten transversalen Einfallswinkel α_t dar.

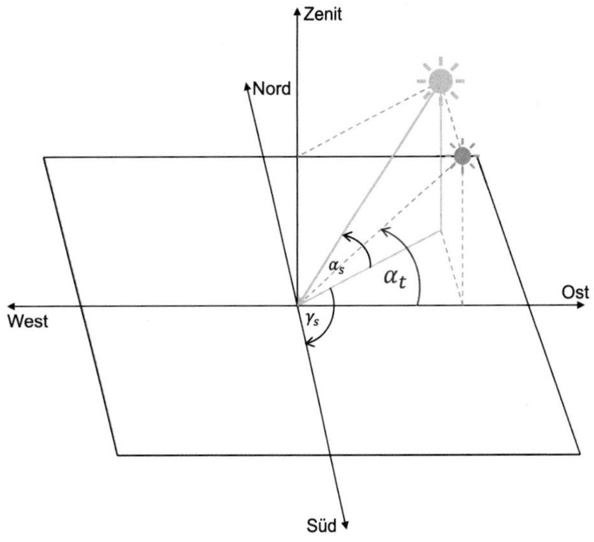

Abb. 3.9 Beschreibung der einfallenden Sonnenstrahlen über den transversalen Sonneneinfallswinkel α_t

Wie die Daten zu Stärke und Richtung der Sonnenstrahlen in die Modellierung einfließen, wird auf Arbeitsblatt 1 (s. Abschn. 3.5.2) und auf Arbeitsblatt 2 und 3 der Mittelstufe (s. Abschn. 3.6.1 – 3.6.2) erläutert.

Didaktischer Kommentar

In den beiden Workshops werden die Daten zum Stand der Sonne und zur Stärke der Sonnenstrahlung nicht mit den Lernenden diskutiert. Stattdessen dienen diese Daten als Basis für die Modellierung und Optimierung des Kraftwerks. Weiterführendes Lernmaterial, welches diese Daten stärker beleuchtet und sowohl physikalische Konzepte aus dem Bereich Astronomie als auch mathematische Konzepte aus den Bereichen Geometrie und Optimierung verbindet, wird auf Nachfrage von den Autoren bereitgestellt. ◄

3.4 Aufbau der Workshops

In den folgenden beiden Abschnitten wird der Aufbau beider Workshops (Mittel- und Oberstufe) beschrieben. Für beide Workshops liegt umfangreiches Arbeitsmaterial bereit, welches den Modellierungsprozess facettenreich aufarbeitet.

Zum besseren Überblick ist im Anhang je ein **Ablaufplan** inklusive möglicher Diskussionsphasen und der schulmathematischen Anknüpfung der einzelnen Arbeitsblätter zu finden (s. Anhang B.1). Diese Ablaufpläne bieten eine kompakte Übersicht über das vorhandene Lernmaterial und über verschiedene Varianten, in welcher Reihenfolge die Lernenden die Arbeitsblätter bearbeiten können.

Hinweis: Es ist nicht notwendig alle Arbeitsblätter zu bearbeiten, um den jeweiligen Workshop inhaltlich kohärent abzuschließen. Besteht wenig(er) Zeit für die Durchführung, so kann der Workshop auch bereits nach früheren Arbeitsblättern abgeschlossen werden, ohne den Modellierungsprozess für die Lernenden unvollständig erscheinen zu lassen. Geeignete Stellen für einen runden Abschluss des jeweiligen Workshops werden im Anhang B.1 aufgeschlüsselt. Dies soll die Unterrichtsplanung durch die durchführende Lehrperson erleichtern.

Zudem ist im Anhang je eine detaillierte **exemplarische Stundenplanung** für die beiden Workshops zu finden (s. Anhang B.1).

3.4.1   Aufbau des Workshops für die Mittelstufe

In diesem Workshop liegt der inhaltliche Schwerpunkt auf der **physikalisch-technischen Modellierung.** Die Lernenden entwickeln ein Modell für die Ausrichtung der Spiegel in einem Fresnelkraftwerk sowie für die zu erwartende Leistung am Absorberrohr. Basierend auf diesem Modell führen die Lernenden die Optimierung der Rohrhöhe durch. Der Workshop setzt sich aus acht Arbeitsblättern (AB) und einem Zusatzblatt zusammen.

Übersicht über die Arbeitsblätter
Modellierung der Leistung am Absorberrohr

- AB 1: Die Ausrichtung eines Spiegels unter dem Absorberrohr
- AB 2: Die Leistung auf einem Spiegel
- AB 3: Die Leistung am Absorberrohr
- AB 4: Modellerweiterung auf horizontal verschobene Spiegel

Optimierung der Höhe des Absorberrohrs

- AB 5: Optimierung der Höhe des Absorberrohrs
- AB 6: Modellverbesserung 1: Berücksichtigung von atmosphärischen Effekten
- AB 7: Modellverbesserung 2: Berücksichtigung von Einstellungsfehlern
- AB 8: Kombination von Modellverbesserungen 1 und 2
- Zusatzblatt: Leistung am Rohr bei mehreren Spiegeln

Sobald die Lernenden Arbeitsblatt 4 absolviert haben, kann das Zusatzblatt bearbeitet werden.

3.4.2   Aufbau des Workshops für die Oberstufe

Der inhaltliche Fokus des Workshops für die Oberstufe liegt auf der **Modellierung von Optimierungsproblemen.** Dabei werden wesentliche Eigenschaften von Optimierungsproblemen diskutiert und eigene Optimierungsverfahren entwickelt. Konkret wird die Optimierung der Spiegelpositionen aus verschiedenen Blickwinkeln betrachtet.

Übersicht über die Arbeitsblätter
Modellierung der umgesetzten Energie

- AB 1: Die Ausrichtung eines Spiegels unter dem Absorberrohr
- AB 2: Leistung und umgesetzte Energie des Kraftwerks

Optimierung der Spiegelpositionen

- AB 3: Optimierung der Spiegelpositionen
- AB 4: Anwenden und Vergleichen verschiedener Optimierungsverfahren
- AB 5: Verschattungs- und Blockierungseffekte
- AB 6: Optimierung der Spiegelpositionen mithilfe des erweiterten Modells
- Zusatzblatt: Modellierung von Verschattungseffekten mit einem RayTracer

Sobald die Lernenden Arbeitsblatt 5 absolviert haben, kann das Zusatzblatt bearbeitet werden.

Solarenergieforschung mit Schüler/innen – eine kurze Historie
Bereits 2011 wurde das Problem der Modellierung und Optimierung eines Fresnel-Kraftwerks erstmals im Rahmen einer CAMMP-Veranstaltung behandelt[5]. Damals beschäftigte sich eine kleine Gruppe Aachener Oberstufenschüler/innen eine ganze Woche lang mit einer offenen Fragestellung zu Solakraftwerken, deren Lösungsrahmen in keiner Weise vorgegeben war. Es zeigte sich, dass die Problemstellung nicht nur aufgrund ihrer Relevanz, sondern auch wegen ihrer inner- sowie außermathematischen Reichhaltigkeit äußerst geeignet für Modellierungsprojekte ist (vgl. Roeckerath 2012).

Im Jahr 2012 wurde die Problemstellung durch die Entwicklung von computergestützten Arbeitsmateria-

---

[4] Im Rahmen einer Modellierungswoche ausgerichtet von dem Schülerlabor CAMMP der RWTH Aachen. www.cammp.rwth-aachen.de, letzter Aufruf: 06.09.2020

lien für den Einsatz in größeren Lerngruppen aufbereitet. Dadurch wurde auch die Durchführung in einem zeitlich begrenzten Rahmen (ein Projekttag) ermöglicht (vgl. Krahforst 2016, Roeckerath 2012). Die Lernmaterialien wurden seit den ersten Erprobungen in 2012 stetig verbessert und weiterentwickelt. Bereits über 800 Schüler/innen ab Klasse 9 haben schon an Projekttagen teilgenommen und dabei insbesondere die Arbeitsblätter 1 bis 4 des Mittelstufen-Workshops bearbeitet.

Es war und ist bemerkenswert, wie schnell die Schüler/innen in der Lage sind neu eingeführte Konzepte (bspw. die Definition von Sinus und Kosinus im rechtwinkligen Dreieck) problemorientiert anzuwenden und sich in kürzester Zeit in die für sie neue Programmierumgebung einzuarbeiten.

Auch die 2019 neu entwickelten Materialien (AB 5–8 des Mittelstufen-Workshops und AB 2–6 des Oberstufen-Workshops), wurden bereits mit über 80 Lernenden unter verschiedenen Rahmenbedingungen getestet. Dazu zählen:

- ein- bis anderthalb tägige Projekttage (Schüler/innen der 10. – 13. Klasse)
- Unterrichtsreihen in einem Informatikkurs und in einem Projektkurs Mathematik-Informatik (beides 11. Klassen)
- Schuljahr begleitende Modellierungsprojekte mit interessierten Schüler/innen der 11. Klasse, wobei der Fokus auf der Bearbeitung von offenen Modellierungsaufgaben lag (s. Abschn. 3.8)

3.5 Stufenübergreifendes Workshopmaterial

Dieser Abschnitt ist sowohl für den Workshop der Mittelstufe als auch für den Workshop der Oberstufe relevant.

3.5.1 Erste Modellvereinfachungen

◔ Wie in der mathematischen Modellierung üblich, betrachten wir in diesem Workshop zunächst eine (stark) vereinfachte Situation, die wir anschließend Schritt für Schritt an die Realität anpassen (vgl. Frank et al. 2017, Hattebuhr et al. 2017, Krahforst 2016, Roeckerath 2012). Konkret nehmen wir zu Beginn des Modellierungsprozesses die folgenden Vereinfachung vor:

1. Der Spiegelmittelpunkt liegt genau unter dem Mittelpunkt des Absorberrohres.
2. Der Horizont verläuft tangential zum Erdboden durch den Spiegelmittelpunkt.
3. Wir betrachten den Querschnitt eines Kraftwerks und reduzieren das Problem auf den zweidimensionalen Fall.
4. Alle Sonnenstrahlen fallen perfekt parallel ein.
5. Der Spiegel kann exakt in jeden Winkel geneigt werden.
6. Die Spiegel sind perfekt. Sie haben keine Unebenheiten und reflektieren exakt und ohne Verluste.

Annahmen eins bis drei sind Modellvereinfachung, die keine Fehler einführen. Die erste Vereinfachung wird im Rahmen des Workshops der Mittelstufe bei der Modellerweiterung auf horizontal verschobene Spiegel erweitert (s. Abschn. 3.6.3). Die Vereinfachungen vier bis sechs hingegen sind fehlerbehaftet und in der Realität im Allgemeinen nicht erfüllt. Die vierte Vereinfachung trifft nicht zu, da die Sonnenstrahlung aufgrund von atmosphärischen Effekten abgelenkt werden kann. Da der Motor, der zur Neigung der Spiegel verwendet wird, nicht jeden Winkel exakt realisieren kann, ist auch Vereinfachung fünf fehlerbehaftet. Vereinfachung sechs trifft u. a. wegen wetterbedingter Verschmutzung oder Verschleiß der Spiegel oftmals nicht zu (vgl. Krahforst 2016).

3.5.2 Arbeitsblatt 1: Die Ausrichtung eines Spiegels unter dem Absorberrohr

◔ Wir betrachten auf diesem Arbeitsblatt[6] ein Fresnel-Kraftwerk mit einem einzigen Spiegel direkt unter dem Absorberrohr. Diese Situation ist in Abb. 3.10 dargestellt. Dabei steht

- γ für den **Neigungswinkel des Spiegels.** Das ist der Winkel zwischen der Senkrechten auf den Spiegel und dem Boden.
- α für den **Sonneneinfallswinkel**[7]. Das ist der Winkel zwischen dem einfallenden Sonnenstrahl und dem Boden.

Da sich der Sonnenstand im Laufe des Tages ändert, muss auch der Spiegel im Tagesverlauf gedreht werden. Damit der reflektierte Sonnenstrahl genau auf das Absorberrohr trifft, soll der Neigungswinkel des Spiegels an den Sonneneinfallswinkel angepasst werden.

[6]Die wesentlichen Bausteine der Arbeitsblätter und deren jeweilige Besonderheiten werden in Abschn. 2.3.2 beschrieben. Um den strukturellen Aufbau der Arbeitsblätter besser nachvollziehen zu können, wird dem Leser / der Leserin die Lektüre dieses Abschnitts empfohlen.

[7]Der hier eingeführt Sonneneinfallswinkel α entspricht dem in Abschn. 3.3 eingeführten transversalen Einfallswinkel α_t.

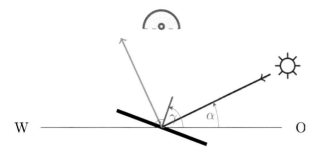

Abb. 3.10 Spiegel direkt unter dem Absorberrohr mit Neigungswinkel γ und Sonneneinfallswinkel α

Abb. 3.11 Einfallender Sonnenstrahl und ausfallender Sonnenstrahl ohne Spiegel

Teil a

Wir gehen davon aus, dass unser Kraftwerk in Daggett, einem sonnigen Ort in Kalifornien, steht. Für den 21. Juni liegt der Sonneneinfallswinkel α abhängig von der aktuellen Tageszeit $t \in [0, 24)$ vor. Diesen werden wir im Workshops als Datengrundlage nutzen. Bei Aufruf der Funktion `alpha(t)` wird der Einfallswinkel zur gewählten Tageszeit t ausgegeben. Der Einfallswinkel sowie andere Winkel werden in diesem Workshop im **Gradmaß** angegeben.

Arbeitsauftrag
Wähle eine beliebige Tageszeit t zwischen 0 und 24 in Stunden nach Tagesbeginn (bspw. entspricht 11:45 Uhr der Zeit $t = 11.75$ h). Mithilfe der Funktion `alpha(t)` wird der Einfallswinkel der Sonnenstrahlen zur gewählten Zeit ausgegeben. Wähle zudem einen Neigungswinkel γ. Der Verlauf der Strahlen wird zum gewählten Zeitpunkt und basierend auf der von dir gewählten Neigung des Spiegels angezeigt. Stelle den Neigungswinkel so ein, dass der reflektierte Strahl auf das Rohr trifft.

Lösung

Eine mögliche Eingabe lautet:[8]

```
# Tageszeit
t = 10.0;

# Neigungswinkel
gamma1 = 30;
```

◄

Didaktischer Kommentar

In dieser Aufgabe kann der Verlauf der einfallenden und reflektierten Sonnenstrahlen für verschiedene Tageszeiten t und Neigungswinkel γ interaktiv untersucht werden. Ändern die Lernenden die Tageszeit, so muss der Neigungswinkel γ per Hand angepasst werden, damit die Strahlen weiterhin wie gewünscht auf das Rohr fallen. Dies ist umständlich und soll die Entwicklung einer Formel motivieren, mit der der korrekte Neigungswinkel γ in Abhängigkeit von der Tageszeit bzw. vom aktuellen Einfallswinkel α berechnet werden kann. Um die Herleitung der Formel zu erleichtern, fertigen die Lernenden im nächsten Aufgabenteil eine Skizze an.
Sämtliche Winkeln werden in diesem Workshop im Gradmaß und nicht im Bogenmaß angegeben. So sollen wiederholte Rechenfehlern bei der Bearbeitung dieses Workshops vermieden werden, da die Lernenden erfahrungsgemäß geübter im Umgang mit dem Gradmaß sind. ◄

Teil b

In Abb. 3.10 ist der Neigungswinkel γ nicht korrekt eingestellt. Der Strahl, der von der Mitte des Spiegels reflektiert wird, verfehlt das Rohr. Im Gegensatz dazu zeigt Abb. 3.11, wie der reflektierte Strahl (relativ zum einfallenden Strahl) verlaufen muss, damit er genau auf das Absorberrohr trifft. In dieser Abbildung fehlt jedoch der Spiegel.

Arbeitsauftrag
Übertrage die Zeichnung aus Abb. 3.11 auf ein Blatt. Ergänze den Spiegel und die Senkrechte auf den Spiegel, sodass eine physikalisch korrekte Reflexion entsteht. Zeichne auch den Neigungswinkel γ ein.

Lösung

Die Lösung ist in Abb. 3.12 zu sehen. Diese ist aufgrund des Reflexionsgesetzes Ausfallswinkel gleich Einfallswinkel eindeutig. ◄

---

[8]In den Lösungen wird der Code, der von den Lernenden eingegeben wird, fett hervorgehoben. Alle übrigen angegebenen Bestandteile des Codes sind bereits auf dem digitalen Arbeitsblatt vorhanden.

Teil c

Die Spiegelausrichtung soll automatisch erfolgen. Dazu beschreiben wir den korrekten Neigungswinkel des Spiegels abhängig vom Sonneneinfallswinkel.

> **Arbeitsauftrag**
> Stelle eine Formel für den gesuchten Neigungswinkel γ in Abhängigkeit von α (Eingabe als `alpha(t)`) auf. Nimm deine angefertigte Zeichnung zur Hilfe. Wähle dann eine beliebige Tageszeit t und lasse dir den Strahlenverlauf anzeigen.

Lösung

◑ Mithilfe des Reflexionsgesetzes erhalten wir als Formel für den Neigungswinkel γ

$$\gamma = \frac{1}{2} \cdot \left(\alpha + 90° \right).$$

Die Abhängigkeiten zwischen verschiedenen Größen (bspw. die Abhängigkeit des Einfallswinkels von der Zeit) werden in diesem Kapitel (insbesondere bei den Lösungen) nicht immer explizit angegeben. Dies dient der Übersichtlichkeit von längeren Formeln. Die Abhängigkeiten gehen jedoch stets aus dem Kontext und der zugehörigen Eingabe im Code hervor.
Eine mögliche Eingabe bei dieser Teilaufgabe lautet:

```
gamma(t) = 1/2 * (alpha(t) + 90);

# Tageszeit
t = 10.0;
```

◀

Tipp

Die Lernenden erhalten den Hinweis, das Reflexionsgesetz im Internet zu recherchieren. Zudem erhalten sie Abb. 3.13 zusammen mit dem Tipp, zunächst eine Formel für den Hilfswinkel ε aufzustellen. Es ist denkbar, die Lernenden die Situation mithilfe eines kleinen Spiegels und einer Taschenlampe als Strahlungsquelle experimentell nachstellen zu lassen. ◀

Fazit

Der Spiegel wird nun so ausgerichtet, dass der Sonnenstrahl, der von der Mitte des Spiegels reflektiert wird, jederzeit direkt auf das Rohr fällt.

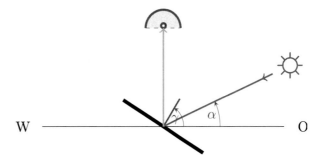

W ———— O

Abb. 3.12 Lösung: Ein- und ausfallender Sonnenstrahl, sodass das Absorberrohr getroffen wird

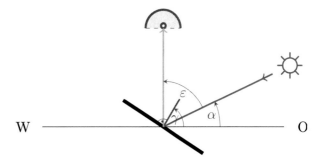

W ———— O

Abb. 3.13 Tipp zum Aufstellen einer Formel für den Neigungswinkels γ

Die weiteren Workshopmaterialien sind unterteilt in Materialien für Lernende der Mittelstufe (s. Abschn. 3.6) und für Lernende der Oberstufe (s. Abschn. 3.7).

3.6 Workshopmaterial für die Mittelstufe

Ausgehend von der vereinfachten Situation (Spiegel direkt unter dem Rohr), wird ein erstes Modell für die Leistung des Kraftwerks entwickelt. Dieses wird dann auf horizontal verschobene Spiegel erweitert. Anschließend wird die Optimierung der Rohrhöhe basierend auf dem erweiterten Modell durchgeführt. Die Optimierung bietet Anlass zur Validierung und Bewertung des Modells. Wir werden feststellen, dass verschiedene reale Phänomene in unserem bisherigen Modell außer Acht gelassen wurden und der Einbau von Modellverbesserungen notwendig ist.

3.6.1 Arbeitsblatt 2: Die Leistung auf einem Spiegel

Zu den wichtigsten Kennzahlen eines Kraftwerkes gehört die Leistung P (engl. *power*). Sie bezeichnet die in einer bestimmten Zeitspanne Δt umgesetzte Energie ΔE bezogen auf diese Zeitspanne ($P = \Delta E / \Delta t$). Die SI-Einheit der Leistung ist Watt. Über die Leistung kann ermittelt werden, wie viel Energie im Kraftwerk umgesetzt wird.

Ziel der Arbeitsblätter 2 und 3 ist es, schrittweise ein Modell zu entwickeln, mit dem die Leistung am Absorberrohr berechnet werden kann.

1. Schritt: Berechnung der Leistung, die den Spiegel erreicht (Arbeitsblatt 2).
2. Schritt: Berechnung der Leistung, die das Rohr erreicht (Arbeitsblatt 3).

Als Ausgangspunkt für die Berechnung der Leistung am Spiegel werden wir die Bestrahlungsstärke (engl. *irradiance*) der direkten Sonnenstrahlung I_{sun} verwenden. Die Bestrahlungsstärke ist über den Tag gesehen nicht konstant, sondern hängt, genauso wie der Sonneneinfallswinkel α, von der Tageszeit ab.
Für den Standort unseres Kraftwerks, Daggett, liegt die Bestrahlungsstärke der Sonnenstrahlung am 21. Juni vor. Wir können uns diese für eine beliebige Tageszeit t ausgeben lassen, indem wir die Funktion `Isun(t)` aufrufen.

Die Stärke der Sonnenstrahlung wird für gewöhnlich in der Einheit Watt pro Quadratmeter (= W/m^2) angegeben. ↻ Da wir die Problemstellung jedoch auf den Querschnitt eines Kraftwerks und damit auf den zweidimensionalen Fall reduziert haben, arbeiten wir während des Workshops mit der Einheit Watt pro Meter (= W/m)[9].

Didaktischer Kommentar

Im Rahmen dieses Arbeitsblattes können Einheiten und der Zusammenhang von Bestrahlungsstärke, Leistung und Energie diskutiert werden. Leistung wird i. d. R. in der Einheit **Watt** (SI-Einheit) und Energie in der Einheit **Joule** (SI-Einheit) angegeben. Dabei gilt $1J = 1W \cdot s$, was sich auch aus der Definition $P = \Delta E/\Delta t$ ergibt.
Im Workshop für die Mittelstufe wird nicht diskutiert, dass bei der Umwandlung von Strahlungsenergie in thermische und letztlich elektrische Energie der Wirkungsgrad berücksichtigt werden müsste. Dies eignet sich als weiterführender Rechercheauftrag für schnellere Lernende. Im Workshop für die Oberstufe ist eine Diskussion zum Wirkungsgrad bei der Bewertung des Energieumsatzes des Kraftwerks hingegen integriert (s. Abschn. 3.7.1). ◀

Teil a
Zunächst verschaffen wir uns einen Eindruck von der Größenordnung, in der die Stärke der Sonnenstrahlung liegt.

Arbeitsauftrag
Gib verschiedene Tageszeiten t ein. Die Stärke der Sonnenstrahlung zur gewählten Zeit wird ausgegeben. Vergleiche die Stärke der Strahlung am Mittag mit der am Morgen kurz nach dem Sonnenaufgang.

Lösung

● Die Bestrahlungsstärke ist am Mittag deutlich größer als am Morgen oder am Abend. Um 8 Uhr beträgt diese bspw. 372W/m und um 13 Uhr rund 796W/m. Die Eingabe lautet:

```
# Tageszeit
t = 13.0;

# Leistung zum Zeitpunkt t
Isun(t);
```

Teil b – Der Kosinus-Effekt
Die Bestrahlungsstärke der Sonnenstrahlung I_{sun} beschreibt die Leistung, die übertragen wird, wenn die Sonnenstrahlen **senkrecht** auf eine Fläche von einem Quadratmeter treffen. Treffen die Strahlen nicht senkrecht auf, so ist die Leistung geringer. Es gilt: je spitzer bzw. stumpfer der Einfallswinkel, desto geringer die Leistung. Dieser Effekt wird als **Kosinus-Effekt** bezeichnet. Ein einfaches Gedankenexperiment soll diesen Effekt verdeutlichen:

Wird ein Sonnenschirm so gegen die Sonne gehalten, dass dieser senkrecht zu den Sonnenstrahlen steht, wie links in Abb. 3.14 dargestellt, so können mehr Strahlen abgefangen werden als wenn die Sonnenstrahlen schräg auf den Sonnenschirm auftreffen. Dies wird auch durch den Schatten ersichtlich, der im linken Fall (Schirm steht senkrecht zu den Strahlen) länger ist als im rechten Fall.

Ähnlich verhält es sich auch bei der Sonnenstrahlung, die auf den Spiegel fällt. Das Strahlenpaket, das den Spiegel erreicht, hat nur die Breite, wie die Länge der Strecke, die senkrecht zu den Strahlen steht. In Abb. 3.15 ist die Länge dieser orthogonalen (Hilfs-)Strecke mit e bezeichnet. Diese wird durch die zwei äußeren Sonnenstrahlen, die auf den Spiegel treffen, begrenzt. Sie nimmt die **gleiche Leistung** durch die Sonnenstrahlung auf wie der Spiegel, sie steht jedoch senkrecht auf den Sonnenstrahlen – was eine direkte Berechnung der zugeführten Leistung unter Verwendung von I_{sun} ermöglicht. Wir bezeichnen die Breite des Spiegels mit s (s. Abb. 3.15). ↻ Diese setzen wir als fest (mit $s = 1.1$m) und bekannt voraus.

Abb. 3.14 Verdeutlichung des Kosinus-Effekts am Beispiel des Schattenwurfs. Links fallen die Sonnenstrahlen senkrecht auf den Schirm, rechts treffen die Sonnenstrahlen schräg auf

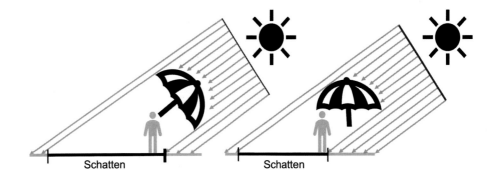

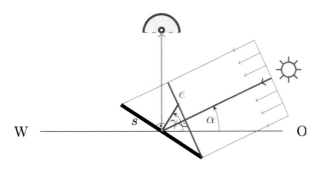

Abb. 3.15 Darstellung der Hilfsstrecke mit Länge e, die senkrecht auf den Sonnenstrahlen steht

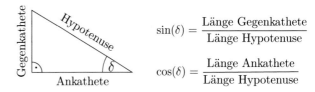

$$\sin(\delta) = \frac{\text{Länge Gegenkathete}}{\text{Länge Hypotenuse}}$$

$$\cos(\delta) = \frac{\text{Länge Ankathete}}{\text{Länge Hypotenuse}}$$

Abb. 3.16 Definitionen von Sinus und Kosinus

Sowohl der Sonneneinfallswinkel α, als auch die Stärke der Sonnenstrahlung I_{sun} ändern sich im Laufe des Tages. Die **Leistung am Spiegel** P_{mirror} ist somit ebenfalls von der Tageszeit abhängig. Um die Leistung P_{mirror} berechnen zu können, brauchen wir zunächst die Länge der orthogonalen Hilfsstrecke e.

Arbeitsauftrag
Stelle eine Formel für die Länge der Strecke e auf. Verwende dabei die Spiegelbreite s und die von Arbeitsblatt 1 bekannten Winkel α und γ. Nutze zudem die Definitionen von Sinus und Kosinus im rechtwinkligen Dreieck (s. Abb. 3.16). Diese werden im Code mit `sind( )` und `cosd( )` eingegeben. Das d steht für die verwendete Einheit Grad (engl. *degree*).

Lösung

◗ Eine Formel für die Länge der Hilfsstrecke e kann über verschiedene rechtwinklige Dreiecke gefunden werden. Die gefundenen Lösungen der Lernenden können somit variieren. Eine mögliche Lösung lautet

$$e = s \cdot \cos(\gamma - \alpha).$$

Die Eingabe lautet:

```
e(t,s) = s * cosd(gamma(t) - alpha(t));
```

◀

Tipps

Stufe 1: Die Lernenden erhalten Abb. 3.17a und den Hinweis zuerst den Hilfswinkel μ zu berechnen.
Stufe 2: Als zweiten Tipp erhalten die Lernenden Abb. 3.17b und den Hinweis Sinus oder Kosinus zu verwenden. ◀

Teil c
Wir können nun ein Modell für die Leistung entwickeln, die den Spiegel (engl. *mirror*) mit einer Breite von $s = 1.1\,$m erreicht.

Arbeitsauftrag
Stelle eine Formel für die Leistung am Spiegel P_{mirror} auf. Falls du alles richtig gemacht hast, erscheint eine Abbildung, in der der Verlauf der Leistung am Spiegel über den Tag dargestellt ist. Wie lässt sich der Verlauf der Leistung begründen?
Hinweis: Bei deiner Eingabe kannst du die Funktionen `Isun(t)`, `alpha(t)`, `e(t,s)` oder `gamma(t)` nutzen.

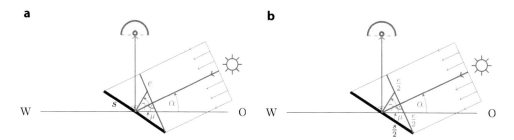

Abb. 3.17 **a** Erster Tipp zur Berechnung der Länge der Strecke e; **b** Zweiter Tipp zur Berechnung der Länge der Strecke e

---

Lösung

◗ Die Leistung am Spiegel erhält man durch Multiplikation der Stärke der Sonnenstrahlung I_{sun} mit der Länge der orthogonalen Hilfsstrecke e:

$$P_{mirror} = I_{sun} \cdot e.$$

Die Eingabe lautet:

```
Pmirror(t,s) = Isun(t) * e(t,s);
```

● Die Leistung am Spiegel ist früh am Morgen und spät am Abend gering (vgl. Abb. 3.18). Die Sonnenstrahlen fallen dann sehr flach ein. Der Kosinus-Effekt wirkt sich somit stark aus. Die Leistung ist mittags am größten, da die Sonnenstrahlen dann fast senkrecht auf den Spiegel fallen und der Kosinus-Effekt kaum Einfluss hat. Zusätzlich ist die Bestrahlungsstärke der Sonne mittags am größten (vgl. Abb. 3.7). ◄

Didaktischer Kommentar

Wie erwähnt, nutzen wir für die Stärke der Sonnenstrahlung die Einheit Watt pro Meter anstelle von Watt pro Quadratmeter. Grund ist die Dimensionsreduktion durch die

Betrachtung des Querschnitts. Dies wird auf den Arbeitsblättern nicht explizit thematisiert. Es bietet sich an, dies gemeinsam mit den Lernenden zu diskutieren.

An verschiedenen Stellen des Workshops können die Lernenden bei der Eingabe von Code auf bereits gespeicherte Funktionen und Variablen zurückgreifen. Das wiederholte Eingeben identischer Codeabschnitte bleibt so erspart. Vorteile dieser Vorgehensweise (bessere Lesbarkeit, Zeitersparnis, globale Änderung einer Variable möglich) können diskutiert werden. ◄

3.6.2 Arbeitsblatt 3: Die Leistung am Absorberrohr

In Abb. 3.19 erkennt man, dass über dem Absorberrohr ein gekrümmter **Sekundärreflektor** angebracht ist. Dieser dient dazu, die Strahlen, die von unten knapp am Rohr vorbei auf ihn fallen, doch noch auf das Rohr zu reflektieren.

Wir haben bis hierher die Leistung an einem Spiegel berechnet. Diese stimmt im Allgemeinen jedoch nicht mit der Leistung am Absorberrohr überein. Ein Grund dafür ist, dass das reflektierte Strahlenpaket breiter als der Sekundärreflektor sein kann (s. Abb. 3.19). Auf diesem Arbeitsblatt werden wir den Anteil der Leistung am Spiegel P_{mirror} bestimmen, der am Absorberrohr ankommt – so erhalten wir die tatsächliche Leistung am Rohr.

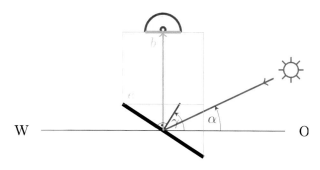

Abb. 3.19 Sekundärreflektor und reflektiertes Strahlenbündel im Querschnitt

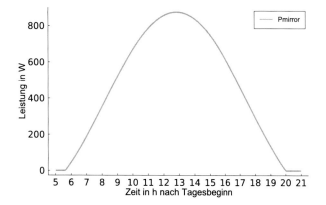

Abb. 3.18 Leistung am Spiegel im Tagesverlauf für einen Spiegel direkt unter dem Rohr mit Spiegelbreite $s = 1.1$ m

⟳ Wir nehmen zunächst an, dass die Leistung am Rohr (engl. *tube*), die wir im Folgenden mit P_{tube} bezeichnen, mit der Leistung am Sekundärreflektor übereinstimmt:

$$P_{\text{tube}} \,\hat{=}\, \text{Leistung am Absorberrohr} \,\hat{=}\, \text{Leistung am Sekundärreflektor.}$$

Wir nehmen weiterhin an, dass die Breite des Sekundärreflektors b (s. Abb. 3.19) gegeben ist. Vom zweiten Arbeitsblatt kennen wir bereits den Zusammenhang zwischen der Leistung am Spiegel und der Stärke der Sonnenstrahlung:

$$P_{\text{mirror}} = I_{\text{sun}} \cdot e.$$

Aufgrund des Reflexionsgesetzes entspricht die Breite des Strahlenpakets, das vom Spiegel nach oben reflektiert wird, ebenfalls der Länge der Strecke e.

Zusammenfassend werden auf diesem Arbeitsblatt folgende Vereinfachungen bzw. Annahmen getroffen:

1. ⟳ Alle Strahlen, die den Sekundärreflektor treffen, werden auf das Absorberrohr reflektiert.
2. ⟳ Die Breite des Sekundärreflektors b ist gegeben.
3. ⟳ Der Strahl, der von der Mitte des Spiegels reflektiert wird, trifft genau auf die Mitte des Absorberrohrs.

Teil a

Wir unterscheiden zunächst zwei Fälle:

1. **Fall:** Das reflektierte Strahlenpaket ist breiter als der Sekundärreflektor, d. h. es gilt $e > b$. Nur ein Teil der reflektierten Strahlung trifft den Sekundärreflektor. Folglich kommt nur ein Teil der Leistung, die auf dem Spiegel anliegt, am Rohr an.
2. **Fall:** Das reflektierte Strahlenpaket ist maximal so breit wie der Sekundärreflektor, d. h. es gilt $e \leq b$.

Arbeitsauftrag
Stelle für beide Fälle eine Formel auf, mit der der **relative Anteil** der Leistung am Spiegel berechnet werden kann, der tatsächlich am Rohr ankommt.

Lösung

◑ Der relative Anteil in den beiden Fällen ist gegeben durch

$$\text{ratio} = \begin{cases} \frac{b}{e} & \text{für } b < e \\ 1 & \text{für } b \geq e. \end{cases}$$

Die Eingabe lautet:

```
ratioCase1(b,e) = b/e;
ratioCase2(b,e) = 1;
```

Anschließend werden beide Fälle zusammengefasst und der relative Anteil in der Funktion *ratio* mit *ratio(b, e)* gespeichert. Dazu wird das Minimum des ersten und zweiten Falls gemäß

$$\text{ratio} = \min\left(\frac{b}{e}, 1\right)$$

verwendet, womit sich für den Anteil stets ein Wert zwischen 0 und 1 ergibt. Die bereits implementierte Eingabe lautet:

```
ratio(b,e) = min(ratioCase1(b,e),
ratioCase2(b,e));
```

◀

Tipp

Die Lernenden sollen die Situation am Sekundärreflektor für die beiden Fälle zunächst skizzieren. Zudem erhalten sie den Hinweis, dass der relative Anteil eine Zahl zwischen 0 und 1 ist. ◀

Teil b

Wir wissen von Arbeitsblatt 2, welche Leistung P_{mirror} am Spiegel ankommt. Aus der vorherigen Teilaufgabe wissen wir zudem, welcher Anteil *ratio* dieser Leistung ans Absorberrohr (engl. *tube*) weitergegeben wird. Damit können wir eine Formel für die am Absorberrohr generierte Leistung P_{tube} in Abhängigkeit von der Zeit t aufstellen. ⟳ Wir gehen davon aus, dass die Breite des Sekundärreflektors $b = 0.8\,$m beträgt und nehmen zudem an, dass der Schatten, der von dem Sekundärreflektor auf den Spiegel fällt, vernachlässigt werden kann.

Arbeitsauftrag
Stelle eine Formel für die Leistung P_{tube} auf, die am Absorberrohr generiert wird.

Lösung

◑ Multiplikation der Leistung am Spiegel mit dem relativen Anteil liefert die Leistung am Rohr:

$$P_{\text{tube}} = P_{\text{mirror}} \cdot \text{ratio}.$$

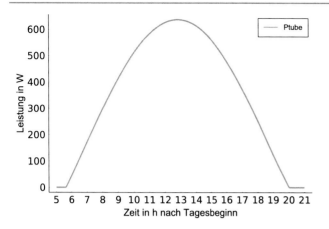

Abb. 3.20 Leistung am Rohr im Tagesverlauf generiert durch einen Spiegel unter dem Rohr ($b = 0.8$m und $s = 1.1$m)

Die Eingabe lautet:

```
Ptube(t,b,s) = Pmirror(t,s)
* ratio(b,e(t,s));
```

Wenn die Lernenden alles richtig gemacht haben, erscheint der Graph der Funktion P_{tube} in Abhängigkeit von der Tageszeit zu den oben festgelegten Werten für b und s (s. Abb. 3.20). ◄

Didaktischer Kommentar

Eine Fehlerquelle bei dieser Aufgabe ist das korrekte Aufrufen der Funktionen im Code. Lernende schreiben beispielsweise häufig `e(t)` anstelle der korrekten Syntax `e(t,s)`. Auf die korrekte Syntax bei Funktionsaufrufen wird auf den Arbeitsblättern mehrfach hingewiesen. ◄

Teil c

Arbeitsauftrag
Zu welcher Uhrzeit wird dem Kraftwerk die größte Leistung zugeführt? Lies die Antwort am Graphen ab. Wie kannst du das Ergebnis erklären?

Lösung

● Das Kraftwerk setzt um 12:48 Uhr ($t = 12.8$h) die maximale Leistung um. Der Grund ist, dass die Bestrahlungsstärke der Sonne um diese Uhrzeit am größten ist (s. Abb. 3.7). Zudem steht die Sonne im Zenit. Die Sonnenstrahlen fallen fast senkrecht ein, womit der Kosinus-Effekt kaum Einfluss hat. ◄

Fazit
Wir haben eine Funktion entwickelt, die die Leistung am Rohr abhängig von Tageszeit t, Breite des Sekundärreflektors b und Spiegelbreite s ausgibt. Jedoch ist dieses Modell nur für einen Spiegel gültig, der direkt unter dem Rohr positioniert ist. Auf den folgenden Arbeitsblättern soll das Modell erweitert und Schritt für Schritt der Realität angenähert werden, sodass

- es auch für horizontal verschobene Spiegel gilt (s. AB 4 in Abschn. 3.6.3).
- nicht nur die durch **einen Spiegel** erzeugte Leistung berechnet werden kann, sondern auch die Leistung, die durch **mehrere Spiegel** erzeugt wird (s. Zusatzblatt in Abschn. 3.6.8).

3.6.3 Arbeitsblatt 4: Modellerweiterung auf horizontal verschobene Spiegel

Die Annahme, dass sich alle Spiegel direkt senkrecht unter dem Absorberrohr befinden, entspricht nicht der Realität. In Wirklichkeit befinden sich viele Spiegel schräg links und rechts unter dem Absorberrohr (vgl. Abb. 3.5). Diese Anordnung ermöglicht es, mehr als nur eine Spiegelreihe als Reflexionsfläche zu nutzen und auf diese Weise die umgesetzte Energie zu erhöhen. Um unser Modell besser an die Realität anzupassen, werden wir es auf diesem Arbeitsblatt auf horizontal verschobene Spiegel verallgemeinern.

Teil a
Abb. 3.21 stellt schematisch die Situation mit einem verschobenen Spiegel dar. Die neu eingeführte Variable x gibt die **Position des Spiegelmittelpunktes** relativ zum Nullpunkt an. Der Nullpunkt befindet sich senkrecht unter dem Rohr. Dementsprechend ergibt eine Verschiebung des Spiegels nach links negative und eine Verschiebung nach rechts positive Werte für x.

Auf den vorherigen Arbeitsblättern galt stets $\beta = 90°$. In der neuen Situation ist β von der Position x des Spiegels

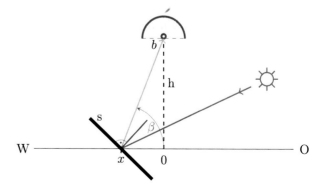

Abb. 3.21 Ein um x horizontal verschobener Spiegel

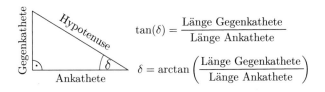

$$\tan(\delta) = \frac{\text{Länge Gegenkathete}}{\text{Länge Ankathete}}$$

$$\delta = \arctan\left(\frac{\text{Länge Gegenkathete}}{\text{Länge Ankathete}}\right)$$

Abb. 3.22 Definition des Tangens

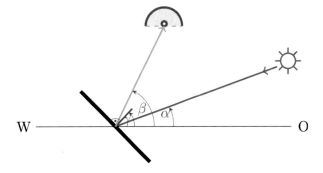

Abb. 3.23 Einstellung des Neigungswinkels γ bei einem verschobenen Spiegel

und der Höhe des Absorberrohrs h über dem Boden abhängig (vgl. Abb. 3.21). ☽ Wir gehen davon aus, dass die Höhe h fest vorgegeben und bekannt ist.

Bei der Herleitung einer Formel für β werden wir drei Fälle unterscheiden:

1. **Fall:** $x < 0$, dann gilt $\beta < 90°$
2. **Fall:** $x = 0$, dann gilt $\beta = 90°$
3. **Fall:** $x > 0$, dann gilt $\beta > 90°$

Arbeitsauftrag
Stelle Formeln zur Berechnung von β für alle drei Fälle auf. Du kannst dazu den Arkustangens verwenden (s. Abb. 3.22). Diesen gibt man als `atand( )` ein. Den Betrag einer Zahl kannst du in `Julia` mit dem Befehl `abs( )` berechnen.

Lösung

☽ Mithilfe verschiedener rechtwinkliger Dreiecke und unter Verwendung des Arkustanges ergibt sich als Lösung:

$$\beta = \begin{cases} \arctan\left(\frac{h}{|x|}\right) & \text{für } x < 0 \\ 90° & \text{für } x = 0 \\ 180° - \arctan\left(\frac{h}{x}\right) & \text{für } x > 0. \end{cases}$$

Die Eingabe lautet:

```
function beta(h,x)
    if (x < 0)
        computeBeta =  atand(h/abs(x));
    elseif (x == 0)
        computeBeta = 90;
    elseif (x > 0)
        computeBeta =  180 - atand(h/x);
    end
    return computeBeta;
end
```
◄

Didaktischer Kommentar

Da Tangens und Arkustangens den Lernenden womöglich nicht bekannt sind, wird Abb. 3.22 auf dem Arbeitsblatt zur Verfügung gestellt. ◄

Teil b
Wie auf dem ersten Arbeitsblatt, muss die Neigung des Spiegels berechnet werden, die für eine Reflexion der Sonnenstrahlen auf das Absorberrohr notwendig ist. Der Neigungswinkel γ hängt nun nicht mehr allein vom Sonneneinfallswinkel α, sondern zusätzlich vom erforderlichen Ausfallswinkel β ab.

Arbeitsauftrag
Stelle mithilfe von Abb. 3.23 eine Formel zu Berechnung von γ in Abhängigkeit von α und β auf. Lege anschließend beliebige Werte für die Uhrzeit t, die Spiegelposition x und die Rohrhöhe h fest. Für die festgelegten Werte wird die Reflexion der einfallenden Strahlen basierend auf deiner Formel für γ grafisch dargestellt.

Lösung

☽ Unter Berücksichtigung des Reflexionsgesetz ergibt sich als Lösung für den Neigungswinkel γ:

$$\gamma = \frac{1}{2} \cdot (\alpha + \beta).$$

Die Eingabe lautet:

```
gamma(t,h,x) = 1/2 * (alpha(t) +
beta(h,x));
```
◄

Teil c
Die Leistung am Spiegel P_{mirror} kann analog zu Arbeitsblatt 2 berechnet werden. Die Formeln ändern sich nicht. Das heißt, es gilt weiter

$$P_{\text{mirror}} = I_{\text{sun}} \cdot e = I_{\text{sun}} \cdot s \cdot \cos(\gamma - \alpha).$$

Abb. 3.24 **a** Einfallendes und reflektiertes Strahlenpaket; **b** Kosinus-Effekt am Sekundärreflektor

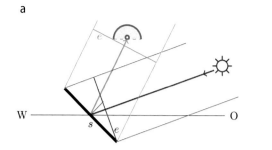

a

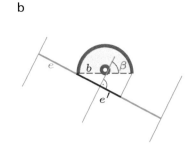

b

Die Formel für den relativen Anteil (Variable: `ratio`) der Leistung am Spiegel, die tatsächlich das Rohr erreicht, ist hingegen nur gültig, wenn die reflektierten Strahlen senkrecht auf den Sekundärreflektor treffen. Aufgrund der Position des Spiegels direkt unter dem Rohr, war dies auf Arbeitsblatt 3 der Fall. Bei einem verschobenen Spiegel, treffen die Strahlen jedoch schräg auf das Rohr (s. Abb. 3.24a). Wir müssen erneut den **Kosinus-Effekt** berücksichtigen. Dazu konstruieren wir eine Hilfsstrecke, die senkrecht auf den **reflektierten Strahlen** steht und an der die gleiche Leistung umgesetzt wird, wie am Absorberrohr. Diese Hilfsstrecke wird mit e' bezeichnet (s. Abb. 3.24b).

Arbeitsauftrag
Stelle eine Formel für e' in Abhängigkeit von b und β auf.

Lösung

❶ Mithilfe verschiedener rechtwinkliger Dreiecke und unter Verwendung von Sinus oder Kosinus ergibt sich als Lösung für die Hilfsstrecke e'

$$e' = b \cdot \cos(|90° - \beta|).$$

Die Eingabe lautet:

```
ePrime(b,h,x) = b * cosd(abs(90 -
beta(h,x)));
```
◀

Teil d
Wir können nun den Anteil der Leistung am Spiegel P_{mirror}, der tatsächlich am Absorberrohr ankommt, mit den Längen der Strecken e und e' berechnen.

Arbeitsauftrag
Welcher Anteil der Leistung am Spiegel wird dem Absorberrohr zugeführt? Stelle eine Formel für den relativen Anteil auf und gib sie im Code ein. Deine Formel sollte von e (Eingabe als `e(t,h,s,x)`) und e' (Eingabe als `ePrime(b,h,x)`) abhängen.

Hinweis: Um die kleinere von zwei Zahlen x und y zu finden, kannst du die Funktion `min(x,y)` benutzen. Zum Beispiel ist `min(5,9) = 5` und `min(8,-3) = -3`.

Lösung

❶ Für den relativen Anteil *ratio* ergibt sich:

$$ratio = \min\left(1, \frac{e'}{e}\right).$$

Die Eingabe lautet:

```
ratio(t,b,h,s,x) = min(1, ePrime(b,h,x)
/ e(t,h,s,x));
```
◀

Teil e
Zuletzt kombinieren wir alle Formeln, um eine Funktion für die Leistung am Rohr P_{tube} zu erhalten. P_{tube} soll dabei nur durch **unabhängige Größen** ausgedrückt werden. In unserem Modell sind die unabhängigen Größen

- die Zeit t,
- die Position des Spiegels x,
- die Breite des Spiegels s,
- die Höhe h des Rohres,
- die Breite b des Sekundärreflektors.

Lösung

❶ Für die Funktion, mit der die Leistung am Rohr in Abhängigkeit von t, b, h, s und x berechnet werden kann, ergibt sich:

$$P_{tube}(t, b, h, s, x) = I_{sun}(t) \cdot e(t, h, s, x) \cdot ratio(t, b, h, s, x).$$

Die Eingabe lautet:

```
Ptube(t,b,h,s,x) = Isun(t) * e(t,h,s,x)
* ratio(t,b,h,s,x);
```
◀

Teil f

Lösung

● Je weiter der Spiegel nach links oder rechts verschoben wird, desto geringer ist die Leistung, die maximal, d. h. um die Mittagszeit, am Rohr ankommt (vgl. Abb. 3.25). Legen wir für die Spiegelbreite $s = 1.1$m, die Sekundärreflektorbreite $b = 0.8$m und die Rohrhöhe $h = 6$m fest, so ist die Leistung zum Zeitpunkt $t = 13$h bei einem Spiegel auf Position $x = 10$m mit 327W deutlich geringer als bei einem Spiegel direkt unter dem Rohr (637W). Grund ist, dass die Strahlen umso flacher reflektiert werden, je weiter der Spiegel vom Rohr entfernt steht; der Einfluss des Kosinus-Effekts steigt. ◀

Fazit
Für beliebige Positionen **eines** Spiegels haben wir ein mathematisches Modell entwickelt, mit dem die Leistung am Rohr im Tagesverlauf berechnet werden kann. Auf dem Zusatzblatt

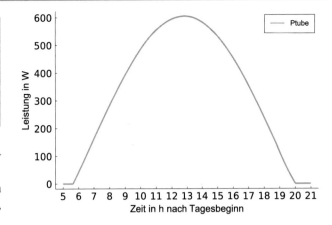

Abb. 3.25 Leistung am Rohr im Tagesverlauf mit $b = 0.8$m, $h = 6$m, $s = 1.1$m und $x = -2$m

kann das Modell auf **mehrere** Spiegel erweitert werden (s. Abschn. 3.6.8).

Mit der Entwicklung eines mathematischen Modells für die Leistung ist die Modellierung noch unvollständig. Zum einen haben wir nur teilweise validiert, wie gut unser Modell die Realität tatsächlich beschreibt, zum anderen sind wir davon ausgegangen, dass viele Größen (bspw. die Spiegelposition x oder die Rohrhöhe h) fix sind. Jedoch dienen Modellierungen in der Regel dem Zweck, optimale Werte für solche Größen zu finden. Wie das funktioniert, schauen wir uns im Folgenden am Beispiel der Höhe des Absorberrohrs an.

3.6.4 Arbeitsblatt 5: Optimierung der Höhe des Absorberrohrs

Die Funktion P_{tube} beschreibt die Leistung am Rohr abhängig von den fünf Größen t, b, h, s und x. Auf Arbeitsblatt 3 und 4 haben wir die Leistung im Tagesverlauf betrachtet. Die **Variable** war die **Tageszeit t.** Die fixen Parameter waren:

- die Breite des Sekundärreflektors b,
- die Höhe des Absorberrohrs h,
- die Breite des Spiegels s und
- die Position des Spiegels x.

Für $b = 0.8$m, $h = 6$m, $s = 1.1$m und $x = -2$m ist der Graph der Funktion P_{tube} in Abb. 3.25 dargestellt.

Bevor ein Kraftwerk gebaut wird, werden in der Regel optimale Werte für solche konstanten Parameter bestimmt. Exemplarisch werden wir auf diesem Arbeitsblatt die **Rohrhöhe h** optimieren - sie wird damit zur **Variablen**.

❶ Zunächst treffen wir die Annahme, dass die Parameter mit festen Werten wie folgt gegeben sind:

- die Breite des Sekundärreflektors $b = 0.8$m (vom Hersteller vorgegeben),
- die Breite des Spiegels $s = 1.1$m (vom Hersteller vorgegeben),
- die Position des Spiegels $x = -2$m (exemplarisch festgelegt) und
- die Uhrzeit $t = 11$h (exemplarisch festgelegt).

Die Parameter x und t werden wir später variieren.

Didaktischer Kommentar

Zur besseren Vergleichbarkeit der Ergebnisse arbeiten alle Lernenden zunächst mit den gleichen Werten für die Parameter t, b, s und x. In späteren Aufgaben werden diese Werte variiert.

Während der im Folgenden durchgeführten Optimierung sollen die Lernenden ihre Ergebnisse auf einem Antwortblatt in tabellarischer Form dokumentieren. So können sie den Einfluss variierender Parameter auf die optimale Höhe nachvollziehen. Die Antwortblätter sind auf den entsprechenden Arbeitsblättern verlinkt (s. Kap. 2). ◄

Ziel dieses Arbeitsblattes ist es, die Absorberrohrhöhe zu bestimmen, bei der die **maximale** Leistung umgesetzt wird. Mathematisch gesprochen ist ein **Optimierungsproblem** zu lösen. Die Funktion, deren optimaler Wert gesucht wird, heißt **Zielfunktion**. In unserem Fall ist das die Funktion P_{tube} mit $P_{\text{tube}}(t, b, h, s, x)$.

Infoblatt

An dieser Stelle des Arbeitsblattes ist ein Infoblatt verlinkt. Auf diesem finden die Lernenden folgende weiterführende Informationen zu Optimierungsproblemen:

- Optimierungsprobleme bestehen im Allgemeinen aus einer Funktion, die maximiert oder minimiert werden soll. Diese Funktion wird auch **Zielfunktion** genannt. In unserem Fall ist die Funktion P_{tube}, mit der die Leistung am Rohr in Abhängigkeit von der Höhe h berechnet wird, die Zielfunktion.
- Gesucht werden in der Optimierung die Werte der **Variablen**, die beim Einsetzen in die Zielfunktion einen maximalen oder minimalen Wert liefern. In unserem Fall ist die betreffende Variable die Absorberrohrhöhe h.
- Meist werden nur solche Werte für Variablen in Betracht gezogen, die bestimmte **Nebenbedingungen** erfüllen. Eine mögliche Nebenbedingung für unser Optimierungsproblem ist, nur positive Werte für die Variable h zu erlauben. ◄

Didaktischer Kommentar

Die Optimierung der Rohrhöhe wird basierend auf dem Modell für die Leistung von Arbeitsblatt 4 durchgeführt. Bei diesem Modell wurden verschiedene reale Phänomene, wie bspw. der Einfluss der Atmosphäre auf die reflektierte Sonnenstrahlung, nicht berücksichtigt. Wie sich auf diesem Arbeitsblatt zeigen wird, liefert dieses Modell keine optimale Rohrhöhe. Das Modell wird deswegen auf den Arbeitsblättern 6 und 7 um zwei Verbesserungen erweitert. Dies liefert letztlich ein Optimierungsproblem, bei dem eine optimale Lösung für die Rohrhöhe existiert.

Anstelle der Rohrhöhe ist auch die Optimierung anderer Kraftwerksparameter, wie bspw. der Spiegelbreite s oder der Reflektorbreite b, möglich. Dies kann interessierten Lernenden als weiterführende Aufgabe aufgetragen werden. Zum Einstieg können sich die Lernenden den Graphen der Funktion P_{tube} in Abhängigkeit von b oder s anzeigen lassen.

Die Optimierung der Spiegelpositionen wird im Workshop für die Oberstufe durchgeführt (s. Abschn. 3.7). Dort ist auch eine formale Notation von Optimierungsproblemen zu finden. Zusätzlich werden verschiedene (gängige) Methoden zur Modellierung und zum Lösen von Optimierungsproblemen vorgestellt. ◄

Teil a

Wir bestimmen die optimale Rohrhöhe zunächst graphisch. Für die festen Parameter speichern wir dazu vorab die Werte $t = 11$h, $b = 0.8$m, $s = 1.1$m und $x = -2$m.

Arbeitsauftrag

Führe den Code aus. Die Werte für die Parameter t, b, s und x werden gespeichert. Anschließend wird der Graph der Funktion P_{tube} in Abhängigkeit von der Höhe h dargestellt (vgl. Abb. 3.26). Bei welcher Höhe wird die Leistung am Rohr maximal? Notiere dein Ergebnis auf dem Antwortblatt.

Lösung

Der Graph der Zielfunktion P_{tube} ist in Abb. 3.26 dargestellt. Fährt man auf dem digitalen Arbeitsblatt mit dem Cursor über den Funktionsgraphen, so wird zur aktuellen Höhe h (x-Koordinate) der zugehörige Funktionswert angezeigt. Dabei wird deutlich, dass die Funktion P_{tube} streng monoton steigt. Damit existiert **keine optimale** Lösung des Optimierungsproblems. ● Die Leistung wird maximal, wenn das Rohr „unendlich" hoch gebaut wird. ◄

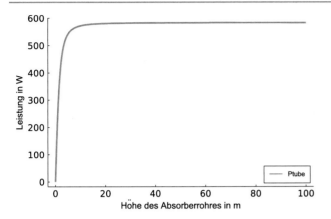

Abb. 3.26 Leistung in Abhängigkeit von der Höhe des Absorberrohrs ($t = 11$h, $b = 0.8$m, $s = 1.1$m und $x = -2$m)

Der Graph der Zielfunktion steigt ab einer Höhe h von ca. $10 - 20$m sehr langsam. Es liegt nahe, als *guten* Wert eine Höhe im Bereich von $10 - 20$m zu wählen, was von den Lernenden auch vielfach genannt wird. Dies ist vor dem Hintergrund von Wirtschaftlichkeitsfaktoren wie Materialkosten durchaus sinnvoll. In den folgenden beiden Teilaufgabe wird herausgearbeitet, dass dies keine korrekte Lösung des betrachteten Problems im (rein) mathematischen Sinne ist. Da die aktuelle Formulierung des Problems keine Lösung besitzt, müssen Modellverbesserungen diskutiert und umgesetzt werden. ◄

Teil b
Wir überprüfen in dieser Teilaufgabe die Optimalität der abgelesenen Lösung.

Arbeitsauftrag
❶ Gib die abgelesene optimale Höhe ein. Die zugehörige Leistung am Rohr wird berechnet. Erhöhe anschließend den Wert für die Höhe und berechne die Leistung erneut. Notiere deine Beobachtungen auf dem Antwortblatt und begründe, welche Höhe du für die Konstruktion des Kraftwerks wählen würdest.

Lösung

Eine Erhöhung des Wertes für h führt zu einer größeren Leistung am Rohr. Tatsächlich kann also immer ein Wert für die Rohrhöhe angegeben werden, der zu einer noch größeren Leistung führt. ❶ Wie im didaktischen Kommentar erwähnt, kann basierend auf Wirtschaftlichkeitsfaktoren argumentiert werden, dass eine Höhe gewählt werden sollte, bei welcher der Graph bereits deutlich abgeflacht

ist, die jedoch die Baukosten nicht unverhältnismäßig in die Höhe treibt. ◄

Teil c
Das Ablesen der Lösung am Graphen ist nicht unbedingt genau. In Wirtschaft und Forschung kommt bei der Optimierung daher der Computer zum Einsatz. Wir werden in dieser Teilaufgabe mithilfe eines Optimierungstools von Julia die optimale Höhe **numerisch,** das heißt näherungsweise rechnerisch, bestimmen. Dazu legen wir fest, in welchem Bereich wir nach dem Optimum suchen. Dieser Suchbereich ist zunächst auf Left $= 0.0$ m bis Right $= 100.0$ m festgesetzt.

Arbeitsauftrag
❷ Führe den Code aus. Mit dem Optimierungstool von Julia wird das Optimum bestimmt und angezeigt. Notiere den ermittelten Wert für die optimale Höhe und die zugehörige Leistung auf dem Antwortzettel.
Ändere dann die Grenzen des Bereichs, in dem der Algorithmus nach der Lösung sucht und bestimme die optimale Höhe erneut. Was beobachtest du?
Diskutiere außerdem folgende Punkte:

• Sind die Ergebnisse realistisch?
• Welche Informationen oder anwendungsrelevanten Phänomene haben wir außer Acht gelassen? Notiere Ideen, wie das Modell für die Leistung am Rohr verbessert werden kann.

Didaktischer Kommentar

Der Algorithmus, der dem verwendeten Optimierungstool zugrunde liegt, wird mit den Lernenden nicht diskutiert. Denkbar ist, die Lernenden eigenständig ein Verfahren entwickeln zu lassen, mit dem das Optimum der Zielfunktion bestimmt werden kann. Ein Beispiel für ein einfaches Verfahren ist die Unterteilung des Suchbereichs in diskrete Werte und die anschließende Berechnung sämtlicher zugehöriger Funktionswerte. Die Höhe, die den größten Funktionswert liefert, wird dann näherungsweise als Lösung ausgegeben. ◄

Lösung

Der Code, mit dem die Grenzen des Suchbereichs Left und Right variiert werden können, lautet:

```
Left = 0.0;
Right = 100.0;
```

Das Optimierungstool liefert als optimale Lösung für die Höhe h stets die Obergrenze des Suchbereichs (Variable: `Right`). Dies lässt sich durch die strenge Monotonie der Zielfunktion begründen.

Würde man als Suchbereich alle positiven reellen Zahlen zulassen, so würde man **keine optimale Lösung** für die Höhe h finden. ● Stattdessen müssten wir das Absorberrohr **unendlich hoch** bauen. Mit der bisherigen Formulierung des Optimierungsproblems bzw. mit dem bisherigen Modell für die Leistung am Rohr kommen wir nicht weiter.

Verschiedene Informationen und natürliche Phänomene wurden bei der Modellierung außer Acht gelassen. Beispiele dafür sind:

- Materialkosten
- Atmosphärische Effekte und damit verbundene Verluste
- Unsicherheiten und Fehler bei der Ausrichtung der Spiegel
- Wartungs- und Reinigungsaufwand

◄

Didaktischer Kommentar

Die Modellverbesserungsidee, die von den Lernenden meist zuerst genannt wird, ist der Einbau von Materialkosten. Da jedoch keine authentischen Kostenmodelle vorliegen, wird diese Modellverbesserung nicht im Workshop umgesetzt. Stattdessen können die Lernenden die Berücksichtigung von **atmosphärischen Effekten** auf Arbeitsblatt 6 (s. Abschn. 3.6.5) und von möglichen **Einstellungsfehlern** bei der Ausrichtung der Spiegel auf Arbeitsblatt 7 (s. Abschn. 3.6.6) in das Modell einbauen. Die Reihenfolge, in der die beiden Modellverbesserung bearbeitet werden, ist freigestellt. Auf Arbeitsblatt 8 (s. Abschn. 3.6.7) werden dann beide Modellverbesserungen kombiniert. Nach jeder Verbesserung des Modells wird die Optimierung der Rohrhöhe erneut durchgeführt. ◄

3.6.5 Arbeitsblatt 6: Modellverbesserung 1 – Berücksichtigung von atmosphärischen Effekten

Bei unserem bisherigen Modell sind wir davon ausgegangen, dass die Energie eines Sonnenstrahls immer gleich bleibt – egal wie lang die Strecke ist, die der reflektierte Strahl vom Spiegel bis zum Rohr zurücklegt. Dies entspricht nicht der Realität.

● Tatsächlich **sinkt** die Energie eines Lichtstrahls, wenn die zurückgelegte Strecke wächst. Dies liegt an der sogenannten **atmosphärischen Abschwächung**. Diesen physikalischen Effekt werden wir nun in unser Modell einbauen.

Teil a

Arbeitsauftrag

Stelle eine Formel für die Länge der Strecke auf, die ein Lichtstrahl von der Mitte des Spiegels bis zum Rohr zurücklegt. Die gesuchte Länge nennen wir d. Deine Formel sollte von x und h abhängen.

- Um die Quadratwurzel einer Zahl zu berechnen, verwende den Befehl `sqrt( )`.
  Zum Beispiel ergibt `sqrt(4) = 2`.
- Potenzen gibst du mit dem Zeichen ^ ein.
  Zum Beispiel ist 3^2 = 9 oder 10^(−2) = 0.01.

Lösung

❍ Die Formel für die Länge der Strecke, die der Lichtstrahl zurücklegt, ergibt sich durch Verwendung des Pythagoras (s. Abb. 3.21):

$$d(x, h) = \sqrt{x^2 + h^2}.$$

Die Eingabe lautet:

```
d(h,x) = sqrt(x^2 + h^2);
```
◄

Tipp

Die Lernenden erhalten erneut die Skizze aus Abb. 3.21 und den Hinweis, die gesuchte Strecke über den Satz des Pythagoras zu bestimmen. ◄

Teil b

Wissenschaftler/innen im Bereich der Solarenergieforschung haben ein bewährtes mathematisches Modell entwickelt, das beschreibt, wie stark das *reflektierte Sonnenlicht* abgeschwächt wird. Unter Verwendung dieses Modells erhält man die Funktion *atmLoss*. Mit dieser kann berechnet werden, welcher Anteil der abgegebenen Leistung tatsächlich am Ziel (in unserem Fall dem Rohr) ankommt. Dieser Anteil hängt von der Länge d ab.

Die Funktion *atmLoss* abhängig von der zurückgelegten Streckenlänge d lautet:

$$atmLoss(d) = 0.99321 - 1.176 \cdot 10^{-4} \cdot d + 1.97 \cdot 10^{-8} \cdot d^2 \quad \text{für } d \leq 1000 \text{ m}.$$

Schauen wir uns dazu ein Beispiel an:

Die Leistung des Strahlenpaktes, welches vom Spiegel auf Position $x = -2$m reflektiert wird, beträgt um 11 Uhr ohne Berücksichtigung der atmosphärischen Abschwächung 560.88W – unabhängig von der zurückgelegten Strecke. Berücksichtigt man jedoch die atmosphärische Abschwächung, so beträgt die Leistung des selben Strahlenpakets nach 20m zurückgelegter Strecke nur

$$560.88 \text{ W} \cdot atmLoss(20) = 560.88 \text{ W} \cdot 0.9915 = 556.59\text{W}.$$

Arbeitsauftrag
Gib die Funktion $atmLoss(h, x)$, die die atmosphärische Abschwächung beschreibt, im Code ein. Da die Länge der Strecke d von der Position x und der Höhe h abhängt, notieren wir im Code `atmLoss(h, x)` anstelle von `atmLoss(d)`.

Lösung
Die Eingabe lautet:

```
atmLoss(h,x) = 0.99321 - 1.176 *
10^(-4) * d(h,x)+ 1.97 * 10^(-8) *
d(h,x)^2;
```
◀

Didaktischer Kommentar

Die Bestrahlungsstärke der einfallenden Sonnenstrahlen I_{sun}, die als Grundlage für die Berechnung der Leistung auf dem Spiegel verwendet wurde, bezieht sich nur auf Strahlen, die nicht von der Atmosphäre abgelenkt wurden, die also direkt von der Sonne kommen. Der Abschwächungseffekt bei den einfallenden Strahlen wurde somit bereits berücksichtigt (s. Abschn. 3.3.2). Dies wurde bei den reflektierten Strahlen hingegen bisher vernachlässigt. ◀

Teil c
In das Modell für die Leistung am Rohr muss der Effekt der atmosphärischen Abschwächung aufgenommen werden. Die Funktion, die wir erhalten, bezeichnen wir mit $P_{tubeAtmLoss}$.

Arbeitsauftrag
Stelle die Funktionsgleichung für die Funktion $P_{tubeAtmLoss}$ auf, mit der die Leistung am Rohr unter Berücksichtigung atmosphärischer Abschwächung be-

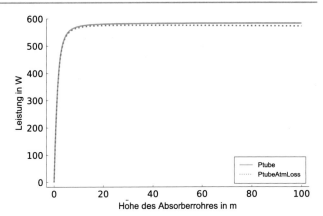

Abb. 3.27 Leistung in Abhängigkeit von der Höhe des Absorberrohrs mit (gestrichelte Linie) und ohne (durchgezogene Linie) atmosphärischer Abschwächung ($t = 11$h, $b = 0.8$m, $s = 1.1$m, $x = -2$m)

schrieben werden kann. Du kannst $P_{tube}(t, b, h, s, x)$ und $atmLoss(h, x)$ verwenden. Der Graph der neuen Funktion $P_{tubeAtmLoss}$ wird in Abhängigkeit der Rohrhöhe dargestellt. Lies die optimale Höhe ab und notiere diese auf dem Antwortzettel.

Lösung

◐ Die neue Zielfunktion $P_{tubeAtmLoss}$ des Optimierungsproblem ist gegeben durch

$$P_{tubeAtmLoss}(t, b, h, s, x) = P_{tube}(t, b, h, s, x) \cdot atmLoss(h, x).$$

Der zugehörige Graph ist in Abb. 3.27 dargestellt. Die optimale Höhe beträgt ca. $h = 32$m. Dies wird leichter ersichtlich, wenn die Lernenden auf dem Arbeitsblatt in den Graphen hinein zoomen. Wir erhalten nun einen eindeutigen optimalen Wert für die Höhe, der theoretisch umsetzbar wäre, aber immer noch sehr hoch ist.
Die Eingabe lautet:

```
PtubeAtmLoss(t,b,h,s,x) =
Ptube(t,b,h,s,x) * atmLoss(h,x);
```
◀

Didaktischer Kommentar

Die neue Zielfunktion weist einen konkaven und ab einer Höhe von ungefähr 32m monoton fallenden Verlauf auf. Es existiert eine eindeutige Lösung des Optimierungsproblems. Der veränderte Verlauf des Graphen kann mit den Lernenden als hinreichendes Kriterium für Existenz und Eindeutigkeit der Lösung diskutiert werden. In der folgenden Teilaufgabe untersuchen die Lernenden, inwieweit sich die optimale Höhe ändert, wenn die Position des Spiegels variiert wird. Zudem sollen sie die Ergebnisse im Hinblick auf die Realität bewerten. ◄

Teil d

Wir werden die optimale Höhe erneut numerisch mit Hilfe des Optimierungstools von `Julia` bestimmen.

Arbeitsauftrag

- ● Führe den Code aus. Die optimale Höhe des Rohres wird basierend auf der neuen Funktion $P_{\text{tubeAtmLoss}}$ bestimmt. Notiere das Ergebnis.
- Setze die Position des Spiegels anschließend auf $x = -5$m und führe die Optimierung erneut aus. Was beobachtest du?
- Ist das Ergebnis der Optimierung praktikabel? Welchen Wert würdest du für die Konstruktion des Rohres wählen? Notiere Beobachtungen und Ideen für mögliche Modellverbesserungen.

Lösung

Für einen Spiegel auf Position $x = -2$m ergibt sich $h = 32.38$m als optimale Höhe. Für einen Spiegel auf Position $x = -5$m ist die optimale Höhe $h = 59.74$m. ● Je nach Spiegelposition erhalten wir somit weiterhin sehr große Werte, die in der Praxis nicht umgesetzt werden können. Hinzu kommt, dass üblicherweise mehrere (horizontal verschobene) Spiegelreihen eines Kraftwerks auf ein und dasselbe Rohr fokussieren. Eine starke Abhängigkeit der optimalen Rohrhöhe von der Spiegelposition ist daher ungünstig. Eine sinnvolle Erweiterung des Modells wäre, die Leistung zu berücksichtigen, die durch **alle** auf das Rohr reflektierende Spiegel zugeführt wird und basierend auf dieser Erweiterung die Höhe zu optimieren. ◄

Didaktischer Kommentar

Die Modellerweiterung auf mehrere Spiegel können die Lernenden auf dem Zusatzblatt (s. Abschn. 3.6.8) vornehmen. Die Optimierung der Rohrhöhe basierend auf dem Modell für mehrere Spiegel wird auf dem Zusatzblatt jedoch nicht diskutiert. ◄

Fazit

Wir haben atmosphärische Effekte in unser Modell aufgenommen. Eine weitere Modellverbesserung ist die Berücksichtigung von Ungenauigkeiten bei der Ausrichtung der

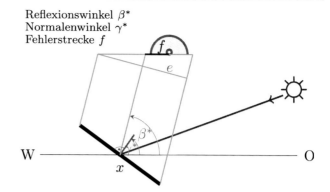

Abb. 3.28 Fehlerstrecke f bei fehlerhafter Einstellung des Neigungswinkels γ^*

Spiegel. Diese wird auf dem nächsten Arbeitsblatt vorgenommen.

3.6.6   Arbeitsblatt 7: Modellverbesserung 2 – Berücksichtigung von Einstellungsfehlern

Die Spiegel in einem Fresnel-Kraftwerk werden mithilfe von Motoren im Laufe des Tages gemäß des Sonnenstandes ausgerichtet. Wir haben die notwendige Ausrichtung eines Spiegels mithilfe des Neigungswinkels γ bestimmt. Da es durchaus vorkommt, dass einzelne Motoren ungenau arbeiten, entspricht die tatsächliche Ausrichtung der Spiegel nicht immer exakt der gewünschten Ausrichtung (vgl. Kincaid et al. 2019). Wir werden den Einfluss von Ungenauigkeiten bei der Spiegelausrichtung auf die optimale Rohrhöhe untersuchen.

◑ Auf diesem Arbeitsblatt werden alle Modellierungsschritte nur für eine Linksverschiebung des Spiegels durchgeführt. Die Position des Spiegels setzen wir zunächst auf $x = -2$m fest.

Teil a

Wird der Spiegel nicht korrekt eingestellt, so führt dies dazu, dass der mittlere reflektierte Strahl nicht direkt auf das Rohr fällt. Stattdessen verfehlt er das Rohr (links oder rechts) um eine Fehlerstrecke f (s. Abb. 3.28).

Den fehlerbehafteten Neigungswinkel bezeichnen wir mit γ^*. Dieser ergibt sich aus dem gewünschten Neigungswinkel durch Addition des Fehlers *error*:

$$\gamma^* = \gamma + error. \tag{3.1}$$

Arbeitsauftrag

Führe den Code aus. Der Fehler auf den Neigungswinkel *error* wird gespeichert. Dieser ist zunächst auf *error* = 4° festgelegt. Es wird eine Grafik erzeugt, die den gewünschten reflektierten Strahl und den aufgrund des Fehlers entstandenen reflektierten Strahl darstellt. Variiere den Fehler und beobachte den Einfluss auf den fehlerhaften Ausfallswinkel β^* und die Fehlerstrecke f.

Lösung

● Mithilfe der Grafik können wir uns einen Eindruck von dem Einfluss der Fehlergröße auf die Abweichung des reflektierten Strahls verschaffen. Wird der Fehler klein gewählt, z. B. *error* = 1.5°, so trifft der reflektierte Strahl zwar nicht mehr das Rohr, jedoch weiterhin den Sekundärreflektor. Wird der Fehler hingegen groß gewählt, z. B. *error* = 4°, so trifft der reflektierte Strahl nicht einmal mehr auf den Sekundärreflektor. ◄

Teil b

Wird der Neigungswinkel γ nicht korrekt eingestellt, so führt dies auch zu einem fehlerhaften Ausfallswinkel β^*.

Zur Erinnerung

Die Formeln für die gewünschten Winkel, die wir auf Arbeitsblatt 4 entwickelt haben, lauten:

Gewünschter Ausfallswinkel

$$\beta = \begin{cases} \arctan\left(\frac{h}{|x|}\right) & \text{für } x < 0 \\ 90° & \text{für } x = 0 \\ 180° - \arctan\left(\frac{h}{x}\right) & \text{für } x > 0 \end{cases}$$

Gewünschter Neigungswinkel

$$\gamma = \frac{1}{2} \cdot (\alpha + \beta)$$

Arbeitsauftrag

Gib die oben genannte Formel (3.1) zur Berechnung von γ^* (Variable: `gammaError`) ein. Stelle dann eine Formel für den fehlerhaften Ausfallswinkel β^* (Variable: `betaError`) auf. Die Formel sollte von der Tageszeit t, der Höhe h, der Position x und dem Fehler `error` abhängen. Bei der Eingabe der Formeln kannst du `alpha(t)`, `beta(h,x)` und `gamma(t,h,x)` von Arbeitsblatt 4 verwenden (s. Abschn. 3.6.3).

Lösung

❶ Umformen der Formel für γ ergibt

$$\beta = 2 \cdot \gamma - \alpha.$$

Damit erhalten wir für den fehlerhaften Ausfallswinkel

$$\beta^* = 2 \cdot \gamma^* - \alpha = 2 \cdot \gamma + 2 \cdot \text{error} - \alpha$$
$$= \beta + 2 \cdot \text{error}.$$

Die Eingabe lautet:

```
gammaError(t,h,x) =
gamma(t,h,x) + error;
betaError(h,x,error) =
beta(h,x) + 2 * error;
```
◄

Tipp

Die Lernenden erhalten den Tipp die Formel

$$\gamma = \frac{1}{2} \cdot (\alpha + \beta)$$

nach β umzustellen. Was ändert sich, wenn man anstelle von β nun den fehlerhaften Ausfallswinkel β^* betrachtet? ◄

Teil c

Wenn der tatsächliche Ausfallswinkel vom gewünschten Wert abweicht, hat dies auch Einfluss auf die angestrahlte Strecke auf der Höhe des Rohres, die wir im Folgenden mit p bezeichnen (s. Abb. 3.29). Diese liegt ggf. nur noch teilweise oder gar nicht mehr auf dem Sekundärreflektor. Mit der Funktion P_{tube} von Arbeitsblatt 5 können wir die tatsächliche Leistung am Rohr nicht mehr exakt beschreiben.

Im Folgenden werden wir zunächst die Fehlerstrecke f berechnen und anschließend den Einfluss der Rohrhöhe h auf die Länge dieser Fehlerstrecke untersuchen. Ziel ist es, die Rohrhöhe so zu wählen, dass auch bei zu erwartenden Ungenauigkeiten bei der Spiegelausrichtung hinreichend viel Leistung am Rohr generiert wird.

Arbeitsauftrag

Stelle eine Formel für die Fehlerstrecke f im Fall einer Linksverschiebung des Spiegels (d. h. $x < 0$) auf. Deine Formel sollte von h, x und dem Fehler `error` abhängen. Ist deine Formel für beliebige Werte des Einstellungsfehlers anwendbar?

Lösung

◑ Unter Zuhilfenahme von Abb. 3.29 und Verwendung des Tangens ergibt sich

$$\tan(\beta^*) = \frac{h}{|x| - f}$$

und damit

$$f = |x| - \frac{h}{\tan(\beta^*)}.$$

Damit die Formel für die Fehlerstrecke verwendet werden kann, muss der fehlerbehaftete Ausfallswinkel β^* im Intervall $(0°, 90°)$ liegen. Somit darf auch der Fehler nicht beliebig groß werden. Die Eingabe lautet:

```
# Festlegung des Fehlers
error = 0.5;

# Fehlerstrecke f
errorDistanceLeftShift(h,x,error) =
abs(x) -
h/tand(betaError(h,x,error));
```
◀

Tipp

Die Lernenden erhalten als Tipp für die Berechnung der Fehlerstrecke f Abb. 3.30 und den Hinweis, den Tangens zu verwenden. ◀

Didaktischer Kommentar

Der Fokus des Arbeitsblattes liegt auf der Optimierung der Rohrhöhe und weniger auf der Berücksichtigung aller Fallunterscheidungen durch geometrische Überlegungen. Deswegen entwickeln die Lernenden nur den Fall einer Linksverschiebung eigenständig. ◀

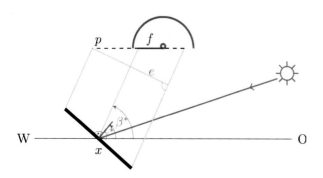

Abb. 3.29 Skizze zur Berechnung der Projektion auf Rohrhöhe p

Teil d

◔ Wir gehen davon aus, dass für den Fehler auf den Neigungswinkel $-1.0° \leq$ error $\leq 1.0°$ gilt.

Ziel ist es die Höhe so zu wählen, dass die umgesetzte Energie maximiert, aber zugleich der Einfluss von Fehlern berücksichtigt wird. Zur korrekten Bestimmung der Leistung am Rohr muss die Abweichung um die Fehlerstrecke f in das mathematische Modell aufgenommen werden. So kann der Anteil der vom Spiegel abgegebenen Leistung, der das Rohr tatsächlich erreicht, neu bestimmt werden. Die Länge der bestrahlten Strecke auf Rohrhöhe bezeichnen wir wie zuvor mit p (vgl. Abb. 3.29).

Zunächst werden wir die Länge der Strecke p berechnen und anschließend die Länge der Teilstrecke von p bestimmen, die im Bereich des Sekundärreflektors liegt. Die Länge dieser Teilstrecke nennen wir l (vgl. Abb. 3.31).

Arbeitsauftrag
Stelle eine Formel für die bestrahlte Streckenlänge auf Rohrhöhe p auf. Die Funktion `e(t,b,h,s,x,error)` ist bereits eingespeichert. Diese berechnet die Streckenlänge e unter Berücksichtigung des Einstellfehlers. Du kannst diese verwenden.

Lösung

◑ Mithilfe von Stufen- und Wechselwinkelbeziehungen sowie Anwenden des Sinus oder Kosinus im rechtwinkligen Dreieck, das in Abb. 3.29 zu erkennen ist, kann die folgende Formel gefunden werden:

$$p = \frac{e}{\sin(\beta^*)} = \frac{e}{\cos(90° - \beta^*)}.$$

Eine mögliche Eingabe lautet:

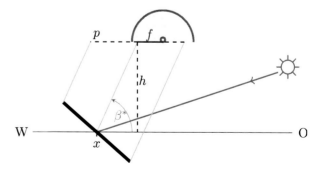

Abb. 3.30 Skizze als Tipp zur Berechnung der Fehlerstrecke f

```
computeIllumination(t,b,h,s,x,error) =
e(t,b,h,s,x,error) /
sind(betaError(h,x,error));
```
◀

Teil e

Wie wir von den bisherigen Arbeitsblättern wissen, entspricht die Leistung, die auf der gesamten Strecke p anliegt, der Leistung auf der Hilfsstrecke e (vgl. Abb. 3.29 und Abb. 3.31).

Die Leistung, die am Sekundärreflektor ankommt, entspricht jedoch nur dem Anteil, den die Strecke l an p ausmacht. Diesen relativen Anteil bezeichnen wir mit *ratioError*.
◗ Mit diesem ergibt sich für die Leistung am Rohr:

$$P_{\text{tube}} = I_{\text{sun}} \cdot e \cdot ratioError.$$

Abhängig von der Größe des Fehlers, können unterschiedliche Situationen auftreten, die wiederum in sechs Fälle unterteilt werden können. Diese sechs Fälle sind in Abb. 3.32 schematisch dargestellt. Die untere eingezeichnete Strecke stellt jeweils den Bereich dar, der bei fehlerhafter Einstellung des Neigungswinkels tatsächlich bestrahlt wird (also p basierend auf γ^*). Die obere Strecke stellt den bestrahlten Bereich dar, wenn der mittlere reflektierte Strahl wie gewünscht auf die Mitte des Rohrs trifft (also p basierend auf γ).

- Der Fehler ist so klein, dass bei fehlerhafter Einstellung genau so viele Strahlen auf den Sekundärreflektor treffen, wie bei korrekter Einstellung (1. und 3. Fall).
- Ein Teil der Strahlen, die ohne fehlerhafte Einstellung den Sekundärreflektor getroffen hätten, fällt jetzt links oder rechts neben den Sekundärreflektor (2. und 4. Fall).
- Der Fehler ist so groß, dass alle Strahlen den Sekundärreflektor verfehlen (5. und 6. Fall).

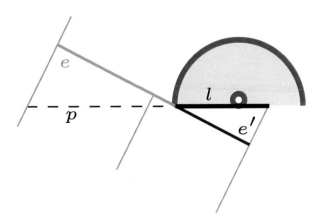

Abb. 3.31 Länge des bestrahlten Bereichs des Sekundärreflektors l bei fehlerhafter Spiegelausrichtung

Arbeitsauftrag
Stelle für die Fälle eins bis drei (s. Abb. 3.32) je eine Formel auf, mit der der Anteil der reflektierten Leistung berechnet werden kann, der dem Rohr tatsächlich zugeführt wird. Du kannst die Sekundärreflektorbreite b, die Fehlerstrecke f und die bestrahlte Streckenlänge p in deinen Formeln verwenden.

Lösung

◗ Der gesuchte Anteil ist gegeben durch

$$ratioError = \frac{l}{p}.$$

Für den bestrahlten Teil des Sekundärreflektors l gilt

$$l = \begin{cases} p & \text{im 1. Fall} \\ \left(p - \left(f - \frac{b-p}{2}\right)\right) & \text{im 2. Fall} \\ b & \text{im 3. Fall} \end{cases}$$

Die Eingabe lautet:

```
ratioErrorCase1(b,f,p) = 1;
ratioErrorCase2(b,f,p) = (p - (f -
((b - p)/2))) / p;
ratioErrorCase3(b,f,p) = b / p;
```
◀

Tipps

Stufe 1: Die Lernenden erhalten den Tipp, dass für den Anteil *ratioError* die Formel *ratioError* $= l/p$ gilt. Sie sollen sich überlegen, wie sie die Länge der Strecke l unter Verwendung von b, f und p berechnen können.

Stufe 2: Für den 2. Fall finden die Lernenden bei Bedarf einen weiteren Tipp. Auf diesem ist Abb. 3.33 dargestellt, zusammen mit dem Hinweis, zunächst eine Formel für die eingezeichnete Strecke r in Abhängigkeit von der Fehlerstrecke f und der Sekundärreflektorbreite b aufzustellen. Anschließend sollen sie den Teil der Strecke p berechnen, der tatsächlich auf den Sekundärreflektor trifft. ◀

Didaktischer Kommentar

Die Fälle vier bis sechs müssen die Lernenden nicht selbst implementieren. Stattdessen können sie die verallgemeinerte (alle 6 Fälle umfassende) Funktion `ratioError` direkt nutzen. Auch die neue Funktion $P_{\text{tubeError}}$ zur Berechnung der Leistung am Rohr unter Fehlereinfluss wird den Lernenden zur Verfügung gestellt. Mit dieser neuen

Abb. 3.32 Sechs Fälle, die unter Fehlereinfluss am Sekundärreflektor auftreten können

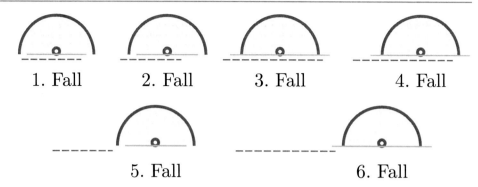

1. Fall   2. Fall   3. Fall   4. Fall

5. Fall   6. Fall

Zielfunktion können die Lernenden die Optimierung der Rohrhöhe h erneut durchführen. ◄

Teil f

Ersetzen wir in der Funktion P_{tube} den Faktor `ratio` durch `ratioError`, erhalten wir die Funktion $P_{\text{tubeError}}$, welche die Leistung am Rohr unter Berücksichtigung etwaiger Einstellungsfehler berechnet. Im Folgenden kann $P_{\text{tubeError}}$ verwendet werden, um für beliebige Positionen (d. h. auch für $x = 0\text{m}$ und $x > 0\text{m}$) die Optimierung der Rohrhöhe vorzunehmen.

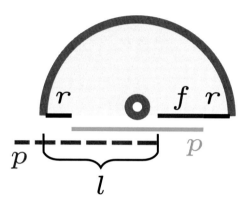

Abb. 3.33 Tipp zur Berechnung des Anteils *ratioError*, der am Rohr ankommenden Leistung

Teil g

Ziel ist es, die Rohrhöhe h so zu wählen, dass die Leistung am Rohr maximal ist – und zwar unter Berücksichtigung des Einflusses von Einstellungsfehlern. Auch bei kleineren Einstellungsfehlern des Spiegels sollen also gute oder besser gesagt

optimale Werte für die Leistung erreicht werden. Wir lösen damit ein **Optimierungsproblem unter Unsicherheiten**.

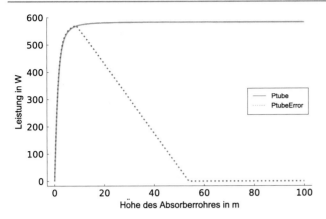

Abb. 3.34 Leistung am Rohr in Abhängigkeit von der Rohrhöhe mit (gestrichelte Linie) und ohne (durchgezogene Linie) Berücksichtigung von Einstellungsfehlern ($\texttt{error} = 0.5°, t = 11\text{h}, b = 0.8\text{m}, s = 1.1\text{m}, x = -2\text{m}$)

Lösung

Die optimale Höhe bei einem Fehler von $\texttt{error} = 0.5°$ beträgt $h = 8.72\text{m}$ für einen Spiegel auf Postion $x = -2\text{m}$.

● Wir erhalten einen optimalen Wert, der realistisch erscheint und auch umsetzbar wäre. Wird der Spiegel auf Position $x = -5\text{m}$ gesetzt, so ergibt sich eine optimale Höhe von $h = 9.73\text{m}$. Die Schwankung der optimalen Höhe in Abhängigkeit von der gewählten Spiegelposition legt nahe, dass eine Erweiterung des Modells für die Leistung am Rohr erzeugt durch **alle** aufgestellten Spiegel sinnvoll wäre. ◄

Didaktischer Kommentar

Die Zielfunktion des Optimierungsproblem weist einen konkaven Verlauf auf. Es existiert eine eindeutige optimale Lösung. Die wesentliche Änderung des Verlaufs des Graphen kann mit den Lernenden als ein hinreichendes Kriterium für die Existenz und Eindeutigkeit einer Lösung diskutiert werden. ◄

Zusatzaufgabe

Arbeitsauftrag
Auf diesem Arbeitsblatt haben wir die Einstellung des Spiegels als Fehlerquelle diskutiert. Überlege dir, was weitere Fehlerquellen bei einem Solarkraftwerk sein könnten. Notiere deinen Ideen auf dem Antwortzettel.

Lösung

● Beispiele für weitere Fehlerquellen sind verschmutze Spiegeloberflächen, die zu einer abweichenden Reflexion führen oder die Ablenkung der Sonnenstrahlen durch die Atmosphäre oder Wolken und ein daraus resultierender abweichender Sonneneinfallswinkel α. ◄

Fazit
Wir haben unser Modell so erweitert, dass potentielle Fehler bei der Einstellung eines Spiegels berücksichtigt werden. Auf dem nächsten Arbeitsblatt können die Modellverbesserungen von Arbeitsblatt 6 und 7 kombiniert und die Optimierung der Rohrhöhe erneut durchgeführt werden.

3.6.7 Arbeitsblatt 8: Kombination von Modellverbesserungen 1 und 2

Ziel ist es, die Rohrhöhe h zu bestimmen, bei der die Leistung am Rohr unter Berücksichtigung **atmosphärischer Effekte** und möglicher **Einstellungsfehler** maximal ist. ◐ Die neue Zielfunktion, bei der beide Modellverbesserungen berücksichtigt werden, nennen wir $P_{\text{tubeErrorAtmLoss}}$. Sie ergibt sich durch

$$P_{\text{tubeErrorAtmLoss}}(t, b, h, s, x, \texttt{error}) = P_{\text{tubeError}}(t, b, h, s, x, \texttt{error}) \cdot atmLoss(h,x).$$

Didaktischer Kommentar

Die Funktion $P_{\text{tubeErrorAtmLoss}}$ muss von den Lernenden nicht selbst implementiert werden. Sie können diese direkt nutzen, um die Optimierung durchzuführen. ◄

Teil a

Arbeitsauftrag
◐ Führe die Optimierung für die Fehlerwerte $0°$, $0.1°$, $0.2°$ und $0.5°$ sowie für beliebige andere Fehlerwerte durch. Vergleiche die Ergebnisse mit den Ergebnissen von Arbeitsblatt 6 und 7. Erkläre deine Beobachtungen.

Lösung

● Liegt kein Fehler oder ein kleiner Fehler vor ($\texttt{error} = 0°$ oder $\texttt{error} = 0.1°$), so entspricht die optimale

Lösung dem Ergebnis der Optimierung mit der Zielfunktion $P_{\text{tubeAtmLoss}}$ von Arbeitsblatt 6. Die optimale Höhe lautet knapp $h = 32$m. Wird der Fehler hingegen größer, so entspricht die optimale Lösung dem Ergebnis der Optimierung mit der Zielfunktion $P_{\text{tubeError}}$, d. h. einer Höhe von ca. $h = 9$m. Der Einfluss des fehlerhaften Neigungswinkels ist dann der dominierende Faktor. ◄

Teil b

In dieser abschließenden Teilaufgabe wird der Einfluss der Spiegelposition x und der Tageszeit t auf das Ergebnis der Optimierung untersucht.

Arbeitsauftrag

➌ Variiere die Position des Spiegels. Setze dazu die Position auf $x = -5$ m und führe die Optimierung mit der Zielfunktion $P_{\text{tubeErrorAtmLoss}}$ erneut durch. Was beobachtest du? Notiere Ideen für mögliche Modellverbesserungen. Teste anschließend auch verschiedene Tageszeiten t.

Lösung

● Sowohl die Änderung der Tageszeit t als auch die Variation der Spiegelposition x haben Einfluss auf die optimale Rohrhöhe. Dies motiviert die Berücksichtigung aller aufgestellter Spiegel sowie die Betrachtung verschiedener Tageszeiten bzw. die Erweiterung des Modells auf einen Zeitraum. ◄

Fazit

Um die Planung optimaler Kraftwerke weiter zu verbessern, kann das Modell noch erweitert werden. Auf dem im folgenden Abschnitt beschriebenen Zusatzblatt, ist die Modellerweiterung auf mehrere Spiegel beschrieben. Neben dieser didaktisch-methodisch ausgearbeiteten Modellerweiterungen sind verschiedene weitere Erweiterungen und Verbesserungen denkbar, die im Ausblick auf weiterführende Modellierungsaufgaben diskutiert werden (s. Abschn. 3.8).

3.6.8 Zusatzblatt: Leistung am Rohr bei mehreren Spiegeln

Es soll die Leistung bestimmt werden, die von der Gesamtheit aller Spiegel (die auf das betrachtete Rohr reflektieren) am Absorberrohr generiert wird. ➍ Dabei gehen wir davon aus, dass keine Effekte wie Verschattung oder Blockierung zwischen den einzelnen Spiegeln auftreten.

Unser Kraftwerk besitzt insgesamt zehn Spiegelreihen. Fünf davon sind schräg links unter dem Rohr auf den Positionen $x_1 = -1$m, $x_2 = -2.5$m, $x_3 = -4$m, $x_4 = -5.5$m und $x_5 = -7$m angebracht. Die übrigen fünf Spiegelreihen befinden sich auf den entsprechenden Positionen schräg rechts unter dem Rohr, also $x_6 = 1$m, $x_7 = 2.5$m, $x_8 = 4$m, $x_9 = 5.5$m und $x_{10} = 7$m. Jeder Spiegel hat eine Breite von $s = 1.1$m. Das Absorberrohr befindet sich in einer Höhe von $h = 6$m und der Sekundärreflektor hat eine Breite von $b = 0.8$m. Wir betrachten die Zeit $t = 11$h.

Arbeitsauftrag

Stelle eine Formel für die Leistung auf, die das gesamte oben beschriebene Kraftwerk um 11 Uhr generiert. Du kannst die Funktion P_{tube} verwenden.

Lösung

❹ Die gesamte Leistung am Rohr ergibt sich durch Aufsummieren der Leistungen, die durch einzelne Spiegel erzeugt werden:

$$P_{\text{total}} = \sum_{i=1}^{10} P_{\text{tube}}(t, b, h, s, x_i).$$

Um 11 Uhr ($t = 11$h) ergibt sich eine Leistung von 4817.64W. Die Eingabe lautet:

```
s = 1.1;          # Breite des Spiegels
b = 0.8;          # Breite des Reflektors
h = 6;            # Höhe des Absorberrohrs
t = 11;           # Tageszeit

# Leistung Kraftwerk
Ptotal = Ptube(t,b,h,s,-7) +
Ptube(t,b,h,s,-5.5)
+ Ptube(t,b,h,s,-4) + Ptube(t,b,h,s,-2.5)
+ Ptube(t,b,h,s,-1) + Ptube(t,b,h,s,1)
+ Ptube(t,b,h,s,2.5) + Ptube(t,b,h,s,4)
+ Ptube(t,b,h,s,5.5) + Ptube(t,b,h,s,7);
```

Alternativ kann die Berechnung über eine for-Schleife realisiert werden. ◄

Didaktischer Kommentar

Das in der Lösung zu dieser Aufgabe verwendete Summenzeichen muss nicht mit den Lernenden thematisiert werden. Stattdessen kann die Summe ausgeschrieben werden. ◄

3.7   Workshopmaterial für die Oberstufe

Der Schwerpunkt des Workshops für die Oberstufe liegt nicht auf der Entwicklung eines physikalisch-technischen Modells für die Leistung des Kraftwerks, sondern vielmehr auf der Modellierung von Optimierungsproblemen und der Entwicklung von Verfahren zum Lösen eben solcher Probleme. Wie sich in diesem Workshop am Beispiel der Optimierung der Spiegelpositionen zeigen wird, ist die Modellierung von Optimierungsproblemen mathematisch äußerst reichhaltig. Sie bietet den Lernenden die Möglichkeit, reale Problemstellungen (mathematisch) kreativ anzugehen.

Optimierungsprobleme, die auch als eine fundamentale Idee der Mathematik bezeichnet werden, sind höchst divers und facettenreich (vgl. Humenberger 2015, Vogel 2010). Zum einen durchdringen sie verschiedenste Bereiche der (diskreten wie auch kontinuierlichen) Mathematik und greifen dabei zahlreiche elementar-mathematische Konzepte auf. Zum anderen verbergen sich solche Probleme hinter unzähligen Anwendungen und Technologien. Beispiele sind die Bestimmung der optimalen Bestrahlung von Tumoren schon vor Beginn der Strahlentherapie, die Optimierung von Flugzeugflügeln mit Blick auf deren Aerodynamik oder die Optimierung von Verfahren zur automatischen Gesichtserkennung.

Die Optimierung kommt (wenn auch nicht unter diesem Begriff) gemäß der Curricula bereits in verschiedenen Phasen des Mathematikunterrichts zum Einsatz. Beispielsweise wenn der kürzeste Abstand eines Punktes zu einer Geraden berechnet wird oder wenn Extremwerte von Funktionen bestimmt werden. Letzteres geschieht nicht erst in der Oberstufe, sondern bereits bei Einführung der Scheitelpunktsform von Parabeln in der Mittelstufe.

Die Optimierung (insbesondere im Kontext realer Problemstellungen) bietet jedoch über die jetzigen Lehrpläne hinaus die Möglichkeit diverse innermathematische Themenfelder zu vernetzen sowie Inhalte anderer Schulfächer in einen fächerübergreifenden (Mathematik-)Unterricht zu integrieren.

Zu Beginn dieses Workshops haben die Lernenden eine Formel für den gesuchten Neigungswinkel aufgestellt (s. Arbeitsblatt 1 in Abschn. 3.5.2).

Die Lernenden erhalten als Ausgangspunkt für die anstehende Optimierung die Funktion P_{tube}. Diese beschreibt die Leistung am Rohr in Abhängigkeit von den Parametern Tageszeit t, Spiegelposition x, Reflektorbreite b, Spiegelbreite s und Absorberrohrhöhe h (vgl. Abb. 3.35). Die Herleitung der Funktion P_{tube} (s. Arbeitsblatt 2 bis 4 der Mittelstufe in Abschn. 3.6.1–3.6.3) ist nicht Bestandteil dieses Workshops. Sie kann jedoch als differenzierende Zusatzaufgabe herausgegeben werden.

An dieser Stelle sei erneut auf den tabellarischen Ablaufplan hingewiesen (s. Anhang B.2). Dieser bietet eine kompakte Übersicht über die Inhalte der einzelnen Arbeitsblätter und

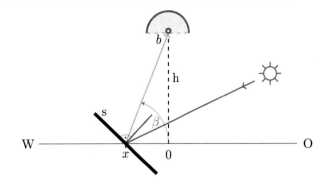

Abb. 3.35 Ein um x Meter horizontal verschobener Spiegel mit Breite s. Die Variable h beschreibt die Höhe des Rohres und die Variable b die Breite des Sekundärreflektors in Metern

über verschiedene Möglichkeiten diese im eigenen Unterricht zu kombinieren.

3.7.1   Arbeitsblatt 2: Leistung und umgesetzte Energie des Kraftwerks

Zu den wichtigsten Kennzahl von Kraftwerken gehört die Leistung P (engl. *power*). Sie bezeichnet die in einer bestimmten Zeitspanne umgesetzte Energie ΔE bezogen auf diese Zeitspanne ($P = \Delta E / \Delta t$). Die Einheit der Leistung ist Watt.

Basierend auf unseren Modellen für die Berechnung des Neigungswinkels und unter Verwendung von realen Daten zur Stärke der Sonnenstrahlung in Daggett, wurde die Funktion P_{tube} mit $P_{\text{tube}}(t, b, h, s, x)$ entwickelt. Diese gibt an, wie viel Leistung dem Absorberrohr (engl. *tube*) durch einen Spiegel zugeführt wird. Die Leistung hängt von der Tageszeit t, der Reflektorbreite b, der Absorberrohrhöhe h, der Spiegelbreite s und der Spiegelposition x ab.

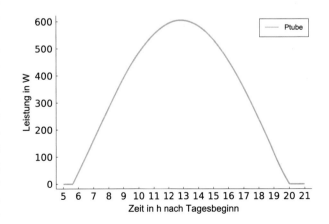

Abb. 3.36 Leistung im Tagesverlauf ($b = 0.8$m, $h = 6$m, $s = 1.1$m, $x = -2$m)

In Abb. 3.36 ist der Graph der Funktion P_{tube} im Tagesverlauf dargestellt. Für alle anderen Parameter wurden konstante Werte festgelegt ($b = 0.8$m, $h = 6$m, $s = 1.1$m und $x = -2$m). Da wir das Kraftwerk lediglich im Querschnitt betrachten, vernachlässigen wir die Tiefe der Spiegel und des Rohres[10]. Die Funktion P_{tube} dient als Ausgangspunkt für die anstehende Optimierung.

Mithilfe der (momentanen) Leistung lässt sich berechnen, wie viel Energie ein Kraftwerk über einen bestimmten Zeitraum (bspw. einen Tag, einen Monat oder ein Jahr) umsetzt. Solche Werte sind von großem Interesse. Ziel dieses Arbeitsblattes ist es, die **über einen Tag umgesetzte Energie** näherungsweise zu berechnen.

Teil a

Arbeitsauftrag
Berechne die über einen Tag umgesetzte Energie. Die Energie soll in der Einheit Wattstunden (= W · h oder kurz Wh) angegeben werden.
Hinweis: Nutze bei deiner Eingabe im Code eine for-Schleife.

Infoblatt

Falls die Verwendung von for-Schleifen neu für die Lernenden ist, können sie an dieser Stelle auf ein Infoblatt zugreifen. Auf diesem wird die Verwendung von for-Schleifen an einem Beispiel verdeutlicht. ◀

Lösung

Die innerhalb eines Tages umgesetzte Energie entspricht dem Integral von 0 bis 24 (ein ganzer Tag) über die Funktion P_{tube} von t (momentane Leistung am Rohr). Das Integral wird über eine Riemann-Summe approximiert und nicht analytisch berechnet. Gründe dafür sind:

- Bei Simulationen in Forschung und Industrie existiert meist keine geschlossene Darstellung der Leistung (als Funktion der Zeit) oder diese ist zu komplex, um sie zu integrieren. Dies wird auch bei unserem Modell der Fall sein, wenn im späteren Verlauf der Modellierung Effekte wie Schattenwurf berücksichtigt werden.
- Aufgrund von Unsicherheiten in den Daten (bspw. zur Stärke der Sonneneinstrahlung) täuscht ein Integral eine Genauigkeit vor, die die Daten nicht einhalten können (vgl. Krahforst 2016).

Die über den Tag umgesetzte Energie beschreiben wir im Folgenden durch die Funktion E_{tube}, die von den Parametern b, h, s und x abhängt. Diese Energie kann näherungsweise bestimmt werden durch ◑

$$E_{tube}(b, h, s, x) = \sum_{j=1}^{n} P_{tube}(t_j, b, h, s, x) \cdot \Delta t.$$

Dabei wird angenommen, dass der Tag in $n \in \mathbb{N}$ Zeitintervalle der Länge Δt eingeteilt ist und dass die Leistung auf jedem der Zeitintervalle konstant ist. Die Lernenden entscheiden selbst, an welchem Zeitpunkt t_j sie die Funktion P_{tube} im j-ten Intervall auswerten. Sie können bspw. stets die linke Intervallgrenze wählen oder gemäß des Prinzips von Ober- bzw. Untersummen jeweils die Intervallgrenze mit größtem bzw. kleinstem Funktionswert.

Der Zeitschritt Δt sollte nicht zu klein gewählt werden. Zum einen sind die Daten zu Stärke und Stand der Sonne nicht genau genug, um einen sehr kleinen Zeitschritt zu rechtfertigen. Zum anderen nimmt die Laufzeit der Simulation mit kleiner werdendem Δt zu. Wird der Zeitschritt hingegen zu groß gewählt, so führt dies zu ungenauen Ergebnissen.

Implementiert wird die Berechnung der umgesetzten Energie mithilfe einer for-Schleife, die über die Zeitintervalle iteriert. Das Grundgerüst für die for-Schleife ist im Code vorhanden und muss von den Lernenden vervollständigt werden.

Eine mögliche Eingabe mit einem Zeitschritt von $\Delta t = 0.1$h lautet:

```
function Etube(b,h,s,x)
    Energy = 0;
    DeltaT = 0.1;

    for t =  0 : DeltaT : 24
        Energy = Energy +
Ptube(t,b,h,s,x) * DeltaT
    end

    return Energy
end
```

Als Ergebnis für die über einen Tag umgesetzte Energie erhalten wir 5426.08Wh mit $b = 0.8$m, $h = 6$m, $s = 1.1$m, $x = -2$m. ◀

Didaktischer Kommentar

Vorwissen zur Integralrechnung ist für die Bearbeitung der Aufgabe keine notwendige Voraussetzung. Das Prinzip von Unter- und Obersummen kann von den Lernenden (ggf. mit Unterstützung) erarbeitet werden. Ist die Inte-

---

[10]Diese Vereinfachung lässt sich auch so interpretieren, dass wir die Tiefe von Spiegel und Rohr auf 1m festlegen.

gralrechnung bereits bekannt, so kann die näherungsweise Berechnung von Integralen über Riemann-Summen diskutiert werden. Die Lernenden erhalten bei korrekter Bearbeitung der Aufgabe die Rückmeldung, dass ihre Modellierung auf dem Konzept der Riemann-Summen beruht. Im Rahmen dieses Arbeitsblattes können physikalische Einheiten und der Zusammenhang von Leistung und Energie diskutiert werden. Leistung wird i. d. R. in der Einheit Watt (SI-Einheit) und Energie in der Einheit Joule (SI-Einheit) oder Wattsekunde bzw. Wattstunde angegeben. Dabei gilt $1 J = 1 W \cdot s$ bzw. $1 Wh = 3600 J$. Dies ergibt sich auch aus der Definition der Leistung $P = \Delta E / \Delta t$. Die Lernenden verwenden in diesem Workshop die Einheit Wattstunde, da dies die Einheit ist, die im Energiesektor üblicherweise verwendeten wird. ◄

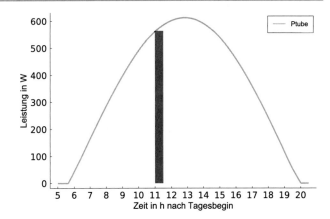

Abb. 3.37 Näherungsweise Berechnung der umgesetzten Energie im Zeitraum von $t_1 = 11.0 h$ bis $t_2 = 11.5 h$

Tipps

Stufe 1: Die Lernenden erhalten die Formel $\Delta E = P \cdot \Delta t$ für die Energie. Zudem wird am Beispiel einer Strahlungsquelle mit konstanter Leistung der Zusammenhang zwischen Leistung und Energie verdeutlicht. Dieses Beispiel kann auf die Berechnung der umgesetzten Energie unseres Kraftwerks übertragen werden. Dazu sollen die Lernenden zunächst überlegen, wie sie für einen kleinen Zeitraum, z. B. eine halbe Stunde, die umgesetzte Energie näherungsweise berechnen können. Dazu sollen sie annehmen, dass die Leistung am Rohr in diesem kurzen Zeitraum konstant ist.

Stufe 2: An einem Beispielzeitraum von $t_1 = 11.0 h$ bis $t_2 = 11.5 h$ wird verdeutlicht, dass die umgesetzte Energie in dieser halben Stunde näherungsweise durch Einsetzen in die Formel $\Delta E = P \cdot \Delta t$ berechnet werden kann:

$$\Delta E_{(11:00 \text{ bis } 11:30)} = P_{\text{tube}}(t^*, b, h, s, x) \cdot (11.5 - 11.0).$$

Dies wird durch Abb. 3.37 veranschaulicht. Es wird erläutert, dass der Zeitpunkt t^* zwischen $t_1 = 11.0 h$ und $t_2 = 11.5 h$ beliebig gewählt werden kann. Die Lernenden sollen, ausgehend von dem Beispiel für eine halbe Stunde, die Energie eines gesamten Tages berechnen. ◄

Teil b

Arbeitsauftrag
Ordne die über einen Tag umgesetzte Energie unseres Kraftwerks (bestehend aus einem Spiegel) mit Blick auf die Energieversorgung ein. Ist es viel oder wenig Energie? Recherchiere im Internet, welchen täglichen Bedarf an elektrischer Energie ein Privathaushalt mit

vier Personen in Deutschland durchschnittlich hat, um einen Anhaltspunkt zu erhalten.

Berücksichtige bei deiner Bewertung, dass nicht die gesamte Strahlungsenergie in elektrische Energie umgesetzt wird. Stattdessen muss der sogenannte Wirkungsgrad berücksichtigt werden. Dieser beschreibt die Effizienz einer technischen Anlage und gibt in unserem Fall an, wieviel Prozent der empfangenen Strahlungsenergie tatsächlich in elektrische Energie überführt wird. Der Wirkungsgrad (Strahlungsenergie zu elektrischer Energie) liegt bei Fresnelkraftwerken je nach Standort und abhängig von den technischen Bauteilen bei circa 10–20 % (vgl. Lerchenmüller et al. 2004).

Lösung

● Auf Wikipedia[11] ist eine Übersicht zum Bedarf an elektrischer Energie eines Privathaushaltes zu finden. Als typischer jährlicher Verbrauch eines Vierpersonenhaushalts werden dort circa 5000 kWh angegeben. Das sind im Schnitt täglich knapp 13700 Wh. Die am 21. Juni durch unseren Spiegel mit Spiegelbreite $s = 1.1 m$ umgesetzte elektrische Energie beträgt bei einem Wirkungsgrad von 15 % knapp 814 Wh. Somit leistet unser Kraftwerk bestehend aus einem Spiegel einen Beitrag von knapp 6 % zum durchschnittlichen täglichen Bedarf. ◄

Fazit
Wir haben die Energie berechnet, die innerhalb eines Tages von einem Spiegel umgesetzt wird. Dabei haben wir für ver-

---

[11]https://de.wikipedia.org/wiki/Bedarf_an_elektrischer_Energie, letzter Aufruf: 27.07.2020.

schiedene Kraftwerksparameter (b, h, s und x) konkrete Werte festgelegt. Bei der Planung eines Kraftwerks sollten solche Parameter variiert und *bestmöglich* gewählt werden. Ziel dieses Workshops ist es, die Positionen mehrerer nebeneinander angeordneter Spiegel zu optimieren.

3.7.2   Arbeitsblatt 3: Optimierung der Spiegelpositionen

Wir werden auf diesem Arbeitsblatt nicht mehr nur einen Spiegel betrachten, sondern mehrere parallel zueinander aufgestellte Spiegel, wie es bei realen Fresnel-Kraftwerken der Fall ist.

Eine wesentliche Frage bei der Planung eines Kraftwerks ist die Positionierung der Spiegel. Diese sollen so aufgestellt werden, dass das Kraftwerk besonders wirtschaftlich arbeitet, also die Energieausbeute bei möglichst geringen Kosten maximiert wird. In diesem Workshop wird die Energiemaximierung als Optimierungsproblem formuliert. Wirtschaftlichkeitsfaktoren werden nicht berücksichtigt.

Didaktischer Kommentar

Zunächst werden wesentliche Begriffe eingeführt, die bei der Modellierung von Optimierungsproblemen eine Rolle spielen. Die Beschreibung der Begriffe ist im Rahmen eines Infoblattes (dieses ist an dieser Stelle des digitalen Arbeitsblattes verlinkt) auch für die Lernenden einsehbar. ◄

Infoblatt

- Optimierungsprobleme bestehen im Allgemeinen aus einer Funktion, die maximiert oder minimiert werden soll. Diese Funktion wird **Zielfunktion** genannt. In unserem Fall ist die Zielfunktion die Funktion f mit $f(x) = E_{\text{tube}}(b, h, s, x)$, mit der die umgesetzte Energie in Abhängigkeit der Spiegelposition x berechnet wird. Die Parameter b, h und s sind fest.
- In der Optimierung werden die Werte einer (oder mehrerer) **Variablen** gesucht, die beim Einsetzen in die Zielfunktion einen maximalen oder minimalen Wert liefern. In unserem Fall soll die Variable x so gewählt werden, dass die Zielfunktion E_{tube} maximal wird.
- Meist ist man nur an den Werten der Variablen interessiert, die gewisse **Nebenbedingungen** erfüllen. Eine mögliche und sinnvolle Nebenbedingung für unser Optimierungsproblem ist nur Spiegelpositionen x zu erlauben, die im Bereich des Kraftwerkgrundstückes liegen. Reicht das Grundstück im Querschnitt betrachtet beispielsweise von -10m bis 10m so muss $-10\text{m} \leq x \leq 10$m gelten. ◄

Fachlicher Kommentar

Allgemeiner findet man bei Optimierungsprobleme meist die folgende Notation:

$$\text{Maximiere}_{x} \qquad f(x)$$
$$\text{unter den Nebenbed.} \quad g_j(x) \leq 0 \quad \text{für} \quad j = 1, \ldots m$$
$$h_k(x) = 0 \quad \text{für} \quad k = 1, \ldots p$$

mit Zielfunktion $f : \mathbb{R}^n \to \mathbb{R}$, Ungleichungsnebenbedingungen $g_j(x) \leq 0$ und Gleichungsnebenbedingungen $h_k(x) = 0$ für $m \geq 0$ und $p \geq 0$. Unser Optimierungsproblem lässt sich dann formal notieren als:

$$\text{Maximiere}_{x} \qquad E_{\text{tube}}(b, h, s, x)$$
$$\text{unter den Nebenbed.} \quad x - 10 \leq 0$$
$$-x - 10 \leq 0$$

Die formale Notation von Optimierungsproblemen wird zugunsten der Problemorientierung nicht mit den Lernenden diskutiert.

In der Optimierung ist es üblich Minimierungsprobleme zu formulieren. Viele der Optimierungsverfahren, die entwickelt werden, sind deswegen für das Lösen von Minimierungsproblemen ausgelegt. Dies gilt auch für die Optimierungstools, die wir in `Julia` verwenden. Deswegen werden Maximierungsprobleme meist als Minimierungsprobleme formuliert, indem die negative Zielfunktion betrachtet wird (d. h. $\max f = -1 \cdot \min -f$). Folglich müssten wir $-E_{\text{tube}}$ minimieren. ◄

Teil a – Optimale Position von einem Spiegel

↻ Wie in der Modellierung üblich starten wir mit einer vereinfachten Situation: Wir betrachten nur **einen Spiegel** und werden die Position dieses Spiegels optimieren. Als Zielfunktion nutzen wir die Funktion E_{tube}, welche die über einen Tag am Rohr umgesetzte Energie beschreibt. Anschließend werden wir das Modell auf mehrere Spiegel erweitern.

Arbeitsauftrag

Für die Parameter b, h und s sind konstante Werte festgelegt. Führe den Code aus. Die über einen Tag umgesetzte Energie wird in Abhängigkeit von der Spiegelposition x graphisch dargestellt (s. Abb. 3.38). Lies die optimale Position x am Graphen ab. Ist das Ergebnis plausibel? Erkläre die optimale Lösung im Hinblick auf die reale Situation.

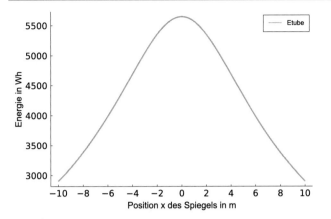

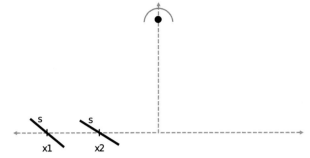

Abb. 3.40 Skizze eines Spiegelfeldes mit zwei Spiegeln der Breite s und den Positionen der Spiegelmitten x_1 und x_2

Abb. 3.38 Über einen Tag umgesetzte Energie in Abhängigkeit von der Spiegelposition x ($b = 0.8$m, $h = 6$m, $s = 1.1$m)

Sonnenstrahlung gering, da die Strahlen nahezu senkrecht auf den Sekundärreflektor treffen. Anzumerken ist dabei, dass wir zunächst vernachlässigen, dass der Sekundärreflektor einen Schatten wirft. Diese Vereinfachung wird auf Arbeitsblatt 5 verworfen (s. Abschn. 3.7.5). Der Kosinus-Effekt wird in Teil b auf Arbeitsblatt 2 für die Mittelstufe ausführlich beschrieben (s. Abschn. 3.6.1). ◀

Teil b
Bisher wurde die umgesetzte Energie lediglich für **einen** Spiegel auf Position x berechnet. Das Modell soll auf **mehrere** Spiegel erweitert werden. Wir betrachten zunächst zwei Spiegel und definieren deren Lage über die Variablen x_1 bzw. x_2, welche die Positionen der Spiegelmittelpunkte beschreiben (vgl. Abb. 3.40).

Lösung

● Der Graph in Abb. 3.38 zeigt, dass die optimale Position direkt unter dem Absorberrohr, das heißt bei $x = 0$m, liegt. Dies lässt sich physikalisch durch den sogenannten Kosinus-Effekt begründen. Dieser besagt, dass die pro Flächeneinheit eingefangene Strahlungsenergie um den Faktor $\cos(\delta)$ (dabei ist δ der Winkel zwischen der Spiegelsenkrechten und den einfallenden Sonnenstrahlen, s. Abb. 3.39) reduziert wird. Die Strahlungsdichte wird bei schräg einfallender Strahlung gewissermaßen „ausgedünnt". Dieses Phänomen kennen die Lernenden womöglich von einem Spaziergang in der Sonne. Die Gefahr für einen Sonnenbrand ist auf den Bereichen der Haut am größten, auf welche die Sonne senkrecht scheint, was am Mittag meist Schultern und Nasenrücken sind.
Der Energieverlust durch den Kosinus-Effekt ist bei einem Spiegel direkt unter dem Rohr gering. Zum einen ist dieser Spiegel in der Mittagszeit, wenn die Stärke der Sonneneinstrahlung am größten ist, nahezu parallel zum Horizont ausgerichtet. Die einfallenden Strahlen stehen somit fast senkrecht auf den Spiegel. Zum anderen ist der Verlust durch den Kosinus-Effekt auch bei der reflektierten

Arbeitsauftrag
Mit $E_{\text{tube}}(b, h, s, x)$ können wir die Energie berechnen, die von einem Spiegel auf Position x über den Tag umgesetzt wird. Wie viel Energie wird von **zwei Spiegeln** auf den Positionen x_1 und x_2 umgesetzt? Stelle eine Formel für die Berechnung dieser Energie in Abhängigkeit von x_1 und x_2 auf. Welche Vereinfachungen oder Annahmen triffst du?

Lösung

❍ Eine Möglichkeit ist, die umgesetzte Energie als Summe der Einzelenergien gemäß

$$E_{\text{tube}}(b, h, s, [x_1, x_2]) =$$
$$E_{\text{tube}}(b, h, s, x_1) + E_{\text{tube}}(b, h, s, x_2).$$

zu berechnen. Die Eingabe lautet:

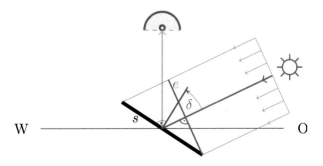

W   O

Abb. 3.39 Darstellung des Kosinus-Effekts: Die Energiedichte der einfallenden Strahlung wird um den Kosinus des Winkels δ reduziert

Abb. 3.41 Über einen Tag umgesetzte Energie in Abhängigkeit von den Positionen x_1 und x_2 der beiden Spiegel ($b = 0.8$m, $h = 6$m, $s = 1.1$m)

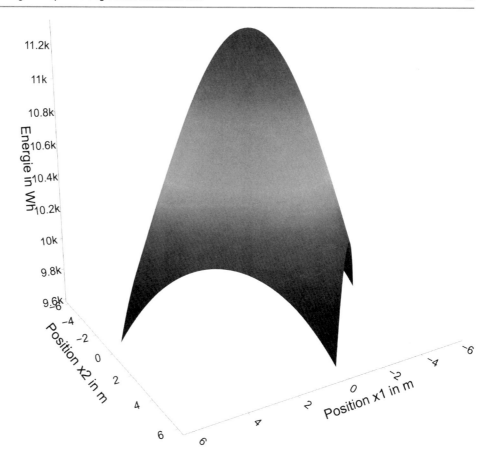

```
Etube2Mirrors(b,h,s,x1,x2) =
Etube(b,h,s,x1) +
Etube(b,h,s,x2)
```

☺ Bei dieser Modellierung gehen wir davon aus, dass eine Verschattung zwischen benachbarten Spiegeln vernachlässigt werden kann und die Spiegel sich räumlich überlappen dürfen. Die Position des einen Spiegels hat somit keinerlei Einfluss auf die Energie, die durch den zweiten Spiegel umgesetzt wird. Diese Modellvereinfachung sollte mit den Lernenden diskutiert werden. Sie wird im Verlauf des Workshops auf Arbeitblatt 5 (s. Abschn. 3.7.5) verworfen.

Analog kann das Modell auf drei oder mehr Spiegel erweitert werden. Diese Erweiterung ist bereits implementiert. Sie kann im weiteren Verlauf durch Aufrufen von `Etube(b,h,s,[x1,x2,x3,x4,x5,...])` verwendet werden. ◄

Didaktischer Kommentar

An dieser Stelle des Workshops ist es nicht vorgesehen komplexere Modellerweiterungen zu implementieren. Ideen von Lernenden für andere, umfangreichere Erweiterungen können und sollten jedoch diskutiert werden. Die Im-

plementierung dieser würde sich als offene, differenzierende Zusatzaufgabe anbieten. ◄

Teil c – Optimale Positionen von zwei Spiegeln (graphisch)

Auch im Falle von zwei Spiegeln kann die Optimierung durch Ablesen am nun dreidimensionalen Funktionsgraphen erfolgen.

Didaktischer Kommentar

Die Lernenden werden zunächst auf einen stark vereinfachten Modellansatz hingeführt. Das daraus resultierende mathematische Optimum missachtet Regeln der Physik und ist in der Realität nicht umsetzbar. Die Lernenden sollen daraus schließen, dass es notwendig ist, Modellverbesserungen vorzunehmen. Sei es durch das Berücksichtigen von Nebenbedingungen (keine Überlagerung der Spiegel) oder durch die Erweiterung des Modells, um bisher vernachlässigte Verschattungseffekte.

Im Verlauf des Workshops werden beide Aspekte mit den Lernenden diskutiert. Dazu formulieren die Lernenden auf diesem Arbeitsblatt zunächst eine Nebenbedingung für den Mindestabstand und berücksichtigen diese bei der Optimierung. Auf Arbeitsblatt 5 wird schließlich der Schattenwurf zwischen Spiegeln modelliert und die Optimierung der Spiegelpositionen basierend auf diesem verbesserten Modell mit Verschattungseffekten erneut durchgeführt (s. Abschn. 3.7.5). ◄

Lösung

Gemäß des Graphen der Zielfunktion (vgl. Abb. 3.41), ist die mathematische Lösung des Optimierungsproblems

$$\underset{x_1, x_2}{\text{Maximiere}} \quad E_{\text{tube}}(b, h, s, [x_1, x_2])$$

$x_1 = x_2 = 0\,\text{m}$.

● Die Lernenden erhalten bei Eingabe dieser Lösung die Rückmeldung, dass ihr Ergebnis zwar mathematisch korrekt ist, es in der Praxis jedoch nicht (problemlos) umgesetzt werden kann. Wenn beide Spiegel direkt unter dem Rohr positioniert würden, so überdeckt der eine Spiegel den anderen Spiegel vollständig. Zudem wären die Spiegel nicht mehr frei beweglich, was eine Ausrichtung gemäß des Sonnenstandes verhindert.

Eine alternative Lösung wäre die symmetrische Positionierung der beiden Spiegel um das Rohr, bei der die Spiegelmitten mindestens den Abstand von einer Spiegelbreite s einhalten, z. B. $x_1 = -s/2\,\text{m}$ und $x_2 = +s/2\,\text{m}$. Bei dieser Lösung wird die räumliche Überdeckung vermieden. Geben die Lernenden diese Lösung ein, so erhalten sie die Rückmeldung, dass die Positionen durchaus sinnvoll gewählt sind. Die Zielfunktion hat ihr Maximum jedoch bei $x_1 = 0\,\text{m}$ und $x_2 = 0\,\text{m}$.

Im Folgenden führen wir eine Nebenbedingung ein durch welche die unrealistische Positionierung beider Spiegel auf derselben Position ausgeschlossen wird. ◄

Didaktischer Kommentar

Die Modellverbesserungsideen der Lernenden sollten an dieser Stelle diskutiert werden. In der Diskussion können

- physikalisch-technische Modellerweiterungen, wie der Einbau von Verschattungs- und Blockierungseffekten als auch

- die Berücksichtigung eines Mindestabstands zwischen benachbarten Spiegeln (und damit der Einbau von Nebenbedingungen in das Optimierungsproblem)

aufgegriffen werden. Im Verlauf des Arbeitsblattes wird zunächst der letztgenannte Aspekt vertieft. ◄

Teil d – Berücksichtigung eines Mindestabstands

Wir haben festgestellt, dass nach unserem bisherigen Modell die meiste Energie umgesetzt wird, wenn beide Spiegel direkt unter dem Rohr stehen. Dies ist nicht umsetzbar. Damit die Spiegel sich nicht gegenseitig überdecken und ihre volle Beweglichkeit erhalten bleibt, fordern wir einen Mindestabstand zwischen benachbarten Spiegeln. Diese Forderung entspricht (mathematisch) der Aufnahme einer Nebenbedingung an x_1 und x_2 in unser Modell. Im Folgenden soll diese Nebenbedingung in Form einer Ungleichung formuliert werden.

Arbeitsauftrag

Stelle eine Formel für den Abstand zwischen den beiden Spiegelmitten x_1 und x_2 auf. Wie groß muss dieser Abstand mindestens sein, damit die Spiegel sich nicht überlagern? Nutze diesen Mindestabstand (Variable: `minDistance`), um eine Bedingung zu formulieren, die von den Positionen x_1 und x_2 erfüllt werden muss. Diese Bedingung sollte eine Ungleichung sein.

Lösung

◐ Die Nebenbedingung an die Spiegelpositionen lautet

$$|x_1 - x_2| \geq s,$$

wobei s der Spiegelbreite entspricht. Die Eingabe lautet:

```
# Formel für den Abstand zwischen
den Spiegelmitten distance(x1,x2)
= abs(x1 - x2);

# Mindestabstand minDistance = s;

# Nebenbedingung für den Mindestabstand
constraint1(x1,x2,minDistance) =
distance(x1,x2) >=
minDistance
```
◄

Tipp

Die Lernenden erhalten die Skizze aus Abb. 3.42. In dieser sind die beiden Spiegel und die Variablen x_1 und x_2 derart eingezeichnet, dass keine freie Rotation der Spiegel ohne eine Überlagerung möglich wäre. ◄

Abb. 3.42 Skizze als Tipp für den Abstand zwischen den Spiegelmitten x_1 und x_2

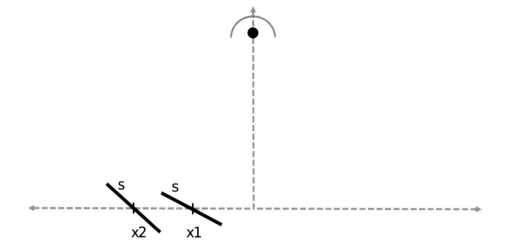

Didaktischer Kommentar

Alternativ kann $x_2 - x_1 \geq minDistance$ oder $x_1 - x_2 \geq minDistance$ als Nebenbedingung formuliert werden. Diese fordert neben dem Mindestabstand zusätzlich eine aufsteigende oder absteigende Sortierung der Spiegel. Dies ist im Hinblick auf die Vermeidung von doppelten Lösungen mit vertauschten Variablen, wie bspw. $x_1 = -1$m, $x_2 = 1$m und $x_1 = 1$m, $x_2 = -1$m sinnvoll. Diese doppelten Lösungen führen nämlich zu einer identischen Positionierung der Spiegel. Geben die Lernenden die schärfere Nebenbedingung ein, so erhalten sie die Rückmeldung, dass ihre Lösung durchaus sinnvoll ist und im späteren Verlauf des Workshops (vgl. Arbeitsblatt 4, Algorithmus 1 und 4 in Abschn. 3.7.4) Berücksichtigung finden wird. ◄

Teil e – Optimierung unter Berücksichtigung des Mindestabstands

Arbeitsauftrag
Finde die bestmögliche Kombination der beiden Positionen bei der der Mindestabstand eingehalten wird. Variiere dazu die Spiegelpositionen x_1 und x_2 und lasse dir für jede Kombination die umgesetzte Energie ausgeben. Nutze das Antwortblatt, um deine Ergebnisse zu dokumentieren.

Lösung

Variieren der Positionen x_1 und x_2 liefert als optimale Lösungen

$$x_1 = -\frac{minDistance}{2} \text{ und } x_2 = +\frac{minDistance}{2}$$

bzw. bei Vertauschung der Variablen

$$x_1 = +\frac{minDistance}{2} \text{ und } x_2 = -\frac{minDistance}{2}.$$

◄

Wir haben eine Bedingung formuliert, die sicherstellt, dass die Spiegel den erforderlichen Mindestabstand einhalten. Anschließend haben wir die optimale Lösung durch Einsetzen unterschiedlicher Kombinationen von x_1 und x_2 in die Zielfunktion gesucht. Dieses Ausprobieren per Hand ist schon für zwei Spiegel aufwendig und für eine größere Zahl an Spiegeln überhaupt nicht mehr praktikabel. Die Optimierung soll deswegen *automatisiert* und dem *Computer* überlassen werden.

Teil f – Entwicklung eines Optimierungsverfahrens

Arbeitsauftrag
Entwickle ein systematisches Verfahren zur Optimierung der Positionen von zwei Spiegeln. Notiere die Schritte deines Verfahrens in Stichpunkten. Notiere zudem deine Überlegungen zu den folgenden Fragen:

- Lässt sich dein Verfahren auf mehr als zwei Spiegel erweitern?
- Welche Vor- und Nachteile hat dein Verfahren?

Didaktischer Kommentar

In dieser Phase des Workshops können und sollen die Lernenden kreativ eigene Herangehensweisen an die Optimierung entwickeln. Verschiedene Ansätze bei der Modellierung des Optimierungsproblems und bei der Entwicklung eines Lösungsverfahrens sind dabei möglich. Es bietet sich an die Optimierungsverfahren, die die Lernenden entwickeln, im Plenum zu diskutieren.

Bei diversen Durchführungen des Workshops wurden u. a. bereits folgende Ansätze von Lernenden genannt:

1. Die im nächsten Abschnitt beschriebene **Brute-Force-Methode**. Bei dieser wird das Spiegelfeld diskretisiert. Anschießend wird für sämtliche mögliche Kombinationen der Spiegelpositionen die umgesetzte Energie berechnet und die Kombination, die zu maximalen Energieumsatz führt, gewählt.
2. Ein Ansatz bei dem die Spiegel maximal nah aneinander, d. h. um den Mindestabstand versetzt, positioniert werden. Dabei wird hinsichtlich der Anzahl der zu positionierenden Spiegel wie folgt unterschieden:

   – Bei ungerader Spiegelanzahl wird ein Spiegel direkt unter das Rohr gesetzt. Die übrigen Spiegel werden symmetrisch um diesen herum angeordnet.
   – Bei gerader Spiegelanzahl wird kein Spiegel unter das Rohr gesetzt. Stattdessen werden alle Spiegel symmetrisch um das Rohr angeordnet.

Dieses Vorgehen ist gewissermaßen unabhängig von den Funktionswerten der Zielfunktion E_{tube}. Wenn wir unser Modell im Laufe des Workshops um die Berücksichtigung von Verschattungseffekten erweitern, ändert sich dadurch die Zielfunktion. Das beschriebene Vorgehen berücksichtigt solche Änderungen und die ursächlichen (Verschattungs-)Effekte nicht. Dieses Argument kann mit den Lernenden diskutiert werden und soll diese motivieren die Werte der Zielfunktion in ihrem Verfahren zu berücksichtigen.

3. Die Berechnung der Extremwerte über die Nullstellen der analytisch bestimmten Ableitung.

Diesem Vorschlag können zwei Diskussionspunkte gegenübergestellt werden: Zum einen würde dieses Vorgehen die Nebenbedingung für den Mindestabstand nicht berücksichtigen. Die Spiegel würden erneut alle unter dem Rohr positioniert werden. Zum anderen ist die analytische Bestimmung der Ableitung bereits mit unserer bisherigen Zielfunktion äußerst komplex. Um dies ersichtlich zu machen, können die Lernenden auf ein Infoblatt zugreifen. Auf diesem ist das verwendete Modell für die Leistung

$$P_{\text{tube}}(t, b, h, s, x) = I_{\text{sun}}(t) \cdot s \cdot \cos\left(\frac{\beta(h, x) - \alpha(t)}{2}\right)$$
$$\cdot \min\left\{1, \frac{b}{s} \cdot \frac{\cos\left(|\beta(h, x) - 90°|\right)}{\cos\left(\frac{1}{2} \cdot (\beta(h, x) - \alpha(t))\right)}\right\}$$

mit Ausfallswinkel β

$$\beta(h, x) = \begin{cases} \arctan(\frac{h}{|x|}) & \text{für } x < 0 \\ 90° & \text{für } x = 0 \\ 180° - \arctan(\frac{h}{x}) & \text{für } x > 0 \end{cases}$$

(ohne Herleitungen) angegeben. Auf dem Infoblatt wird zudem diskutiert, dass das Modell im Laufe des Modellierungsprozesses um Verschattungseffekte zwischen Spiegeln erweitert wird. Dies führt zu einem Modell für die Leistung bei dem keine geschlossene Darstellung mehr existiert. Die Ableitung kann in diesem Fall auch mit den in der Schule vielfach genutzten Computeralgebrasystemen nicht mehr analytisch bestimmt werden, auch da die Differenzierbarkeit der Funktion nicht gesichert ist.

Die Lernenden können Ideen sammeln, wie die Bestimmung der Ableitung umgangen werden kann. Eine Idee ist, zunächst eine Startkombination der beiden Spiegelpositionen x_1 und x_2 zu wählen. Ausgehend von dieser werden die Funktionswerte von *benachbarten* Positionskombinationen berechnet. Es wird dann iterativ in die Richtung vorangeschritten, in der die Funktionswerte am stärksten zunehmen.

Bei der Diskussion der eigens entwickelten Optimierungsverfahren, aber auch bei der Anwendung von bereits vorimplementierten Verfahren werden insbesondere **Existenz** und **Eindeutigkeit** einer optimalen Lösung sowie **Rechenzeit** und **Güte** der mit dem Optimierungsverfahren gefundenen Lösung diskutiert. Diese vier Aspekte sind in Abb. 3.43 veranschaulicht. Sie sind wesentlich für die Bewertung von Optimierungsproblemen bzw. -verfahren. Der Workshop bietet den Lernenden damit die Möglichkeit zentrale Begriffe der Hochschulmathematik (wie Existenz und Eindeutigkeit) kennenzulernen. Diese Begriffe werden im Rahmen des Arbeitsblattes 4 und der dort realisierten vier Algorithmen (s. Abschn. 3.7.4.1 – 3.7.4.4) wiederholt aufgegriffen und mit den Lernenden diskutiert. Auch im Workshop zum Klimawandel wird ein Optimierungsproblem behandelt: Hier wird kontextorientiert zur Bestimmung einer Regressionsgerade die Methode der kleinsten Abstandsquadrate eingesetzt und das Optimierungsproblem über Differentiation gelöst (s. Kap. 4).

Im Folgenden wird in einem kurzen Exkurs diskutiert, welche Optimierungsansätze in Forschung und Wirtschaft Anwendung finden. Diese Ansätze können die Lernenden auf den Arbeitsblättern in Abschn. 3.7.4 erkunden und ggf. mit ihren eigenen Algorithmen vergleichen. ◄

3.7.3 Optimierungsprobleme in der Solarenergieforschung

In diesem Abschnitt werden verschiedene Formulierungen und Lösungsstrategien der Optimierung der Spiegelpositionen beschrieben. Dabei werden aktuelle Modellierungsansät-

Abb. 3.43 Fragestellungen beim Formulieren und Lösen von Optimierungsproblemen

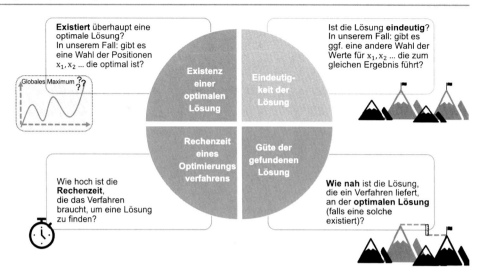

ze aus der Forschung zu solarthermischen Kraftwerken aufgegriffen und auf unser Fresnel-Kraftwerk übertragen.

Bei der Modellierung des Optimierungsproblems können drei Ansätze unterschieden werden.

Freie Variablen Methoden

Bei diesen Methoden wird direkt über die unabhängigen Positionsvariablen optimiert. Die Variablen $x_1, x_2, \ldots, x_N$ dürfen dabei **jeden reellen** Wert innerhalb des Kraftwerkareals annehmen. Dies führt zu einem hochdimensionalen (im Falle von N Spiegel also N-dimensionalen) **kontinuierlichen Optimierungsproblem.** Die Menge der zulässigen Werte ist ein Kontinuum (vgl. Abb. 3.44).

Aufgrund der komplexen Simulationen, die in der Forschung zur Berechnung der umgesetzten Energie verwendet werden, ist die Rechenzeit bei den freien Variablen Methoden meist sehr hoch (vgl. Lutchman et al. 2014). Dies ist ein großer Nachteil dieser Methoden. Für die Lösung des Optimierungsproblems mit freien Positionsvariablen gibt es verschiedene Strategien, darunter Methoden der nichtlinearen Programmierung oder Gradienten-basierte Methoden (vgl. Lutchman et al. 2014, Richter 2017).

Musterbasierte Methoden

Historisch wurde die Optimierung der Spiegelpositionen in Industrie und Forschung zunächst nicht über freie Variablen Formulierungen durchgeführt, da das Optimierungsproblem in dieser Formulierung hochdimensional und komplex ist. Stattdessen wurden die Positionsvariablen auf geometrische Muster eingeschränkt, entsprechend der die Spiegel positioniert werden. Diese Muster hängen von gewissen Parametern ab. Statt direkt alle N Koordinaten der Spiegelpositionen zu optimieren, wird über die Parameter des Musters optimiert (vgl. Noone et al. 2012). Bei unserem Fresnel-Kraftwerk ist ein mögliches Muster die Festlegung auf eine äquidistante Positionierung der Spiegel (vgl. Abb. 3.45). Das heißt, je

zwei benachbarte Spiegeln weisen stets den gleichen Abstand Δx voneinander auf. Anstelle der optimalen Positionen $x_1, x_2, \ldots, x_N$, muss lediglich *ein* optimaler Wert für den Abstand Δx gefunden werden (vorausgesetzt die Position eines Spiegels wurde vorab als fester Startpunkt definiert).

Bei diesen Methoden wird die Anzahl der Variablen somit von einer Vielzahl an Koordinaten auf wenige Parameter reduziert. Vorteile dieser Herangehensweise sind die Anwendbarkeit erprobter Lösungsverfahren und vor allem eine geringere Rechenzeit, da der Suchraum enorm reduziert wird. Nachteil ist jedoch, dass nicht unbedingt die optimale Lösung gefunden wird (vgl. Richter 2017).

Diskrete Formulierungen:

Bei den **diskreten Formulierungen** wird das Kraftwerkareal zuvor in vordefinierte Positionen unterteilt (vgl. Abb. 3.46). Es wird sozusagen ein Raster bzw. ein Gitter über das Spiegelfeld gelegt. Die Spiegel können nur auf diesen Gitterpunkten positioniert werden. In diesem Fall erhalten wir ein **diskretes Optimierungsproblem.** Die Menge der zulässigen Werte ist endlich (bzw. abzählbar unendlich). Strategien, die zur Lösung solcher Probleme eingesetzt werden, sind unter anderem:

- Die **Brute-Force-Methode** bei der für **jede** mögliche Kombination der Spiegelpositionen die umgesetzte Energie berechnet und letztlich die Kombination als Lösung ausgegeben wird bei der am meisten Energie umgesetzt wird. Wesentlicher Nachteil dieses Vorgehens ist die hohe Rechenzeit.
- Der **Greedy-Algorithmus** bei dem die Spiegel nacheinander so auf die vordefinierten Positionen verteilt werden, dass in jedem Schritt der größtmögliche Energiezuwachs erzielt wird. Das bedeutet im ersten Schritt wird der erste Spiegel so platziert, dass er möglichst viel Energie umsetzt. Im zweiten Schritt wird unter den verbleibenden Positio-

Abb. 3.44 Kontinuierliche
Betrachtung des
Optimierungsproblems

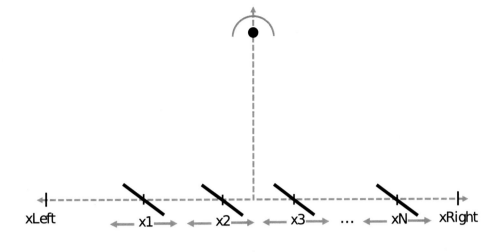

Abb. 3.45 Musterbasierte
Betrachtung des
Optimierungsproblems

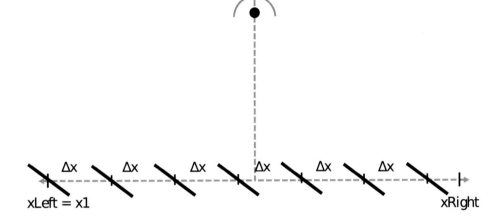

nen (Positionen, die bereits vergeben sind oder den Min-destabstand nicht einhalten werden gelöscht) die Position für den zweiten Spiegel gesucht, welche den Energieum-satz der zwei Spiegel maximiert. So wird iterativ fortge-fahren. Das heißt, in jedem Schritt wird der neue Spiegel auf die Position gesetzt, welche den Gesamtenergieum-satz der bereits gesetzten Spiegel und des neuen Spiegels maximiert. Es wird quasi in jedem Schritt „gierig" (engl. *greedy*) nach der maximalen Ausbeute (vgl. Richter 2017, Sánchez und Romero 2006) gesucht. Dieser Algorithmus zeichnet sich durch eine schnelle Laufzeit aus. Nachteil ist jedoch, dass nur die in der jeweiligen Iteration beste Lösung betrachtet wird. Dass eine andere Positionierung sinnvoller wäre, wenn in folgenden Iterationen weiterer Spiegel hinzukommen, wird nicht berücksichtigt. Anzu-merken sei an dieser Stelle, dass der Greedy-Algorithmus durchaus auch im Rahmen einer kontinuierlichen Formu-lierung des Problems Anwendung finden könnte. Dabei würde in jeder Iteration ein eindimensionales kontinuier-liche Optimierungsproblem gelöst werden.

Alternativ kann das diskrete Problem als **binäres Entschei-dungsproblem** formuliert werden. Dazu werden binäre Va-riablen eingeführt, die angeben ob ein Spiegel auf einer der vordefinierten Positionen steht (Variable hat Wert 1) oder nicht (Variable hat Wert 0). Anschließend wird über die bi-nären Variablen optimiert. Dazu können Methoden der nicht-linearen Programmierung mit Binärvariablen eingesetzt wer-den. Diese Formulierung wird im Rahmen des Workshops nicht diskutiert.

Bei den verschiedenen Formulierungen des Optimierungs-problems bzw. des gewählten Lösungsverfahrens muss meist zwischen der Güte der Lösung und der Rechenzeit des einge-setzten Verfahrens abgewogen werden. Steigt beispielsweise bei den diskreten Ansätzen die Feinheit der Diskretisierung, so erhält man zwar womöglich eine bessere Lösung, jedoch nimmt gleichzeitig die Rechenzeit zu.

Die unterschiedlichen Optimierungsansätze werden im Workshop auf das Fresnel-Kraftwerk (genauer auf den Ener-gieumsatz eines Fresnel-Kraftwerks) angewandt und von den Lernenden diskutiert. Die zugehörigen Arbeitsmaterialien werden im folgenden Abschnitt beschrieben.

Abb. 3.46 Diskrete Betrachtung
des Optimierungsproblems

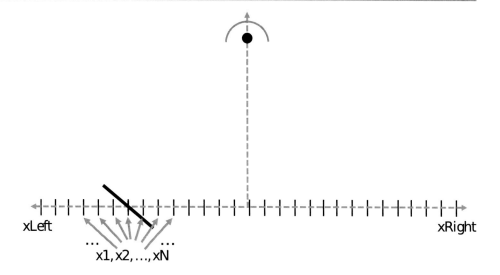

xLeft   xRight

...   ...
x1, x2, ..., xN

3.7.4 Arbeitsblatt 4: Anwenden und Vergleichen verschiedener Optimierungsverfahren

Im Laufe des Workshops werden wir verschiedene Verfahren zur Optimierung der Spiegelpositionen anwenden und vergleichen. Konkret ist dieses vierte Arbeitsblatt in fünf Arbeitsblätter untergliedert, die jeweils die Anwendung der folgenden Optimierungsverfahren thematisieren:

- Arbeitsblatt zu Algorithmus 1: Brute-Force-Methode
- Arbeitsblatt zu Algorithmus 2: Greedy-Algorithmus
- Arbeitsblatt zu Algorithmus 3: Musterbasiertes Verfahren
- Arbeitsblatt zu Algorithmus 4: Freie Variablen Optimierung
- Arbeitsblatt zu Algorithmus 5: Einen eigenen Algorithmus implementieren

Arbeitsauftrag
Beginne mit einem Arbeitsblatt zu einem beliebigen Algorithmus. Nutze das verlinkte Antwortblatt zur Dokumentation deiner Ergebnisse.

Didaktischer Kommentar

Die Lernenden können beliebig viele der Arbeitsblätter bearbeiten und die einzelnen Optimierungsansätze und -verfahren vergleichen. Steht weniger Zeit für die Durchführung des Workshops zur Verfügung so genügt es, wenn die Lernenden nur ein einziges Optimierungsverfahren bearbeiten. Es bietet sich an individuell mit dem Algorithmus zu starten, der dem selbst entwickelten Verfahren von Arbeitsblatt 3 (s. Abschn. 3.7.2) **am nächsten** kommt.

Programmierbegeisterte können ihren selbst entwickelten Algorithmus auf dem dafür vorgesehen Arbeitsblatt zu Algorithmus 5 (s. Abschn. 3.7.4.5) eigenständig implementieren.

Die Brute-Force-Methode kann auf dem entsprechenden Arbeitsblatt lediglich für zwei Spiegelpositionen angewandt werden. Bei den übrigen Algorithmen kann die Anzahl der zu optimierenden Positionen frei gewählt werden.
◄

3.7.4.1 Arbeitsblatt zu Algorithmus 1: Brute-Force-Methode

Bei der Optimierung von zwei Spiegelpositionen mit dem Brute-Force-Ansatz werden nacheinander die folgenden Schritte durchgeführt:

1. In dem Bereich, in dem die Spiegel stehen dürfen, legen wir mögliche Positionen fest, wobei benachbarte Positionen jeweils den gleichen Abstand zueinander haben (vgl. Abb. 3.47).
2. Für alle möglichen Kombinationen der Positionen x_1 und x_2, bei denen der Mindestabstand erfüllt ist, wird die umgesetzte Energie berechnet.
3. Die Kombination, die den größten Energiewert liefert, wählen wir als Lösung.

Teil a
Zunächst unterteilen wir den Kraftwerksbereich von x_{Left} bis x_{Right}, in dem Spiegel platziert werden dürfen, in gleich große Abschnitte. Anschließend wenden wir den beschriebenen Algorithmus an. Es werden die Kombinationen ausgegeben, bei denen eine maximale Energieumsetzung erzielt wird. Dabei werden nur Kombinationen berücksichtigt, bei denen der Mindestabstand eingehalten wird.

Abb. 3.47 Äquidistante
Diskretisierung des
Kraftwerkbereichs, in dem die
Spiegel stehen dürfen

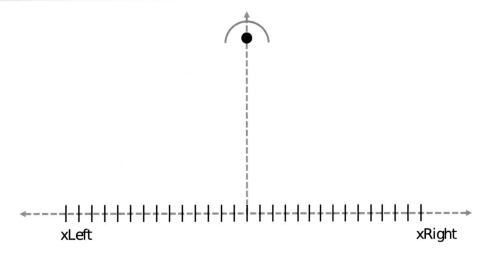

Abb. 3.47

xLeft   xRight

xLeft   xRight

Arbeitsauftrag

❶ Lege fest, in wie viele Abschnitte (Variable: `nPieces`) du den Kraftwerkbereich von $x_{Left} = -10$m bis $x_{Right} = 10$m unterteilen möchtest. Die vordefinierten Positionen (das sind gerade die Positionen, die als Spiegelpositionen in Frage kommen) sind dann genau die Grenzen der einzelnen Abschnitte. Wende den Algorithmus an. Variiere die Anzahl der Abschnitte und beobachte die Auswirkungen.

Lösung

Die Lernenden erhalten beispielsweise bei einer äquidistanten Einteilung des Kraftwerkbereichs in 100 Abschnitte und mit dem gegebenen Mindestabstand von *MinDistance* $= s = 1.1$m als beste Lösungen

- $x_1 = -0.6$m und $x_2 = 0.6$m bzw.
- $x_1 = 0.6$m und $x_2 = -0.6$m.

◀

Teil b – Bewertung des Verfahrens

Arbeitsauftrag

Diskutiere die folgenden Punkte und notiere deine Überlegungen:

- Welche Vor- oder Nachteile hat die Brute-Force Methode?
- Beantworte die vier Fragestellungen zur Optimierung (vgl. Abb. 3.43).

- Welchen Einfluss hat die Anzahl der Abschnitte (Variable: `nPieces`) auf die Rechenzeit und die Genauigkeit der Lösung?
- Notiere Ideen für die Verbesserung des Algorithmus.

Lösung

Ein Vorteil dieses Verfahrens ist, dass es einfach umzusetzen ist und leicht auf mehrere Spiegel erweitert werden kann. Ein Nachteil ist, dass die Anzahl der zu testenden Kombinationen mit wachsender Spiegelanzahl enorm ansteigt und damit auch die Rechenzeit stark zunimmt. Aus diesem Grund ist der Algorithmus auf diesem Arbeitsblatt nur für zwei Spiegel implementiert.

❶ Wird eine feine Diskretisierung des Spiegelbereichs (großer Wert für *nPieces*) gewählt, so steigt die Rechenzeit. Gleichzeitig wird die gefundene Lösung jedoch besser. Zu bedenken ist, dass das Optimierungsproblem in der bisherigen Formulierung keine eindeutige optimale Lösung hat. Stattdessen existieren zwei gleichwertige Kombinationen der Spiegelpositionen mit gleichem Wert für die umgesetzte Energie, die jedoch zum identischen Layout des Spiegelfeldes führen. ◀

Didaktischer Kommentar

Als differenzierende Zusatzaufgabe können die Lernenden überlegen, wie viele Kombinationen bei der Verwendung von N Spiegel miteinander verglichen werden müssen und wie diese Anzahl an möglichen Kombinationen von der Anzahl *nPieces* der Abschnitte abhängt, in die der Kraftwerksbereich unterteilt wird. Dabei kann die Nebenbedingung für den Mindestabstand zunächst vernachlässigt werden. ◄

Teil c
In dieser Aufgabe beschäftigen wir uns mit der Eindeutigkeit der Lösung. Um mehrere Lösungen mit identischem Spiegelfeldlayout zu vermeiden, werden wir eine Nebenbedingung für die Positionen x_1 und x_2 formulieren, die nicht nur den Mindestabstand berücksichtigt, sondern zusätzlich die genannten gleichwertigen Lösungen verhindert.

Arbeitsauftrag
Stelle eine Nebenbedingung für die Positionen x_1 und x_2 auf, sodass nur noch eine der beiden Kombinationen, die das gleiche Spiegelfeldlayout beschreiben, als Lösung erlaubt ist. Die Nebenbedingung sollte eine Ungleichung sein. Führe den Algorithmus mit der neuen Nebenbedingung aus. Notiere, wie die vier Fragen der Optimierung nun zu beantworten sind (vgl. Abb. 3.43).

Lösung

❶ Die Spiegel können aufsteigend (oder absteigend) sortiert werden. Für x_1 und x_2 muss damit

$$x_1 < x_2 \text{ und}$$
$$|x_1 - x_2| \geq s$$

gelten. ❷ Die Brute-Force-Methode liefert dann $x_1 = -0.6\mathrm{m}$ und $x_2 = 0.6\mathrm{m}$ als eindeutige Lösung. ❸ Die Rechenzeit des Algorithmus wird verringert, da nur noch die umgesetzte Energie von Kombinationen berechnet wird bei denen beide Ungleichungen erfüllt sind. Die Eingabe lautet:

```
constraint2(x1,x2,minDistance) =
              constraint1(x1,x2,
minDistance) && x1 < x2
```

◄

Tipp

Die Lernenden erhalten den Hinweis einen der Operatoren > oder < zu verwenden, um eine Ungleichung aufzustellen, die eine aufsteigende oder absteigende Sortierung der Spiegelpositionen x_1 und x_2 liefert. ◄

3.7.4.2 Arbeitsblatt zu Algorithmus 2: Greedy
Wie bei der Brute-Force-Methode wird bei diesem Algorithmus das Kraftwerkareal in vordefinierte Positionen unterteilt. Die Spiegel werden dann nacheinander auf diese Positionen verteilt. Ziel ist dabei, in jedem Schritt einen möglichst hohen Energieumsatz zu erzielen. Der Algorithmus sucht also in jedem Schritt *gierig* (engl. *greedy*) nach den Positionen, die zu maximaler (Energie-)Ausbeute führen. Dieses Verfahren wird daher Greedy-Algorithmus genannt.

❶ Etwas detaillierter werden die folgenden Schritte durchgeführt:

1. Im Kraftwerksbereich von x_{Left} bis x_{Right} legen wir Positionen x_i fest, die als mögliche Spiegelpositionen in Frage kommen. Benachbarte Positionen haben dabei jeweils den gleichen Abstand (vgl. Abb. 3.47).
2. Für jede mögliche Position x_i wird die zugehörige umgesetzte Energie durch Einsetzen in $E_{\mathrm{tube}}(b, h, s, [x_i])$ berechnet. Der 1. Spiegel wird auf die Position mit maximaler Energieumsetzung gesetzt. Diese nennen wir x_1^*.
3. Aus der Liste der vordefinierten Positionen werden die Positionen gelöscht, die den Mindestabstand zum ersten Spiegel x_1^* nicht einhalten.
4. Für alle übrigen Positionen wird die jeweilige Energieumsetzung zusammen mit Spiegel 1 durch Einsetzen in $E_{\mathrm{tube}}(b, h, s, [x_1^*, x_i])$ berechnet. Der 2. Spiegel wird auf die Position gesetzt, die in Kombination mit x_1^* die maximale Energie umsetzt. Diese nennen wir x_2^*.
5. Aus der Liste der vordefinierten Positionen werden die Positionen gelöscht, die den Mindestabstand zum 2. Spiegel nicht einhalten.
⋮
6. Dieses Vorgehen wird wiederholt bis alle Spiegel gesetzt wurden oder keine weiteren Spiegel mehr im Bereich von x_{Left} bis x_{Right} platziert werden können.

Didaktischer Kommentar

Als Zusatzaufgabe, die sich für ein fächerübergreifendes Lernen mit Informatik eignet, können die Lernenden die Schritte des Algorithmus in einem sogenannten Struktogramm visualisieren. ◄

Teil a
Zunächst werden wir den Kraftwerkbereich, in dem wir nach der optimalen Lösung suchen, in gleich große Abschnitte unterteilen und dann den beschriebenen Algorithmus anwenden.

Arbeitsauftrag

❶ Lege fest, in wie viele Abschnitte (Variable: nPieces) du den Kraftwerkbereich von $x_{\text{Left}} = -10\text{m}$ bis $x_{\text{Right}} = 10\text{m}$ unterteilen möchtest. Die vordefinierten Positionen (das sind gerade die Positionen, die als Spiegelposition in Frage kommen) sind dann genau die Grenzen der einzelnen Abschnitte. Wende den Algorithmus an. Variiere mal die Anzahl der Abschnitte und mal die Anzahl der zu positionierenden Spiegel. Führe die Optimierung erneut durch und beobachte, was sich ändert.

Lösung

❶ Es wird die Kombination der Positionen ausgegeben, die zur maximalen Energieumsetzung führt. Dabei wird der Mindestabstand berücksichtigt. Bei einer äquidistanten Einteilung in 100 Abschnitte erhalten wir als beste Positionen für fünf Spiegel $x_1 = 0.0\text{m}$, $x_2 = -1.2\text{m}$, $x_3 = 1.2\text{m}$, $x_4 = -2.4\text{m}$ und $x_5 = 2.4\text{m}$.
● Wie wir auf Arbeitsblatt 3 (s. Abschn. 3.7.2) gesehen haben, ist die optimale Position eines Spiegels direkt unter dem Rohr. Dies erklärt, warum der erste Spiegel beim Greedy-Algorithmus unter das Rohr gesetzt wird. Dies ist auch der Fall bei einer geraden Anzahl an Spiegeln. ◄

Teil b – Bewertung des Verfahrens

Arbeitsauftrag

Diskutiere die folgenden Punkte und notiere deine Überlegungen:

- Was sind Vor- und Nachteile des Greedy-Algorithmus?
- Beantworte die vier Fragestellungen zur Optimierung (vgl. Abb. 3.43).
- Welchen Einfluss hat die Anzahl der Abschnitte *nPieces* auf Rechenzeit und Genauigkeit der Lösung?
- Notiere Ideen für die Verbesserung des Algorithmus.

Lösung

Vorteil dieses Verfahrens ist, dass es einfach umzusetzen ist und leicht auf viele Spiegel erweitert werden kann, da im Gegensatz zur Brute-Force-Methode für jeden weiteren Spiegel nur wenige zusätzliche Rechenoperationen notwendig sind.
● Das Verfahren liefert eine Lösung, die insbesondere bei einer *geraden Anzahl an Spiegeln nicht optimal* ist.

Bei zwei Spiegeln platziert der Greedy-Algorithmus den ersten Spiegel direkt unter dem Rohr. Die Lernenden haben auf Arbeitsblatt 3 jedoch bereits festgestellt, dass eine Positionierung symmetrisch um das Rohr zu einer höhere Energieausbeute führt. Wird eine feine Diskretisierung des Spiegelbereichs gewählt, so steigt die Rechenzeit, gleichzeitig wird die gefundene Lösung jedoch besser. ◄

3.7.4.3 Arbeitsblatt zu Algorithmus 3: Musterbasierte Optimierung

Bei diesem Verfahren werden nicht unmittelbar die Positionen $x_1, x_2, x_3, \dots$ optimiert. Stattdessen wird lediglich der Abstand zwischen den Spiegeln als Variable betrachtet und optimiert. ☽ Im einfachsten Fall können wir fordern, dass der Abstand zwischen zwei benachbarten Spiegeln immer gleich groß sein soll. Diesen Abstand bezeichnen wir mit Δx.

Teil a

Die Funktion E_{tube} *mit* $E_{\text{tube}}(b, h, s, [x_1, x_2, x_3, \dots])$ erhält bisher die Positionen $x_1, x_2, x_3, \dots$ als Eingabe. Wir schreiben diese so um, dass eine Funktion entsteht, die direkt vom Spiegelabstand Δx abhängt. Dazu setzen wir die Position des ersten Spiegels (das ist der Spiegel, der sich in unserer Anordnung ganz links befindet) auf einen Startwert $x_1 = x_{\text{Start}}$ fest. Wir nutzen dann die Variablen Spiegelabstand Δx und Startposition x_{Start}, um die Positionen $x_2, x_3, \dots$ zu beschreiben.

Arbeitsauftrag

Stelle jeweils eine Formel auf, mit der die Position x_2 bzw. x_3 in Abhängigkeit von x_{Start} (Variable: xStart) und Δx (Variable: deltaX) berechnet werden kann. Stelle dann eine allgemeine Formel für die Position des N-ten Spiegels auf.

Lösung

❶ Für $N > 1$ kann die Position des N-ten Spiegels gemäß

$$x_N = x_{\text{Start}} + (N - 1) \cdot \Delta x$$

berechnet werden. Basierend auf der Formel für die Position des N-ten Spiegels wird die Funktion $E_{\text{tubeDelta}}(b, h, s, x_{\text{Start}}, \Delta x)$ gespeichert mit der die umgesetzte Energie in Abhängigkeit von Startposition und Spiegelabstand berechnet werden kann. Die Eingabe lautet:

```
x1(xStart) = xStart; x2(xStart,deltaX) =
xStart + deltaX;
```

3 Erneuerbare Energien – Modellierung und Optimierung eines Solarkraftwerks

```
x3(xStart,deltaX) = xStart + 2 * deltaX;
xN(xStart,deltaX,N) = xStart +
(N - 1) * deltaX;
◄
```

Teil b

`Julia` verfügt über verschiedene Methoden mit denen Optimierungsprobleme mit einer oder mehreren Variablen gelöst werden können. Wir werden eine solche Methode anwenden, um für einen gegebenen Startwert x_{Start} den optimalen Spiegelabstand Δx zu finden. Hierbei wird die Nebenbedingung $\Delta x \geq s$ (d. h. die Einhaltung des Mindestabstands) berücksichtigt.

Arbeitsauftrag

❶ Führe den Code aus, um mit dem Optimierungstool von `Julia` den Spiegelabstand zu bestimmen, der zur maximalen umgesetzten Energie führt. Das Ergebnis der Optimierung und die Rechendauer werden angezeigt. Variiere den Startwert x_{Start} und führe den Algorithmus erneut aus. Notiere deine Beobachtungen und Ideen für Verbesserungen.
Hinweis: Die Anzahl der zu setzenden Spiegel ist zunächst auf 4 Spiegel festgelegt. Du kannst diese Zahl im Verlauf des Arbeitsblattes variieren.

Lösung

Bei einem Startwert von $x_{Start} = -10$m und vier Spiegeln lautet der gefundene optimale Spiegelabstand $\Delta x = 4.05$m. Die besten Positionen sind $x_1 = -10$m, $x_2 = -5.9$m, $x_3 = -1.9$m und $x_4 = 2.2$m. Der zugehörige Wert für die Energie über den Tag lautet 17597.33Wh. Die gefundene Lösung hängt stark von der Wahl des Startwertes ab. Bei einem Startwert von $x_{Start} = -3$m lautet der optimale Spiegelabstand beispielsweise $\Delta x = 1.28$m.
◄

Teil c

Bisher haben wir die Optimierung des Spiegelabstands mit einem festen Startwert für den ersten Spiegel durchgeführt. Da die Lösung stark von der Wahl dieses Startwertes abhängt, ist es sinnvoll diesen ebenfalls als Variable bei der Optimierung zu berücksichtigen. Das Optimierungsproblem hat damit nun zwei Variablen, deren optimale Kombination gesucht wird: der Startwert x_{Start} und der Spiegelabstand Δx.

Arbeitsauftrag

❷ Führe den Code aus, um mit der Optimierungsmethode von `Julia` die Kombination aus Startwert x_{Start} und Spiegelabstand Δx zu finden, die zur maximalen Energieumsetzung führt. Das Ergebnis der Optimierung und die Rechendauer werden angezeigt. Vergleiche das Ergebnis mit dem Ergebnis aus Teil b. Wie sollten die Spiegel am besten positioniert werden? Bewerte das Ergebnis auch im Hinblick auf die reale Situation.

Lösung

Bei einem Mindestabstand von *minDistance* $= 1.1$m und vier Spiegeln lautet die Lösung für den optimalen Spiegelabstand $\Delta x = 1.1$m und für den optimalen Startwert $x_{Start} = -1.65$m. Die besten Positionen sind damit $x_1 = -1.65$m, $x_2 = -0.55$m, $x_3 = 0.55$m und $x_4 = 1.65$m. Der zugehörige Wert für die Energie beträgt 22134.57Wh. Dieser liegt deutlich über dem Ergebnis aus Teil b.
● Die Spiegel werden maximal nah aneinander gesetzt. Da wir in unserem bisherigen Modell keine Verschattungseffekte zwischen Spiegeln berücksichtigt haben, war dieses Ergebnis zu erwarten. Diese Effekte sollten vor der Konstruktion eines Kraftwerks berücksichtigt und der Einfluss auf die optimalen Positionen untersucht werden. ◄

Teil d – Bewertung des Verfahrens

Arbeitsauftrag

Diskutiere die folgenden Punkte und notiere deine Überlegungen:

- Was sind Vor- und Nachteile der Musterbasierten Optimierung?
- Beantworte die vier Fragestellungen zur Optimierung (vgl. Abb. 3.43).
- Notiere mögliche Ideen zur Verbesserung des Verfahrens.

Vorteil dieses Verfahrens ist, dass statt zahlreichen Positionsvariablen lediglich zwei Variablen betrachtet werden. Jedoch wird die Suche nach der optimalen Lösung durch Festlegung auf das äquidistante Muster auch gleichzeitig eingeschränkt.

● Zwar finden wir für unser bisheriges Modell noch die optimale Lösung, dies könnte sich allerdings ändern, wenn Verschattungseffekte in das Modell aufgenommen werden. Eine Änderung des zugrundeliegenden Musters könnte in diesem Fall Abhilfe schaffen. Beispielsweise kann der Abstand nach außen hin linear oder quadratisch, abhängig vom Positionsindex i des Spiegels, anwachsen. ◄

Didaktischer Kommentar

Die Festlegung auf ein bestimmtes Muster stellt eine richtungsweisende Modellentscheidung dar, die sich für eine Diskussion mit den Lernenden anbietet. Die Wahl des Musters lässt Raum für subjektive Entscheidungen, die Einfluss auf Eigenschaften des mathematischen Modells sowie die resultierende Lösung haben. Wird ein anderes Muster zugrunde gelegt, so kann die Optimierung zu einer gänzlich anderen Lösung führen.

Es wird deutlich, dass die mathematische Modellierung kein deterministischer Prozess ist, der stets in einer eindeutigen besten Lösung endet. Vielmehr werden Rahmenbedingungen (in unserem Fall ein Muster) festgelegt, innerhalb derer sich die Problemlösung abspielt. Diese Rahmenbedingung basieren oft auf ökonomischen, technischen oder ökologischen Überlegungen, die je nach individueller Gewichtung auf unterschiedliche (mathematische) Modelle mit spezifischen Vor- und Nachteilen hinauslaufen. ◄

3.7.4.4 Arbeitsblatt zu Algorithmus 4: Freie Optimierung der Positionsvariablen

Bei diesem Verfahren dürfen die Variablen der Positionen nicht nur diskrete, vorher festgelegte Werte annehmen, sondern **jeden reellen Wert** innerhalb des Kraftwerkbereichs.

Teil a

Die Funktion E_{tube} mit $E_{tube}(b, h, s, [x1, x2, x3, ...])$ ist die Zielfunktion der Optimierung. Die Positionen $x_1, x_2, x_3, ...$ sind die Variablen, für die optimale Werte gesucht werden. Dabei sollen die folgenden beiden Nebenbedingungen berücksichtigt werden:

- Der Mindestabstand zwischen benachbarten Spiegeln muss eingehalten werden.
- Die Variablen müssen im Bereich des Kraftwerkareals von x_{Left} bis x_{Right} liegen.

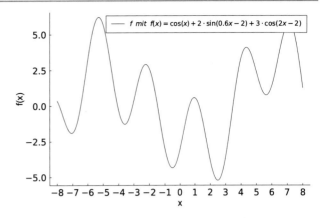

Abb. 3.48 Exemplarische Zielfunktion auf dem Infoblatt zur Diskussion von lokalen und globalen Extrema

Julia verfügt über verschiedene Tools mit denen Optimierungsprobleme mit einer oder mehreren Variablen gelöst werden können. Wir werden eine dieser Methoden anwenden und dabei die genannten Nebenbedingungen berücksichtigen. Die Optimierung wird zunächst für zwei Spiegel durchgeführt.

Didaktischer Kommentar

Bei der verwendeten Optimierungsmethode handelt es sich um ein Innere-Punkte-Verfahren zur Lösung von nichtlinearen Optimierungsproblemen[12]. Bei dieser Methode können Startwerte für die einzelnen Variablen festgelegt werden. Die Optimierung wird ausgehend von den gewählten Startwerten ausgeführt. Je nach Wahl des Startwertes liefert die Methode lediglich ein lokales und kein globales Optimum. Dieses Problem können die Lernenden auf dem im Folgenden beschriebenen Infoblatt erkunden.
Auf dem Arbeitsblatt können die Lernenden den Einfluss des Startwerts für die Variable der Spiegelposition x_1 auf die gefundenen Lösungen diskutieren. Für die Position des zweiten Spiegels x_2 brauchen die Lernenden keinen Startwert festlegen. Dieser wird von dem Optimierungstool gesetzt. ◄

Infoblatt

Die Lernenden können die Optimierungsmethode von Julia auf verschiedene Funktionen mit lokalen wie auch globalen Extremwerten anwenden (vgl. Abb. 3.48). Durch Variation des Startwertes wird deutlich, dass nicht immer ein globales Optimum gefunden wird. ◄

---

[12]Das zur Optimierung eingesetzte Paket heißt Ipopt. Weitere Informationen sind unter https://coin-or.github.io/Ipopt/ zu finden. Zugriff am: 06.11.2020

Arbeitsauftrag

➊ Gib einen Startwert für die Position des ersten Spiegels an. Dieser sollte zwischen $x_{Left} = -10$m und $x_{Right} = 10$m liegen. Führe den Code aus. Das Ergebnis der Optimierung und die Rechenzeit werden angezeigt. Ändere den Startwert für die Position des ersten Spiegels und führe die Optimierung erneut aus. Gib sowohl negative, als auch positive Startwerte ein. Formuliere und notiere deine Beobachtungen.

Lösung

● Die optimale Lösung ändert sich, wenn der Startwert variiert wird. Wird ein negativer Startwert für die Position des ersten Spiegels gewählt, so lautet die gefundene Lösung $x_1 = -0.55$m und $x_2 = 0.55$m mit einer umgesetzten Energie von 11248.48Wh. Wird hingegen ein positiver Startwert gewählt, so erhält man $x_1 = 0.55$m und $x_2 = -0.55$m mit einer umgesetzten Energie von 11248.48Wh als Lösung. Die beiden gefundenen Lösungen sind damit bis auf Vertauschung der Spiegel identisch. Die Spiegel werden symmetrisch um das Rohr positioniert. ◄

Teil b – Bewertung des Verfahrens

Arbeitsauftrag

Diskutiere die folgenden Punkte und notiere deine Überlegungen:

- Welche Vor- oder Nachteile hat diese Optimierung?
- Beantworte die vier Fragestellungen zur Optimierung (vgl. Abb. 3.43).
- Notiere mögliche Ideen zur Verbesserung der Optimierung.

Lösung

Es existieren zwei optimale Kombinationen für x_1 und x_2, die den gleichen Zielfunktionswert liefern. Diese Lösungen sind bis auf Vertauschung der Spiegel identisch. Da die Spiegel nicht unterscheidbar sind, implizieren sie das gleiche Spiegelfeldlayout. Mathematisch gesehen liefert das Verfahren damit jedoch keine eindeutige Lösung. Um die genannten doppelten (gleichwertigen) Lösungen zu verhindern, werden wir die Spiegel im Folgenden auf- bzw. absteigend sortieren.

Liegt der Startwert nah an dem globalen Maximum, so ist die Genauigkeit hoch. Wird der Startwert hingegen ungünstig gewählt, so kann es passieren, dass lediglich eine lokal maximale Lösung gefunden wird. Um die Wahrscheinlichkeit zu erhöhen, dass globale Optimum zu finden, kann das Verfahren wiederholt mit verschiedenen Startwerten durchgeführt werden. Eine weitere Möglichkeit ist, mehrere Optimierungsverfahren hintereinander zu schalten, indem bspw. zunächst eine globale und im zweiten Schritt eine lokale Suche durchgeführt wird. Die Rechenzeit ist für wenige Spiegel und für unser bisheriges Modell ohne Verschattungseffekte niedrig. ◄

Teil c

In dieser Aufgabe beschäftigen wir uns mit der *Eindeutigkeit der Lösung*. Wir haben in Teil b festgestellt, dass abhängig vom gewählten Startwert zwei optimale Kombinationen für die Spiegelpositionen gefunden werden. Beide Kombinationen liefern den gleichen Wert der Zielfunktion und führen zum selben Spiegelfeldlayout. Um solche gleichwertigen Lösungen zu vermeiden, werden wir eine weitere Nebenbedingung an die Positionen x_1 und x_2 formulieren.

Arbeitsauftrag

Stelle eine Nebenbedingung für die Positionen x_1 und x_2 auf, sodass nur noch eine der beiden Kombinationen mit gleichem Spiegelfeldlayout als Lösung erlaubt ist. Die Nebenbedingung sollte eine Ungleichung sein.
➊ Führe die Optimierung mit der neuen Nebenbedingung durch und variiere den Startwert für die Position x_1. Was beobachtest du?

Tipp

Die Lernenden erhalten den Hinweis einen der Operatoren > oder < zu verwenden, um eine Ungleichung aufzustellen, die eine aufsteigende oder absteigende Sortierung der Spiegelpositionen x_1 und x_2 liefert. ◄

Lösung

❶ Die Spiegel können aufsteigend (oder absteigend) sortiert werden. Für x_1 und x_2 muss dann gelten:

$$x_1 < x_2 \text{ und}$$
$$|x_1 - x_2| \geq s.$$

● Die Optimierung liefert unabhängig vom Startwert $x_1 = -0.55$m und $x_2 = 0.55$m als Lösung. Die Rechenzeit des Algorithmus wird verringert, da nur dann der

Energieumsatz berechnet wird, wenn beide Ungleichungen erfüllt sind. Eine mögliche Eingabe lautet:

```
constraint2(x1,x2,minDistance) =
constraint1(x1,x2,minDistance) &&
x1 < x2
◄
```

Zusatzaufgabe

> **Arbeitsauftrag**
> ❶ Führe die Optimierung für mehr als zwei Spiegel durch, indem du den Wert der Variablen `nMirrors` erhöhst.
> *Hinweis:* Deine Nebenbedingung für den Mindestabstand und die Nebenbedingung für die auf- bzw. absteigende Sortierung der Spiegel wurde dazu im Hintergrund erweitert. Sie wird bei der Optimierung für je zwei benachbarte Spiegel überprüft.

Lösung

Bei dieser Aufgabe kann beobachtet werden, dass bei einer ungeraden Spiegelanzahl stets ein Spiegel unter dem Rohr platziert wird. Dies ist bei einer geraden Spiegelanzahl nicht der Fall. ◄

3.7.4.5 Arbeitsblatt zu Algorithmus 5: Einen eigenen Algorithmus implementieren

Auf diesem Arbeitsblatt kann ein eigener Algorithmus zur Optimierung der Spiegelpositionen implementiert werden. Da es nicht möglich ist komplett freie Eingaben automatisiert zu überprüfen, erhalten die Lernenden kein Feedback zu ihren Lösungen. Es bietet sich daher an die Lösungen im Plenum zu präsentieren und zu diskutieren. Dieses Arbeitsblatt richtet sich insbesondere an Lernende, die Freude am Programmieren haben.

3.7.5 Arbeitsblatt 5: Verschattungs- und Blockierungseffekte

Bisher sind wir davon ausgegangen, dass die Spiegel sich nicht gegenseitig beeinflussen. Tatsächlich treten jedoch verschiedene Effekte auf.

Einfallende Strahlen können durch nebenstehende Spiegel oder durch den Sekundärreflektor abgefangen werden. Auch ist es möglich, dass reflektierte Strahlen von nebenstehenden Spiegeln blockiert werden und nicht auf das Absorberrohr treffen. Tatsächlich ist die Energie am Rohr also kleiner als wir bisher angenommen haben.

Im Folgenden werden wir das Modell für die umgesetzte Energie um die genannten Effekte erweitern und den Einfluss auf die optimalen Spiegelpositionen untersuchen.

> **Didaktischer Kommentar**
>
> Auf diesem Arbeitsblatt wird lediglich die *Verschattung von einfallenden Strahlen* durch nebenstehende Spiegel von den Lernenden modelliert. Das mathematische Modell hinter der *Blockierung von reflektierten Strahlen* folgt der gleichen Grundidee. Nachdem die Lernenden erfolgreich modelliert haben, wie einfallende Strahlen durch benachbarte Spiegel beeinflusst werden, wird das Modell automatisch um die Blockierung reflektierter Strahlen und die Verschattung durch den Sekundärreflektor ergänzt. Die Lernenden nutzen dieses ergänzte Modell für die abschließende erneute Optimierung der Spiegelpositionen.
>
> Auf diesem Arbeitsblatt wird die Modellierung der Verschattungseffekte nicht mit rein geometrischen Überlegungen angegangen. Stattdessen kommen Ansätze der Vektoralgebra zum Einsatz. Dies spiegelt zum einen das tatsächliche Vorgehen in der Forschung wider zum anderen würde dieser Ansatz eine unproblematische Erweiterung des Modells auf den dreidimensionalen Fall erlauben. ◄

Abhängig von Tageszeit und Spiegelpositionen ist es möglich, dass Spiegel teilweise im Schatten von anderen Spiegeln stehen. Wir werden auf diesem Arbeitsblatt die Verschattung von Spiegeln modellieren und in unserem Modell berücksichtigen.

❸ Wir betrachten exemplarisch zwei Spiegel auf den Positionen $x_1 = -3$m und $x_2 = -1$m um 8:30 Uhr ($t = 8.5$h). Der Strahlenverlauf um diese Uhrzeit ist in Abb. 3.49 dargestellt.

Ein Teil der einfallenden Strahlen wird vom rechten Spiegel abgefangen und trifft nicht auf den linken Spiegel. Es ist zu erkennen, dass vom linken Spiegel nur die Fläche effektiv bestrahlt wird, die von der linken Ecke des Spiegels bis zu dem in Abb. 3.49 markierten Punkt reicht. Dieser Punkt ist der Schnittpunkt zwischen

- der Gerade, die den einfallenden Strahl durch die linke Ecke des rechten Spiegels beschreibt und
- der Gerade, die den linken Spiegel enthält.

Ziel ist es, Spiegel und Sonnenstrahlen mathematisch zu beschreiben und den markierten Schnittpunkt zu bestimmen. Dazu legen wir zunächst ein zweidimensionales kartesisches Koordinatensystem in unser Kraftwerkareal, dessen Ursprung direkt unter dem Rohr liegt. Die x-Achse läuft durch die Spiegelmitten (vgl. Abb. 3.49).

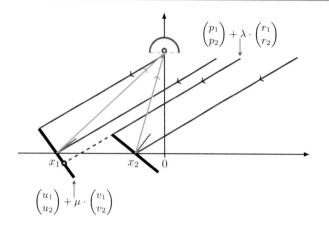

Abb. 3.49 Darstellung der einfallenden und reflektierten Sonnenstrahlen

Teil a – Mathematische Beschreibung der einfallenden Sonnenstrahlen

❍ Wir stellen die einfallenden Sonnenstrahlen als Geraden mit Stützvektor $\vec{p}$ und Richtungsvektor $\vec{r}$ dar. Einen einfallenden Strahl beschreiben wir dann als

$$\vec{p} + \lambda \cdot \vec{r} = \begin{pmatrix} p_1 \\ p_2 \end{pmatrix} + \lambda \cdot \begin{pmatrix} r_1 \\ r_2 \end{pmatrix}.$$

Zusatzüberlegung: Wir nutzen zur Darstellung der Geraden die **Parameterform.** Alternativ könnten die Sonnenstrahlen durch Graphen linearer Funktionen der Form $f(x) = m \cdot x + b$ mit Steigung m und y-Achsenabschnitt b modelliert werden. Welche Vor- oder Nachteile hat diese Darstellungsform?

Didaktischer Kommentar

Es kann diskutiert werden, warum lineare Funktionen nicht für die Beschreibung von senkrecht einfallenden Sonnenstrahlen geeignet sind. ◄

Arbeitsauftrag

Stelle Formeln für die Berechnung der Einträge r_1 und r_2 des Richtungsvektors $\vec{r}$ der **einfallenden Strahlen** auf. Diese müssen vom Einfallswinkel der Sonnenstrahlen α_1 (Variable: `alpha1`) abhängen.

Tipps

Tipp 1: Die Lernenden erhalten eine kurze Erläuterung dazu, was ein Richtungsvektor ist und dass dessen Einträge über die Änderungen in x-Richtung (1. Komponente) und y-Richtung (2. Komponente) berechnet werden können.

Tipp 2: Die Lernenden erhalten die Skizze aus Abb. 3.50 und den Hinweis, Sinus und Kosinus zu verwenden. Sinus und Kosinus gibt man bei `Julia` mit `sind()` und `cosd()` ein. ◄

Lösung

❍ Der Richtungsvektor lässt sich abhängig vom Einfallswinkel α_1 berechnen als

$$\vec{r} = \begin{pmatrix} r_1 \\ r_2 \end{pmatrix} = \begin{pmatrix} \cos(\alpha_1) \\ \sin(\alpha_1) \end{pmatrix}.$$

Die Eingabe lautet:

```
r1 = cosd(alpha1);   r2 = sind(alpha1);
```

◄

Um den bestrahlten Bereich des linken Spiegels zu bestimmen, ist gerade der einfallende Strahl relevant, der durch die linke Ecke des rechten Spiegels verläuft. Als Stützvektor $\vec{p}$ dieses Strahls können wir daher die Koordinaten ebendieser linken Ecke verwenden.

Arbeitsauftrag

Stelle Formeln für die Koordinaten der linken Ecke des Spiegels auf Position x_2 auf. Du kannst den Neigungswinkel γ_2 (Variable: `gamma2`) des Spiegels verwenden.
◑ Wir betrachten den Fall, dass der Neigungswinkel kleiner als 90° ist.

Lösung

❍ Die Koordinaten x_{Edge} und y_{Edge} der linken Ecke lassen sich berechnen durch

$$x_{\text{Edge}} = x_2 - \frac{s}{2} \cdot \cos(90° - \gamma_2)$$
$$y_{\text{Edge}} = \frac{s}{2} \cdot \sin(90° - \gamma_2).$$

Eine mögliche Eingabe lautet:

```
xEdge = x2 - s/2 * cosd(90 - gamma2);
yEdge =    s/2 * sind(90 - gamma2);
```

◄

Tipps

Stufe 1: Die Lernenden erhalten Abb. 3.51a als ersten Tipp.
Stufe 2: Als zweiten Tipp können die Lernenden auf Abb. 3.51b zugreifen. ◄

Abb. 3.50 Tipp zum Aufstellen des Richtungsvektors der einfallenden Strahlen

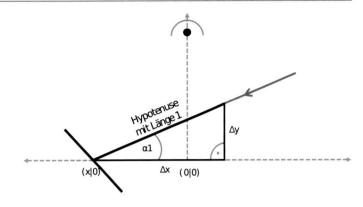

Abb. 3.51 **a** Erster Tipp zur Berechnung der linken Spiegelecke; **b** Zweiter Tipp zur Berechnung der linken Spiegelecke

a

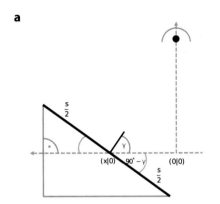

b

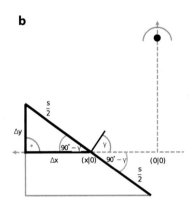

Teil b – Mathematische Beschreibung des Spiegels

Um den Schnittpunkt und anschließend den nicht verschatteten Bereich berechnen zu können, werden wir den Spiegel durch eine Gerade der Form

$$\vec{u} + \mu \cdot \vec{v} = \begin{pmatrix} u_1 \\ u_2 \end{pmatrix} + \mu \cdot \begin{pmatrix} v_1 \\ v_2 \end{pmatrix}$$

mit Stützvektor $\vec{u}$ und Richtungsvektor $\vec{v}$ beschreiben.

Arbeitsauftrag

- Stelle Formeln für die Einträge v_1 und v_2 des Richtungsvektors des Spiegels auf Position x_1 auf. Du kannst den Neigungswinkel γ_1 (Variable: `gamma1`) des Spiegels verwenden.
- Welchen Vektor kannst du als Stützvektor verwenden?
- Welche Werte darf der Parameter μ annehmen, damit tatsächlich nur der Spiegel beschrieben wird und nicht eine Gerade, die über die Spiegelfläche hinausragt.

Lösung

❶ Als Stützvektor kann die Spiegelmitte des ersten Spiegels verwendet werden:

$$\vec{u} = \begin{pmatrix} x_1 \\ 0 \end{pmatrix}.$$

Der Richtungsvektor lässt sich abhängig vom Neigungswinkel γ_1 berechnen als

$$\vec{v} = \begin{pmatrix} -s \cdot \cos(90° - \gamma_1) \\ s \cdot \sin(90° - \gamma_1) \end{pmatrix}.$$

Für den Parameter μ muss dann $-1/2 \leq \mu \leq 1/2$ gelten. Als Stütz- und Richtungsvektor könnten auch andere Vektoren gewählt werden. Der Parameter μ muss dann entsprechend angepasst werden. Eine mögliche Eingabe lautet:

```
u1 = x1;
u2 = 0;

v1 = -s * cosd(90 - gamma1);
v2 = s * sind(90 - gamma1);
```

```
muLeft = -1/2;
muRight = 1/2;
```

Tipps

Stufe 1: Die Lernenden finden die Skizze aus Abb. 3.51a ergänzt um die Markierung des Richtungsvektors $\vec{v}$.
Stufe 2: Die Lernenden erhalten die Skizze aus Abb. 3.51b ergänzt um den Hinweis, dass für den eingezeichneten Richtungsvektor $\vec{v}$ gilt:

$$\vec{v} = \begin{pmatrix} -\Delta x \\ \Delta y \end{pmatrix}.$$

Teil c

Wie lang ist der Bereich des linken Spiegels, der nicht verschattet ist? Um dies zu bestimmen, berechnen wir den *ersten* verschatteten Punkt auf dem linken Spiegel. Das ist gerade der Schnittpunkt zwischen der Geraden, die den linken Spiegel enthält, und der Geraden des **einfallenden Strahls durch die linke Ecke** des rechten Spiegels.

Arbeitsauftrag

Wie kann der Schnittpunkt zwischen den beiden Geraden bestimmt werden? Überlege dir eine konkrete Vorgehensweise und diskutiere diese falls möglich mit einer Mitschülerin oder einem Mitschüler. Halte deine Lösungsstrategie schriftlich fest.
Führe erst danach das folgende Codefeld aus. Daraufhin wird dir die Lösung zu dieser Aufgabe, d. h. die Vorgehensweise bei der Bestimmung des Schnittpunktes, verraten.

Lösung

❶ Um den Schnittpunkt zu bestimmen, müssen die beiden Geradengleichungen gleichgesetzt werden. Dies liefert ein lineares Gleichungssystem mit zwei Gleichungen und zwei Unbekannten μ und λ:

$$u_1 + \mu \cdot v_1 = p_1 + \lambda \cdot r_1$$
$$u_2 + \mu \cdot v_2 = p_2 + \lambda \cdot r_2.$$

Die Lösung des Systems μ_{SP} und λ_{SP} liefert beim Einsetzen in die entsprechenden Geradengleichungen den Schnittpunkt. ◄

Didaktischer Kommentar

Um den Lernenden aufwändige Rechnungen zu ersparen, brauchen sie das Lösen des Gleichungssystems nicht selbst vornehmen. Stattdessen erhalten sie als Rückmeldung zu dieser Aufgabe den Hinweis, dass eine Lösungsroutine von `Julia` zur Verfügung steht, die über die Funktion `computeSP` aufgerufen werden kann. Diese berechnet die Lösung des Gleichungssystems und damit die Werte μ_{SP} und λ_{SP} im Schnittpunkt. Das eigenständige Lösen des Gleichungssystems eignet sich als differenzierende Zusatzaufgabe.
In der folgenden Aufgabe müssen die Lernenden lediglich den Zusammenhang zwischen den Parametern μ_{SP} und λ_{SP} und den jeweiligen Geradengleichungen verstehen und entsprechend in eine der beiden Geradengleichungen einsetzen. ◄

Arbeitsauftrag

Stelle mithilfe von μ_{SP} oder λ_{SP} Formeln zur Berechnung der Koordinaten des ersten verschatteten Punktes auf dem Spiegel auf. Bei der Eingabe deiner Formeln kannst du folgende Variablen verwenden:

- Die Einträge der Stütz- und Richtungsvektoren `p1`, `p2` und `r1`, `r2` (Sonnenstrahl) bzw. `u1`, `u2` und `v1`, `v2` (Spiegel).
- Die Parameter `muSP` und `lambdaSP`.

Lösung

❶ Der Schnittpunkt kann durch Einsetzen des Parameters μ_{SP} in die Geradengleichung des Spiegels berechnet werden durch

$$x_{SP} = u_1 + \mu_{SP} \cdot v_1$$
$$y_{SP} = u_2 + \mu_{SP} \cdot v_2$$

Analog kann der Parameter λ_{SP} und die Geradengleichung des einfallenden Sonnenstrahls verwendet werden. Eine mögliche Eingabe lautet:

```
xSP = u1 + muSP * v1;
ySP = u2 + muSP * v2;
```

◄

Teil d

Nun muss noch der Anteil berechnet werden, den der *nicht verschattete Bereich* an der Gesamtlänge des Spiegels ausmacht. Dies entspricht dem Anteil der Leistung, die tatsächlich am Spiegel ankommt und in Richtung Absorberrohr reflektiert wird. Dazu berechnen wir zunächst die Länge des nicht verschatteten Spiegelbereichs. Dieser reicht von der linken Ecke des Spiegels bis zum berechneten Schnittpunkt.

Arbeitsauftrag

`Julia` nutzt deine Eingabe aus Teil b, um die Koordinaten der linke Ecke des Spiegels auf Position x_1 zu berechnen. Diese werden unter x_{Edge}, y_{Edge} gespeichert. Stelle eine Formel für die Länge ℓ des nicht verschatteten Spiegelbereichs auf. Du kannst die Koordinaten der linken Ecke x_{Edge}, y_{Edge} und die des Schnittpunkts x_{SP}, y_{SP} verwenden.

Hinweis: Die Quadratwurzel einer Zahl berechnet man in `Julia` mit dem Befehl `sqrt()` (z. B. `sqrt(4) = 2`).

Lösung

❶ Die Länge ℓ des nicht verschatteten Spiegelbereichs kann unter Verwendung des Satz des Pythagoras berechnet werden durch

$$\ell = \sqrt{(x_{\text{Edge}} - x_{SP})^2 + (y_{\text{Edge}} - y_{SP})^2}.$$

Die Eingabe lautet:

```
unshadedLength = sqrt((xEdge - xSP)^2
+ (yEdge - ySP)^2);
```

◄

Fazit

Mit unserem Modell können wir den Bereich eines Spiegels ermitteln, der durch Spiegel zu seiner Rechten verschattet wird. Dieses Vorgehen kann unter Berücksichtigung verschiedener Fallunterscheidungen auf eine Verschattung durch linksseitige Spiegel am Nachmittag verallgemeinert werden. Abschließend muss noch berechnet werden, welcher Anteil der nicht verschatteten Strahlen auf den Sekundärreflektor trifft (und diesen nicht verfehlt).

Didaktischer Kommentar

Die Modellierung des effektiven Energieanteils brauchen die Lernenden nicht selbst vornehmen. Stattdessen können sie die Funktion $E_{\text{tubeEffects}}$ verwenden, in der alle drei Effekte (Verschattung durch Spiegel, Verschat-

tung durch Sekundärreflektor, Blockierung) berücksichtigt sind. ◄

Zusatzblatt

In der Forschung findet ein etwas anderes Modell zur Modellierung von Verschattungseffekten Anwendung, ein sogenannter RayTracer. Bei diesem Modell werden nicht nur einzelne, aufgrund der Geometrie des Kraftwerks ausgewählte Sonnenstrahlen verfolgt und auf Verschattung oder Blockierung überprüft, sondern es wird eine große Zahl an Strahlen erzeugt und verfolgt. Die genaue Funktionsweise dieses Modells wird auf einem Zusatzblatt beschrieben, welches den Lernenden zur Verfügung steht. Dort kann das selbst entwickelte Modell mit dem RayTracer Modell verglichen werden. ◄

Teil e

Wir werden das um Verschattungs- und Blockierungseffekte erweiterte Modell abschließend mit dem alten Modell ohne Berücksichtigung dieser Effekte vergleichen.

Arbeitsauftrag

Entscheide, welche Effekte (Verschattung durch Spiegel, Blockierung reflektierter Strahlen, Verschattung durch Sekundärreflektor) du berücksichtigen möchtest. Du kannst **keinen, einen, zwei oder alle** Effekte berücksichtigen.
Die Energieumsätze gemäß dem alten Modells E_{tube} und gemäß dem neuen Modells $E_{\text{tubeEffects}}$ werden für Spiegel auf den exemplarisch gewählten Positionen $x_1 = -2.5$m, $x_2 = 0.0$m und $x_3 = 1.5$m ausgegeben. In dem neuen Modell werden genau die Effekte berücksichtigt, die du zuvor ausgewählt hast. Zusätzlich

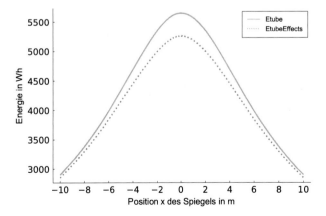

Abb. 3.52 Umgesetzte Energie gemäß des Modells ohne Verschattungseffekte (E_{tube}) und gemäß des neuen Modells mit Verschattungseffekten ($E_{\text{tubeEffects}}$)

werden die Graphen der ursprünglichen und der weiterentwickelten Funktionen für die umgesetzte Energie in Abhängigkeit von

- der Position x eines Spiegels (vgl. Abb. 3.52)
- der Positionen x_1 und x_2 von zwei Spiegeln (vgl. Abb. 3.53)

angezeigt. Haben sich die optimalen Positionen für die Spiegel geändert? Erkläre den Verlauf der beiden Graphen im Hinblick auf die reale Situation.

Lösung

❸ Werden alle drei Effekte berücksichtigt, so sinkt die über einen Tag umgesetzte Energie für Spiegel auf den exemplarisch gewählten Positionen $x_1 = -2.5$m, $x_2 = 0.0$m und $x_3 = 1.5$m um mehr als 1500Wh gegenüber dem Modell ohne Effekte. Die Positionen sind bereits im Code gespeichert. Die Lernenden haben jedoch die Möglichkeit diese zu ändern und weitere Positionen hinzuzufügen.

● Die optimale Position **eines Spiegels** ist bei dem erweiterten Modell weiterhin direkt unter dem Rohr (vgl. Abb. 3.52). Die optimalen Positionen von zwei Spiegeln sind sogar ohne Berücksichtigung des Mindestabstands nicht mehr direkt unter dem Rohr, sondern symmetrisch links und rechts daneben. Dies wird aus dem Graphen in Abb. 3.53 ersichtlich. ◄

3.7.6 Arbeitsblatt 6: Optimierung der Spiegelpositionen mithilfe des erweiterten Modells

Auf diesem Arbeitsblatt können die Optimierungsalgorithmen aus Anschn. 3.7.4 auf das erweiterte Modell (mit Verschattungseffekten) angewandt werden.

Arbeitsauftrag
Wende einen der Algorithmen zur Optimierung der Positionen basierend auf dem verbesserten Modell an. Vergleiche die Ergebnisse mit den Ergebnissen, die du unter Verwendung des alten Modells ohne Verschattungs- und Blockierungeffekte erhalten hast.

Lösung

Da beim erweiterten Modell zahlreiche Schnittpunktsberechnungen durchgeführt werden, dauert die Optimierung bei allen Algorithmen länger als zuvor. ● Zudem ändert sich das Ergebnis für die optimalen Positionen bei allen

Algorithmen. Dies lässt sich dadurch begründen, dass es nicht mehr sinnvoll ist die Spiegel sehr nah aneinander zu stellen, da der Einfluss von Verschattung und Blockierung mit sinkendem Abstand zunimmt. Beispielsweise erhalten wir bei der Optimierung von vier Spiegelpositionen mit der freien Variablen Optimierung (s. Abschn. 3.7.4.4):

- mit dem alten Modell: $x_1 = -1.65$m, $x_2 = -0.55$m, $x_3 = 0.55$m, $x_4 = 1.65$m
- mit dem neuen Modell: $x_1 = -2.60$m, $x_2 = -0.84$m, $x_3 = 0.80$m, $x_4 = 2.58$m.

◄

3.8 Ausblick und Vorschläge für weiterführende Modellierungsaufgaben

Das Thema Solarkraftwerke bietet die Möglichkeit sich in beliebige Richtungen weiter zu vertiefen. In diesem Abschnitt werden verschiedene Möglichkeiten für weiterführende Modellierungsaufgaben genannt, die an die Inhalte der Workshops anknüpfen und den Lernenden einen kreativen Einsatz von Mathematik ermöglichen.

Modellierungsaufgaben aufbauend auf dem Workshop der Mittelstufe
- Anknüpfend an Arbeitsblatt 7 (s. Abschn. 3.6.6) kann der Einfluss von stark variierenden Fehlern bei der Einstellung des Spiegels modelliert und bei der Optimierung der Rohrhöhe berücksichtigt werden. Dazu können **viele zufällige** Fehler generiert und anschließend der empirische Mittelwert der Leistung berechnet und optimiert werden. Dies fällt in den Bereich der Monte-Carlo-Simulation, bei der numerisch der Erwartungswert angenähert und optimiert wird. Diese Vorgehensweise fußt auf dem Gesetz der großen Zahlen.
- Bisher wurde ausschließlich betrachtet, welche Leistung zu einer bestimmten Zeit t am Absorberrohr anliegt. Für den Betrieb des Kraftwerks ist diese Information zwar wichtig, wichtiger ist allerdings, wie viel Energie im Laufe eines Tages, einer Woche oder eines Jahres umgesetzt werden kann. Die Lernenden können ausgehend von dem erarbeiteten Modell für die Leistung die Energie berechnen, die innerhalb einer bestimmten Zeitspanne (bspw. eines Tages) umgesetzt wird. Dazu kann das Arbeitsblatt 2 des Workshops für die Oberstufe als Zusatzblatt bearbeitet werden (s. Abschn. 3.7.1).
- Die Lernenden setzen sich intensiver mit den Daten zum Stand der Sonne sowie der Stärke der Sonnenstrahlung auseinander. Der Zusammenhang zwischen der Sonnenpositionen, gegeben durch die Winkel Azimut und Altitude, und der Richtung der einfallenden Sonnenstrahlen im

Abb. 3.53 Umgesetzte Energie gemäß des neuen Modells mit Verschattungseffekten in Abhängigkeit von den Positionen zweier Spiegel

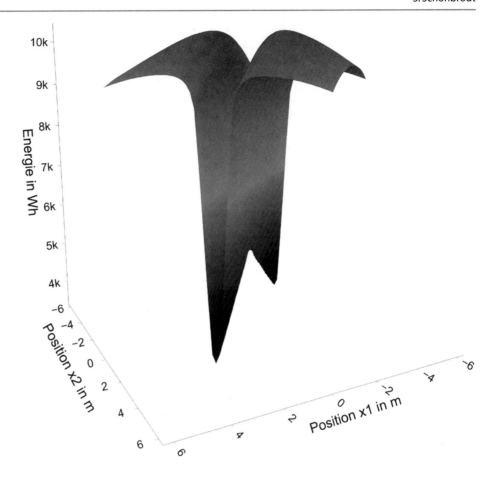

Raum ließe sich diskutieren. Auch wäre die Approximation von realen Wetterdaten und deren Einbezug in die Modellierung der Leistung des Kraftwerks eine spannende Aufgabe.

- Stehen die Spiegel im Fresnel-Kraftwerk nah beieinander, so können sowohl einfallende als auch reflektierte Sonnenstrahlen durch benachbarte Spiegel abgeschirmt werden. Die Lernenden sollen die Verschattungs- und Blockierungseffekte modellieren. Dazu können die einfallenden und reflektierten Sonnenstrahlen durch Halbgeraden beschrieben werden und Schnittpunkte dieser Strahlen mit bspw. den Spiegelflächen oder dem Sekundärreflektor berechnet werden (s. Arbeitsblatt 5 der Oberstufe in Abschn. 3.7.5).

Modellierungsaufgaben aufbauend auf dem Workshop der Oberstufe

- Die Lernenden entwickeln ein Modell für die Leistung am Rohr. Dazu können die Arbeitsblätter 2–4 des Workshops für die Mittelstufe bearbeitet werden (s. Abschn. 3.6.1–3.6.3).
- In einem fächerübergreifenden Projekt von Mathematik und Informatik können die Lernenden eigenständig einen RayTracer entwickeln und implementieren.

- Die Lernenden führen die Optimierung anderer Parameter des Kraftwerks eigenständig durch (z. B. von Spiegelbreite oder -form).
- Neben den Fresnel- und Parabolrinnenkraftwerken gibt es einen weiteren solarthermischen Kraftwerkstyp, der bereits an verschiedenen sonnigen Orten operiert: sogenannte Solarturmkraftwerke. Bei einem Solarturmkraftwerk wird das Sonnenlicht mit Hilfe von Reflektoren auf einen Absorber, der sich in der Spitze eines Solarturms befindet, fokussiert. Ein Solarturmkraftwerk, welches vom Deutschen Zentrum für Luft- und Raumfahrttechnik in Jülich betrieben wird, ist in Abb. 3.54a und 3.54b dargestellt. Die Lernenden können zunächst wesentliche Komponenten eines solchen Kraftwerks recherchieren, ein Modell für die Leistung entwickeln und anschließend verschiedene Parameter (z. B. die Positionen der Spiegel) optimieren.
- Neben der Simulation von Solarkraftwerken werden in der Praxis auch Testkraftwerke wie das in Abb. 3.54a und 3.54b dargestellte Solarturmkraftwerk gebaut. Diese dienen dazu, neue Komponenten, Verfahren und Aufbauten zu testen, physikalische Eigenschaften des Kraftwerks zu untersuchen und kommerzielle Kraftwerke noch kosteneffizienter planen und bauen zu können.

Abb. 3.54 a Seitenansicht eines Solarturmkraftwerks in Jülich. (Quelle: DLR); b Luftansicht eines Solarturmkraftwerks in Jülich. (Quelle: DLR)

In einem fächerübergreifenden Projekt (z. B. der Fächer Physik, Technik, Mathematik) ließe sich ein solarthermisches Kraftwerk in kleinem Maßstab von Lernenden entwickeln und nachbauen. Damit würde verstärkt die ingenieurwissenschaftliche Herangehensweise in der Forschung zu erneuerbaren Energiequellen einbezogen.

Danksagung Der Workshop zum Thema Solarkraftwerk ist über viele Jahre hinweg weiterentwickelt und durch das Mitwirken verschiedener Personen stetig verbessert worden. Allen Mitwirkenden möchte die Autorin an dieser Stelle herzlich danken.
Ein besonderer Dank gilt dabei Pascal Richter, der dieses Projekt all die Jahre u. a. durch fachlichen Rat, anregende Diskussionen, konstruktive Ideen und tolle Abbildungen unterstützt hat. Zudem gilt ein besonderer Dank Carolin Kreutz (ehemals Krahforst) und Christina Roeckerath, die im Rahmen ihrer Staatsexamensarbeiten einen wesentlichen Beitrag zu der Entwicklung des Lernmaterials geleistet haben. Insbesondere die Arbeitsblätter 1 bis 4 des Workshops für die Mittelstufe sind basierend auf den Arbeiten von Carolin Kreutz und Christina Roeckerath entstanden. Weiterhin dankt die Autorin Maike Gerhard, Katja Hoeffer und Philipp Otte für ihren Beitrag zur Entwicklung der Workshops und Thomas Camminady sowie Peter Lürßen für das kritische Korrekturlesen dieses Kapitels. Ein weiterer Dank gilt Mark Schmitz und der TSK Flagsol für die jahrelange Unterstützung dabei, das Thema Solarenergie im Rahmen verschiedener Projekte von CAMMP zu etablieren. Dem Deutschen Zentrum für Luft- und Raumfahrt e. V., der ebl und sbp dankt die Autorin für die freundliche Bereitstellung verschiedener Bilder.

Literatur

BINE Informationsdienst, FIZ Karlsruhe. (2013). Solarthermische Kraftwerke. Konzentriertes Sonnenlicht zur Energieerzeugung nutzen. www.bine.info/fileadmin/content/Publikationen/Themen-Infos/II_2013/themen_0213_internetx.pdf. Zugegriffen: 18. Nov. 2019.

Duffie, J., & Beckmann, W. (2013). *Solar Radiation* (3rd ed.). Hoboken, New Jersey: John Wiley & Sons Ltd.

Frank, M., Roeckerath, C., & Hattebuhr, M. (2017). Komplexe Modellierung: Solarenergieforschung mit GeoGebra. In U. Kortenkamp & A. Kuzle (Eds.), *Beiträge zum Mathematikunterricht* (pp. 1491–1494). Münster: WTM-Verlag.

Günther, M. (2004). Advanced CSP Teaching Materials. Chapter 6: Linear Fresnel Technology. EnerMENA und DLR. www.energy-science. org/bibliotheque/cours/1361468614Chapter200620Fresnel.pdf. Zugegriffen: 07. Juni 2020.

Hattebuhr, M., Frank, M., & Roeckerath, C. (2017). Optimierung der Spiegel in einem Solarkraftwerk - Projekttag des Education-Labs CAMMP der RWTH Aachen. In F. Caluori, H. Linneweber-Lammerskitten, & C. Streit (Eds.), *Beiträge zum Mathematikunterricht* (pp. 356–359). Münster: WTM-Verlag.

Humenberger, H. (2015). *Zur Einführung. Der Mathematikunterricht Schwerpunkt: Optimieren, 61,* 2–3.

Kambezidis, H., & Psiloglou, B. (2008). The Meteorological Radiation Model (MRM): Advancements and Applications. In V. Badescu (Ed.), *Modeling Solar Radiation at the Earth's Surface: Recent Advances* (pp. 357–389). Berlin, Heidelberg: Springer.

Kincaid, N., Mungas, G., Kramer, N., & Zhu, G. (2019). Sensitivity analysis on optical performance of a novel linear Fresnel concentrating solar power collector. *Solar Energy, 180,* 383–390.

Krahforst, C. (2016). Didaktisch-methodische Weiterentwicklung des CAMMP day Moduls Spiegelaufstellung in einem Solarkraftwerk für den Einsatz in der Mittelstufe, Schriftliche Hausarbeit im Rahmen der Ersten Staatsprüfung. Schriftliche Hausarbeit im Rahmen der Ersten Staatsprüfung, Abschlussarbeit vorgelegt an der RWTH Aachen.

Lerchenmüller, H., Morin, G. & Quaschning, V. (2004). Technologievergleich Parabolrinnen- und Fresnel-Technologie im Vergleich, Fraunhofer Institut Solare Energiesysteme. www.dlr.de/tt/en/Portaldata/41/Resources/dokumente/institut/system/projects/AP2_2_Technologievergleich.pdf. Zugegriffen: 07. Okt. 2020.

Lutchman, S., Groenwold, A., Gauché, P. & Bode, S. (2014). On Using a Gradientbased Method for Heliostat Field Layout Optimization. Energy Procedia, 49, 1429-1438. Proceedings of the SolarPACES 2013 International Conference.

Noone, C. J., Torrilhon, M., & Mitsos, A. (2012). Heliostat Field Optimization: A New Computationally Efficient Model and Biomimetic Layout. *Solar Energy, 86*(2), 792–803.

Richter, P. (2017). *Simulation and Optimization of Solar Thermal Power Plants*. RWTH Aachen: Diss.

Roeckerath, C. (2012). Mathematische Modellierung der Spiegel eines solarthermischen Kraftwerks im Rahmen einer Modellierungswoche und einer Projektwoche in der Sek. II. Schriftliche Hausarbeit im Rahmen der Zweiten Staatsprüfung für das Lehramt an Gymnasien und Gesamtschulen.

Sánchez, M., & Romero, M. (2006). Methodology for generation of heliostat field layout in central receiver systems based on yearly normalized energy surfaces. *Solar Energy, 80*(7), 861–874. https://doi.org/10.1016/j.solener.2005.05.014.

Vogel, D. (2010). Maximal, minimal, optimal. *Mathematik lehren, 159,* 6–13.

Gibt es den Klimawandel wirklich? – Statistische Analyse von realen Temperaturdaten

4

Maren Hattebuhr

Zusammenfassung

Spätestens seit dem Beginn der Fridays for Future-Demonstrationen im Jahr 2018 ist der Klimawandel in aller Munde und wird rege in der Öffentlichkeit und Politik diskutiert (vgl. Kesper 2019). Aber wie kommen Wissenschaftler/innen überhaupt zu der verlässlichen Aussage, dass es den Klimawandel gibt? In diesem Workshop überprüfen Lernende faktenbasiert diese Aussage. Sie suchen nach geeigneten Methoden sich dieser Fragestellung wissenschaftlich zu nähern. Dabei nutzen sie echte Daten, stellen selbstständig ein lineares Regressionsmodell auf und nutzen Hypothesentests zur Validierung. Ziel ist es, kritisch und objektiv ein sehr emotionsgeladenes Thema zu reflektieren.

Zielgruppe: Lernende ab Klasse 10
Lerneinheiten: 5 Doppelstunden à 90 Minuten (s. Anhang C.1)
rithmetisches Mittel**Vorkenntnisse:** Funktionsbegriff, Differentialrechnung, arithmetisches Mittel

4.1 Einleitung

Der Klimawandel ist in aller Munde und wird rege diskutiert. Er beschreibt eine signifikante Änderung des Klimas, die sowohl auf natürlichen als auch auf nicht-natürlichen (anthropogenen) Ursachen beruht. Eine signifikante Änderung ist dann gegeben, wenn die Änderungen nicht mehr durch Schwankungen oder Messfehler erklärt werden können. Die maßgeblichen Ergebnisse, die den aktuellen wissenschaftlichen Stand in Bezug auf die Ausprägung und die (zukünftige) Entwicklung des Klimas zusammenfassen, werden alle sechs Jahre in einem Bericht des IPCC (Intergovernmental Panel on Climate Change) veröffentlicht (s. IPCC 2013). Die dabei getroffenen Vorhersagen beruhen auf Simulationen von Modellen, die einerseits den bisherigen Klimatrend abbilden und andererseits Aussagen über mögliche zukünftige Entwicklungsszenarien ermöglichen. Laut dem IPCC sagen verschiedenste Modellergebnisse bis zum Jahr 2100 eine Erwärmung der globalen Durchschnittstemperatur der Erdoberfläche um bis zu 4.8 °C gegenüber dem vorindustriellen Temperaturniveau vorher (vgl. IPCC 2016, S. 61). Eine solche Erwärmung würde mit massiven Veränderungen unseres Planeten einhergehen, wie beispielsweise der Entstehung von Wüsten, einem Artensterben bei Tieren und Pflanzen, dem Ansteigen des Meeresspiegels und damit dem Verschwinden ganzer Länder. Viele Menschen verdrängen jedoch den Klimawandel bzw. die dramatischen Folgen, die ein Nicht-Handeln hätte. Die Vorhersagekraft von Simulationen wird von bestimmten Interessenvertreter/innen gerne in Frage gestellt. Die meisten Menschen vertrauen der Wettervorhersage, die ebenso auf Simulationen beruht. Hingegen werden Projektionen zur globalen Erwärmung teilweise stark angezweifelt, auch weil in Rede stehende Gegenmaßnahme starke, ggf. als negativ empfundene Auswirkungen auf Wirtschaft und Privatleben hätten. Die Öffentlichkeit scheint zudem unsicher, ob die in den letzten Jahrzehnten beobachteten Klimarekorde aller Art bereits statistische Indizien für einen Klimawandel sind oder lediglich temporäre Wetterphänomene (vgl. Björnberg et al. 2017; Lindner und Schuster 2018; Mast 2019; Stern 2016).

Es gehört zum kritischen Denken, das sich Lernende frühzeitig aneignen sollten, auch Meldungen über den Klimawandel, seine Ursachen und die Auswirkungen zu hinterfragen. Darüber hinaus bietet dieser gesellschaftlich und politisch höchst relevante und angespannte Kontext die Möglichkeit präzise Aussagen im Rahmen der Möglichkeiten der Mathematik zu treffen und ihre Aussagekraft zu erfahren. Im vorliegenden Workshop werden wissenschaftliche Methoden entwickelt und vor dem Hintergrund der mathematischen Modellierung evaluiert um so eine eigene fundierte Meinung zum Thema Klimawandel bilden zu können.

M. Hattebuhr (✉)
Steinbuch Centre for Computing (SCC), Karlsruher Institut für Technologie (KIT), Eggenstein-Leopoldshafen, Deutschland
E-mail: maren.hattebuhr@kit.edu

4.2 Übersicht über die Inhalte des Workshops

Der folgende Abschnitt zeigt einen Überblick über sowohl die mathematischen Inhalte des Workshops als auch über Anknüpfungspunkte für einen fächerübergreifenden Unterricht.

Mathematische Inhalte
Folgend sind innermathematische Anknüpfungspunkte jahrgangsunspezifisch aufgelistet, wobei das notwendige Vorwissen unterstrichen ist. Sie werden durch über das Schulwissen hinausgehende Punkte ergänzt. Diese Inhalte werden problemorientiert eingeführt. Außerdem werden die Lernenden angeleitet, eine wissenschaftliche Hypothese aufzustellen und diese zu überprüfen. Die Methoden dazu erarbeiten sie sich Schritt für Schritt selbstständig.

- Umgang mit Daten
- Lineare und quadratische Funktionen in Abhängigkeit von einem Parameter
- Lineare und quadratische Funktionen in Abhängigkeit von zwei Parametern
- Differentialrechnung (Wann gibt es ein eindeutiges Extremum?, Ableitung bestimmen)
- Zeitreihenanalyse, Lineare Regressionsanalyse
- Optimierung
- Gütemaß: Bestimmtheitsmaß
- Arithmetisches Mittel
- Hypothesentest
- Vektoren (Rechnen mit Vektoren, Norm bzw. Abstand von Vektoren)

Das Material wurde bereits mehrfach in heterogenen Schülergruppen der Oberstufe (Grund- und Leistungskurse) eingesetzt und ist erfolgreich bearbeitet worden. Darüber hinaus wurde es auch in einer Gruppe Mathematik-begeisterter Neuntklässler ohne Probleme durchgeführt. Die mathematischen und programmiertechnischen Anforderungen mögen auf den ersten Blick sehr herausfordernd erscheinen. Unsere Erfahrungen zeigen, dass Lehrkräfte sich und ihren Lernenden dieses Material zutrauen können, das durch Zusatzaufgaben und Hilfekarten bestens zur Differenzierung geeignet ist. Eine Statistik zur bisherigen Schülerklientel wird in Abschn. 1.2 gegeben. Die Einsatzbereiche des vorliegenden Lernmaterials werden in Abschn. 2.2 ausführlich erläutert.

Außermathematische Inhalte
Der Workshop ist sowohl inner- wie auch außermathematisch reichhaltig und bietet damit die Möglichkeit auch fächerübergreifende Projekte durchzuführen. Neben dem Einsatz in Mathematik, tangiert dieser Workshop inhaltlich Themengebiete der Biologie, Ethik, Geographie, Naturwissenschaften

& Technik (NwT) sowie der Physik und Gesellschaftslehre bzw. Sozialwissenschaften. Daneben kann dieser Workshop auch in Informatik zum Einsatz kommen.

Somit bietet dieser Workshop eine gute Möglichkeit für einen interdisziplinären Einsatz im Schulunterricht, als Projektarbeit oder zur speziellen Förderung von Lernenden. Weitere Hinweise zum allgemeinen Einsatz finden sich in Kap. 2.

Die folgenden Anknüpfungspunkte stellen Möglichkeiten für einen fächerübergreifenden Unterricht dar. Einige dieser Punkte sind im Workshop ausgeführt, wie beispielsweise die *Auswahl und Auswertung von Daten,* andere sind als Vorschläge zu verstehen. Sie ermöglichen eine Betrachtung des Themas aus unterschiedlichen Blickwinkeln.

- Wetter und Klima
- Strahlungsbilanzen
- Einfluss des Menschen auf seine Umwelt
- Artensterben bei Tieren und Pflanzen
- Denk- und Arbeitsweisen der Naturwissenschaften und Technik
- Auswahl und Auswertung von Daten
- Einstieg in die (algorithmengeleitete) Programmierung (Variablendeklaration, for-Schleifen, if-Abfragen)

Dieses Kapitel bietet sich an, um bereits vorhandenes Wissen zum Thema *Wetter und Klima,* das beispielsweise durch Wetterbeobachtungen oder Verfolgen von aktuellem politischen Handeln erlangt wurde, zu vertiefen und kritisch durch die Augen der Mathematik zu reflektieren. So können darauf aufbauend Pressemeldungen auf ihre Aussage hin untersucht und selbstständig objektiv interpretiert werden.

4.3 Einstieg in die Problemstellung und Hintergrundwissen

Mit diesem Unterkapitel soll der Einstieg in die Problemstellung erleichtert werden. Die Thematik ist hochaktuell und relevant, wie bereits in der Einleitung aufgezeigt wurde. Das zur Beantwortung der Problemfrage „Gibt es den Klimawandel wirklich?" benötigte Hintergrundwissen wird in Abschn. 4.3.1 aufgezeigt. So gibt es eine kurze, prägnante Einführung in die wissenschaftlichen Grundlagen und Definitionen zum Klimawandel, die für diesen Workshop benötigt werden. Die Problemfrage wird im Workshop in Form einer Hypothese konkretisiert. Sie besagt, dass die Temperatur seit Beginn der Industrialisierung (im Zeitraum von 1900 bis 2018) linear ansteigt. Zur Untersuchung der Hypothese werden einerseits Temperaturdaten benötigt, die in Abschn. 4.3.2 vorgestellt werden. Andererseits basiert dieser Workshop mathematisch auf der Zeitreihenanalyse. Diese Methode ist ein in der Statistik gängiges Verfahren zur Analyse von zeitabhängigen Daten. Es wird in Abschn. 4.3.3 kurz erläutert und der Bezug zur Schulmathematik hergestellt. Eine tiefgreifende Vorstellung des Verfahrens findet nicht statt, da sie Teil des ausgearbeiteten Workshopmaterials ist und sich sonst doppeln würde.

In diesem Workshop wird das Klimageschehen auf signifikante Änderungen hin untersucht. Dabei dienen Aussagen und methodische Vorgehensweisen aus dem letzten ausführlichen IPCC-Bericht, der im Jahr 2013 veröffentlicht wurde, als Grundlage dieses Workshops. Wir in Deutschland erleben in den letzten Jahren häufig sehr warme und trockene Sommer und milde Winter: Niedrige Temperaturen gehen zurück, während gleichzeitig ein Anstieg warmer Temperaturextreme beobachtet wird (vgl. Deutscher 2019). Können daraus bereits Rückschlüsse auf die Entwicklung des Klimas gezogen werden? Um uns dieser Frage widmen zu können, muss geklärt werden, was der Begriff Klima genau bedeutet.

4.3.1   Der Klimawandel und seine Indikatoren

Im allgemeinen Sprachgebrauch wird nicht immer zwischen Klima und Wetter unterschieden. Erst seit der medialen Aufmerksamkeit ist häufig von Klima – insbesondere vom Klimawandel – die Rede (vgl. Lindner und Schuster 2018; Mast 2019). Dieser Wandel scheint ursächlich für temporäre (Extrem-)Wetterlagen zu sein. In der Wissenschaft versteht man unter dem Begriff **Klima** langfristige durchschnittliche atmosphärische Prozesse, die global ablaufen. Betrachten wir die Definition genauer:

- **langfristig:** Unter langfristig werden in der Meteorologie Zeitspannen von mindestens 30 Jahren verstanden. Es reicht also nicht aus, die Temperaturen der letzten zehn Jahre zu untersuchen. Im vorliegenden Workshop verwenden wir daher eine reale Zeitreihe vom Jahr 1900 bis zum Jahr 2018. Diese wird im folgenden Abschnitt vorgestellt (vgl. Abschn. 4.3.2).
- **zeitlich durchschnittliche Prozesse:** Minütliche oder tägliche Aufzeichnungen werden zu gemittelten Werten über einen längeren Zeitraum, wie beispielsweise Jahre oder sogar Jahrzehnte, zusammengefasst. Im Workshop werden jährliche Mittelwerte verwendet. Temperaturschwankungen einzelner Tage, aber auch saisonale Änderungen gegeben durch den Wechsel der Jahreszeiten, sind für langfristige Klimauntersuchungen weniger von Bedeutung. Ihr Einfluss wird durch die Mittelung stark entfernt.
- **räumlich gemittelte Prozesse:** An vielen Orten auf der gesamten Erde werden die atmosphärischen Prozesse beobachtet und dokumentiert. Mittels eines Modells werden diese vielen lokalen Messwerte zu einem globalen Messwert zusammengefasst. Dieses Modell wird im Workshop nicht näher betrachtet, beinhaltet aber spannende mathe-

matische Fragen. Im Abschn. 4.3.2 wird ein kurzer Eindruck gegeben, wie komplex dieses Modell ist.

- **atmosphärische Prozesse:** Es wird das Verhalten von Temperatur, Druck, Niederschlag und Luftfeuchtigkeit in den verschiedenen Atmosphärenschichten beobachtet.

Im Gegensatz zum Klima beschreibt das **Wetter** den aktuellen lokalen Zustand der Atmosphäre. Dieses Phänomen kennt man aus dem Wetterbericht: Der Deutsche Wetterdienst (DWD) gibt beispielsweise die in Deutschland lokal zu erwartende Temperatur und Niederschlagsmenge, sowie Windstärke und -richtung für die nächsten Tage an.

Soll die Klimaänderung auf der Erde modelliert und anschließend analysiert werden, so müssen wir uns überlegen, welche Größe als Grundlage für eine solche Modellierung bzw. Untersuchung dienen kann. Sie sollte messbar sein und bereits über einen langen Zeitraum dokumentiert werden. Im IPCC-Bericht werden verschiedene messbare Größen ausgezeichnet, anhand derer sich Klimaänderungen beobachten lassen – sogenannte **Klimaindikatoren**. Dazu zählen u. a. die Erdoberflächentemperatur, der Meeresspiegel und das Gletschervolumen. Anhand der Entwicklungen dieser Größen wird eine Änderung des Klimas festgemacht. Wie sich die jeweiligen Größen in einem sich erwärmenden globalen Klima verhalten, stellt die Abb. 4.1 dar.

Bereits auf den ersten Blick wird deutlich, dass das Klima ein sehr komplexes System ist. Die vielen verschiedenen Einflussgrößen auf das Klima (Temperatur, Niederschlag, …) bedingen sich gegenseitig. Dabei kann eine rasche Änderung in einer Größe Änderungen anderer Größen hervorrufen. Teilweise vollziehen sich diese sekundären Änderungen jedoch deutlich langsamer als die ursächlichen Änderungen oder sie treten erst mit großer Verzögerung ein. Beispielhaft sei hier folgendes Szenario skizziert und in der Abb. 4.2 veranschaulicht: Steigt die globale Erdoberflächentemperatur (rasche Änderung), so schmelzen Gletscher, Schneebedeckungen und das Meereis (langsame direkte Änderung, durchgehende Pfeile). Diese Änderungen werden jedoch erst Jahre oder gar Jahrzehnte später einerseits z. B. über Satellitenbilder, aber auch im Meeresspiegelanstieg sichtbar (verzögerte sekundäre Änderung, gestrichelte Pfeile). Außerdem führt das Schmelzen von Schneeflächen insbesondere über dem Meer zu einer geringeren Reflexion des Sonnenlichts. Dadurch erwärmt sich die Erde: Die globale Erdoberflächentemperatur steigt (rasche Änderung, breite Pfeile). Ursache und Wirkung sind nicht immer eindeutig voneinander zu unterscheiden.

Ein weiteres Problem der Klimaforschung ist, dass viele Größen erst seit sehr kurzer Zeit relativ genau gemessen werden können. Das bedeutet, weit in die Vergangenheit zurückreichende Zeitreihen solcher Größen müssen rekonstruiert werden. Solche Rekonstruktionen benötigen ihrerseits wieder geeignete Modelle. Klimaforschende überführen aufgezeichnete Daten der Klimaindikatoren in ein Modell, das die

Abb. 4.1 Durch den IPCC ausgezeichnete Klimaindikatoren, Bildquelle: nach NOAA NCDC; based on data updated from Kennedy et al. 2010 (State of the Climate in 2009); *in deutsch:* die Abbildung basiert auf aktualisierten Daten von Kennedy et al. 2010 (Stand des Klimas im Jahr 2009); mit deutscher Übersetzung angepasst

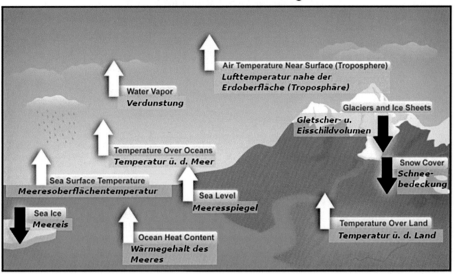

Vergangenheit widerspiegelt, aber auch Prognosen unseres zukünftigen Klimas zulässt.

◑ Wir werden in diesem Workshop ein vereinfachtes Modell verwenden, das ausschließlich auf der **Änderung der Erdoberflächentemperatur** basiert. Es handelt sich hier um eine reine Modellvereinfachung, durch die keine Fehler eingeführt werden.[1] Sie ist legitim, da einerseits eine Berücksichtigung aller Indikatoren den zeitlichen Rahmen sprengen würde. Andererseits können die hier erlernten mathematischen Methoden auf Messreihen anderer Größen übertragen werden, was eine Erweiterung des Modells erlaubt. Jedoch wird die Aussagekraft in Bezug auf die Realität eingeschränkt: Nur unter Einbeziehung aller in Abb. 4.1 dargestellten Klimaindikatoren entsteht ein umfassendes und aussagekräftiges Klimamodell.

4.3.2 Datengrundlage: Die Temperaturzeitreihe

◐ Zur Untersuchung der Änderung der Erdoberflächentemperatur wird der Datensatz HadCRUT4 (vgl. Abb. 4.3) genutzt, der durch die Climatic Research Unit (University of East Anglia) in Kooperation mit dem Hadley Centre (UK Met Office) erstellt wurde und öffentlich zugänglich ist (vgl. Morice et al. 2012). Diese Daten beschreiben die **durchschnittliche globale jährliche Erdoberflächentemperaturanomalie**, die auf kombinierten Daten von Land- und Meeresoberflächentemperaturmessungen beruht. Die **Temperaturanomalie** beschreibt die Differenz zwischen gemessener

Temperatur und einem Referenzwert. Im Allgemeinen wird in der Klimaforschung der gemittelte Temperaturwert der Jahre 1961 bis 1990 als Referenzwert genutzt. Dieser liegt bei etwa 14 °C. In den Klimawissenschaften werden Temperaturdifferenzen immer in Kelvin und nicht in Grad Celsius angegeben. Damit ist auch die hier verwendete Temperaturanomalie eigentlich in Kelvin bestimmt. Da Kelvin und Grad Celsius jedoch die gleiche Metrik zugrunde liegt – $0\,K$ entspricht $-273{,}15\,°C$ – wird hier im Workshop auf die Einführung der Temperaturdaten in Kelvin verzichtet und die Temperaturanomaliedaten direkt in Grad Celsius angegeben. Dieses ist den Lernenden häufig geläufiger. Eine kurze Anmerkung dazu kann aber mit Blick auf eine fächerübergreifende Verbindung zur Physik sinnvoll sein. Der Erstellung der Daten liegt damit bereits ein Modell zugrunde, das alle im Verlaufe eines Jahres an mehr als 5500 verschiedenen Wetterstationen erhobenen Messwerte zu einem globalen, jährlichen Temperaturwert zusammenfasst. Dabei werden die aufgezeichneten Messdaten der Landstationen zumeist von den nationalen meteorologischen Diensten gewonnen. Aktuelle Datensätze der Meeresoberflächentemperaturmessungen greifen auf meteorologische Daten zurück, die von Schiffen und Bojen gesammelt werden. Ergänzt werden diese Daten durch Satellitenmessungen. Die Stationstemperaturwerte werden zunächst in eine Anomalie in Bezug auf die Durchschnittstemperatur von 1961 bis 1990 umgewandelt. Anschließend werden zu allen Gitterboxen, die wie ein Netz um die gesamte Erde gespannt sind, ein Mittelwert aller Stationsanomalien einer Zelle ermittelt. Dabei gilt es Unsicherheiten abzuschätzen, die sich beispielsweise aus der Genauigkeit der Thermometer, der Anzahl an verfügbaren Messungen, großräumigen Verzerrungen durch Verstädterungen oder einer unvollständigen globalen Messabdeckung ergeben. Die Vielzahl der unbekannten bzw.

---

[1]Die Symbole ◐, ◑, ◕ und ● spiegeln die Modellierungsschritte des Modellierungskreislaufs wider. Ihre genaue Bedeutung und ihr Nutzen beim Modellieren mit Lernenden werden in Abschn. 1.1 detailliert beschrieben.

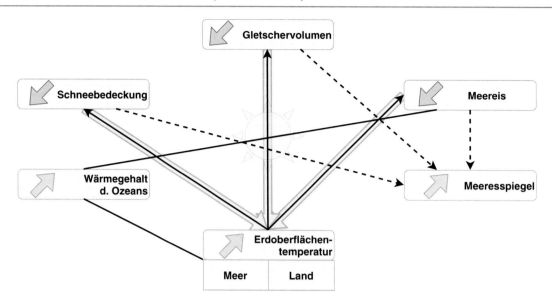

Abb. 4.2 Wechselwirkungen von ausgewählten durch den IPCC ausgezeichneten Klimaindikatoren

nicht exakt bestimmbaren Faktoren offenbart, dass bereits der Ermittlung eines globalen Durchschnittsanomaliewertes ein komplexes Modell zugrunde liegt.

Die Tempearturanomaliedaten liegen in dem gewählten Datensatz von 1850 bis 2018 vor. **Im letzten IPCC-Bericht wird behauptet, dass der Temperaturanstieg seit Beginn der Industrialisierung existiert und einem linearen Trend folgt** (vgl. IPCC 2013). Diese Aussage ist zentral für diesen Workshop.

❍ Der **Beginn der Industrialisierung** wird in der Klimaforschung häufig auf 1900 festgelegt. Daher wird in diesem Workshop lediglich die Temperaturänderung im Zeitraum von 1900 bis 2018 untersucht.

Kommentar

Im Sonderbericht des IPCC wird der Bezugszeitraum 1850–1900 als Annäherung für die vorindustrielle mittlere globale Oberflächentemperatur genutzt (vgl. IPCC 2018). Dementsprechend wird der Beginn der Industrialisierung auf 1900 festgelegt.

Der Autorin ist bekannt, dass die industrielle Revolution bereits früher einsetzte. Die Anfänge waren jedoch noch lokal beschränkt. Sie begann in Großbritannien in der zweiten Hälfte des 18. Jahrhunderts mit einem raschen industriellem Wachstum und setzte sich erst in der zweiten Hälfte des 19. Jahrhunderts fast überall in Europa und den USA durch. ◄

Zur einfacheren Darstellung und für einen intuitiveren Umgang mit dem mathematischen Modell wird die Zeit in Jahren seit Beginn der Industrialisierung angegeben, abgekürzt mit sBdI. Das heißt, die Zeit 0 Jahre sBdI entspricht dem Jahr 1900, die Zeit 10 Jahre sBdI entspricht dem Jahr 1910, ...

und die Zeit 10 Jahre sBdI entspricht zum letzten Messjahr 2018.

4.3.3 Zeitreihenanalyse

Da hier die Temperaturanomaliewerte zu verschiedenen Zeitpunkten vorliegen, wird auch von einer **Zeitreihe** gesprochen. Um eine solche Datenmenge mathematisch zu untersuchen, wird die **Zeitreihenanalyse** genutzt. Dabei sucht man eine bestmögliche Beschreibung der Datenmenge durch Funktionen.

Es mag sich nun die Frage stellen, warum die Hypothese im IPCC-Bericht einen linearen Trend der Temperaturentwicklung annimmt. Man möchte eine langfristige, d. h. eine über mindestens 30 Jahre lange, Entwicklungstendenz der Temperatur angeben. Im vorliegenden Fall sogar über einen Zeitraum von knapp 120 Jahren. Diese allgemeine Entwicklungsrichtung wird jedoch von jährlichen Fluktuationen überlagert, die es „herauszufiltern" gilt. Neben der langfristigen Aussagekraft eines solchen Modells ist es vorteilhaft, dass sich ein linearer Trend schnell und effizient berechnen lässt und die Lösung eindeutig ist. Auch didaktisch bietet ein lineares Modell Vorteile: Lineare Funktionen werden frühzeitig im Schulunterricht eingeführt, sodass sie zum alltäglichen Handwerkszeug der hier angesprochenen Lernenden gehört.

Es ist also eine lineare Funktion gesucht, die die Zeitreihe bestmöglich beschreibt. Dieses Verfahren nennt man **lineare Regressionsanalyse**. Die gesuchte Gerade nennt man auch **Regressionsgerade**. Die Steigung der Regressionsgerade soll vor dem Hintergrund des Klimawandels signifikant positiv sein. Da wir hier mathematische Verfahren vorstellen wollen, die zwar nicht Teil des Lehrplans sind, jedoch mit

Abb. 4.3 Visualisierung der gegebenen Temperaturanomaliedaten (HadCRUT4-Datensatz)

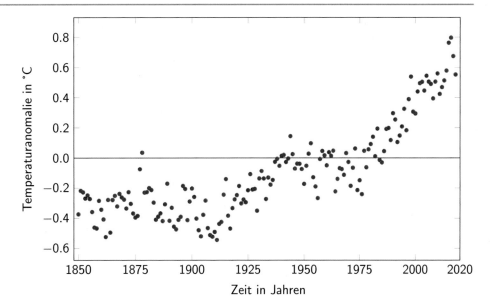

Schulkenntnissen bereits verstanden werden können, wird die Regressionsanalyse von den Lernenden selbst entwickelt.

Man beachte: Die Lage der Regressionsgerade hängt allein von der Verteilung der Temperaturanomaliewerte ab. Eine Änderung der Datenpunkte führt zu einer Änderung der Regressionsgerade. Daher gilt es die Regressionsgerade nicht nur zu finden (s. Abschn. 4.5.2 (AB 2), Aufg. 1–3 u. Abschn. 4.5.3 (AB 3), Aufg. 1), sondern auch auf ihre Aussagekraft hin zu untersuchen. Wichtige Begriffe hierbei sind das Bestimmtheitsmaß (s. Abschn. 4.5.2 (AB 2), Aufg. 4 & Abschn. 4.5.3 (AB 3), Aufg. 2) und Signifikanztest (s. Abschn. 4.5.4 (AB 4)).

Didaktischer Kommentar

Unsere Modelle treffen auf Basis der vorgestellten Daten eine Aussage. Die Untersuchung der obigen Hypothese muss also immer vor dem Hintergrund betrachtet werden, dass auch hinter den Daten Modelle liegen. Liegen in diesen Modellen systematische und statistische Fehler oder falsche Annahmen vor, so sind auch unsere Modelle fehlerbehaftet. Werden andere Daten als Grundlage zur Temperaturanalyse gewählt, so können von den Erkenntnissen hier abweichende Ergebnisse erzielt werden. ◄

Didaktischer Kommentar

Der Begriff *bestmöglich* wird im Workshop zunächst nicht näher definiert. Die Lernenden entwickeln selbstständig in Aufgabe 1.c auf dem ersten Arbeitsblatt eine geeignete Definition (s. Abschn. 4.5.1 (AB 1), Aufg. 1c): Die Gerade, die die Daten bestmöglich beschreibt, ist genau die Gerade, die den Gesamtabstand zwischen Geradenfunktionswert und Temperaturanomaliewert minimiert. Es liegt also

ein **Minimierungsproblem** vor. Weiterhin ist von den Lernenden zu definieren, was sie unter dem (Gesamt-)Abstand verstehen. Aus mathematischen Gründen, die im Lösungsabschnitt zu den Aufgabenteilen 2a & b (s. Abschn. 4.5.2 (AB 2), Aufg. 2a & b) näher erläutert werden, wird im Workshop die Methode der kleinsten Abstandsquadrate weiter verfolgt, um die Gerade zu finden, die die Daten bestmöglich beschreibt. ◄

Die bisherigen Erkenntnisse führen zur folgenden Aussage, die es im Verlauf des Workshops zu Signifikanz zu untersuchen gilt:

Die Temperatur steigt seit Beginn der Industrialisierung (im Zeitraum von 1900 bis 2018) an. Die Entwicklung kann durch einen linearen Trend beschrieben werden.

4.4   Aufbau des Workshops

Dieser Workshop besteht aus vier grundlegenden Arbeitsblättern sowie weiterführenden Fragen, die in Form von Zusatzaufgaben ausformuliert sind. Dabei erarbeiten sich die Lernenden zunächst selbstständig eine Möglichkeit zur Beschreibung des Verlaufs einer Zeitreihe durch einen linearen Trend, mathematisch ausgedrückt durch einen lineare Funktionsgraphen. Damit verbunden ist es, den Gesamtabstand zwischen den gegebenen Messdaten und der linearen Funktion zu definieren. Zur Minimierung des Gesamtabstandes wird anschließend ein aus der Schulmathematik bekanntes Verfahren, nämlich die Differentiation, angewendet: Es wird die Regressionsgerade bestimmt. Daran schließt sich eine Bewertung der Regressionsgeraden in Bezug auf die Daten an, indem das Bestimmtheitsmaß eingeführt wird. Die obige Aussage wird abschließend mithilfe eines Hypothesentests getestet. In Zusatzaufgaben wird die statistische Datenanalyse auf die in den Medien häufig angesprochenen 1.5 °C- und 2.0 °C-Ziele erweitert. In allen Schritten wird eingefordert, den Bezug zur realen Problemstellung, nämlich dem Klimawandel, herzustellen. Dadurch wird hervorgehoben und durch die Lernenden interaktiv erlebt, dass die hier vorgestellte Modellierung ein authentisches und realistisches Beispiel für Winters erste Grunderfahrung ist (vgl. Winter 1995).

> **Übersicht**
> * AB 1: Kennenlernen der Temperaturzeitreihe
> * AB 2: Ein erstes Modell auf Basis eines Ausschnitts aus der Temperaturzeitreihe
> * AB 3: Modellverbesserung mithilfe der kompletten realen Temperaturzeitreihe
> * AB 4: Modellerweiterung durch einen Hypothesentest
> * AB 5/6: Zusatzaufgaben A/B

Im Anhang ist einerseits tabellarisch zu jedem Arbeitsblatt die verwendete Mathematik aufgeführt. Darin eingebunden sind Anknüpfungspunkte zur Schulmathematik. Andererseits ist dort ein **exemplarischer Stundenverlaufsplan** zu finden, der die Workshopdurchführung im Rahmen von fünf Doppelstunden darstellt (vgl. Anhang C.2). Die Erarbeitung des Workshopmaterials wurde sowohl innerhalb eines Projekttages als auch im Rahmen einer Unterrichtsreihe über mehrere Wochen erfolgreich mit Lernenden erprobt. Die Erfahrungen sind in die didaktischen Kommentare zu den einzelnen Aufgabenteilen sowie in die hier aufgezeigten Lösungswege eingegangen.

4.5 Vorstellung der Workshopmaterialien

In diesem Unterkapitel werden die Workshopmaterialien vorgestellt. Der selbstständigen Bearbeitung der digitalen Arbeitsblätter geht in unseren Workshops eine Einführung in die Problemstellung voraus. Eine beispielhafte Präsentation und passende Notizen dazu liegen im online-Material. Sie stellt eine Zusammenfassung des Einstiegs in die Problemstellung (s. Abschn. 4.3) dar.

4.5.1 Arbeitsblatt 1: Kennenlernen der Temperaturzeitreihe

> **Didaktischer Kommentar**
>
> Das erste Arbeitsblatt[2] enthält anfangs eine Motivation. Diese wird hier nicht erneut aufgeführt, da sie einen kurzen Abriss der Problemstellung darstellt (s. Abschn. 4.3.1).
> Auf einem verlinkten Informationsblatt erhalten die Lernenden Informationen zu der Datengrundlage und zur Zeitreihenanalyse (s. Abschn. 4.3.2 und 4.3.3). ◄

Aufgabe 1 | Ein erster Eindruck der Datengrundlage
Die einfachste Möglichkeit, sich einen ersten Eindruck der vorliegenden Daten zu verschaffen, ist, die Zeitreihe in ein Koordinatensystem einzutragen (vgl. Abb. 4.4a). Diese Art der graphischen Darstellung nennt man **Streuungsdiagramm** oder **Punktwolke**. Auf diese Weise kann der Blick auf die Untersuchungsfrage hin geschärft und eine Strategie zur Problemlösung entworfen werden.

Teil a

> **Arbeitsauftrag**
> Zeichne in das Diagramm eine Gerade ein, die den Temperaturtrend seit Beginn der Industrialisierung (ab 1900) möglichst gut beschreibt. Die Steigung m der Gerade und den y-Achsenabschnitt b der Gerade kannst du über die Schieberegler einstellen.
> Nenne Kriterien, an denen du dich bei der Optimierung der Gerade orientiert hast.

> **Didaktischer Kommentar**
>
> In dieser Aufgabe sollen die Lernenden dazu angeregt werden, intuitiv eine Gerade durch die Datenpunkte zu legen. Der Verlauf der Gerade kann über Schieberegler leicht verändert werden. Die Lernenden sollen auf diese Weise eigenständig Kriterien zur Bestimmung der Güte einer Regressionsgerade erarbeiten. ◄

Teil b
An den Schiebereglern kann die Funktionsgleichung der eingezeichneten Gerade abgelesen werden.

---

[2]Die wesentlichen Bausteine der Arbeitsblätter und deren jeweilige Besonderheiten werden in Abschn. 2.3.2 beschrieben. Um den strukturellen Aufbau der Arbeitsblätter besser nachvollziehen zu können, wird dem Leser / der Leserin die Lektüre dieses Abschnitts empfohlen.

Arbeitsauftrag

Vergleiche deinen Graph und die zugehörige Funktionsgleichung mit denen deiner Nachbar/innen. Was fällt euch auf? Sammelt Gemeinsamkeiten und Unterschiede.

Didaktischer Kommentar

Wird der Workshop im Selbststudium bearbeitet, so kann die Gerade in Abb. 4.4b als Vergleichsgraph genutzt werden. Im digitalen Arbeitsmaterial ist das Diagramm auf einer separaten Seite verlinkt. ◄

Tipps

Auf der ersten Stufe gilt es, den Verlauf der Graphen visuell zu vergleichen. Im zweiten Tipp sollen die Funktionsgleichungen verglichen werden. Die dritte Hilfe kombi-

niert die vorherigen und konkretisiert, auf Unterschiede zu achten. ◄

Teil c

Sicherlich unterscheiden sich die Graphen und ihre Funktionsgleichungen (leicht) voneinander. Um präzise Aussagen über die Temperaturzeitreihe treffen und den Verlauf quantifizieren zu können, soll genau die Geradenfunktion gefunden werden, die die Daten bestmöglich beschreibt.

Arbeitsauftrag

Nenne eine Eigenschaft, die die gesuchte Gerade erfüllen sollte.

Tipps

Hier können zwei Tippkarten genutzt werden. Beide zielen darauf ab, die Lage der Geraden innerhalb der Punktwolke zu beschreiben. Während der erste Tipp genau nach der Lage der Geraden für gegebene Datenpaare fragt, dreht der zweite Tipp die Fragestellung um: Angenommen, es wäre eine Gerade gegeben. Wo lägen Datenpaare günstigerweise, damit sie durch die Gerade optimal beschrieben werden? ◄

Lösung zu Teil a–c

❶ Zu betonen ist, dass es gerade auf dem ersten Arbeitsblatt nicht die einzig richtige Lösung gibt. Die Aufgaben bieten einen spielerischen Einstieg in die Zeitreihenanalyse und machen gleichzeitig deutlich, warum mathematische Methoden zur Untersuchung nötig sind.

Vom ersten Aufgabenteil bis hin zum dritten Aufgabenteil sollten sich die Kriterien, anhand derer die Lage einer Regressionsgerade bestimmt werden kann, konkretisieren. Während im Aufgabenteil a noch eine vage Beschreibung ausreichend ist (bspw. „Die Gerade sollte möglichst mittig durch die Punktwolke verlaufen." oder „Die Gerade sollte möglichst durch alle Punkte oder möglichst dicht an ihnen vorbei verlaufen."), sollte in Aufgabenteil c eine exakte Beschreibung stehen: „Die Abweichung zwischen einem Datenpunkt und dem Funktionswert der Geraden im zum Datenpunkt gehörenden Jahr sollte möglichst klein sein." ◄

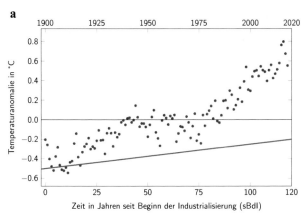

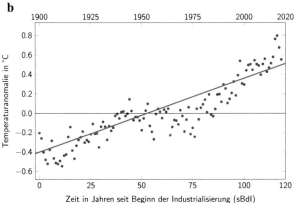

Abb. 4.4 a) Verschobene Temperaturanomaliezeitreihe (Punktwolke) von 1900–2018 auf Basis des Datensatzes HadCRUT4. Die Gerade kann über Schieberegler variiert werden. Sie soll die Daten möglichst genau beschreiben. b) Verschobene Temperaturanomaliezeitreihe (Punktwolke) von 1900–2018 auf Basis des Datensatzes HadCRUT4. Die Gerade wurde intuitiv bestmöglich durch die Datenpunkte gelegt. Sie soll die Daten möglichst genau beschreiben, stellt jedoch nicht das optimale Ergebnis dar

Didaktischer Kommentar zu Teil a–c

Durch diese Aufgabe sollen die Lernenden erkennen, dass mit der visuellen Methode zwar eine Gerade gefunden werden kann; es lässt sich jedoch nicht feststellen, ob diese Gerade tatsächlich optimal ist. Es soll die Forderung nach einem objektiven Maß zur Lagebestimmung der Regression hervorgerufen werden. Dieses Maß sollte zum einen ermöglichen, die „beste" unter den Regressionsgeraden zu finden. Zum anderen sollte am Maß ablesbar sein, ob die „beste Gerade" den Verlauf der Temperatur überhaupt hinreichend genau beschreibt. Das heißt, es soll überprüft werden können, ob sich die Daten tatsächlich – wie behauptet – durch eine lineare Funktion beschreiben lassen. ◄

Tab. 4.2 Tipp zum Zugriff auf Vektoreinträge

Eintrag	Zeit (in Jahren)	Zeit sBdI (in Jahren)	Temperatura-nomalie (in °C)
1	1900	0	−0.203
2	1925	25	−0.215
3	…	…	…
4	…	…	…
5	…	…	…
6	…	…	…

Fazit

Wir haben ein Kriterium gefunden, mit dem wir auf die Suche nach der besten Gerade gehen können: **Die Abweichung zwischen Datenpunkten und gesuchter Gerade soll möglichst klein sein.** Der nächste Schritt ist den Abstandsbegriff im erarbeiteten Kriterium zu konkretisieren. Eine direkte Konsequenz ist die Berechenbarkeit der Funktionsgleichung.

4.5.2 Arbeitsblatt 2: Ein erstes Modell auf Basis eines Ausschnitts aus der Temperaturzeitreihe

Das Ziel dieses Arbeitsblattes ist den Abstandsbegriff kontextorientiert zu definieren sowie ein Gütemaß der Regression zu entwickeln. ☉ Da der vorliegende Datensatz sehr groß ist, wird hier ein in der Wissenschaft gängiges Verfahren gewählt: Die mathematischen Methoden werden zunächst an einem kleinen Datensatz erarbeitet. So kann leichter überprüft werden, ob das verwendete Modell plausibel und gültig ist. Anschließend werden auf dem dritten Arbeitsblatt die Analysetechniken auf den kompletten Temperaturdatensatz übertragen (vgl. Abschn. 4.5.3).

Wir erkunden den kleineren Datensatz und treffen Aussagen über den Trend

Um weiterhin Aussagen über den Temperaturverlauf von 1900 bis heute machen zu können, werden die Temperatur-

Tab. 4.1 Übersicht über die verwendeten Temperaturdaten, ausgedünnter Datensatz auf Basis des HadCRUT4-Datensatzes

Zeit (in Jahren)	Zeit sBdI (in Jahren)	Temperaturanomalie (in °C)
1900	0	−0.203
1925	25	−0.215
1950	50	−0.173
1975	75	−0.149
2000	100	0.294
2018	118	0.553

anomaliewerte betrachtet, die ab 1900 (Startjahr) jeweils alle 25 Jahre, bzw. im letzten Schritt nach 18 Jahren (Endjahr), gemessen wurden (vgl. Tab. 4.1).

Didaktischer Kommentar

Aus mathematischer Sicht ist die Auswahl der Daten für einen kleineren Datensatz, wie sie hier vorgenommen wurde, willkürlich. Ebenso hätten sechs direkt aufeinander folgende Datenpaare gewählt werden können (bspw. 1900–1905 oder 1950–1955). Der Vorteil unseres Verfahrens in Bezug auf die reale Situation ist, dass die verwendeten Messwerte äquidistant über den kompletten Datensatz verteilt sind. ☉ Es wird dabei implizit angenommen, dass genau diese sechs Datenpaare die gesamte Temperaturentwicklung hinreichend genau wiederspiegeln und somit eine Interpretation der Ergebnisse hinsichtlich des Klimawandels weiterhin möglich ist. Eine bessere Beurteilung des Trends erlaubt die Verwendung von Temperaturanomaliewerten, die über mehrere Jahre gemittelt werden. Beispielsweise bietet sich ein dekadisches arithmetisches Mittel an. Damit könnten weitere Aussagen aus dem IPCC-Bericht, wie „Jedes der letzten drei Jahrzehnte war an der Erdoberfläche sukzessive wärmer als alle vorangegangenen Jahrzehnte seit 1850." untersucht werden (vgl. IPCC 2016, S. 2). Eine solche Analyse ist nicht Teil dieses Materials. Es bietet sich am Ende des zweiten Arbeitsblattes an, die Datenauswahl mit Blick auf die Validität und Güte in Bezug zur Realität zu diskutieren. ◄

Analog zum ersten Arbeitsblatt (vgl. Abschn. 4.5.1) ist die Zeitachse des Datensatzes um 1900 Jahre verschoben und es gilt die Zeitrechnung seit Beginn der Industrialisierung (sBdI). Die sechs Datenpaare aus der Tab. 4.1 werden in einem Zeitvektor `timeRed` (engl. *time*) und einem Temperaturanomalievektor `tempRed` (engl. *temperature*) gespeichert. Der Zusatz `Red` steht als Kennzeichnung des reduzierten Datensatzes (engl. *reduced*). Beide Vektoren sehen damit folgendermaßen aus:

```
timeRed = [0, 25, 50, 75, 100, 118]
tempRed = [-0.203, -0.215, -0.173,
               -0.149, 0.294, 0.553].
```

Hinweis: Diese Schreibweise ist die der digitalen Ausgabe auf den Arbeitsblättern übernommen. Streng genommen werden hier Spaltenvektoren dargestellt, deren Einträge durch Kommata getrennt sind.

Programmiertechnische Vorübung für den Zugriff auf Einträge eines Vektors

Im Folgenden muss häufig auf einzelne Einträge eines Vektors zugegriffen werden. Daher wird an dieser Stelle eine kleine Vorübung eingeschoben. Sollten hinreichende Kenntnisse im Programmieren mit `Julia` vorliegen, so kann diese Übung übersprungen werden. Es werden keine kontextorientierten Erkenntnisse gesammelt.

Wir betrachten den Vektor `timeRed` genauer. Es bezeichnet dann `timeRed[k]` den k-ten Eintrag des Vektors `timeRed`. Für $k < l$ ist `timeRed[k:l]` der Teilvektor von `timeRed`, der aus den Komponenten k bis l besteht.

Das folgende Beispiel veranschaulicht den Zugriff auf die Einträge eines Vektors:

Der Vektor sieht wie folgt aus:

```
timeRed = [0, 25, 50, 75, 100, 118].
                     ↑
              3. Eintrag
```

Auf den dritten Eintrag des Vektors `timeRed` wird über `timeRed[3]` zugegriffen. In dieser Komponente steht der Wert 50. Über `timeRed[3:5]` greift man auf den Teilvektor

```
timeRed[3:5] = [50, 75, 100]
```

zu.

Arbeitsauftrag

Lasse dir das Jahr 100 (sBdI) mit dem zugehörigen Temperaturanomaliewert ausgeben. Nutze dazu den Zugriff auf Vektoreinträge.

Lösung

Die Eingabe[3] sieht wie folgt aus:

```
timeRed100 = timeRed[5];
tempRed100 = tempRed[5];
```

Didaktischer Kommentar

Wichtig ist, dass nicht die einzelne Jahreszahl oder der Temperaturanomaliewert herausgesucht und direkt eingegeben wird. Vielmehr soll der Zugriff auf Vektoreinträge genutzt werden. ◀

Tipps

Auf der ersten Stufe überlegen sich die Lernenden, in welchem Eintrag des Vektors `timeRed` das Jahr 100 (sBdI) steht. Sollten die Lernenden Schwierigkeiten mit den Begriffen *Vektor* und *Eintrag* haben, können sie eine vorgegebene, aber lückenhafte Tabelle ergänzen (s. Tab. 4.2). ◀

Aufgabe 1 | Modellierung des Abstands

Auch im Falle eines kleinen Datensatzes ist es häufig hilfreich die Zeitreihe graphisch darzustellen. Der Vorteil gegenüber der tabellarischen Form ist, eine bessere Übersicht über die Datenlage zu gewinnen. Auch unterstützt die graphische Darstellung dabei, sich die weiteren Schritte zum Bestimmen der bestmöglichen Gerade durch die Daten zu überlegen. Der vorliegende ausgedünnte Datensatz (vgl. Tab. 4.1) ist in Abb. 4.5 visualisiert.

> *Gesucht ist eine lineare Funktion, die die Daten* **bestmöglich** *beschreibt. Bestmöglich heißt hier, dass die* **Abweichung zwischen der gesuchten Gerade und den Datenpunkten möglichst klein** *sein soll.*

Die gesuchte lineare Funktion wird **Regressionsgerade** genannt. Ihre Funktionswerte $f(x_i)$, $i \in \{1, \ldots, n\}$, heißen **Regressionswerte**. In der Realität stimmen die Regressionswerte selten mit allen Messwerten $y_1, \ldots y_n$ überein. Das heißt im Allgemeinen gilt $f(x_i) \neq y_i$ für alle $i \in \{1, \ldots, n\}$. Auch im vorliegenden Fall weichen die meisten Messwerte (*hier: Temperaturanomaliewerte tempRed*$_1, \ldots,$ *tempRed*$_6$) an den Stellen *timeRed*$_1, \ldots,$ *timeRed*$_6$ von den zu erwar-

---

[3] In den Lösungen wird der Code, der von den Lernenden einzugeben ist, fett hervorgehoben. Alle übrigen nicht hervorgehobenen Bestandteile des Codes in der Lösung sind bereits auf dem digitalen Arbeitsblatt vorhanden.

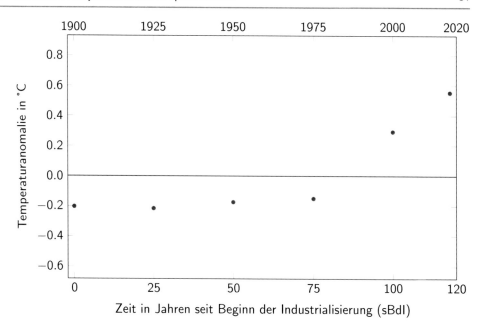

Abb. 4.5 Temperaturzeitreihe (Punktwolke) von 1900–2018 basierend auf dem ausgedünnten Datensatz (vgl.. Tab. 4.1)

tenden Regressionswerten ab. Diese Abweichungen werden als **Residuen** bezeichnet. Im Folgenden suchen wir nun nach einer mathematischen Beschreibung der Abweichungen.

Didaktischer Kommentar

Der Begriff der Abweichung wird hier noch nicht näher definiert. Eine exakte Definition ist im Folgenden von den Lernenden selbstständig zu erarbeiten. Mathematisch gesehen ist jede Norm des Residuums eine mögliche Beschreibung des Gesamtabstandes zwischen den Datenpunkten und der Regressionsgerade.

Die Suche nach der Regressionsgerade ist in drei Abschnitte eingeteilt:

- Zunächst entwickeln die Lernenden eine eigene mathematische Beschreibung des Residuums und überlegen sich, wie sich das Residuum minimieren lässt. In einer Diskussion werden die Strategien verglichen und, falls von keinem Lernenden genannt, die Methode der kleinsten Abstandsquadrate nach Gauß eingeführt (s. Aufg. 1–2). In diesem Zuge sollte auch die Eindeutigkeit der Lösung des Minimierungsproblems analysiert werden.
- Anschließend müssen die Lernenden die Residuumsfunktionsgleichung in Abhängigkeit der Steigung m und des y-Achsenabschnitts b aufstellen (s. Aufg. 3).
- Abschließend wird das Residuum minimiert, um so die bestmögliche Regressionsgerade zu erhalten.

Daran schließt sich eine Bewertung, in der das Bestimmtheitsmaß eingeführt wird, sowie die Interpretation der Ergebnisse an (s. Aufg. 4). ◄

Teil 1a

Arbeitsauftrag

Lege in das obige Koordinatensystem (vgl. Abb. 4.5) eine Gerade, die den Temperaturverlauf seit Beginn der Industrialisierung bis heute möglichst gut beschreibt. Verändere dazu über die Schieberegler die Steigung m und den y-Achsenabschnitt b.

Lösung

Die Gerade sowie die zugehörigen Parametereinstellungen für die Steigung und den y-Achsenabschnitt werden im Plot angezeigt. Daraus kann die Funktionsgleichung der Gerade aufgestellt werden. Analog zum ersten Arbeitsblatt (vgl. Abschn. 4.5.1) gibt es auch hier nicht die eine richtige Lösung. ◄

Teil 1b

Wir wollen nun den Gesamtabstand der eingezeichneten Gerade bestimmen.

Die Funktionsgleichung zur allgemeinen Bestimmung des Gesamtabstandes in Abhängigkeit der Parameter m und b bezeichnen wir als Abstandsfunktion. Der Name der eigenständig zu entwickelnden Abstandsfunktion `DistSelf(m,b)` leitet sich aus der Kombination der englischen Begriffe *distance* und *self-made* ab.

Stelle eine Funktionsgleichung `DistSelf` auf, mit der sich der Gesamtabstand in Abhängigkeit der beiden Parameter m und b berechnen lässt. Verwende dabei die Vektoren `timeRed` und `tempRed`.

Didaktischer Kommentar

Auch wenn es hier noch machbar wäre, die einzelnen Werte aus der Tabelle abzutippen, birgt dieses Vorgehen Fehlerquellen. Zum Beispiel werden Zahlen falsch abgetippt. Daher sollte spätestens an dieser Stelle darauf geachtet und den Lernenden bewusst gemacht werden, welche Vorteile der allgemeine Zugriff auf die Vektoreinträge bietet. Hier kann den Lernenden ein Hinweis auf die Vorübung gegeben werden. ◄

Lösung

◗ Die Lösung ist nicht eindeutig, da der Abstandsbegriff noch nicht genau definiert ist. Es werden hier drei verschiedene Eingaben vorgestellt. Eine davon bezieht sich auf einen häufigen Fehler, den Lernende begehen. Die beiden anderen werden an späterer Stelle einander gegenüber gestellt (s. gleiches AB, Lsg. 2a & 2b).

Dazu sei $tempReg_j := (m \cdot timeRed_j + b)$ der Temperaturanomaliewert, der sich aus dem linearen Regressionsmodell zum Zeitpunkt $timeRed_j$ ergibt.

1. Der Gesamtabstand wird über die Summe der einfachen Differenzen $\sum_{j=1}^{6} tempReg_j - tempRed_j$ bestimmt. Die zugehörige Eingabe sieht wie folgt aus:

```
DistSelf(m, b) =
    (m * timeRed[1] + b) - tempRed[1] +
    (m * timeRed[2] + b) - tempRed[2] +
    (m * timeRed[3] + b) - tempRed[3] +
    (m * timeRed[4] + b) - tempRed[4] +
    (m * timeRed[5] + b) - tempRed[5] +
    (m * timeRed[6] + b) - tempRed[6]
```

Dieses ist keine gültige Definition eines Abstandes, da hier auch negative Abstände zugelassen werden. Für einen Abstand muss jedoch stets die positive Definitheit, Symmetrie und Dreiecksungleichung gelten. Eine Abbildung $Dist: \mathbb{R}^n \times \mathbb{R}^n \to \mathbb{R}$ heißt **Abstand** auf $\mathbb{R}$, wenn für beliebige Elemente $x, y, z \in \mathbb{R}^n$ folgende Eigenschaften gelten (vgl. Krieg und Koecher 2007):

a. positiv definit und nicht-ausgeartet: $Dist(x, y) \geq 0$ und $Dist(x, y) = 0 \Leftrightarrow x = y$

b. symmetrisch: $Dist(x, y) = Dist(y, x)$

c. Dreiecksungleichung: $Dist(x, y) \leq Dist(x, z) + Dist(z, y)$

2. Der Gesamtabstand ist gegeben durch die Summe der Beträge der Differenzen $\sum_{j=1}^{6} |tempReg_j - tempRed_j|$. Die Eingabe sieht wie folgt aus:

```
DistSelf(m, b) =
    abs((m * timeRed[1] + b) - tempRed[1]) +
    abs((m * timeRed[2] + b) - tempRed[2]) +
    abs((m * timeRed[3] + b) - tempRed[3]) +
    abs((m * timeRed[4] + b) - tempRed[4]) +
    abs((m * timeRed[5] + b) - tempRed[5]) +
    abs((m * timeRed[6] + b) - tempRed[6])
```

Didaktischer Kommentar: Wird dieser Weg von Lernenden gewählt, so ist ein Hinweis auf bereits implementierte Funktion des Betrags `abs(…)` in `Julia` hilfreich. Besitzen die Lernenden Programmiererfahrung, so kann auch die Information nach *julia absolute value* zu suchen ausreichen.

3. Der Gesamtabstand ist gegeben durch die Summe der Quadrate der Differenzen $\sum_{j=1}^{6} (tempReg_j - tempRed_j)^2$. Die Eingabe sieht wie folgt aus:

```
DistSelf(m, b) =
    ((m * timeRed[1] + b) - tempRed[1])^2 +
    ((m * timeRed[2] + b) - tempRed[2])^2 +
    ((m * timeRed[3] + b) - tempRed[3])^2 +
    ((m * timeRed[4] + b) - tempRed[4])^2 +
    ((m * timeRed[5] + b) - tempRed[5])^2 +
    ((m * timeRed[6] + b) - tempRed[6])^2
```

Schreiben wir zur Vereinfachung $x := [m \cdot timeRed_1 + b, m \cdot timeRed_2 + b, \ldots, m \cdot timeRed_6 + b]^t \in \mathbb{R}^{6 \times 1}$ und $y := [tempRed_1, tempRed_2, \ldots, tempRed_6]^t \in \mathbb{R}^{6 \times 1}$. Dann wird hier streng genommen das Quadrat des normierten Residuums der Vektoren x und y bestimmt: $\|x - y\|_2^2 = (x_1 - y_1)^2 + (x_2 - y_2)^2 + \ldots + (x_n - y_n)^2$ mit $x, y \in \mathbb{R}^n$. Da das Abstandsmaß jedoch einen positiven Abstand verlangt, ist die Lösung des Minimierungsproblems $\min_{m,b \in \mathbb{R}} \|x - y\|_2^2$ äquivalent zur Lösung des Minimierungsproblems $\min_{m,b \in \mathbb{R}} \|x - y\|_2$. ◄

Didaktischer Kommentar

Ist den Lernenden das Summenzeichen Σ bzw. die Summenfunktion `sum(…)` in Programmiersprachen bereits bekannt, so kann darauf zurückgegriffen werden. Sie wird jedoch offiziell erst auf dem dritten Arbeitsblatt (s. Abschn. 4.5.3) eingeführt, da sie insbesondere bei der Summierung vieler ähnlicher Terme eine Erleichterung und Fehlervermeidung darstellt. ◄

Zunächst soll die Beschreibung in Worten dabei helfen, die Gesamtabweichung zu bestimmen. Auch kann es helfen, sich nochmal das Kriterium an die gesuchte Gerade vor Augen zu führen (vgl. Abschn. 4.5.1 (AB 1), Aufg. 1c). Im letzten Schritt wird empfohlen, einen Datenpunkt auszuwählen und dessen Abweichung zur Gerade zu bestimmen. Darauf aufbauend kann nun die Gesamtabweichung, die alle Punkte einbezieht, definiert werden. ◄

Didaktischer Kommentar

Zunächst mag auffallen, dass die obigen Varianten zur Berechnung des Gesamtabstandes nicht den geometrischen Abstand zwischen einem Punkt und einer Geraden verwenden. Dieser **geometrische Abstand** kann mithilfe des Lots berechnet werden und entspricht der kleinsten Entfernung zwischen Punkt und Gerade (vgl. Baum et al. 2015). Auch der geometrische Abstand kann hier angewandt werden. Jedoch wird schnell ersichtlich, dass dies keine problembezogene Lösungsstrategie ist. Die x-Koordinate des Schnittpunktes und x-Koordinate des Messpunktes stimmen in diesem Fall nicht überein. Das heißt, man würde Temperaturanomalien aus unterschiedlichen Jahren miteinander vergleichen. Die Gerade soll jedoch die Messwerte jeweils im Jahr j und nicht im Jahr $j + \epsilon$ approximieren. Problemunabhängig bietet die hier aufgezeigten Begriffsdefinitionen über den **vertikalen Abstand** außerdem den Vorteil, dass keine Vorkenntnisse bzgl. der Bestimmung eines Lotfußpunktes auf einer Gerade nötig sind. Weiterhin lässt sich der Abstand schnell und einfach bestimmen. Untersucht werden könnte in einer Zusatzaufgabe, welche Abweichung zwischen dem geometrischen und dem vertikalen Abstand entsteht.

Erfahrungsgemäß machen Lernende häufig den Fehler den Abstand über $DistSelf(m, b) = \sum_{j=1}^{6} tempReg_j - tempRed_j$ zu definieren. Daher wird in einer Rückmeldung auf die positive Definitheit des Abstandsmaßes hingewiesen. Auch den Betrag kennen einige Lernenden. Selten wird die Anwendung der Quadratsumme vorgeschlagen. ◄

Teil 1c
Über die selbst entwickelte Abstandsfunktion `DistSelf`(m, b) wird die Gesamtabweichung zu dem ausgedünnten Datensatz berechnet und ausgegeben. Dabei werden die Werte für die Steigung m und für den y-Achsenabschnitt b aus den Schiebereglereinstellungen übernommen.

Notiere dir die Funktionsgleichung der so ermittelten Regressionsgerade und die zugehörige Gesamtabweichung.

Ziel ist es nun, eine möglichst kleine Gesamtabweichung zu finden. Variiere dazu über die Schieberegler die Gerade und führe das Codefeld zum Aufgabenteil 1b (gleiches AB) erneut aus. Notiere dir wieder die Funktionsgleichung und den zugehörigen Gesamtabstand. Wiederhole dieses Vorgehen.

Die Werte des Gesamtabstandes sind von zwei Faktoren abhängig:

1. von der genutzten Abstandsdefinition und
2. von der über die Schieberegler eingestellten Regressionsgerade.

Der zweite Faktor wird ersichtlich, indem die Lernenden diesen Aufgabenteil mehrmals durchlaufen und dabei versuchen, iterativ die Regressionsgerade mit dem kleinsten Gesamtabstand zu finden.

Aus den oben genannten Gründen können nur Bereiche, in denen der Gesamtabstand liegen sollte, angegeben werden (s. Tab. 4.3). Große Abweichungen davon zeugen meist von (Eingabe-)Fehlern. ◄

Bisher wurde die Regressionsgerade über (gezielte) Variation der Parameter m und b gesucht. Dieses Verfahren zur Bestimmung der Regressionsgerade garantiert keine optimale Lösung. Es ist also nicht ausgereift: Eine mathematische Methode zur Lösung des Minimierungsproblems wird benötigt, um die Regressionsgerade mit dem kleinsten Abstand zu finden.

Aufgabe 2 | Diskussion zur Suche nach dem kleinsten Abstand
In der vorherigen Aufgabe wurde eine eigene Abstandsdefinition entwickelt und dazu genutzt, den Abstand zu bestimmen. Wir wollen nun in einer Diskussion die in der Lerngruppe genutzten Abstandsbegriffe und die daraus resultierenden Mini-

Tab. 4.3 Wertebereich des Gesamtabstands für zwei verschiedene Abstandsdefinitionen

Abstandsdefinition	annehmbarer Wertebereich für den Gesamtabstand
$\sum_{j=1}^{6} \lvert tempReg_j - tempRed_j \rvert$	$distValue \in (0.7452, 0.8354)$
$\sum_{j=1}^{6} \left(tempReg_j - tempRed_j \right)^2$	$distValue \in (0.1480, 0.1792)$

mierungsprobleme für den Abstand miteinander vergleichen. Dabei sollen die Vor- und Nachteile der Verfahren herausgearbeitet werden. Am Ende steht eine gemeinsame Strategie, die weiter verfolgt wird.

Teil 2a

> **Arbeitsauftrag**
> Überlege dir ein Verfahren, mit dem sich die Abstandsfunktion minimieren lässt und skizziere es. Gehe dabei von deiner eigenen Abstandsdefinition aus der vorherigen Aufgabe aus (s. Aufg. 1b).

Teil 2b

> **Arbeitsauftrag**
> Diskutiert in der gesamten Lerngruppe eure Strategien.

Lösung zu a & b

Unsere Erfahrung zeigt, dass die Lernenden häufig eine **Brute-Force-Methode** zur Minimierung des Gesamtabstandes vorschlagen. Dabei schlagen sie vor, die Parameter m und b (gezielt) zu variieren und so den minimalen Gesamtabstand zu finden. Dieses Verfahren führt in der Regel nur zu einem lokalen Minimum und ist zeitaufwendig. Hier kann es helfen, die Lernenden zu fragen, woran sie erkennen, dass sie das Minimum gefunden haben.

Es gibt verschiedene Verfahren zum Lösen von (linearen) Minimierungsproblemen, die zu den Optimierungsproblemen gehören. Einige davon sind im Workshop zum Solarkraftwerk didaktisch aufbereitet worden (vgl. Kap. 3). Möchte man die Vielfalt der Lösungsmöglichkeiten aufzeigen und miteinander vergleichen, so sei die Bearbeitung des Workshops zum Solarkraftwerk empfohlen. Insbesondere wird dort auch die angesprochene Brute-Force-Methode erklärt (vgl. Abschn. 3.7.4.1).

Ein möglicher Weg zur Bestimmung des Minimums einer Funktion ist über das Differenzieren eben dieser Funktion. Dieses Vorgehen sollte den Lernenden bekannt sein, weshalb an dieser Stelle darauf zurück gegriffen wird. Das heißt, es müssen m und b so gefunden werden, dass die Funktion *DistSelf*(m, b) in (m_{min}, b_{min}) ihr Minimum annimmt. Haben die Lernenden die Abstandsfunktion über die erste gültige Lösungsvariante (vgl. Abschn. 4.5.2, Lsg. 1b) aufgestellt, so stoßen sie hier auf Probleme. Im Folgenden werden die vorgestellten Methoden auf Differenzierbarkeit und Eindeutigkeit der Lösung hin geprüft und diskutiert. Am Ende sollte die Methode der kleinsten Abstandsquadrate vorgestellt und ihre Vorzüge hervorgeho-

ben werden, falls sie nicht von den Lernenden selbst vorgeschlagen wird.

1. Die Betragsfunktion $f(x) = |x|$ ist nicht auf ganz $\mathbb{R}$ differenzierbar, da die linksseitige und rechtsseitige Ableitung an der Stelle $x = 0$ nicht übereinstimmen. Somit ist auch die Abstandsfunktion, wie sie in der zweiten Methode (Summe über Beträge der Abstände) aufgestellt wurde, nicht auf ganz $\mathbb{R}$ differenzierbar. Dieses Phänomen veranschaulicht Abb. 4.6a: Die Abstandsfunktion hat im Minimum eine „Spitze" und ist somit in diesem Punkt nicht differenzierbar. Mit Ausnahme der Brute-Force-Methode kennen die Lernenden keine Vorgehensweise, um dieses Minimierungsproblem zu lösen.

2. Die zweite Möglichkeit entspricht der Methode der kleinsten Abstandsquadrate, die von Gauß im Alter von

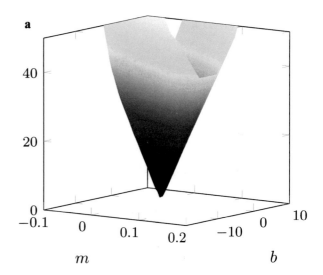

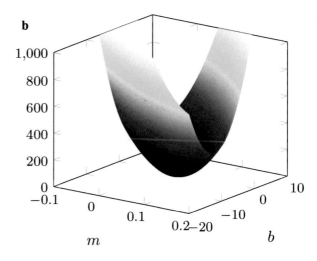

Abb. 4.6 a) Abstandsfunktion unter Verwendung der Summe über Beträge der Abstände b) Abstandsfunktion unter Verwendung der Summe über Abstandsquadrate

18 Jahren entwickelt wurde (vgl. Wikipedia.org 2020). Die Abstandsfunktion ist stetig differenzierbar und hat ein eindeutiges Minimum. Sie stellt ein Paraboloid dar (s. Abb. 4.6b). Auch kann es helfen, die Parabel als bekanntes Beispiel für eine quadratische Funktion zur Anschauung hinzu zu ziehen.

Hinweis 1: Die Werte der Parameter m und b, für die die Funktion `DistSelf`(m, b) ihr Minimum annimmt, werden über eine Funktion in `Julia` bestimmt. Eine analytische Berechnung dieser wird nicht von den Lernenden verlangt. Sollten Lernende Interesse daran zeigen, so dient der Satz 1, der sich an diese Lösungformulierung anschließt, inklusive Beweis der Lehrkraft als Unterstützung.

Eine alternative Herleitung der Schätzer für die beiden Parameter nutzt die Minimaleigenschaft des arithmetischen Mittels aus: Die Funktion $f_1(a) := \sum_{i=1}^{n}(y_i - a)^2$ nimmt für $a = y$ ihr Minimum an. Diese Eigenschaft lässt sich auf Schulniveau nachweisen (vgl. Henze 2020a; Hattebuhr 2022). Alternativ sind in vielen gängigen Programmiersprachen Routinen zur Berechnung der Regressionsgerade mittels der Methode der kleinsten Abstandsquadrate implementiert. Auch in `Julia` wird auf eine solche Routine zurückgegriffen.

Hinweis 2: Insgesamt lässt sich dieses Verfahren auf alle konvexen Funktionen erweitern. Sie haben die besondere Eigenschaft, dass ihr lokales Minimum gleichzeitig auch das globale Minimum der Funktion ist. Ein Beweis dazu wird hier nicht aufgeführt. Diese Eigenschaft kann jedoch über Beispiele leicht veranschaulicht werden.

◀

Der folgende Satz kann von Lernenden leicht hergeleitet werden.

Satz 1: Seien die n Datenpaare (x_j, y_j) für $j = 1, \ldots, n$ gegeben. Dann sind die mit der Methode der kleinsten Quadrate bestimmten Koeffizienten der Regressionsgerade $Reg(t) = m \cdot t + b, t \in \mathbb{R}$, gegeben durch

$$b = \overline{y} - m \cdot \overline{x}$$
$$m = \frac{\frac{1}{n}\sum_{j=1}^{n} x_j y_j - \overline{x} \cdot \overline{y}}{\frac{1}{n}\sum_{j=1}^{n} x_j^2 - \overline{x}^2}.$$

Dabei sind $\overline{x}$ und $\overline{y}$ die arithmetischen Mittel der Beobachtungswerte $x_1, \ldots, x_n$ und $y_1, \ldots, y_n$.

Beweis: Nach der Methode der kleinsten Abstandsquadrate ist die Abstandsfunktion gegeben durch $Res(m, b) = \sum_{j=1}^{n}(mx_j + b - y_j)^2$. Dann ist die Regressionsgerade durch

Minimierung der Abstandsfunktion bestimmt. Das bedeutet, m und b können durch partielle Ableitungen der Abstandsfunktion ermittelt werden:

$$\frac{\partial Res(m, b)}{\partial b} = 2\sum_{j=1}^{n}(mx_j + b - y_j)$$
$$= 2\left(m\sum_{j=1}^{n} x_j + \sum_{j=1}^{n} b - \sum_{j=1}^{n} y_j\right)$$
$$= 2n(m\overline{x} + b - \overline{y}) \overset{!}{=} 0$$

Mit $2n \neq 0$ gilt:

$$b = \overline{y} - m\overline{x}$$
$$\frac{\partial Res(m, b)}{\partial m} = 2\sum_{j=1}^{n} x_j \cdot (mx_j + b - y_j)$$
$$= 2\left(m\sum_{j=1}^{n} x_j^2 + \sum_{j=1}^{n} bx_j - \sum_{j=1}^{n} x_j y_j\right)$$
$$= 2\left(m\sum_{j=1}^{n} x_j^2 + bn\overline{x} - \sum_{j=1}^{n} x_j y_j\right)$$
$$= 2\left(m\sum_{j=1}^{n} x_j^2 + n\overline{x} \cdot \overline{y} - mn\overline{x}^2 - \sum_{j=1}^{n} x_j y_j\right) \overset{!}{=} 0$$

Mit $2mn\left(\frac{1}{n}\sum_{j=1}^{n} x_j^2 - \overline{x}^2\right) \neq 0$ gilt:

$$m = \frac{\frac{1}{n}\sum_{j=1}^{n} x_j y_j - \overline{x} \cdot \overline{y}}{\frac{1}{n}\sum_{j=1}^{n} x_j^2 - \overline{x}^2}$$

□

Aufgabe 3 | Das Minimierungsproblem und die Suche nach dem kleinsten Abstand

Es soll nun die Regressionsgerade gefunden werden. Das ist die Gerade, für die der Gesamtabstand minimal ist. Eine Möglichkeit ist, den Gesamtabstand – nach Gauß – als Summe der Abstandsquadrate zu definieren. Die Regressionsgerade findet man, indem man die Abstandsfunktion hinsichtlich der Steigung m und des y-Achsenabschnitts b minimiert.

Teil 3a

Arbeitsauftrag
Stelle basierend auf dem Vorschlag von Gauß eine Formel zur Berechnung des Abstands auf. Diese beschreibt die Abstandsfunktion in Abhängigkeit der beiden Parameter m und b.

Lösung

Die Eingabe sieht wie folgt aus:

```
DistGauss(m, b) =
((m * timeRed[1] + b) - tempRed[1])^2 +
((m * timeRed[2] + b) - tempRed[2])^2 +
((m * timeRed[3] + b) - tempRed[3])^2 +
((m * timeRed[4] + b) - tempRed[4])^2 +
((m * timeRed[5] + b) - tempRed[5])^2 +
((m * timeRed[6] + b) - tempRed[6])^2
```

◄

Tipps

Zunächst soll in Worte gefasst werden, wie der Gesamtabstand nach Gauß zu bestimmen ist. Anschließend wird den Lernenden geraten, sich einen Punkt auszuwählen und dessen vertikalen Abstand zur Gerade zu bestimmen. Darüber lässt sich anschließend der Gesamtabstand, der über die Summe der Abstandsquadrate gegeben ist, berechnen. In einem dritten Tipp wird dieses Vorgehen näher ausformuliert. ◄

Didaktischer Kommentar

Die Abstandsfunktion muss nun minimiert werden. Sie ist von den zwei Parametern m und b abhängig. Die Lernenden kennen in der Regel lediglich Verfahren zur Minimierung von Funktionen einer Veränderlichen. Daher wird an dieser Stelle eine in Julia bereits implementierte Routine genutzt, die das Minimum einer Funktion von zwei Variablen berechnen kann. Für interessierte Lernende (mit Programmiererfahrung) wird die eigenständige partielle Differentiation, wie sie im Satz 1 zur der Lösung 2a &

b (s. Abschn. 4.5.2, Methode der kleinsten Abstandsquadrate) vorgestellt wird, inklusive der Implementierung der Lösung empfohlen. ◄

◗ Durch das Ausführen des folgenden Codefelds wird das Minimum der Abstandsfunktion bestimmt. Die Werte der Steigung m und des y-Achsenabschnitts b, für die die Funktion ihr Minimum annimmt, werden in den Variablen mBest bzw. bBest gespeichert und ausgegeben. Es kann also nun die Funktionsgleichung der Regressionsgerade bestimmt werden. Außerdem wird die gefundene Regressionsgerade in die Zeitreihe eingezeichnet (s. Abb. 4.7).

Lösung

Es sollten sich folgende Werte ergeben:

```
mBest = 0.00622481029358606
bBest = -0.36395503133959584
distBestValue = 0.13841421421972946
```

Mit diesen Werten ist die Regressionsgerade für den Zeitraum von 1 bis 118 sBdI eindeutig bestimmt: $Regression(j) = mBest \cdot j + bBest \approx 0.006 \cdot j - 0.364$ mit $j \in [0, 118]$. ◄

Teil 3b

Die gefundene Regressionsgerade ist die Gerade, die die Daten, im Sinne der kleinsten Abstandsquadrate (nach Gauß), am besten beschreibt – in diesem Sinne ist sie also optimal! Lässt sich daraus eine Aussage über die Temperaturänderung ableiten?

Abb. 4.7 Temperaturzeitreihe (Punktwolke) von 1900–2018 basierend auf dem ausgedünnten Datensatz (vgl.. Tab. 4.1) mit Regressionsgerade nach der Methode der kleinsten Abstandsquadrate

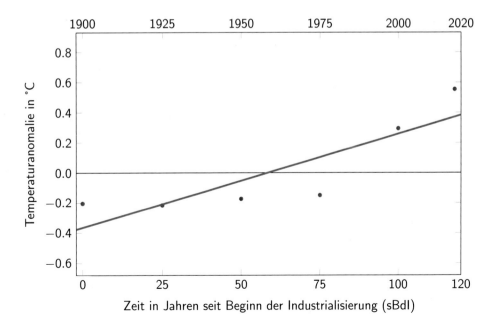

Arbeitsauftrag
Beurteile dein Ergebnis! Interpretiere es in Bezug auf die anfangs aufgestellte Hypothese:

Die Temperatur steigt seit Beginn der Industrialisierung (im Zeitraum von 1900 bis 2018) an. Die Entwicklung kann durch einen linearen Trend beschrieben werden.

Lösung

● Die Steigung der Regressionsgerade spiegelt den Trend der Temperaturentwicklung wieder. Da die Steigung der Regressionsgerade positiv ist (*mBest* ≈ 0.0062), steigt die Temperatur von 1900 bis 2018 um etwa 0.0062 °C/Jahr an. Jedoch stellen sich die Fragen, ob der Anstieg auch bei kleinen Änderungen der Daten positiv bleibt ist und ob die gefundene Regressionsgerade die Daten angemessen beschreibt. ◄

Tipps

Der erste Tipp unterstützt das Beurteilen des Ergebnisses. Hierbei wird darauf hingewiesen, dass die meisten Datenpunkte nicht auf der Regressionsgerade liegen. Daher wird zunächst in Frage gestellt, ob die Regressionsgerade die Daten angemessen beschreibt. Der zweite und dritte Tipp widmen sich stärker der Interpretation: Die Steigung ist der wichtige Parameter, der den Verlauf der Temperaturanomalieentwicklung widerspiegelt und somit Aussagen über den Trend ermöglicht. ◄

Aufgabe 4 | Das Bestimmtheitsmaß als Gütekriterium
Es fällt auf, dass zwei Werte sehr dicht an der gefundenen Regressionsgerade liegen, die anderen Werte aber einen relativ großen Abstand haben. Außerdem liegen die ersten vier Datenpunkte sehr nahe um eine Temperaturanomalie von -0.2 °C, während die letzten beiden Datenpunkte stark davon abweichen. Daher stellt sich die Frage, **wie gut die Daten überhaupt durch die Gerade repräsentiert werden:** Kann die Temperaturentwicklung tatsächlich durch ein lineares Regressionsmodell beschrieben werden, so ließen sich die Abweichungen zwischen den gemessenen Temperaturanomaliewerten und den Funktionswerten der Regressionsgerade durch (natürliche) Streuung erklären.

❶ Um die Güte der Anpassung der gefundenen Regressionsgerade an die gemessenen Daten zu quantifizieren, wird das sogenannte **Bestimmtheitsmaß** R^2 verwendet. Hier wird der Gesamtabstand (Summe der Abweichungen der einzelnen Temperaturanomaliewerte von der Regressionsgerade) ins

Verhältnis zur Streuung der Messwerte (Summe der Abweichungen der einzelnen Temperaturanomaliewerte vom arithmetischen Mittel der Temperaturanomalien) gesetzt:

$$R^2 = 1 - \frac{distBestValue}{\sum_{j=1}^{n} \left(tempRed_j - \overline{tempRed}\right)^2}$$

Dabei bezeichnet $\overline{tempRed}$ das arithmetische Mittel der Temperaturanomaliewerte $tempRed_j$ für $j = 1, \ldots, 6$. Das $\sum_{j=1}^{n}$ ist ein **Summenzeichen**. Es dient dazu Summen einfacher darzustellen: Seien $a_1, \ldots, a_6$ Variablen, die aufsummiert werden sollen, also $S_6 = a_1 + a_2 + a_3 + a_4 + a_5 + a_6$. Dann kann die Summe auch kurz über $S_6 = \sum_{j=1}^{6} a_j$ dargestellt werden. Allgemein schreiben wir $S_n = a_1 + a_2 + \ldots + a_n = \sum_{j=1}^{n} a_j$, wobei die Laufvariable j die Werte $1, 2, 3, \ldots, n$ annimmt.

Betrachten wir also das Summenzeichen im Bestimmtheitsmaß genauer und schreiben es uns ausführlich auf. Für unseren gewählten Datensatz ist $n = 6$. Damit gilt für den Nenner des Bestimmtheitsmaßes:

$$\sum_{j=1}^{n} \left(tempRed_j - \overline{tempRed}\right)^2 =$$
$$\left(tempRed_1 - \overline{tempRed}\right)^2 + \left(tempRed_2 - \overline{tempRed}\right)^2$$
$$+\left(tempRed_3 - \overline{tempRed}\right)^2 + \left(tempRed_4 - \overline{tempRed}\right)^2$$
$$+\left(tempRed_5 - \overline{tempRed}\right)^2 + \left(tempRed_6 - \overline{tempRed}\right)^2$$

Didaktischer Kommentar

Das Bestimmtheitsmaß selbst muss von den Lernenden nicht berechnet werden. Ein Verständnis der Bedeutung sollte allerdings durch die folgenden Aufgaben erlangt werden.
Als kleine Programmierübung kann hier die Berechnung des Bestimmtheitsmaßes selbstständig implementiert werden. Dazu wird eine for-Schleife benötigt. Außerdem gibt es in `Julia` die implementierte Funktion `mean()`, mit deren Hilfe sich das arithmetische Mittel eines Vektors direkt berechnen lässt: `mean(tempRed)`. Zur Vollständigkeit wird hier eine mögliche Eingabe vorgestellt:

```
numRsqr = resBestValue; # Zaehler von R^2
denomRsqr = 0;          # Nenner von R^2
for j = 1:6
    denomRsqr = denomRsqr
    + (tempRed[j] - mean(tempRed))^2;
end
Rsqr = 1 - numRsqr/denomRsqr;
display(Rsqr); # Ausgabe des Werts von R^2
```

◄

Für das Bestimmtheitsmaß gilt $R^2 \in [0, 1]$. Mithilfe der folgenden Sätze soll diese Aussage plausibel gemacht und so wichtige Eigenschaften des Bestimmtheitsmaßes zur Interpretation herausgearbeitet werden.

Teil 4a

Falls bei der Beantwortung dieser Aufgabe Hilfe benötigt wird, kann im Internet nach dem Bestimmtheitsmaß gesucht werden.

Lösung

Die Lösung sieht wie folgt aus:

i) Liegen die Messwerte genau auf der Regressionsgerade, so ist R^2 gleich **1**.
ii) Liegen die Messwerte weit weg von der Regressionsgerade, so geht R^2 gegen **0**.
iii) Je näher das Bestimmtheitsmaß am Wert **1** liegt, desto **"höher"/ "größer"/ "besser"** ist die Güte der Schätzung.
oder
Je näher das Bestimmtheitsmaß am Wert **0** liegt, desto **"niedriger"/ "geringer"/ "schlechter"** ist die Güte der ermittelten Regressionsgerade.

Die Überprüfe-Funktion erkennt alle hier angegebenen Wörter als richtig an. ◄

Didaktischer Kommentar

Man beachte, dass das Bestimmtheitsmaß angibt, wie gut die Daten durch ein lineares Regressionsmodell beschrieben werden können. Es quantifiziert den Anteil der Streu-

ung, der durch das Modell erklärt werden kann. Es gibt jedoch keinen Aufschluss darüber, ob das lineare Modell tatsächlich das geeigneteste Modell ist. Möglicherweise lassen sich die Daten besser durch einen quadratischen oder exponentiellen Zusammenhang beschreiben. Diese Modelleigenschaft wird ausführlicher im einleitenden didaktischen Kommentar auf dem dritten Arbeitsblatt erläutert (s. Abschn. 4.5.3).

Desweiteren wird der Stichprobenumfang durch das Bestimmtheitsmaß nicht berücksichtigt: Werden nur zwei Messwerte für eine lineare Regressionsanalyse genutzt, so existiert immer eine Gerade, die durch diese beiden Datenpunkte verläuft. Das Bestimmtheitsmaß wäre eins. Über die statistische Signifikanz dieses scheinbar linearen Zusammenhangs kann das Bestimmtheitsmaß keine Aussage treffen. ◄

❱ Im nächsten Codefeld wird das Bestimmtheitsmaß R^2 des linearen Regressionmodells nach der Methode der kleinsten Abstandsquadrate zum reduzierten Datensatz (vgl. Tab. 4.1) ausgerechnet und ausgegeben. Es wird im Code durch die Variable `Rsqr` dargestellt, abgeleitet von R-Quadrat (engl. *R squared*):

Lösung

Die Ausgabe sieht wie folgt aus:

```
Rsqr = 0.7387922314652029
```
◄

Nun gilt es, dieses Ergebnis in Bezug auf die eingangs gestellte Hypothese zu interpretieren:

Die Temperatur steigt seit Beginn der Industrialisierung (im Zeitraum von 1900 bis 2018) an. Die Entwicklung kann durch einen linearen Trend beschrieben werden.

Teil 4b

Lösung

● Es heißt, ab einem Bestimmtheitsmaß von etwa 0.8 kann auf einen starken linearen Zusammenhang geschlossen werden. Das Bestimmtheitsmaß liegt hier bei etwa 0.74. Das bedeutet, dass 26% der Streuung in den Daten nicht durch einen linearen (genauer: affinen) Zusammenhang erklärt werden kann. Ein linearer Zusammenhang kann dennoch nicht ausgeschlossen werden: Es sind weitere Untersuchungen nötig, die entweder den linearen Zusammenhang bekräftigen oder von diesem Modell „abraten". ◄

Didaktischer Kommentar

Es wurde für einen ausgedünnten Datensatz ein lineares Regressionsmodell aufgestellt und die Güte dessen bestimmt. Dieses Vorgehen bot sich an, da die Entdeckung der mathematischen Methoden im Vordergrund stand. Die Erstellung eines kleinen Datensatzes über die Auswahl eines Datenpunktes alle 25 bzw. den letzten nach 18 Jahren wurde so einfach wie möglich gehalten. Hier könnte ergänzend diskutiert werden, wie sich beispielsweise die Verwendung von gemittelten Temperaturanomalien auf das Ergebnis auswirkt (vgl. Abschn. 4.5.2, Didaktischer Kommentar zum Datensatz). Lernende mit Programmiererfahrung könnten dieses Vorgehen auch umsetzen. ◄

4.5.3   Arbeitsblatt 3: Modellverbesserung mithilfe der kompletten realen Temperaturzeitreihe

Auf dem letzten Arbeitsblatt wurde ein Verfahren zur Bestimmung der Regressionsgerade entwickelt. Diese war genau die Gerade, die die Daten im Sinne der Methode der kleinsten Abstandsquadrate am besten beschreibt. Für eine kleine Zeitreihe, bestehend aus sechs Datenpaaren, wurde die Regressionsgerade bestimmt. Die Steigung der Regressionsgerade war positiv, sodass zunächst ein positiver Temperaturtrend von 1900 bis heute naheliegend erscheint. Allerdings wurde auch festgestellt, dass der lineare Zusammenhang zwischen Zeit und Temperaturanomalie nicht stark ist ($R^2 \approx 0.74$). Es ist daher fraglich, ob die (bescheidene) Güte der Regressionmodells eine Aussage über den Trend der Temperaturentwicklung erlaubt. Mit Blick auf den Modellierungskreislauf (vgl. Kap. 1) ist es nun an der Zeit, nach Verbesserungsmöglichkeiten zu suchen. Es gibt zwei Stellschrauben:

- Vielleicht war die **Annahme, dass die Temperaturanomaliedaten einem linearen Trend folgen, falsch.** Zur Überprüfung dieser Annahme müssten weitere funktionale Zusammenhänge untersucht werden. Beispielsweise könnte ein quadratisches oder exponentielles Modell aufgestellt und analysiert werden.
- Eine andere Möglichkeit ist, dass die **Datenauswahl fehlerhaft** war. Möglicherweise wurden ausgerechnet die sechs Datenpaare gewählt, die eher zu den Ausreißern ge-

hören. Damit wären sie für eine Analyse des langfristigen Temperaturverlaufes ungeeignet.

☉ Im vorliegenden Workshop wird die Annahme verworfen, dass der kleine Datensatz die gesamte Zeitreihe hinreichend repräsentiert. Die getroffene Vereinfachung (Weglassen von Datenpunkten) wird überarbeitet und es werden nun alle vorhandenen Daten im Zeitraum von 1900 bis 2018 genutzt: Die erarbeiteten mathematischen Verfahren werden auf die gesamte Temperaturzeitreihe angewendet (vgl. Abb. 4.4b). Zu prüfen ist, ob dies zu einer höheren Güte des Regressionsmodells führt. Der Zeitvektor wird nun mit `time` und der Temperaturanomalievektor mit `temp` bezeichnet.

Didaktischer Kommentar

In einer weiterführenden Aufgabe könnten Lernende selbstständig die **Güte weiterer funktionaler Zusammenhänge** zwischen der Zeit und der Temperaturanomalie bestimmen. Diese Aufgabe wurde im vorliegenden Workshopmaterial nicht umgesetzt. Daher bietet sie sich vor allem als eigenständige **Programmierübung** an, beispielsweise in Informatikkursen. In anschließenden Diskussionen könnten Lernende erörtern, inwiefern komplexere Modelle besser die Realität beschreiben. Bei der Modellwahl sollte jedoch auch immer der Zweck und das Ziel berücksichtigt werden: Gegebenenfalls liefert ein Regressionsmodell, das von einem quadratischen oder exponentiellen Zusammenhang zwischen Zeit und Temperaturanomalie ausgeht, eine höhere Güte. Dies würde eine bessere Prognose für den weiteren Verlauf zulassen. Ist das Ziel jedoch wie hier, die Temperaturanomalieentwicklung auf einen linearen Trend hin zu untersuchen, dann wäre ein nicht-lineares Modell eine falsche Annahme. ◄

In der Abstandsfunktion $DistGauss(m, b)$ werden die Terme $((m \cdot timeRed_j + b) - tempRed_j)^2$ für $j = 1, \ldots, n$ aufsummiert. Ist $n = 6$ wie im ausgedünnten Datensatz auf dem letzten Arbeitsblatt (vgl. Abschn. 4.5.2), so kann die Summe schnell eingegeben werden. Möchte man nun für den kompletten HadCRUT4-Datensatz von 1900 bis 2018 die Abstandsfunktion aufstellen, so müssen $n = 119$ Terme summiert werden. Eine ausführliche Eingabe jedes einzelnen Terms benötigt einerseits viel Zeit. Andererseits ergeben sich leicht Tippfehler, die wiederum gefunden und behoben werden müssen, was ebenfalls Zeit erfordert.

Daher greifen wir auf eine in `Julia` implementierte Funktion `sum()` der Summenbildung zurück. Diese Funktion stellt das Prinzip des Summenzeichens $\sum$ nach und vereinfacht die Darstellung einer Summe. Das Summenzeichen wurde bereits in der vierten Aufgabe des zweiten Arbeitsblattes eingeführt und dort ausführlich beschrieben (vgl. Abschn. 4.5.2 (AB 2), Aufg. 4).

Es folgt eine Übung zum Nutzen der Summenfunktion von `Julia`. Lernende, die diese Schreibweise bereits beherrschen, können diese überspringen.

Didaktischer Kommentar

Natürlich könnte die implementierte Summenfunktion bereits für den ausgedünnten Datensatz genutzt werden. Darauf wurde im Material verzichtet: Die Abstandsfunktion ist den Lernenden unbekannt, sodass auf dem zweiten Arbeitsblatt keine zweite Baustelle durch Einführung der Summenfunktion geöffnet werden sollte. Der ausführliche Aufschrieb führt außerdem zu einem besseren Verständnis der Abstandsfunktion. Ein didaktischer Mehrwert in der ausführlichen Eingabe von 119 Termen ist jedoch nicht erkennbar. Daher ist eine Übung zur Nutzung der implementierten Funktion `sum()` erst an dieser Stelle Teil des Materials. ◄

Übung zur Summenfunktion in `Julia`

Wir schauen uns die Summenfunktion zunächst an einem kleinen Beispiel an. Ziel ist es, die Summe über alle Einträge des Spaltenvektors $\vec{v} = [6, 7, 3, 4, 1, 9]$ zu bilden. Es gibt dabei verschiedene Vorgehensweisen.

1. Wir geben

```
Summe = 6+7+3+4+1+9
```

ein. Diese Eingabe ist lediglich für den oben angegebenen Vektor $\vec{v}$ und dessen Permutationen korrekt. Permutationen sind Vertauschungen der Einträge. Ändern sich die Einträge, so muss auch die Eingabe geändert werden, um weiterhin ein korrektes Ergebnis zu erhalten.
2. Bereits auf dem vorherigen Blatt haben wir gelernt, auf die einzelnen Einträge eines Vektors zuzugreifen. Wir können demnach auch

```
Summe = v[1]+v[2]+v[3]+v[4]+v[5]+v[6]
```

eingeben. Ändern sich die Einträge im Vektor $\vec{v}$, so bleibt das Ergebnis ohne eine Änderung der Eingabe korrekt (gut!). Allerdings wird die Eingabe mit wachsender Länge des Vektors mühseliger. Bei bspw. 1000 Einträgen ist an eine manuelle Eingabe nicht mehr zu denken. Daher schauen wir uns eine Kurzschreibweise an.
3. Wir geben

```
Summe = sum(v)
```

ein. Dabei ist `sum()` eine in `Julia` implementierte Funktion, die die Komponenten eines Vektors addiert.

Hinweis 1: Wollen wir jeden einzelnen Eintrag von $\vec{v}$ vor der Summenbildung mit 10 multiplizieren, so geben wir

```
Summe = sum(10 * v)
```

ein.

Hinweis 2: Nun kann es vorkommen, dass wir nicht über alle Einträge von $\vec{v}$ summieren, sondern nur die vierte zur fünften Komponente addieren wollen. Dann geben wir

```
Summe = sum(v[4:5])
```

ein. Betrachte hierzu ggf. erneut die Übung zum Zugriff auf Vektoreinträge zu Beginn des zweiten Arbeitsblattes (s. Abschn. 4.5.2).

Gegeben sei der Vektor $\vec{w} = [10, 20, 30, 40, 50]$. Wir machen nun ein paar kleine Übungsrechnungen.

Arbeitsauftrag

Dieser Aufgabenteil enthält vier Arbeitsaufträge:

1. Bilde die Summe aller Einträge des Vektors $\vec{w}$.
2. Teile alle Vektoreinträge durch 10 und bilde anschließend die Summe.
3. Bilde die Summe über alle Einträge, wobei zuvor jeder Eintrag mit 3 zu multiplizieren ist.
4. Bilde die Summe über alle Einträge, wobei zuvor der jeder Eintrag mit 10 addiert werden soll.

Hinweis zu Vektoren und Operationen zwischen ihnen: Die Addition eines Skalars mit einem Vektor ist nicht definiert – wir können nur zwei Vektoren miteinander addieren. Soll ein Skalar elementweise zum Vektor addiert werden, so kann in `Julia` eine spezielle Schreibweise ausgenutzt und eine mathematisch unkorrekte Verknüpfung ermöglicht werden: Eine solche spezielle Verknüpfung wird durch einen Punkt vor dem Operator gekennzeichnet. Dies gilt auch für alle weiteren elementweisen Vektoroperationen.

Lösung

Die Eingabe sieht wie folgt aus:

1. `sum1 = `**`sum(w);`**
2. `sum2 = `**`sum(w / 10)`** *oder alternativ* **`sum(w ./ 10);`**

Abb. 4.8 Temperaturzeitreihe (Punktwolke) von 1900–2018 auf Basis des HadCRUT4-Datensatzes mit bester Regressionsgerade mittels Gauß-Verfahren

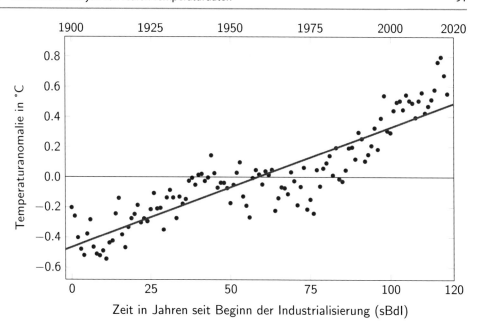

3. sum3 = **sum(3 * w)** *oder alternativ*
       sum(3 .* w);
4. sum4 = **sum(w .+ 10)**;

Didaktischer Kommentar: Die hier angegebene Lösung stellt nur eine Möglichkeit unter weiteren Lösungswegen dar. ◄

Aufgabe 1 | Modellierung des minimalen Abstands

Die erarbeitete Methode der Minimierung der Abstandsquadrate wird nun auf den vollen HadCRUT4-Datensatz (vgl. Abb. 4.4a) angewandt.

Teil 1a

Arbeitsauftrag
Stelle eine Funktionsgleichung für den Abstand in Abhängigkeit von der Steigung m und dem y-Achsenabschnitt b nach Gauß auf. Benutze dabei die Summenfunktion von Julia.

Lösung

❶ Die Eingabe sieht wie folgt aus:

```
DistGauss(m,b) =
  sum(((m * time .+ b) - temp).^2);
```

◄

Tipps

In einem ersten Tipp wird auf die analoge Aufgabe auf dem vorherigen Arbeitsblatt verwiesen. Ein weiterer Tipp schlägt vor, die zuvor aufgestellte Formel nun für mehrere Datenpaare zu erweitern und dabei die Summenschreibweise zu benutzen. Es kann auch dabei helfen, sich gleiche Teile in den Summanden zu markieren. ◄

❷ Mithilfe der vorgefertigten Routine wird das Minimum der Abstandsfunktion bestimmt, die Ergebnisse ausgegeben und graphisch angezeigt (vgl. Abb. 4.8). Die Werte für die Steigung und den y-Achsenabschnitt, für die die Abstandsfunktion *DistGauss*(m, b) ihr Minimum annimmt, werden in den Variablen mBest und bBest gespeichert und ausgegeben. Es kann also nun die Funktionsgleichung der Regressionsgerade bestimmt werden.

Lösung

Es ergeben sich folgende Werte:

```
mBest = 0.007953461045556854
bBest = -0.46639705883375737
distBestValue = 2.23464643936049
```

Mit diesen Werten ist die Regressionsgerade für den Zeitraum von 0 bis 118 sBdI eindeutig bestimmt: *Regression*$(j) = mBest \cdot j + bBest \approx 0.008 \cdot j - 0.466$ mit $j \in [0, 118]$. ◄

Die Abstandsfunktion *DistGauss*(m, b) ist für den betrachteten HadCRUT4-Datensatz für den Zeitraum von 0 bis 118 sBdI in Abb. 4.9 dargestellt: Hier wird analog zum ausgedünnten Datensatz offensichtlich, dass die Funktion einen Paraboloid darstellt und ein eindeutiges Minimum besitzt. ◄

Die dargestellten Ergebnisse müssen wieder in Bezug zum realen Problem gesetzt werden.

Teil 1b

Beurteile dein Ergebnis! Was bedeutet dein Ergebnis in Bezug auf die anfangs aufgestellte Hypothese? Vergleiche dein numerisches Ergebnis mit dem Resultat des visuellen Vorgehens auf dem ersten Arbeitsblatt (s. Abschn. 4.5.1).

● Die Steigung der Regressionsgerade spiegelt den Trend der Temperaturentwicklung wider. Da die Steigung positiv ist (*mBest* $\approx$ 0.0080), steigt die Temperatur von 1900 bis 2018 um etwa 0.0080 °C/Jahr an.

Bereits die visuelle Analysemethode zeigte eine positive Temperaturentwicklung. Jedoch gab es dabei je nach Betrachter/in leichte Unterschiede in der Steigung und im y-Achsenabschnitt der Regressionsgerade. Die numerische Methode liefert nun ein eindeutiges – mit der Methode der kleinsten Abstandsquadrate optimales – Ergebnis. ◄

Aufgabe 2 | Das Bestimmtheitsmaß als Gütekriterium
❶ Analog zum vorherigen Arbeitsblatt soll auch hier die Güte der Anpassung der gefundenen Regressionsgerade an die Messdaten quantifiziert werden. Dazu wird erneut das Bestimmtheitsmaß R^2 genutzt. Es gilt für den kompletten HadCRUT4-Datensatz:

$$R^2 = 1 - \frac{distBestValue}{\sum_{j=1}^{n}\left(temp_j - \overline{temp}\right)^2}$$

❷ Das Bestimmtheitsmaß wird vom Computer berechnet und ausgegeben:

Die Ausgabe sieht wie folgt aus:

```
Rsqr = 0.7989932488372155
```

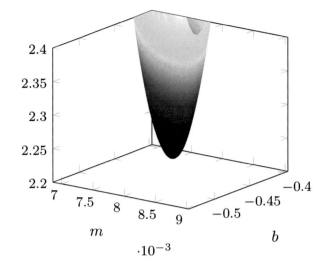

Abb. 4.9 Abstandsfunktion unter Verwendung der Summe über Abstandsquadrate

◄

Teil 2a
Dieses Ergebnis wollen wir beurteilen:

Diskutiere, wie gut die Regressionsgerade die Daten beschreibt und was dein Ergebnis in Bezug auf die anfangs aufgestellte Hypothese bedeutet. Was kannst du über den Temperaturtrend von 1900 bis heute aussagen?

Die zu überprüfende Hypothese lautete:

Die Temperatur steigt seit Beginn der Industrialisierung (im Zeitraum von 1900 bis 2018) an. Die Entwicklung kann durch einen linearen Trend beschrieben werden.

● Das Bestimmtheitsmaß liegt auf zwei Nachkommastellen gerundet bei $R^2 \approx 0.80$. Durch die Hinzunahme weiterer Daten konnte gegenüber dem ausgedünnten Datensatz ein stärkerer linearer Zusammenhang zwischen der Zeit und der Temperaturanomalie ermittelt werden. Es kann hier sogar auf einen starken linearen Zusammenhang geschlossen werden. Nicht zu vergessen ist, dass immer noch etwa 20 % der Streuung in den Daten nicht durch einen linearen (genauer: affinen) Zusammenhang erklärt werden kann. Zu beachten ist aber auch, dass die vorliegenden Daten echte Messdaten sind und – auch wenn sie global und über das Jahr gemittelt sind – durchaus starke Schwankungen aufweisen können. Daher kann an dieser Stelle zusammenfassend gesagt werden, dass die Vermutung eines linearen positiven Trends gestützt wird. ◄

Auf dem letzten Arbeitsblatt wurde bereits angemerkt, dass das Bestimmtheitsmaß den Stichprobenumfang nicht einbezieht. Die Anzahl an Datenpaaren des umfassenden Datensatzes ($N_{full} = 119$) ist deutlich größer als die Anzahl an Datenpaaren des ausgedünnten Datensatzes auf dem vorherigen Arbeitsblatt ($N_{red} = 6$). Damit ist der Einfluss eines einzelnen Datenpunktes auf den Verlauf der Regressionsgerade im größeren Datensatz geringer als im kleineren. Aber reicht die Anzahl bereits aus um die Signifikanz der positiven Steigung festzustellen?

4.5.4   Arbeitsblatt 4: Modellerweiterung durch einen Hypothesentest

Auf dem vorherigen Arbeitsblatt wurde die Regressionsgerade zur gegebenen Temperaturzeitreihe und ihre Güte über das Bestimmtheitsmaß ermittelt. Dabei konnte ein linearer Trend in den Daten bestätigt werden. Dennoch gibt es viele Menschen, die nicht an einen Anstieg der Temperatur im Laufe des letzten Jahrhunderts glauben (vgl. Bals et al. 2008; M. T. Boykoff und J. M. Boykoff 2004; Collomb 2014; Doran und Zimmerman 2009). Es soll nun ein Verfahren entwickelt werden um die **Aussagekraft des Ergebnisses** zu überprüfen.

Die Idee: Jede Messung hat Fehler. Die Lage der Messwerte bestimmt aber den Verlauf der Regressionsgerade. Es muss also sicher gestellt werden, dass nicht diese Fehler für den beobachteten positiven Trend verantwortlich sind. Auf der Basis des linearen Regressionmodells testen wir Hypothesen über die Steigung der Regressionsgerade. Eine Erklärung für die Ursachen liefert diese Statistik jedoch nicht – dafür sind andere wissenschaftliche Analysen notwendig.

Hinweis: Genau genommen wird hier ein Niveau-alpha-Test erarbeitet. Im Folgenden wird der Einfachheit halber jedoch der allgemeine, weitere Testverfahren umfassende Begriff *Hypothesentest* verwendet.

Die Hypothese, die überprüft werden soll, lautet demnach:

Die Temperatur steigt seit Beginn der Industrialisierung (im Zeitraum von 1900 bis 2018) an.

Die zu testende Hypothese nennt man **Nullhypothese** (H_0). Die zu ihr gegenteilige Aussage wird als **Alternativhypothese** (H_1) bezeichnet. Gegenteilig bedeutet, dass sich die beiden Hypothesen gegenseitig ausschließen. Allgemein ist der Hypothesentest ein Verfahren, das basierend auf einer Stichprobe, hier dem Temperaturanomaliedatensatz, entscheidet, ob die Nullhypothese für die Grundgesamtheit anzunehmen ist oder (mit den gegebenen Daten) nicht belegt werden kann (vgl. Cramer und Kamps 2007, S. 263). Grundsätzlich gilt für statistische Tests, dass sie nur die Nullhypothese widerlegen können. Damit ist der Test nicht symmetrisch bezüglich der Vertauschung von H_0 und H_1 und es muss vorher festgelegt werden, welche Aussage geprüft werden soll.

Um die Koeffizienten einer Regressionsgerade zu testen, wird der sogenannte *t*-**Test** durchgeführt. Eine genauere Erläuterung des *t*-Tests wird in den Aufgabenteilen 1c und 1d gegeben (gleiches AB).

Aufgabe 1 | Der Hypothesentest
Die Hypothese basiert auf einer realen Problemstellung und ist daher bislang nur „in Worten" formuliert. Für einen Test muss sie noch mathematisiert werden.

Teil 1a

Arbeitsauftrag
Formuliere die Alternativhypothese in Form einer (Un-)Gleichung. Es bezeichne m die Steigung der Regressionsgerade und m_0 die Steigung, gegen die wir testen wollen. Stelle außerdem die zugehörige Nullhypothese auf.

Lösung

❍ Es soll hier eine dreischrittige Lösung vorgestellt werden. Dabei wird die Formulierung der Hypothese „immer mathematischer". Ein solches Vorgehen wird den Lernenden auch in Form von drei Tippkarten empfohlen.

H_1: Die Temperatur steigt seit Beginn der Industrialisierung an.
$$\Downarrow$$
H_1: Die Steigung der Regressionsgerade, die den Temperaturtrend von 1900 bis 2018 approximiert, ist positiv.
$$\Downarrow$$
$$H_1: m > 0 = m_0.$$
$$\Downarrow$$
H_0: Die Temperatur steigt seit Beginn der Industrialisierung nicht an.
$$\Downarrow$$
$$H_0: m \leq 0 = m_0.$$

Die Mathematisierung hebt deutlich hervor, dass in der aufgestellten Hypothese eine strikt positive Steigung zu überprüfen ist. Die Aussage, die Temperaturentwicklung weise keine oder sogar eine negative Steigung auf, steht in der Nullhypothese. Die Steigung, gegen die wir testen wollen, ist also null und steht in der Variablen m_0. So kann der Hypothesentest später leichter durch andere Steigungen m_x modifiziert werden (vgl. Abschn. 4.5.5 (Zusatzaufgaben)). ◄

Teil 1b

Arbeitsauftrag
Wähle aus den folgenden Möglichkeiten anhand der Ungleichung zwischen der Steigung der Regressionsgerade m und der Steigung m_0, gegen die getestet werden soll, die passende Entscheidungsregel aus.

Die Entscheidungsregel selbst wird in den nächsten Aufgabenteilen betrachtet.

Lösung
Die Eingabe sieht wie folgt aus:

```
number = 1;
```
◄

Für den Hypothesentest werden die Ergebnisse des vorherigen Arbeitsblatts benötigt. Sie werden durch Ausführen des Codefeldes an dieser Stelle geladen.

Didaktischer Kommentar
Hypothesentests stehen häufig erst im 2. Jahr der Oberstufe im Mathematikkernlehrplan – in einigen Bundesländern auch nur für den Leistungs-/Vertiefungskurs. Das heißt ein Großteil der Lernenden, die dieses Workshopmaterial erarbeiten, können diesbezüglich selten auf Vorwissen zurückgreifen. Die t-Funktion ist bereits in `Julia` implementiert und soll genutzt werden. Eine Beschreibung der t-Funktion wird hier nicht weiter angeführt. Ihre Erkundung wäre mathematisch sicherlich interessant, jedoch könnte ein Verständnis angesichts der Beschränkung der Bearbeitungszeit nicht erwartet werden. Gleichzeitig lenkt dieser rein mathematische Aspekt stark vom eigentlichen Modellieren ab. ◄

Teil 1c
Die Entscheidungsregel ist durch eine Ungleichung gegeben (vgl. Tab. 4.4).

- Um die Hypothese zu testen, muss einerseits der Wert $(m - m_0)/\hat{\sigma}_m$ berechnet werden. Dieser Wert wird auch **empirischer t-Wert** genannt. Er beinhaltet die Steigung der Regressionsgerade, sowie die Steigung, gegen die getestet werden soll. Ihre Differenz wird ins Verhältnis zur Standardabweichung gesetzt. Die **Standardabweichung** ist ein Maß für die Streubreite der Werte eines Merkmals rund um dessen Mittelwert (arithmetisches Mittel), die durch fehlerbehaftete Messwerte zustande kommt. Um den empirischen t-Wert etwas greifbarer zu machen, stelle man sich vor, dass die Werte des Merkmals (hier: Steigung der Regressionsgerade) wenig streuen, d. h. sie liegen sehr dicht an ihrem arithmetischen Mittel: Die Standardabweichung $\hat{\sigma}_m$ ist klein. Es kann also „einfacher" eine Abweichung zwischen m und m_0 festgestellt werden als wenn die Standardabweichung groß wäre. Dies ist der Fall, wenn die Werte des Merkmals breit um ihr arithmetisches Mittel streuen.
- Andererseits wird der Wert $t(\alpha, dof)$ in Aufgabenteil 1d (selbes AB) ermittelt. Eine Erläuterung dieses Wertes wird daher später gegeben.

Arbeitsauftrag
Ersetze im folgenden Codefeld jeweils das `NaN` durch passende Werte oder Variablen und bestimme so den empirischen t-Wert. Es kann dabei auf die Variablen des vorherigen Arbeitsblattes zugegriffen werden. Es bezeichne m die Steigung der Regressionsgerade und m_0 die Steigung, gegen die getestet wird.

Lösung
❶ Die Eingabe sieht wie folgt aus:

```
m = mBest oder 0.00795346104555854;
m0 = 0;
```
◄

Didaktischer Kommentar
Von 1900 bis 2018 stieg die mittlere Jahrestemperatur um etwa 0.008 °C pro Jahr. Das entspricht 0.8 °C in 100 Jahren. Ein statistischer Test zeigt, ob sich diese Steigung

Tab. 4.4 Entscheidungsregeln für den t-Test, bei dem der empirische t-Wert $\frac{m-m_0}{\hat{\sigma}_m}$ mit dem theoretischen t-Wert $t\,(\alpha, dof)$ verglichen wird

Entscheidungsregelnummer	H_0	H_1	Entscheidungsregel: H_0 wird abgelehnt, falls
1	$m \leq m_0$	$m > m_0$	$\frac{m-m_0}{\hat{\sigma}_m} > t\,(\alpha, dof)$
2	$m \geq m_0$	$m < m_0$	$\frac{m-m_0}{\hat{\sigma}_m} < t\,(\alpha, dof)$
3	$m = m_0$	$m \neq m_0$	$\left| \frac{m-m_0}{\hat{\sigma}_m} \right| > t\,(\alpha, dof)$

tatsächlich so stark von der Nullhypothese $m \leq m_0$ unterscheidet, dass diese verworfen wird. Im IPCC-Bericht wird von einem positiven (linearen) Trend gesprochen. Daher wird an dieser Stelle zunächst $m_0 = 0$ als untere Grenze gewählt. Es wird getestet, ob der Mittelwert unserer Daten signifikant von dem Referenzwert $m_0 = 0$ abweicht. Einige Lernende probieren hier bereits andere Werte für die Steigung m_0 aus, gegen die getestet wird. Es kann m_0 auch so gewählt werden, dass der Referenzwert der Steigung des 1.5 °C- oder 2 °C-Ziels entspricht. Dieser Umstand wird in der Zusatzaufgabe A (s. Abschn. 4.5.5) untersucht. ◄

Teil 1d

Es muss nun noch $t\,(\alpha, dof)$ ermittelt werden. Dieser Wert wird als **theoretischer t-Wert** bezeichnet. Man kann sich vorstellen, dass ein Wackeln an unseren Temperaturanomaliedaten zu unterschiedlichen Steigungen der Regressionsgerade führt. All diese unterschiedlichen Steigungen sollten aber um den wahren Steigungswert herum verteilt sein. Die t-Funktion beschreibt genau diese (Wahrscheinlichkeits-)Verteilung. Sie ist von den beiden Parametern α, dem Signifikanzniveau, und dof, der Anzahl der Freiheitsgrade, abhängig.

Das **Signifikanzniveau** α gibt an, wie hoch das Risiko (die Wahrscheinlichkeit) ist, das man bereit ist einzugehen, fälschlicherweise die Nullhypothese abzulehnen. Kurz: Die Wahrscheinlichkeit, dass H_0 abgelehnt wird, obwohl H_0 in Wirklichkeit wahr ist, wird durch das Signifikanzniveau beschränkt. Hier bedeutet dies folgendes: Man legt eine obere Grenze für die Wahrscheinlichkeit fest, für die man annimmt, die Steigung wäre positiv, obwohl sie tatsächlich Null oder negativ ist. Das Signifikanzniveau liegt immer zwischen 0 und 1. Ein sehr kleiner Wert besagt, dass man möglichst keine falsche Entscheidung treffen möchte. Ein sehr großer Wert besagt, dass es okay ist, wenn man eine falsche Entscheidung trifft. Man beachte dabei: Die getroffene Entscheidung ist jedoch immer fehlerbehaftet. Für eine genauere Betrachtung der Fehler gibt es ein zusätzliches Informationsblatt ($\rightarrow$ Fehler 1. Art, Fehler 2. Art).

Der Parameter dof bezeichnet die **Anzahl der Freiheitsgrade** (engl. *degrees of freedom*). Er beschreibt die Menge an Informationen, die zur Schätzung der unbekannten Modellparameter verwendet werden kann. Er ist daher durch unsere Messdatenreihe festgelegt und bestimmt sich aus *Anzahl der*

Datenpaare - Anzahl der durch das Modell bestimmten Parameter.

Arbeitsauftrag

Lege ein Signifikanzniveau fest, zu dem du bereit bist fälschlicherweise die Nullhypothese abzulehnen. Dir wird der zugehörige theoretische t-Wert ausgegeben. Notiere ihn dir.

Lösung

● Die Eingabe sieht beispielsweise wie folgt aus:

```
significance = 0.1;
```

◄

Teil 1e

Arbeitsauftrag

Wie sähe die Entscheidung aus, wenn wir vorher risikofreudiger oder zurückhaltender gewesen wären? Variiere dazu das Signifikanzniveau. Notiere dir das Signifikanzniveau und den jeweils zugehörigen theoretischen t-Wert. Was bedeutet das Ergebnis des Hypothesentests für unsere Fragestellung? Diskutiere!

Lösung

In statistischen Testverfahren wird vor dem Test festgelegt, zu welchem Signifikanzniveau eine Entscheidung getroffen werden soll. Beispielhaft sind in der Tab. 4.5 Ergebnisse von Tests zu verschiedenen Signifikanzniveaus angegeben.

● Da selbst bei sehr kleinen Signifikanzniveaus der empirische t-Wert (deutlich) größer als der theoretische t-Wert ist, wird die Nullhypothese H_0 in diesen Fällen zugunsten der Alternativhypothese abgelehnt. Das bedeutet, bis zu einem sehr geringen Risiko für eine Falschaussage von etwa $\alpha \approx 0.06 \cdot 10^{-15}$ $m > m_0$ gilt. Die Steigung der

Tab. 4.5 *t*-Test für verschiedene Signifikanzniveaus

empirischer *t*-Wert $\frac{m-m_0}{\hat{\sigma}_m}$	Signifikanzniveau α	theoretischer *t*-Wert $t(\alpha, dof)$
21.5655	0.1	1.2888
21.5655	0.05	1.6580
21.5655	0.01	2.3586
21.5655	0.005	2.6185
21.5655	$0.1 \cdot 10^{-9}$	6.9702
21.5655	$0.06 \cdot 10^{-15}$	9.5723
21.5655	$0.05 \cdot 10^{-15}$	∞

Regressionsgerade ist zu einem sehr großen Vertrauen größer null. Der Anstieg der Temperatur um 0.008 °C pro Jahr im Zeitraum von 1900 bis 2018 ist damit gegenüber von keinem Anstieg oder gar negativen Trend signifikant unterscheidbar.

Betrachtet man die Datengrundlage, so fällt es schwer nicht an einen Temperaturanstieg von 1900 bis 2018 zu glauben. Das Vorgehen auf den Arbeitsblättern eins bis vier zeigt einerseits die große und objektive Aussagekraft der Daten, wenn man sie mathematisch unter die Lupe nimmt. Andererseits fällt auch die Beschränktheit der Aussagekraft auf, da das verwendete Modell selbst beschränkt ist und beispielsweise andere klimarelevante Faktoren außer Acht lässt. ◄

Didaktischer Kommentar

In der Statistik ist es üblich, sich vor der Testung auf ein Signifikanzniveau festzulegen. Die Testung auch von sehr geringen Signifikanzniveaus soll hier verdeutlichen, wann der Wechsel zwischen Ablehnung und Annahme von der Nullhypothese stattfindet.
Natürlich können auch weitaus größere Signifikanzniveaus getestet werden als in Tab. 4.5 angegeben. Interessant für die Hypothese ist vor allem die Fragestellung, ab welchem Signifikanzniveau die Nullhypothese nicht mehr verworfen wird.
Erfahrungsgemäß werden häufig auch die Grenzfälle $\alpha \in \{0, 1\}$ getestet. In diesen Fällen ist es sinnvoll ihre Bedeutung zu diskutieren: Das Signifikanzniveau $\alpha = 0$ bedeutet, dass man kein Risiko eingehen möchte, eine Fehlentscheidung zu treffen, also nur den wahren Wert der Steigung zulässt. Hier ist zwangsweise der theoretische *t*-Wert gleich unendlich. Das Signifikanzniveau $\alpha = 1$ hingegen besagt, dass man bereit ist jegliches Risiko einzugehen eine falsche Entscheidung zu treffen. Der theoretische *t*-Wert ist in diesem Fall gleich Null. ◄

In zwei anschließenden Zusatzaufgaben können Lernende die Frage erörtern, wie sich die Temperaturen basierend auf dem Regressionsmodell bis zum Jahr 2100 voraussichtlich entwickeln.

4.5.5 Arbeitsblätter 5/6: Zusatzaufgaben A/B

Auch bei einem sehr geringen Risiko falsch zu liegen (im Sinne des Fehlers 1. Art) wurde die Nullhypothese abgelehnt. Somit liefert der Test die Ablehnung der Nullhypothese zugunsten der Alternativhypothese „Die Temperatur steigt seit Beginn der Industrialisierung (im Zeitraum von 1900 bis 2018) an." zu einem sehr hohen Vertrauen.

In den Medien und der Politik werden Klimaziele diskutiert. In diesem Zusammenhang wird häufig vom 1.5 °C- oder 2 °C-Ziel gesprochen – und davon, dass es sehr fragwürdig ist, ob diese Ziele eingehalten werden können. Hierbei ist ein Temperaturanstieg von maximal 1.5 °C bzw. 2 °C gegenüber dem vorindustriellen Temperaturniveau gemeint. Das vorindustrielle Temperaturniveau berechnet sich aus dem arithmetischen Mittel der Temperaturanomaliewerte der Jahre von 1850–1899.

❸ Für die folgenden Aufgaben wird angenommen, dass die gefundene Regressionsgerade den Temperaturtrend auch für die Zukunft prognostiziert. Wir gehen also davon aus, dass basierend auf den Temperaturdaten von 1850 bis 2018 sowie auf dem zuvor aufgestelltem linearen Regressionsmodell Prognosen (Aussagen) über den zukünftigen Temperaturverlauf getroffen werden können.

Didaktischer Kommentar

Es gibt eine Zusatzaufgabe A, umgesetzt auf dem fünften Arbeitsblatt, und eine Zusatzaufgabe B, implementiert im sechsten Arbeitsblatt. Beide sind unabhängig voneinander, weshalb sie in beliebiger Reihenfolge bearbeitet werden können. ◄

Zusatzaufgabe A

Teil Aa
❸ Die Temperatur entwickle sich bis 2100 entsprechend des Verlaufs, der durch die aufgestellte Regressionsgerade

vorgegeben wird. Die reale Problemstellung kann in folgender Hypothese formuliert werden.

Die Temperatur steigt bis 2100 stärker an, als es das 1.5 °C- bzw. das 2 °C-Ziel vorgibt.

Arbeitsauftrag

◑ Formuliere für beide Ziele jeweils die Alternativhypothese. Es bezeichne m weiterhin die Steigung der Regressionsfunktion und m_{15} bzw. m_{20} die Steigung, gegen die getestet wird. Dabei gehört m_{15} zum 1.5 °C-Ziel und m_{20} zum 2 °C-Ziel. Stelle außerdem die passende Nullhypothese auf.

Hinweis: Falls Platz zum Rechnen benötigt wird, kann an dieser Stelle ein freies Codefeld ähnlich zu einem Taschenrechner genutzt werden.

Lösung

Es gilt die Alternativhypothese zu formulieren. Dafür müssen zunächst die Steigungen m_{15} und m_{20} bestimmt werden. Die Temperatur darf innerhalb des Zeitraums von 1900 bis 2100 nicht mehr als 1.5 °C bzw. 2 °C ansteigen. Der betrachtete Zeitraum besteht also aus 200 Jahren. Der maximale durchschnittliche Temperaturanstieg pro Jahr liegt damit bei $m_{15} = 1.5\,°C/(200\,\text{Jahre}) = 0.0075\,°C/\text{Jahr}$ bzw. $m_{20} = 2\,°C/(200\,\text{Jahre}) = 0.010\,°C/\text{Jahr}$.
Die Alternativ- und Nullhypothese lauten folglich:

H_1: Die Temperatur steigt durchschnittlich seit Beginn der Industrialisierung stärker als 0.0075 °C/Jahr bzw. 0.010 °C/Jahr an.
$$\Downarrow$$
H_1: $m > 0.0075 = m_{15}$ bzw. $m > 0.010 = m_{20}$.
$$\Downarrow$$
H_0: Die Temperatur steigt durchschnittlich seit Beginn der Industrialisierung **nicht** stärker als 0.0075 °C/Jahr bzw. 0.010 °C/Jahr an.
oder
H_0: Die Temperatur steigt durchschnittlich seit Beginn der Industrialisierung weniger als 0.0075 °C/Jahr bzw. 0.010 °C/Jahr an.
$$\Downarrow$$
H_0: $m \leq 0.0075 = m_{15}$ bzw. $m \leq 0.010 = m_{20}$.

◀

Teil Ab

Arbeitsauftrag

◑ Bestimme passende Werte für m_{15} und m_{20}. Lege außerdem ein Signifikanzniveau fest. Berechne so den theoretischen und den empirischen t-Wert jeweils für das 1.5 °C- und das 2 °C-Ziel.
   Variiere außerdem erneut das Signifikanzniveau und prüfe, zu welchen Signifikanzniveaus die Nullhypothese abgelehnt wird.

Lösung

Die Eingabe sieht wie folgt aus:

```
m15 = 1.5/200 oder 0.0075;
  # Steigung zugehörig zum 1.5 C-Ziel
m20 = 2.0/200 oder 0.010;
# Steigung zugehörig zum 2.0 C-Ziel
significance = 0.1; # Signifikanzniveau
```

In der Tab. 4.6 sind verschiedene Signifikanzniveaus getestet worden. ◀

Teil Ac

Arbeitsauftrag

● Was bedeutet das Ergebnis des Hypothesentests für die Fragestellung, wie gut wir die Ziele einhalten können? Diskutiere!

Lösung

Auffällig sind im Vergleich zu Arbeitsblatt 4 die deutlich niedrigeren empirischen t-Werte (vgl. Tab. 4.6). Auf Basis des aufgestellten Regressionsmodells ist für das 1.5 °C-Ziel die Nullhypothese zu Signifikanzniveaus $\alpha \geq 0.12$ zu verwerfen. Somit besteht großes Vertrauen, dass das Ziel nicht erreicht wird.
Im Falle des 2 °C-Ziels kann die Nullhypothese zu keinem der getesteten Niveaus abgelehnt werden. Es kann also nicht nachgewiesen werden, dass das 2 °C-Ziel verfehlt wird. ◀

Teil Ad

Es soll hier noch einmal hervorgehoben werden, dass diese Aussagen auf Basis des linearen Regressionsmodells getroffen werden.

Tab. 4.6 *t*-Test für verschiedene Signifikanzniveaus

empirischer *t*-Wert		Signifikanzniveau	theoretischer *t*-Wert
$\frac{m-m_{15}}{\hat{\sigma}_m}$	$\frac{m-m_{20}}{\hat{\sigma}_m}$	α	$t(\alpha, dof)$
1.2295	−5.5491	0.2	0.845
1.2295	−5.5491	0.15	1.041
1.2295	−5.5491	0.12	1.181
1.2295	−5.5491	0.11	1.233
1.2295	−5.5491	0.1	1.289
1.2295	−5.5491	0.05	1.658
1.2295	−5.5491	0.01	2.359
1.2295	−5.5491	0.005	2.619

Arbeitsauftrag: Modellkritik
Warum hält sich die Aussagekraft unseres Modells in Grenzen? Nenne Gründe und diskutiere sie. Erläutere außerdem Möglichkeiten wie das Modell verbessert werden kann.

Lösung / Fazit

Wir konnten nicht eindeutig nachweisen, dass die Ziele verfehlt werden. Warum schlagen dennoch so viele Wissenschaftler/innen Alarm? Alle Ergebnisse wurden unter der Annahme erzeugt, dass sich die Temperatur entlang der Regressionsgerade entwickelt. Dieses kann jedoch bezweifelt werden. Einerseits legen die Daten nahe, dass der Temperaturanstieg eher in zwei Phasen verlief: Die erste Phase von etwa 1900 bis 1945 und die zweite Phase von 1975 bis heute. Zwischen 1945 und 1975 waren die Temperaturen eher konstant, was zu einem Abflachen der Regressionsgerade führt. Es stellt sich daher die Frage, ob eine Regressionsgerade, die lediglich die Daten ab 1975 bis heute verwendet, für eine Vorhersage der Temperaturentwicklung nicht deutlich besser geeignet ist. In einer weiterführenden Aufgabe könnte basierend auf einem eingeschränkten Datensatz ein lineares Regressionsmodell aufgestellt und überprüft werden. Diese Herangehensweise ist nicht Teil des Workshopmaterials und kann als kleine Programmierübung genutzt werden.

Es könnten auch andere Modelle, etwa ein quadratisches Modell, die Temperaturentwicklung möglicherweise besser beschreiben. Solche Modelle könnten von Lernenden entwickelt und auf die Daten angewandt werden. Hier kann anschließend diskutiert werden, in wie fern sich diese Modelle gegenüber dem linearen Regressionsmodell besser eignen um Prognosen aufzustellen.

Dieses Vorgehen, verschiedene Modelle aufzustellen, ihre Ergebnisse zu simulieren und miteinander zu vergleichen, ist gängig in der Wissenschaft: Auch im IPCC-

Bericht werden unterschiedliche Szenarien und die Auswirkungen in die Zukunft analysiert. Genau auf dieser Basis entstehen solch voneinander abweichende Aussagen von „Die Temperatur steigt bis 2100 um 1.5 °C an." bis hin zu „Die Temperatur steigt bis 2100 um 4.8 °C an.". ◀

Zusatzaufgabe B

Teil Ba
☾ Wie entwickelt sich die Temperaturanomalie bis 2100 unter der Annahme, dass die Regressionsgerade zur Vorhersage der Temperaturentwicklung verwendet werden kann?

Arbeitsauftrag
Stelle eine Formel zur Berechnung der Temperaturanomalie im Jahre 2100 auf. Bestimme außerdem die Zeitpunkte, wann die Temperaturanomalie genau um 1.5 °C bzw. 2 °C seit Beginn der Industrialisierung gestiegen ist. Diskutiere deine Ergebnisse im Kontext des Klimawandels.

Lösung

❶ Hier können auf die in Arbeitsblatt drei berechneten Werte für die Steigung der Regressionsgerade mBest und für den *y*-Achsenabschnitt bBest zugegriffen werden. Außerdem stehen für die Bestimmung des vorindustriellen Niveaus die Temperaturanomaliewerte ab dem Jahr 1850 zur Verfügung. Diese sind in dem Spaltenvektor *tempAll* gespeichert. Das vorindustrielle Niveau ist durch das arithmetische Mittel der Temperaturanomalie über die Zeitspanne vom Jahr 1850 bis zum Jahr 1899 definiert (vgl. IPCC 2018). Die Eingabe sieht damit wie folgt aus:

```
# Bestimmung des vorindustriellen Niveaus
tempVIN = mean(tempAll[1:50]);

# Temperaturanomalie im Jahr 2100
```

```
temp200 = mBest * 200 + bBest;

# Jahr, in dem die Temperaturanomalie um 1.5
Grad Celsius gegenüber dem vorindustriellen
Niveau gestiegen ist
time15 = (tempVIN+1.5-bBest) / mBest;

# Jahr, in dem die Temperaturanomalie um
2 Grad Celsius gegenüber dem vorindustriellen
Niveau gestiegen ist
time20 = (tempVIN+2.0-bBest) / mBest;
```

Die Lösungen dazu lauten:

$$\text{temp}_{200} = 1.1242951502776133 \approx 1.124$$
$$\text{time}_{15} = 207.76326801234288 \approx 207.8$$
$$\text{time}_{20} = 270.62898108191547 \approx 270.6$$

● Steigt die Temperatur bis ins Jahr 2100 so, wie es die Regressionsgerade prognostiziert, wird im Jahr 2100 eine Temperaturanomalie von etwa $1.124\,°C$ erreicht werden. Vergleiche dazu beispielsweise die bisherige Rekordtemperaturanomalie von $0.979\,°C$ im Jahr 2016: Ein solcher jetziger Rekordwert wird 2100 um fast $0.15\,°C$ überboten. Einen Temperaturzuwachs von $1.5\,°C$ gegenüber dem vorindustriellen Temperaturniveau würde im Jahr 207sBdI, also im eigentlichen Jahr $207 + 1900 = 2107$, erreicht werden. Einen Temperaturzuwachs von $2.0\,°C$ gegenüber dem vorindustriellen Temperaturniveau würde im Jahr 270sBdI, also im eigentlichen Jahr $270 + 1900 = 2170$, erreicht werden. Die Ergebnisse sind in Abb. 4.10 veranschaulicht. ◄

Didaktischer Kommentar

Nicht nur das numerische Ergebnis, sondern auch die graphische Darstellung dessen deuten auf Zweifel am Einhalten des $1.5\,°C$-Ziels hin: Auf Basis des aufgestellten linearen Regressionsmodells wird ein Temperaturanstieg von $1.5\,°C$ gegenüber dem vorindustriellen Niveau in einem engen Zeitfenster um 2100 erreicht. Somit zeichnet sich hier ein ähnliches Bild wie im Hypothesentest aus der Aufgabe Ab & c des Zusatzblattes A ab (vgl. Abschn. 4.5.5). ◄

Teil Bb
Dieser Aufgabenteil gleicht dem Aufgabenteil d der Zusatzaufgabe A. An dieser Stelle sei daher sowohl für die Aufgabenstellung als auch die Lösung auf den entsprechenden Abschn. 4.5.5 (AB 5) verwiesen.

4.6   Ausblick und Vorschläge für weiterführende Modellierungsaufgaben

Die hier geschilderten Untersuchungen der Temperaturzeitreihe von 1900 bis 2018 stellen einen wichtigen Teil in der wissenschaftsgeleiteten Untersuchung des Klimawandels dar. Sie zeigen zu einem sehr hohen Vertrauen, dass die globale Durchschnittstemperatur ansteigt. Es könnten nun weitere Klimaindikatoren untersucht werden. Auf diese Weise würde ein umfassenderes Bild der klimatischen Veränderungen entstehen.

Zusätzliche Analysen könnten sich der Frage widmen, wie dieser Temperaturanstieg zu erklären ist: Wie groß sind natürliche Einflüsse, wie beispielsweise Vulkanausbrüche oder Sonneneruptionen, auf den Temperaturanstieg und welchen Anteil am Trend können sie nicht erklären? Für diesen Anteil ist vermutlich der Mensch verantwortlich. Auch diese Untersuchung erfordert wieder ein mathematisches Modell. Ein einfaches Klimamodell betrachtet den Energiehaushalt der Erde und untersucht den Strahlungstransport. Ausgehend von der Bestrahlungsstärke der Sonne ermöglicht dieses Modell eine realistische Berechnung der Durchschnittstemperatur der Erde. Natürliche und nicht-natürliche Einflüsse lassen sich nun quantitativ abschätzen. In Frank (2021) wird diese Analyse didaktisch aufbereitet und Workshopmaterial vorgestellt.

Vorhersagen des Klimas sind daher sehr komplex und schwierig. Sie müssen nicht nur die natürlichen Einflüsse prognostizieren, sondern auch das Verhalten der Menschen in der Zukunft (bspw. Emissionen, Umsiedlungen, Austrocknung von Landflächen, ...) berücksichtigen.

Weitere, bereits während der Erarbeitung der Arbeitsblätter genannten Vorschläge für weiterführende Modellierungsaufgaben lassen sich zu den folgenden Punkten zusammenfassen:

1. Es könnte die Datenauswahl mit Blick auf andere wissenschaftliche Fragestellungen variiert werden. So könnten weitere Aussagen des IPCC-Berichts untersucht werden (vgl. Abschn. 4.5.2, Einleitung).
2. Es stellt sich sicherlich die Frage, ob das lineare Modell tatsächlich das geeigneteste Modell ist, um die gegebenen Daten zu beschreiben. Dazu könnten weitere Modelle (z. B. quadratisch, exponentiell) aufgestellt und auf ihre Güte hin untersucht werden (vgl. Abschn. 4.5.2, Aufg. 4a; Abschn. 4.5.3, Einleitung).

So kann auch diskutiert werden, ob Prognosen aufgrund des verbesserten Modells aussagekräftiger sind. Es sollte jedoch auf jeden Fall darauf hingewiesen werden, dass ein

Abb. 4.10 Temperaturzeitreihe (Punktwolke) von 1850–2018 basierend auf dem vollen HadCRUT-Datensatz mit Regressionsgerade nach dem Gauß-Verfahren (durchgehende Gerade ab dem Jahr 0 sBdI), dem vorindustriellen Niveau (eng gepunktete Linie), dem 1.5 °C-Niveau (weit gepunktete Linie) und dem 2.0 °C-Niveau (weit gestrichelte Linie)

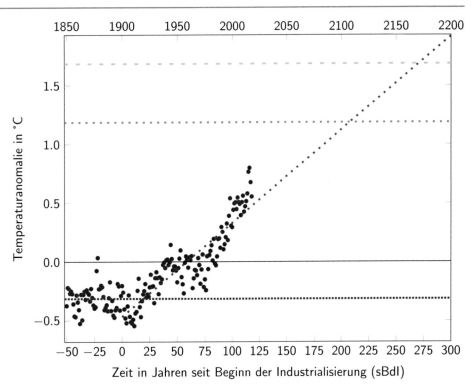

neues Modell in Bezug auf die Einstiegshypothese „Die Temperatur steigt seit Beginn der Industrialisierung an und kann durch einen linearen Verlauf beschrieben werden." keine neuen Erkenntnisse liefert (vgl. Abschn. 4.5.5, Aufg. Ad).

3. Man könnte die lineare Regressionsanalyse auf die Temperaturanomaliezeitreihe von 1975 bis 2018 legen. Dies hätte den Vorteil, ausschließlich Temperaturanomalien nach der Anstiegspause, die etwa von 1940 bis 1975 dauerte, zu betrachten. Auf dieser Basis könnten neue Rückschlüsse auf die Temperaturentwicklung gezogen und ggf. bessere Prognosen aufgestellt werden. Nachteilig ist der klimatisch gesehen recht kurze Betrachtungszeitraum. Daher ist die Aussagekraft die Ergebnisse kritisch zu hinterfragen (vgl. Abschn. 4.5.5, Aufg. Ad).

Danksagung Den Weg dieses Workshops bis zu seiner hier dargestellten Form haben verschiedene Personen begleitet. Zunächst bedankt sich die Autorin besonders bei allen wissenschaftlichen Kolleginnen und Kollegen, die gerne mit ihr sowohl auf mathematischer als auch auf didaktischer Ebene den Workshop, seine Inhalte und die Umsetzung diskutiert haben. Insbesondere gilt hier der Dank Dr. Michael Weimer – auch für seine konstruktive Kritik zu diesem Buchkapitel. Auch Dr. Marco Berghoff dankt die Autorin in besonderer Weise für seinen programmiertechnischen Einsatz. Außerdem spricht die Autorin Dr. Almut Zwölfer, die dieses Buchkapitel als Lehrkraft in Augenschein genommen hat, ihren Dank aus.

Literaturverzeichnis

Bals, C., Kier, G. & Treber, M. (2008). Klimaskeptiker und ihre Argumente. Eine Kurzeinführung mit Literaturhinweisen. Germanwatch Hintergrundpapier. https://www.germanwatch.org/sites/germanwatch.org/files/die_skeptiker.pdf; Zugegriffen: 12. Aug. 2020.

Baum, M., Bellstedt, M., Brandt, D., Buck, H., Dürr, R., Freudigmann, H., & Zinser, M. (2015). *Lambacher Schweizer - Mathematik Qualifikationsphase NRW*. Stuttgart: Ernst Klett Verlag GmbH.

Björnberg, K. E., Karlsson, M., Gilek, M., & Hansson, S. O. (2017). Climate and environmental science denial: A review of the scientific literature published in 1990–2015. *Journal of Cleaner Production, 167*, 229–241.

Boykoff, M. T. & Boykoff, J. M. (2004). Balance as bias: Global warming and the US prestige press. http://www.julesboykoff.org/wp-content/uploads/2013/06/Bas-B-2004-in-GEC.pdf. Zugegriffen: 12. Aug. 2020.

Collomb, J. -D. (2014). The ideology of climate change denial in the United States. https://doi.org/10.4000/ejas.10305. Zugegriffen: 12. Aug. 2020.

Cramer, E., & Kamps, U. (2007). *Grundlagen der Wahrscheinlichkeitsrechnung und Statistik - Ein Skript für Studierende der Informatik, der Ingenieur- und Wirtschaftswissenschaften* (2. Aufl.). Springer.

Deutscher Wetterdienst. (2019). Klimaentwicklung in Deutschland - Monitoringbericht 2019 zur Deutschen Anpassungsstrategie an den Klimawandel. https://www.umweltbundesamt.de/monitoringbericht-2015-klimaentwicklung-in#die-klimaentwicklung-in-deutschland-seit-dem-ende-des-19-jahrhunderts-. Zugegriffen: 09. Nov. 2020.

Doran, P. T., & Zimmerman, M. K. (2009). Examining the scientific consensus on climate change. *Eos, Transactions American Geophysical Union, 90*(3), 22–23.

Hattebuhr, M., & Frank, M. (2021). Compartment models to study human impact on climate change. In H. Humenberger & H.-S. Siller (Eds.), *Zur Veröffentlichung eingereicht.* Instituto Universitario de Matemática Pura y Aplicada.

Hattebuhr, M. (2022). *Methodisch-didaktische Entwicklung und Evaluation von interaktiven Lehr- und Lernmaterialien zur Mathematik im Bereich der Klimaforschung (Dissertation).* Karlsruher Institut für Technologie (KIT): Akzeptiert.

Henze, N. (2020a). Arithmetisches Mittel und Median: Minimaleigenschaften. https://www.youtube.com/watch?v=lZ9IRxL7SfQ. Zugegriffen: 08. Nov. 2021.

IPCC. (2013). Climate change 2013: The physical science basis. In: T. F. Stocker, D. Qin, G.-K. Plattner, M. Tignor, S. K. Allen, J. Boschung, V. B., & P. M. Midgley, (Hrsg.), *Contribution of working group I to the fifth assessment report of the intergovernmental panel on climate change.* Cambridge University Press.

IPCC. (2016). *Klimaänderung 2014: Synthesebericht - Beitrag der Arbeitsgruppen I, II und III zum Fünften Sachstandsbericht des Zwischenstaatlichen Ausschusses für Klimaänderungen (IPCC)* (R. K. Pachauri and L. A. Meyer, Hrsg.). IPCC, Deutsche Übersetzung durch Deutsche IPCCKoordinierungsstelle (Bonn).

IPCC. (2018). *Global Warming of 1.5°C. An IPCC Special Report on the impacts of global warming of 1.5°C above pre-industrial levels and related global greenhouse gas emission pathways, in the context of strengthening the global response to the threat of climate change, sustainable development, and efforts to eradicate poverty* (V. Masson-Delmotte, P. Zhai, H.-O. Pörtner, D. Roberts, J. Skea, P. R. Shukla, T.Waterfield, Hrsg.). https://www.ipcc.ch/site/assets/uploads/sites/2/2019/06/SR15_Full_Report_High_Res.pdf; Zugegriffen: 10. März 2021.

Krieg, A., & Koecher, M. (2007). *Ebene Geometrie* (3. Aufl.). Springer.

Lindner, M., & Schuster, A. (2018). Zehn Fakten zum Klimawandel - Klima. https://www.zeit.de/wissen/umwelt/2018-11/klimagipfel-in-katowice-klimawandelfakten-mythen-globale-erwaermung-wissenschaft. Zugegriffen: 12. Aug. 2020.

Mast, M. (2019). *So geht es nicht weiter - Sonderbericht zum Klimawandel.* https://www.zeit.de/wissen/umwelt/2019-08/sonderbericht-klimawandel-ipcclandflaechen-nutzung-nachhaltigkeit. Zugegriffen: 12. Aug. 2020.

Morice, C. P., Kennedy, J. J., Rayner, N. A., & Jones, P. D. (2012). Quantifying uncertainties in global and regional temperature change using an ensemble of observational estimates: The HadCRUT4 dataset. Journal of Geophys. Res. and 117, D08101. https://www.metoffice.gov.uk/hadobs/hadcrut4/. Zugegriffen: 03. April 2020. https://doi.org/10.1029/2011JD017187.

Stern, P. C. (2016). Sociology. *Impacts on climate change views.* https://doi.org/10.1038/nclimate2970

Wikipedia.org. (2020). Methode der kleinsten Quadrate. https://de.wikipedia.org/wiki/Methode_der_kleinsten_Quadrate#Geschichte. Zugegriffen: 05. Sept. 2020.

Winter, H. (1995). Mathematikunterricht und Allgemeinbildung. Mitteilungen der Gesellschaft für Didaktik der Mathematik, 61, 37–46. https://ojs.didaktik-der-mathematik.de/index.php/mgdm/article/view/69/80.

Einblicke in unseren Körper durch Computertomographie

Kirsten Wohak

Zusammenfassung

Bei der Untersuchung kranker Patienten ist die Computertomographie unersetzbar, da sie verglichen zu anderen Methoden – wie beispielsweise der Magnetresonanztomographie (MRT) – sehr viel schneller ist. Innerhalb weniger Minuten berechnet ein Computer die innere Struktur des durchstrahlten Körpers. Er verwendet dabei von Detektoren gemessene Projektionen des Volumens auf eine Fläche. Die Lernenden erarbeiten, wie ein gegebenes Computertomographie-Bild mithilfe der Durchstrahlungen berechnet werden kann. Dafür stellen sie lineare Gleichungssysteme auf und untersuchen diese auf Existenz und Eindeutigkeit einer Lösung. Zudem betrachten sie den Einfluss von Messfehlern und rekonstruieren unter Berücksichtigung dieser Fehler Computertomographie-Bilder auf denen trotzdem das gescannte Objekt erkannt werden kann.

- **Zielgruppe:** Lernende ab Klasse 11
- **Lerneinheiten:** 5–6 Doppelstunden á 90 min (s. Ahg. D.1)
- **Vorkenntnisse:** Vektoren, Parameterdarstellung von Geraden im $\mathbb{R}^2$ und Ebenen im $\mathbb{R}^3$, Schnittpunkte zwischen Geraden

5.1 Einleitung

Die Computertomographie ist ein bildgebendes Verfahren zur Darstellung von inneren Körperstrukturen, welche in vielen Bereichen der Medizin Anwendung findet. Es lassen sich Organe, wie das Herz, die Lunge und das Gehirn sehr detailliert

visuell darstellen. Die Untersuchung ist innerhalb weniger Minuten durchführbar und sehr präzise.

Um ein Computertomographie-Bild zu erhalten, wird der Patient auf einem beweglichen Tisch in einen Ringtunnel geschoben (s. Abb. 5.1), um den sich eine Röntgenröhre dreht. Die Röntgenröhre erzeugt Röntgenstrahlen, die durch den Patienten geschickt werden. Ein Detektor gegenüber der Röntgenröhre (s. Abb. 5.2) misst die ankommenden Intensitäten aller Röntgenstrahlen. Aufgrund sehr unterschiedlicher Dicken und Dichten der verschiedenen Gewebestrukturen (beispielsweise Organe) kann die vom Detektor gemessene Intensität stark variieren. Zudem geben die Detektoren fehlerhafte Daten weiter, da ein Messgerät nicht beliebig genau messen kann. Aus der gemessenen, sehr großen Datenmenge berechnet ein Computer die innere Struktur des durchstrahlten Körpers. Diese kann das ärztliche Fachpersonal als Bild betrachten.

Im Workshop modellieren die Lernenden den Verlauf der Röntgenstrahlen durch die Objekte. Zudem untersuchen sie, welchen Einfluss Messfehler bei der Rekonstruktion der inneren Struktur eines Objekts haben.

5.2 Übersicht über die Inhalte des Workshops

Mathematische Inhalte

Folgend sind innermathematische Anknüpfungspunkte des Workshops aufgelistet (notwendiges Vorwissen ist unterstrichen):

- Vektoren
- lineare Gleichungssysteme
- Matrizen zur Beschreibung linearer Gleichungssysteme
- Trigonometrie (Sinus, Kosinus, Tangens)
- Parameterdarstellung von Geraden im $\mathbb{R}^2$
- Berechnung vom Schnittpunkt zweier Geraden
- Euklidischer Abstand zweier Punkte

K. Wohak (✉)
Karlsruher Institut of Technologie (KIT), Eggenstein-Leopoldshafen, Deutschland
E-mail: wohak@kit.edu

© Der/die Autor(en), exklusiv lizenziert durch Springer-Verlag GmbH, DE, ein Teil von Springer Nature 2022
M. Frank und C. Roeckerath (Hrsg.), *Neue Materialien für einen realitätsbezogenen Mathematikunterricht 9*,
Realitätsbezüge im Mathematikunterricht, https://doi.org/10.1007/978-3-662-63647-3_5

Abb. 5.1 Ein Teddybär vor einem Computertomographen. (Quelle: www.tieraerztliches-zentrum.de)

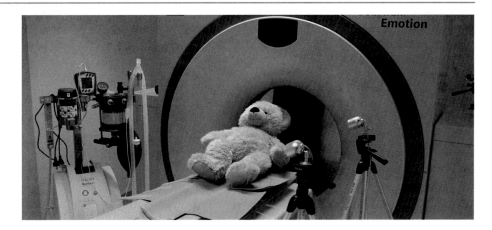

- Skalarprodukt
- Normalenvektor von Ebenen
- relativer Fehler
- Differentialrechnung

Dabei ist lediglich Vorwissen zum Umgang mit Vektoren, der Parameterdarstellung von Geraden im $\mathbb{R}^2$ und zur Berechnung des Schnittpunkts von Geraden notwendige Voraussetzung für die Bearbeitung dieses Workshops.

Außermathematische Inhalte
Der Workshop ist sowohl inner- wie auch außermathematisch reichhaltig und bietet damit auch die Möglichkeit fächerübergreifende Projekte (z. B. Mathematik, Physik und Informatik) durchzuführen. Mögliche Anknüpfungspunkte bieten:

- Röntgenstrahlen
- Absorption
- Messfehler
- Syntax von formaler, informatischer Sprache
- for-Schleifen und if-Bedingungen

5.3   Einstieg in die Problemstellung

Röntgenstrahlen, die auf einen Körper oder Gegenstand treffen, werden je nach Dichte des Materials verschieden stark abgeschwächt, bevor sie das Objekt wieder verlassen. Wie stark ein Strahl abgeschwächt wird, kann nach dem Austritt aus dem Objekt mithilfe von Detektoren gemessen werden (vgl. Grumme et al., 1998): Je strahlendurchlässiger das jeweilige Gewebe ist, desto dunkler stellt es sich im Computertomographie-Bild dar; bei geringerer Durchlässigkeit erscheint es heller. Mithilfe eines Kontrastmittels, das Patienten zuvor verabreicht wird, kann der Kontrast zwischen den verschiedenen Geweben erhöht werden. Durch die Bestrahlung aus verschiedenen Richtungen und durch das Wis-

sen über die Stärke der Abschwächung können die Materialien identifiziert und anschließend dreidimensional rekonstruiert werden.

Inzwischen sind viele Computertomographie-Scanner auf dem Markt, die ganz unterschiedlich funktionieren. In der ersten Version aus den 1970ern wurden die Röntgenstrahlen parallel durch das zu untersuchende Objekt geschickt (s. Abb. 5.2(a)). Seither gab es etliche Neu- bzw. Weiterentwicklungen, die jedoch alle eine Gemeinsamkeit aufweisen: Sowohl die Röntgenröhre als auch der Detektor drehen sich um das zu scannende Objekt herum. In heutigen, moderneren Computertomographen werden die Strahlen meist kegelförmig durch den Körper geschickt. Dabei kann man zwischen drei verschiedenen Arten unterscheiden: Ist die Röntgenröhre weit genug vom Objekt entfernt und der Kegel groß genug, so wird der ganze Körper in einem durchstrahlt (s. Abb. 5.2(c)). Ist die Quelle der Strahlen nah am Körper, so wird nicht das komplette Objekt in jeder Winkeleinstellung gescannt (s. Abb. 5.2(d)). Erzeugt die Röntgenröhre stärker gebündelte Röntgenstrahlen, so bestrahlen sie nur einen kleinen Ausschnitt des Körpers, sodass die Röntgenröhre verschoben werden muss, um das ganze Objekt zu durchstrahlen (s. Abb. 5.2(b)).

Im Workshop wird zunächst nur die älteste Bestrahlungsart, das heißt die mit parallelen Strahlen, betrachtet, da sich die parallelen Strahlen weitaus leichter modellieren lassen, als die kegelförmigen. Dennoch wird die Funktionsweise der Rekonstruktion klar. Anschließend können die Lernenden ihr Modell zur Rekonstruktion eines Körpers basierend auf realen Daten anwenden.

Die Rekonstruktionen, die die Lernenden unter Berücksichtigung von Messfehlern erstellen, sind zu Beginn nicht zufriedenstellend. Das Verfahren wird deshalb optimiert, um trotz Messfehlern Rekonstruktionen zu erhalten denen entnommen werden kann, was gescannt wurde. Zum Abschluss können auch die anderen Bestrahlungsarten (s. Abb. 5.2(b)–(d)) implementiert und verglichen werden.

Abb. 5.2 Vier Bestrahlungsarten
bei der Computertomographie:
(**a**) Parallele Strahlen,
(**b**) rotierende spitze Kegel, (**c**)
und (**d**) rotierende breite Kegel.
(Quelle: www.ctlab.geo.utexas.
edu, zuletzt verwendet:
30.04.2020)

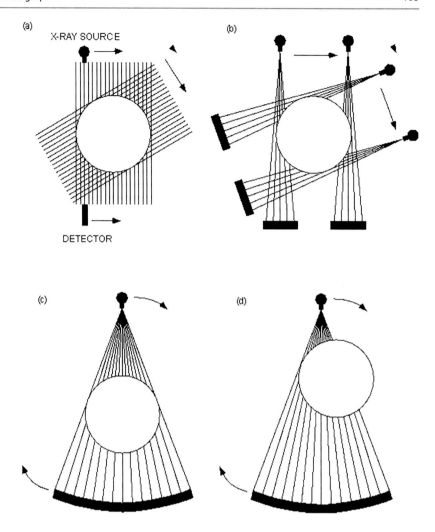

5.3.1   Erste Vereinfachungen und Annahmen

Bei der Computertomographie werden Objekte unter verschiedenen festen Winkeleinstellungen mit parallelen Strahlen durchstrahlt. Ziel ist es, die sogenannten **Absorptionskoeffizienten** der verschiedenen Materialien des Objekts zu bestimmen. Diese können genutzt werden, um die innere Struktur des Objekts bildlich darzustellen. Läuft ein Röntgenstrahl
durch einen Körper, wird er von den verschiedenen Materiali-
en, die in dem Körper enthalten sind, verschieden stark abgeschwächt. Für ein einzelnes Material mit der Dicke a und dem
Absorptionskoeffizient f wird die Abschwächung der Intensität eines Strahls, welche zu Beginn I_0 beträgt, durch das
Lambert-Beer'sche Gesetz, auch Absorptionsgesetz genannt,
beschrieben (vgl. Schlegel et al., 2018). Es lautet

$$I(a) = I_0 \cdot e^{-f \cdot a}. \qquad (5.1)$$

Ist der Absorptionskoeffizient f größer, wird der Strahl stärker abgeschwächt als bei einem kleineren Absorptionskoef-

fizienten. Ebenso spielt die Dicke a des Materials eine ent-
scheidende Rolle. Je dicker das Material, desto stärker wird
der Strahl absorbiert.

Betrachtet man einen Körper – wie beispielsweise den
menschlichen (s. Abb. 5.3) – reicht es nicht aus, lediglich
ein Material mit einer Dicke und einem Absorptionskoeffizienten zu betrachten. Der Absorptionskoeffizient ändert sich
aufgrund der verschiedenen Organe, die im Körper vorliegen. Deshalb muss der Absorptionskoeffizient in Abhängigkeit von den räumlichen Koordinaten (x_1, x_2) definiert werden (vgl. Mueller & Siltanen, 2012). Bei der Computertomographie liegt aufgrund der technischen Apparatur der Mittelpunkt des Computertomographen nicht im Mittelpunkt des zu
untersuchenden Körpers (s. Abb. 5.3). Genauso wird es auch
im Workshop umgesetzt.

Die medizinischen Mitarbeitenden erhalten nach einem
Scan eine schwarz-weiße Abbildung (s. Abb. 5.3). Aufgrund
ihrer Ausbildung können sie anhand der Position und des
Grauwerts eines Bildausschnitts erkennen, um welches Organ es sich handelt und beurteilen, ob das Organ beschädigt

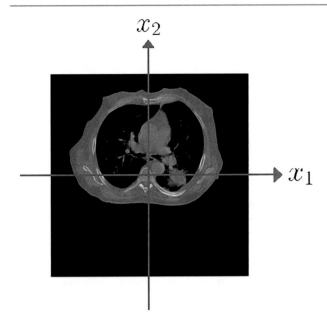

Abb. 5.3 Querschnitt eines menschlichen Oberkörpers mit eingetragenem Koordinatensystem

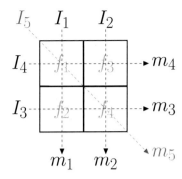

Abb. 5.4 In vier Pixel unterteiltes Quadrat, welches von fünf Strahlen durchstrahlt wird

ist. Die verschiedenen Grauwerte stehen im direkten Zusammenhang mit der Größe des Absorptionskoeffizienten des entsprechenden Materials:

- dunkel: Material mit geringer Dichte, geringem Absorptionskoeffizienten, wenige Strahlen werden absorbiert
Luft erscheint nahezu schwarz in Computertomographie-Bildern, da die Dichte ($\rho_L \approx 1,2041\frac{\text{kg}}{\text{m}^3}$) gering ist (vgl. Schlegel et al., 2018).
- hell: Material mit hoher Dichte, hohem Absorptionskoeffizienten, viele Strahlen werden absorbiert
Knochen ($\rho_K \approx 1900\frac{\text{kg}}{\text{m}^3}$) erscheinen heller im Computertomographie-Bild (vgl. Yarusskaya & Donina, 2002).

Die Dichte von Wasser ($\rho_W \approx 1000\frac{\text{kg}}{\text{m}^3}$) liegt zwischen der von Luft und Knochen und entspricht somit in Computertomographie-Bildern einer gräulichen Farbe.

Damit Computertomographie-Bilder, die von verschiedenen Computertomographen erzeugt wurden, vergleichbar bleiben, werden sie kalibriert. Dabei wird der sogenannte CT-Wert verwendet, welcher in Hounsfield-Einheiten (HE) angegeben wird. Der CT-Wert berechnet sich aus dem Verhältnis der Absorptionskoeffizienten des zu untersuchenden Materials und Wasser. In einem kalibrierten Scanner sollte der CT-Wert für Wasser bei 0 HE und der von Luft bei -1000 HE liegen. Die CT-Werte für Knochen liegen zwischen 500 HE und 1500 HE je nach Knochenart (vgl. Schlegel et al., 2018).

Bei den Röntgenstrahlen, die durch den zu untersuchenden Körper geschickt werden, handelt es sich um Lichtbündel. Im Zentrum jeder dieser Bündel ist die Menge der Photonen (der Lichtteilchen) am stärksten und nach außen hin nimmt sie

ab. Das bedeutet, dass der Eintrittspunkt eines Strahls in ein Objekt in der Realität einer Fläche und nicht einem einzigen Punkt entspricht. Um im Workshop den Verlauf der Strahlen durch den zu untersuchenden Körper zu beschreiben wird diese Ausbreitung des Strahls vernachlässigt. ☽ Es wird angenommen, dass der Strahl zu jedem Zeitpunkt punktförmig ist und somit durch eine Gerade ohne Ausbreitung beschrieben werden kann[1].

Bei einer Bestrahlung im Computertomographen können nur endlich viele Strahlen durch einen Körper geschickt werden und auch nur endlich viele Schichten eines Körpers betrachtet werden. Das bedeutet, dass der zu untersuchende Körper zur Bestimmung der inneren Struktur diskretisiert werden muss. ☽ Daher wird in der Praxis ein Quader mit gleicher Höhe und Breite um den zu untersuchenden Körper gelegt. Der Querschnitt dieses Quaders entspricht einer quadratischen Durchstrahlungsebene, also einer Schicht des zu untersuchenden Körpers. ☽ Im Workshop wird nur eine Schicht des zu untersuchenden Körpers rekonstruiert, sodass die Computertomographie auf das zweidimensionale reduziert wird. Die Art des Vorgehens kann jedoch auf das dreidimensionale erweitert werden, indem mehrere Schichten des Körpers auf die gleiche Weise rekonstruiert werden.

Eine einzelne Schicht eines zu untersuchenden Körpers wird in kleinere gleich große Quadrate, sogenannte **Pixel,** unterteilt (s. Abb. 5.4). Die Länge und Breite eines Pixels entspricht jeweils einer Längeneinheit, sodass die zurückgelegte Distanz in jedem Pixel bestimmt werden kann. Die Längeneinheit kann variieren je nachdem in wie viele Pixel der zu untersuchende Körper unterteilt wird. In der Realität werden viele tausend dieser Pixel betrachtet, da die Objekte aus vielen verschiedenen Materialien bestehen können. ☽ Im Workshop werden jedoch vorerst vereinfachend nur wenige Pixel betrachtet. Dabei kann es passieren, dass ein Pixel mehrere Materialien umfasst. ☽ Für die mathematische

[1] Die Symbole ☽, ☽, ☽ und ● spiegeln die Modellierungsschritte wieder. Die genaue Bedeutung der einzelnen Symbole wird in Abschn. 1.1 detaillierter beschrieben.

Beschreibung wird für jedes Pixel ein konstantes Material und somit auch ein konstanter Absorptionskoeffizient verwendet. Dieser setzt sich anteilig aus den Materialien zusammen, die in dem Pixel liegen. Dies führt zu Ungenauigkeiten, welche jedoch mit steigender Pixelanzahl geringer werden. ➌ Im Workshop werden nur Absorptionskoeffizienten zwischen 0 und 255 betrachtet, da diese gut als Grauwerte veranschaulicht werden können. Dadurch kann die Qualität berechneter Rekonstruktionen leichter beurteilt werden. Zudem wird für gemeinsame Diskussionen für die Pixel eine vorgeschriebene Nummerierung eingeführt, welche den Indizes aus Abb. 5.4 entnommen werden kann. Wir beginnen links oben und nummerieren die Pixel spaltenweise.

Betrachtet man einen Strahl, der durch mehrere Pixel läuft, so müssen sowohl die Dicken aller Materialien als auch deren Absorptionskoeffizienten bei der Berechnung der Abschwächung der Intensität berücksichtigt werden (s. Gl. 5.1). Für n Materialien mit Absorptionskoeffizient f_j und Dicke a_j, $j = 1, \dots, n$, gilt

$$I(a_1, a_2, \dots, a_n) = I_0 \cdot e^{-f_1 \cdot a_1 - f_2 \cdot a_2 - \dots - f_n \cdot a_n}. \quad (5.2)$$

Wird die Logarithmusfunktion auf Gl. (5.2) angewendet, so entsteht eine lineare Gleichung der Absorptionskoeffizienten f_j. Diese linearen Gleichungen können anschaulich mithilfe von Abb. 5.4 aufgestellt werden. Jeder Strahl – von insgesamt l Strahlen – hat zu Beginn eine Intensität die logarithmiert in I_i gespeichert wird, wobei $i = 1, \dots, l$. Nachdem der Strahl das Objekt durchquert hat, wird die ankommende Intensität von einem Detektor gemessen und ebenfalls logarithmiert in den Messwerten m_i gespeichert. Bei beiden Werten wird der Einfachheit halber im weiteren Verlauf von Intensitäten gesprochen und das „logarithmiert" vernachlässigt.

Betrachten wir beispielhaft den oberen horizontalen Strahl aus Abb. 5.4. Die zu Beginn vorliegende Intensität des Strahls wird durch I_4 beschrieben. Der Strahl legt in Pixel 1 und 3 die gleiche Distanz zurück und der Detektor misst die ankommende Intensität m_4. Die zurückgelegten Distanzen a_j in den entsprechenden Pixeln beschreiben in den linearen Gleichungen die Vorfaktoren der Absorptionskoeffizienten f_j, wie auch schon in Gl. (5.2). Somit lässt sich für den betrachteten Strahl die folgende Gleichung aufschreiben:

$$I_4 - a_1 \cdot f_1 - a_3 \cdot f_3 = m_4 \quad \Leftrightarrow \quad a_1 \cdot f_1 + a_3 \cdot f_3 = I_4 - m_4 = d_4 \quad (5.3)$$

Die Differenz zwischen der Anfangsintensität und dem Messwert, wird in d_i gespeichert. Für jeden Strahl lässt sich solch eine Gleichung aufstellen. Um bei den zurückgelegten Strecken eine Zugehörigkeit zu dem betrachteten Strahl und der dazugehörigen Intensität und dem gemessenen Wert zu

schaffen, wird die Variable a_j um den Index i erweitert, welcher angibt um welchen Strahl es sich handelt. Dadurch lässt sich folgendes Gleichungssystem aufstellen:

$$d_i = \sum_{j=1}^{n} a_{ij} \cdot f_j \quad \text{bzw. kurz} \quad \vec{d} = A \cdot \vec{f}. \quad (5.4)$$

Vektor $\vec{d}$ beinhaltet alle logarithmierten Differenzen, $\vec{f}$ die Absorptionskoeffizienten und in Matrix A werden die Distanzen gespeichert, die die Strahlen in einem Material bzw. einem Pixel zurücklegen. Eine Zeile der Matrix A enthält somit die zurückgelegten Distanzen eines Strahls in jedem Pixel. Betrachtet man eine Spalte, so beschreiben die sich darin befindenden Werte die zurückgelegten Distanzen aller Strahlen in einem ausgewählten Pixel.

Das Ziel im Workshop ist es, die Absorptionskoeffizienten f_i aller vorkommenden Materialien im Körper und deren Positionen zu bestimmen. Um das zu erreichen, muss zunächst Matrix A aufgestellt werden. ➊ Dafür werden die Strahlen als Halbgeraden im kartesischen Koordinatensystem beschrieben, die in der Röntgenröhre starten. Für die mathematische Beschreibung werden hierfür in der Schule meist die Geradengleichung oder die Parameterdarstellung von Geraden im $\mathbb{R}^2$ verwendet. Im Workshop wird letztere eingesetzt, da es nicht möglich ist, senkrechte Strahlen durch eine Geradengleichung zu beschreiben. In der Parameterdarstellung können die Strahlen mithilfe des Winkels aufgestellt werden, die der Strahl zur x_1-Achse aufweist. Dabei macht es keinen Unterschied, ob ein Strahl mit dem Winkel θ oder $\theta + 180°$ durch das Objekt läuft. Der Messwert beider Strahlen ist identisch. Aufgrund der Symmetrie reicht es somit aus, wenn die Winkel zwischen $0°$ und $180°$ betrachtet werden. Mithilfe dieser Beschreibung der Strahlen können die Punkte bestimmt werden, in denen der Strahl von einem Pixel in ein anderes Pixel übergeht (s. Abb. 5.4). Anhand dieser Punkte lassen sich die Distanzen, die in jedem Pixel zurückgelegt werden, bestimmen, welche für Matrix A benötigt werden.

➌ Da sich die Lernenden zu Beginn der Modellierung der Strahlen widmen und deren Verlauf beschreiben, werden dabei zunächst keine Messfehler berücksichtigt. Dies wird bei der Berechnung von Rekonstruktionen geändert. Messfehler müssen berücksichtigt werden, da jedes Ergebnis bei realen Messungen von physikalischen Größen mit Messungenauigkeiten behaftet ist.

5.4 Aufbau des Workshops

Der Workshop setzt sich aus drei Arbeitsblättern und einem Zusatzblatt zusammen. Das Zusatzblatt kann nach dem letzten Arbeitsblatt bearbeitet werden.

Übersicht
Einblicke in den Körper durch Computertomographie

- AB 1: Erste Durchstrahlung eines vereinfachten Objekts
- AB 2: Verlauf der Strahlen (ausführliche Version)
- AB 2 – Fasttrack: Verlauf der Strahlen (gekürzte Version)
- AB 3: Rekonstruktion von Bildern
- Zusatzblatt: Optimierung der Rekonstruktion

Bei Arbeitsblatt 2 kann je nach Kurs und Rahmenbedingungen zwischen einer ausführlicheren und kürzeren Version (AB 2 – Fasttrack) gewählt werden.

Im Anhang ist die Abfolge der Arbeitsblätter mit schulmathematischer Anknüpfung inklusive möglicher Diskussionsphasen zu finden (s. Ahg. D.1). Dieser Ablaufplan bieten eine kompakte Übersicht über behandelte Mathematik in jedem einzelnen Arbeitsblatt. Zudem ist in Anhang D.2 ein exemplarischer Stundenverlaufsplan mit Verwendung des ausführlicheren Arbeitsblatts 2 zu finden, der die Durchführung des Projekts im Rahmen von fünf Doppelstunden darstellt.

5.5 Vorstellung der Workshopmaterialien

◔ In Abschn. 5.3.1 wurden bereits verschiedene Annahmen und Vereinfachungen getroffen, die hier nochmal zusammengefasst sind:

- Wir betrachten den quadratischen Querschnitt eines Objekts und reduzieren das Problem auf den zweidimensionalen Fall.
- Das Objekt wird aus Winkeln zwischen 0° und 180° durchstrahlt.
- Jedes Pixel hat einen konstanten Grauwert.
- Es werden zunächst keine Messfehler berücksichtigt.

Didaktischer Kommentar

Bevor die Lernenden mit der Bearbeitung der Arbeitsblätter beginnen, sollten sie eine gemeinsame Einführung in die Problemstellung im Plenum durch die Lehrkraft erhalten. Die Folien eines Beispielvortrags befinden sich auf der Workshop-Plattform (sie werden heruntergeladen, wenn das Passwort für die Lösungsvorschläge eingegeben wurde) zu denen per Anfrage Notizen zur Verfügung gestellt werden können.

Im Vortrag wird auf die folgenden Punkte eingegangen:

- Ziel ist es, das Innere von Körpern zu untersuchen, ohne sie dabei aufzuschneiden.
- Dies ist möglich, indem man Strahlen aus verschiedenen Richtungen durch den zu untersuchenden Körper schickt. Für Lernende kann das anschaulich erklärt werden, indem man zwei Gegenstände mit etwas Abstand nebeneinander stellt. Betrachtet man diese Gegenstände aus verschiedenen Blickwinkeln, weiß man genau, wie sie positioniert sind.
- Um die innere Struktur von Körpern original getreu zu bestimmen, müssten mehrere tausend Absorptionswerte bzw. Grauwerte betrachtet werden. Das tun wir jedoch nicht, weil wir erst die Funktionsweise verstehen wollen. Deshalb müssen Pixel eingeführt und der Verlauf von Strahlen durch diese beschrieben werden.
- Zuletzt wird die Problemstellung in Bezug zum mathematischen Modellierungskreislauf (s. Kap. 1) gesetzt.

◀

Nach einer Einführung in die Problemstellung, starten die Lernenden mit der Bearbeitung der Arbeitsblätter[2].

5.5.1 Arbeitsblatt 1: Erste Durchstrahlung eines vereinfachten Objekts

Schritt 1 | Vereinfachte Situation
Wir betrachten zu Beginn den einfachsten Fall:

◔ Ein Quadrat ist in **vier Pixel** unterteilt und wird von **vier Strahlen** durchstrahlt, wie in Abb. 5.5 dargestellt. Dabei stehen f_1 bis f_4 (Eingabe im Code mit `f1 - f4`) für die jeweiligen Grauwerte der Pixel. Die Pixel werden von links oben spaltenweise durchnummeriert. Die Strahlen haben am Anfang immer eine Intensität von 20, welche beim Durchlaufen des Objekts abnimmt. Die detektierten Messwerte werden durch die Zahlen am Ende der Strahlen in Abb. 5.5 gekennzeichnet. Diese werden bei der Computertomographie durch Detektoren gemessen.

Teil a
In unserer vereinfachten Situation nehmen wir an, dass unser Objekt nur aus vier verschiedenen Materialien besteht. Ziel ist es, ein Modell zu entwickeln, mit dem anhand des

[2] Die wesentlichen Bausteine der Arbeitsblätter und deren jeweilige Besonderheiten werden in Abschn. 2.3.2 beschrieben. Um den strukturellen Aufbau der Arbeitsblätter besser nachvollziehen zu können, wird dem Leser/der Leserin die Lektüre dieses Abschnitts empfohlen.

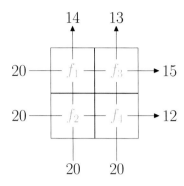

Abb. 5.5 Darstellung eines Objekts, welches in vier Pixel unterteilt ist und von vier Strahlen durchstrahlt wird

Intensitätsverlusts auf die innere Struktur des untersuchten Objekts geschlossen werden kann. Dafür betrachten wir die Situation aus Abb. 5.5.

> **Arbeitsauftrag**
> Bestimme durch Ausprobieren Einträge f_1, f_2, f_3 und f_4 für jedes Pixel, sodass die Zeilen- und Spaltendifferenzen stimmen (s. Abb. 5.5).

> **Didaktischer Kommentar**
>
> In dieser Aufgabe können die Lernenden zu unterschiedlichen Lösungen kommen, da das zugrundeliegende lineare Gleichungssystem **unterbestimmt** ist. Es liegen zwar vier Unbekannte und vier Gleichungen (die sich durch den Verlauf der Strahlen aufstellen lassen) vor, jedoch sind die Gleichungen nicht linear unabhängig (s. Aufgabenteil d). Wichtig ist nur, dass die Lösungen der Lernenden zu den gegebenen Messwerten passen.
>
> Es ist möglich, dass Lernende bereits an dieser Stelle ein lineares Gleichungssystem aufstellen wollen. Das wird in einer späteren Teilaufgabe benötigt. Hier sollen

die Lernenden tatsächlich nur durch reines Ausprobieren eine mögliche Grauwertverteilung finden. ◄

> **Lösung**
>
> ◑ Zwei mögliche Lösungen sind in Abb. 5.6a und 5.6b dargestellt. ◄

Teil b
Findest du noch eine zweite Verteilung der Einträge für f_1, f_2, f_3 und f_4, die die Zeilen- und Spaltendifferenzen erfüllt?

> **Arbeitsauftrag**
> Gib die Einträge für f_1, f_2, f_3 und f_4 ein.

> **Lösung**
>
> ◑ Mögliche Antworten sind wieder in Abb. 5.6a und 5.6b dargestellt. ◄

> **Didaktischer Kommentar**
>
> Durch Aufgabenteile a und b sollen die Lernenden anfangen über die Eindeutigkeit der Lösung nachzudenken. Ist die Lösung nicht eindeutig, so ist es nicht möglich zu wissen, welche Lösung die innere Struktur des untersuchten Körpers darstellt. ◄

Teil c
Die Lösung bei der Computertomographie scheint nicht eindeutig zu sein. Überlege dir, wie viele Lösungen es gibt.

> **Arbeitsauftrag**
> Notiere die Anzahl der Lösungen. Überlege dir, welcher Zahlenraum sinnvoll ist. Begründe deine Antwort.

Abb. 5.6 a Eine mögliche Wahl der Grauwerte, sodass die gegebenen Zeilen- und Spaltendifferenzen erhalten werden. **b** Eine weitere Wahl der Grauwerte, sodass die gegebenen Zeilen- und Spaltendifferenzen erhalten werden

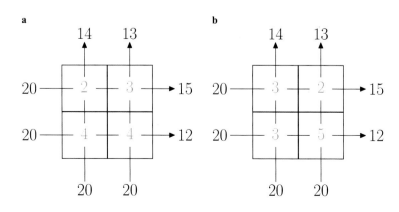

Lösung

● Die Lernenden können ihre Überlegungen auf einem Antwortblatt notieren. Dieses ist auf dem digitalen Arbeitsblatt verlinkt und kann von den Lernenden geöffnet werden.

Geht man davon aus, dass alle reellen Zahlen als Einträge von f_1 bis f_4 erlaubt sind, so sind unendlich viele Lösungen möglich. Korrekt ist, dass alle positiven reellen Zahlen als Grauwerte in Frage kommen. Negative Grauwerte hießen, dass die Intensität nach dem Durchlaufen eines Pixels gestiegen ist, was physikalisch keinen Sinn ergibt. Auch mit dieser Einschränkung gibt es weiterhin unendlich viele Lösungen.

Die Lernenden notieren nur eine Einschätzung. Sie können die korrekte Antwort erst nach dem Aufstellen des linearen Gleichungssystems wissen. ◄

Teil d

Unser Ziel ist es, deine Überlegungen aus Aufgabenteil a zu mathematisieren. Dafür stellen wir ein Gleichungssystem auf. Wird dieses mit bekannten Zeilen- und Spaltendifferenzen gelöst, werden die Pixeleinträge berechnet.

Arbeitsauftrag
Beschreibe jeden einzelnen Strahl durch eine lineare Gleichung mit den Variablen f_1, f_2, f_3 und f_4.

Achtung

Bei dieser Aufgabe ist zu beachten, dass die Gleichungen als **Nullgleichungen** eingeben werden müssen. Das bedeutet, dass die Gleichungen so umgeformt werden müssen, dass auf der einen Seite „= 0" steht.

Beispielsweise bedeutet dies: Die Gleichung $2 \cdot f_1 - f_3 = 7$ wird umgeformt zu $2 \cdot f_1 - f_3 - 7 = 0$ und eingegeben als $2 \cdot f_1 - f_3 - 7$. ◄

Lösung

◗ Die Länge einer Pixelkante, sprich ihre Breite und Höhe, entspricht einer Längeneinheit. Da hier zunächst alle Strahlen horizontal oder vertikal verlaufen, entspricht die zurückgelegte Distanz eines Strahls pro Pixel einer Längeneinheit.

Man muss beachten, dass der Lichtstrahl mit einer Intensität von 20 startet und davon jeweils der Grauwert pro Pixel subtrahiert wird.

Dadurch ergibt sich folgendes Gleichungssystem:

$$
\begin{aligned}
14 &= 20 - f_1 - f_2 &\Leftrightarrow\quad 6 &= f_1 + f_2 &\Leftrightarrow\quad f_1 + f_2 - 6 &= 0 \\
13 &= 20 - f_3 - f_4 &\Leftrightarrow\quad 7 &= f_3 + f_4 &\Leftrightarrow\quad f_3 + f_4 - 7 &= 0 \\
15 &= 20 - f_1 - f_3 &\Leftrightarrow\quad 5 &= f_1 + f_3 &\Leftrightarrow\quad f_1 + f_3 - 5 &= 0 \\
12 &= 20 - f_2 - f_4 &\Leftrightarrow\quad 8 &= f_2 + f_4 &\Leftrightarrow\quad f_2 + f_4 - 8 &= 0
\end{aligned}
$$

Die Reihenfolge der einzelnen Zeilen kann beliebig eingegeben werden.
Eine mögliche Eingabe lautet[3]:

```
SystemOfEquations(f1,f2,f3,f4)
        = [f1+f2-6
           f3+f4-7
           f1+f3-5
           f2+f4-8];
```
◄

Tipp

Die Lernenden erhalten bei Bedarf den Tipp, dass die Pixellängen und -kanten jeweils die Länge 1 haben. Das bedeutet, dass horizontale und vertikale Strahlen beim Durchlaufen eines Pixels genau so stark abgeschwächt werden, wie der Grauwert des Pixels groß ist.

Hat der Strahl am Anfang eine Intensität von 20 und am Ende eine von 15 und läuft er vertikal durch das Pixel von f_1 und anschließend durch das von f_2, erhält man die Gleichung

$$20 - f_1 - f_2 = 15.$$
◄

Um die Informationen des Gleichungssystems kompakter darstellen und die Lösung leichter bestimmen zu können, wollen wir das Gleichungssystem in die Matrix-Vektor Schreibweise umschreiben. Dazu muss das Gleichungssystem so umgeformt werden, dass alle reinen Zahlen auf der einen Seite des Gleichungssystems und alle Variablen auf der anderen Seite stehen.

Hier folgt ein Beispiel:

$$
\begin{aligned}
2f_1 - 3f_2 + f_3 &= 4 \\
4f_1 - f_2 + 2f_3 &= -1 \\
-f_1 \quad\quad + 5f_3 &= -3.
\end{aligned}
$$

Jetzt kann man dieses in die Matrix-Vektor Schreibweise übersetzen, indem man die Vorfaktoren vor den f_i in eine Art Tabelle schreibt. Diese Art von Tabelle nennt man Matrix, welche in diesem Workshop die Variable A (Eingabe im

---

[3]In den Lösungen wird der Code, der von den Lernenden eingegeben wird, fett hervorgehoben. Alle übrigen angegebenen Bestandteile des Codes sind bereits auf dem digitalen Arbeitsblatt vorhanden. Anmerkungen, die hinter einem # stehen, stellen Kommentare vom Autor für die Lernenden dar.

Code durch A) bekommt. In der ersten Spalte stehen alle Vorfaktoren von f_1, in der zweiten die von f_2 und in der dritten die von f_3. Die Zahlen rechts vom Gleichheitszeichen werden in eine Spalte, welche Vektor $\vec{d}$ genannt wird (Eingabe von $\vec{d}$ im Code durch d), geschrieben:

$$
\begin{array}{ccc}
f_1 & f_2 & f_3 \\
\downarrow & \downarrow & \downarrow
\end{array}
$$

$$
A = \begin{pmatrix} 2 & -3 & 1 \\ 4 & -1 & 2 \\ -1 & 0 & 5 \end{pmatrix} \begin{array}{l} \leftarrow \text{1. Gleichung} \\ \leftarrow \text{2. Gleichung,} \\ \leftarrow \text{3. Gleichung} \end{array} \qquad \vec{d} = \begin{pmatrix} 4 \\ -1 \\ -3 \end{pmatrix} \begin{array}{l} \leftarrow \text{1. Gleichung} \\ \leftarrow \text{2. Gleichung} \\ \leftarrow \text{3. Gleichung} \end{array}
$$

Wie bei uns gilt auch hier im Beispiel der Zusammenhang $\vec{d} = A \cdot \vec{f}$.

Teil e

Forme dein Gleichungssystem in Matrix-Vektor Schreibweise um. Es soll der folgende Zusammenhang gelten: $\vec{d} = A \cdot \vec{f}$.

Arbeitsauftrag

Stelle deine durch das Gleichungssystem entstehende Matrix, genannt A, und deinen Vektor mit den Zeilen- und Spaltendifferenzen, genannt d, auf. Die Einträge von $\vec{f}$ sind die gesuchten Grauwerte f_1, f_2, f_3 und f_4.

Didaktischer Kommentar

Im vorherigen Aufgabenteil war die Reihenfolge der Gleichungen beliebig. Dadurch kann die aufgestellte Matrix der Lernenden ebenfalls unterschiedlich aussehen. Dabei ist zu beachten, dass die Reihenfolge der Einträge im Vektor $\vec{d}$ gleichermaßen angepasst wird, damit der Eintrag d_i auch bei der korrekten Gleichung steht. ◄

Lösung

◗ Wird das gleiche Gleichungssystem, wie in Aufgabenteil d betrachtet, lautet die Eingabe:

```
A = [1 0 1 0;        d = [5;
     0 1 0 1;             8;
     1 1 0 0;             6;
     0 0 1 1];            7];
```

◄

Teil f

Wie viele Lösungen hat dieses Gleichungssystem? Was bedeutet dieses Ergebnis in Bezug auf die zu bestimmenden Einträge f_i und für die Computertomographie?

Arbeitsauftrag

Notiere deine Antwort.

Lösung

● Obwohl das Gleichungssystem aus vier Gleichungen mit vier Unbekannten besteht, ist die Lösung des Gleichungssystems **nicht** eindeutig. Die Zeilen der Matrix sind **linear abhängig**. In Bezug auf die Computertomographie bedeutet das, dass die Struktur des durchstrahlten Körpers nicht bestimmt werden kann, da man nicht weiß, welcher der vielen möglichen Lösungen die korrekte ist und somit die tatsächliche Struktur widerspiegelt. ◄

Teil g

Arbeitsauftrag

Überlege dir, wie die vereinfachte Situation erweitert werden kann, sodass wir eine eindeutige Lösung erhalten.

Notiere deine Lösung und Frage bei deiner Lehrkraft oder den Betreuenden nach, falls du Unterstützung brauchst oder deine Ideen besprechen möchtest.

Lösung

● Dem existierenden Gleichungssystem müssen mehr Informationen hinzugefügt werden. Dies kann in Form weiterer Strahlen geschehen. ◄

Didaktischer Kommentar

Nach dieser Aufgabenstellung folgt ein großes Stoppschild für die Lernenden. Sie werden dazu aufgerufen erst weiter zu lesen, wenn sie sich Gedanken zu Aufgabenteil g gemacht haben. Beachten sie das nicht, wird ihnen im nächsten Aufgabenteil die Lösung vorweg genommen.

Wird dieser Workshop so durchgeführt, dass die Lernenden ein ähnliches Arbeitstempo haben, bietet sich diese Stelle für eine gemeinsame Diskussion an. Zusammen mit den Lernenden kann erarbeitet werden, wie es möglich ist dem Gleichungssystem weitere Informationen hinzuzufügen. ◄

Teil h

Um eine eindeutige Lösung zu erhalten, müssen dem Gleichungssystem weitere Informationen hinzugefügt werden. In Bezug auf die Computertomographie bedeutet das, dass wir einen weiteren Strahl durch das Objekt schicken müssen.

Arbeitsauftrag
Überlege dir, welchen Strahl du hinzufügen möchtest. Bestimme, wie lang die Strecke ist, die dein ausgewählter Strahl in den einzelnen Pixeln zurücklegt. Gib diese Distanz für jedes einzelne Pixel ein. l_1 (Eingabe im Code durch `l1`) ist die Distanz, die in Pixel 1 zurückgelegt wird, und so weiter. Als Ausgabe erhältst du den Messwert des Strahls.

Hinweis: $\sqrt{x}$ schreibt man in `Julia` als `sqrt(x)`.

Didaktischer Kommentar

Eine Fehlerquelle bei dieser Aufgabe ist, dass die Lernenden beachten müssen, dass sie nur den Messwert von einem Strahl erhalten. Sie müssen sich also auf einen Strahl festlegen und überlegen, welche Distanzen dieser in welchem Pixel zurücklegt. Dabei ist wichtig, dass sie die richtige Nummerierung der einzelnen Pixel verwenden, um den Messwert des gewünschten Strahls zu erhalten. Die einfachsten Strahlen sind die Diagonalen, wobei auch andere Strahlen als Wahl möglich sind. Wesentlich ist nur, dass die Strahlen nicht horizontal oder vertikal sind, da diese keine neuen Informationen zum Gleichungssystem hinzufügen. ◄

Lösung

◗ Wird ein Strahl betrachtet, der nicht horizontal oder vertikal verläuft, so entspricht die Distanz, die der Strahl durch ein Pixel zurücklegt nicht mehr 1. Beim diagonalen Strahl beispielsweise legt der Strahl nun die Distanz $\sqrt{2}$ in den entsprechenden Pixeln zurück. Betrachtet man den Strahl von der linken unteren Ecke zu der rechten oberen Ecke des Objekts, so lautet die Eingabe:

```
l1 = 0;
l2 = sqrt(2);
l3 = sqrt(2);
l4 = 0;
```

Als Ausgabe erhalten die Lernenden den zu dem Strahl gehörigen Messwert.

In diesem Beispiel lautet die Ausgabe:
„Der fehlende Messwert, den der Detektor misst, beträgt: 7.27." ◄

Tipps

Stufe 1: Die Lernenden erhalten den Hinweis, dass sich die zurückgelegte Distanz pro Pixel verändert und ungleich 1 ist, wenn der Strahl nicht mehr horizontal oder vertikal durch das Objekt läuft.

Stufe 2: Die Lernenden bekommen den Tipp, dass sie zur Berechnung der neuen Distanzen den Satz des Pythagoras verwenden können und dass diese neue Distanz den neuen Matrixeintrag darstellt.

Stufe 3: Die Lernenden erhalten Abb. 5.7 zusammen mit dem Satz des Pythagoras und den Tipp, dass für die Kantenlängen $a = b = 1$ gilt. ◄

Teil i
Ergänze dein vorheriges Gleichungssystem um die Gleichung des neu hinzugefügten Strahls, indem du den Messwert der vorherigen Ausgabe verwendest. Forme das Gleichungssystem erneut in Matrix-Vektor Schreibweise um.

Arbeitsauftrag
Gib deine neue Matrix A_{new} (Eingabe im Code durch `A_new`) und deinen neuen Vektor $\vec{d}_{\text{new}}$ (Eingabe im Code durch `d_new`) ein, indem du deine Matrix A und deinen Vektor $\vec{d}$ aus Aufgabenteil e übernimmst und ergänzt.

Hinweis: Dezimalzahlen werden mit einem *Punkt* statt einem *Komma* geschrieben.

Lösung

◗ Hier muss der gleiche Strahl wie in Aufgabenteil h betrachtet werden, da sonst der gemessene Wert – den die Lernenden dort als Ausgabe erhalten – nicht mit dem betrachteten Strahl übereinstimmt. Zudem muss beachtet werden, dass die Differenz zwischen der Eintrittsintensität 20 und der Austrittsintensität – dem bestimmten Messwert aus h – berechnet werden muss.

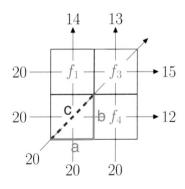

Abb. 5.7 Hilfestellung für den Satz des Pythagoras am Beispiel eines diagonalen Strahls

Eine mögliche Eingabe lautet:

```
A_new = [1 0       1       0;       d_new = [5;
         0 1       0       1;                8;
         1 1       0       0;                6;
         0 0       1       1;                7;
         0 sqrt(2) sqrt(2) 0];            12.73];
```

◄

Am Ende des ersten Arbeitsblatts können Lernende zwischen drei verschiedenen Möglichkeiten wählen:

- Sie können eine Zusatzaufgabe zur Bestimmung der eindeutigen Lösung bei der Betrachtung von neun Pixeln bearbeiten. Diese Zusatzaufgabe wird im Folgenden beschrieben.
- Sie können sich intensiv mit der Modellierung der Strahlen auseinandersetzen und die ausführliche Version von Arbeitsblatt 2 wählen.
- Sie können sich intensiv mit der Rekonstruktion von Bildern auseinandersetzen, welche im Arbeitsblatt 3 behandelt wird, und dafür die kürzere Version von Arbeitsblatt 2 wählen.

Didaktischer Kommentar

Die verschiedenen Versionen des zweiten Arbeitsblatts ermöglichen es, auf die **Heterogenität** der Lernenden einzugehen, da sie so in ihrem eigenen **Lern- und Arbeitstempo** arbeiten können und dennoch die gleiche Problemstellung bearbeiten.

Der Unterschied zwischen der kürzeren und der längeren Version von Arbeitsblatt 2 ist, dass die kürzere Version Schritt 1 – bis auf den letzten Aufgabenteil – der längeren Version überspringt und die essentiellen Erkenntnisse für die Lernenden erläutert werden. Im Rahmen dieses Abschnitts wird deshalb die ausführliche Version des Arbeitsblatts beschrieben und erwähnt an welcher Stelle die kürzere Version ansetzt. ◄

Zusatzaufgabe mit neun Pixeln

❍ Ein Körper besteht aus viel mehr als nur vier Materialien, weshalb wir die Anzahl der Zeilen und Spalten erhöhen und mit einem feineren Pixelgitter arbeiten. Zwangsläufig bedeutet dies, dass wir mehr Strahlen als vorher betrachten müssen. Jedoch wie viele genau? Mögliche Strahlen, die man bei neun Pixeln verwenden könnte, sind in Abb. 5.8 dargestellt.

Teil a

Wie viele Strahlen musst du verwenden, um die Verteilung der Grauwerte **eindeutig** bestimmen zu können?

Arbeitsauftrag

Stelle ein Gleichungssystem auf, indem du verschiedene Strahlen aus Abb. 5.8 mit den dazugehörigen Messwerten m_i beschreibst. Trage die Matrix A_{big} (Eingabe im Code durch A_big) und den Vektor mit den Differenzen $\vec{d}_{\text{big}}$ der Intensitäten (Eingabe im Code durch d_big), so wie du es bei Schritt 1 gemacht hast, in das Codefeld ein.

Lösung

❍ Es werden je nach Wahl der Strahlen entweder neun oder zehn Gleichungen benötigt, um die Grauwerte eindeutig zu bestimmen. Dies ist abhängig davon, ob die Lernenden Strahlen wählen, deren Gleichungen linear unabhängig voneinander sind, oder nicht.

Da die Lernenden 18 Strahlen zur Verfügung haben, wird in Tab. 5.1 dargestellt, wie die dazugehörigen Zeilen der aufzustellenden Matrix und Messwerte des Vektors lauten. Die Matrixeinträge werden über den Satz des Pythagoras berechnet. ◄

Teil b

Was bedeutet dies in Bezug auf die Materialbestimmung bei der Computertomographie? Warum verwenden wir nicht einfach alle Strahlen?

Arbeitsauftrag

Notiere deine Antwort.

Lösung

● Verwendet man ausreichend viele Strahlen (neun oder zehn), so erhält man die Grauwerte so, wie sie im Inneren des Körpers verteilt sind, und kann das Innere des Objekts bei dieser Auflösung korrekt darstellen. Zu viele Strahlen sollten jedoch nicht verwendet werden, da Röntgenstrahlen schädlich für den Körper sind. ◄

Didaktischer Kommentar

Um diese Validierung abgeben zu können, müssen die Lernenden (Welt-)Wissen über den Einfluss von Strahlung auf den menschlichen Körper mitbringen. Dieses kann jedoch auch in einer Plenumsdiskussion aufgefrischt oder in der Problemstellung zu Beginn diskutiert werden. Alternativ können die Lernenden während der Durchführung des Materials im Internet suchen und selbst herausfinden, warum die Anzahl der verwendeten Strahlen so gering wie möglich gehalten werden sollte. ◄

Abb. 5.8 In neun Pixel aufgeteiltes Objekt wird von 18 Strahlen durchstrahlt; mit angegebenen Messwerten

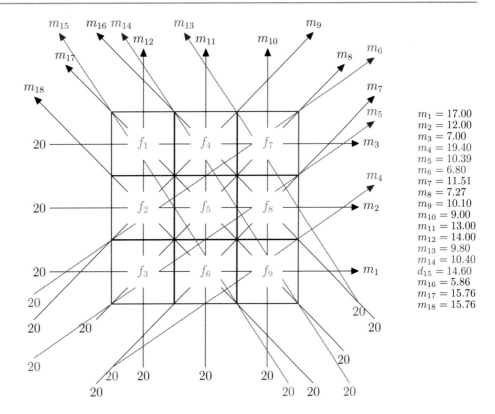

$m_1 = 17.00$
$m_2 = 12.00$
$m_3 = 7.00$
$m_4 = 19.40$
$m_5 = 10.39$
$m_6 = 6.80$
$m_7 = 11.51$
$m_8 = 7.27$
$m_9 = 10.10$
$m_{10} = 9.00$
$m_{11} = 13.00$
$m_{12} = 14.00$
$m_{13} = 9.80$
$m_{14} = 10.40$
$d_{15} = 14.60$
$m_{16} = 5.86$
$m_{17} = 15.76$
$m_{18} = 15.76$

Fazit

Wir haben herausgefunden, dass mehr Strahlen durch das Objekt geschickt werden müssen, als unbekannte Grauwerte vorliegen, um eine eindeutige Lösung zu erhalten. Wir konnten so die **eindeutige Verteilung** der Grauwerte für den Spezialfall von vier (bzw. in der Zusatzaufgabe von neun) Pixeln bestimmen.

5.5.2 Arbeitsblatt 2: Verlauf der Strahlen

Üblicherweise sind im menschlichen Körper **viele verschiedene Materialien** vertreten, die alle unterschiedliche Absorptionskoeffizienten besitzen. Das bedeutet, dass das Gleichungssystem, das zur Beschreibung der Strahlen aufgestellt werden muss, um alle Grauwerte zu bestimmen, sehr groß ist. Unser Ziel ist es deshalb, das Aufstellen des Gleichungssystems zu automatisieren.

Dafür müssen wir herausfinden, wie ein Strahl, der durch einen Körper läuft, beschrieben werden kann. Dazu betrachten wir im Folgenden das in **neun Pixel** (drei Zeilen, drei Spalten) aufgeteilte Objekt (s. Abb. 5.9a).

Für die Mathematisierung stehen dir die **Startpunkte der Strahlen am Rand des Objekts,** also die Punkte, an denen die Strahlen in das Objekt eindringen, und die **Winkel** θ (Eingabe im Code durch `theta`), mit denen das Objekt durchleuchtet wird, zur Verfügung.

Die Variable θ enthält die **verschiedenen betrachteten Winkel in Grad.** Zu jeder Winkeleinstellung wird das Objekt

von **drei parallelen Strahlen** durchlaufen. Das heißt, dass wir insgesamt 12 Strahlen betrachten. Die Einträge von P_{x_1} (Eingabe im Code durch `PX1`) und P_{x_2} (Eingabe im Code durch `PX2`) geben die x_1- bzw. x_2-Koordinaten der **Startpunkte der Strahlen** für die entsprechenden Winkel an. Die unten fett gedruckten Zahlen entsprechen den x_1- und x_2-Koordinaten des helleren Punktes in Abb. 5.9a. Sie geben also an, dass der betrachtete Strahl mit einem Winkel von $\theta = 45°$ im Punkt $(-1.5 \mid 0.41)$ in das Objekt eintritt.

Die Daten sehen wie folgt aus:

$$\theta = \begin{pmatrix} 0 & 45 & 90 & 135 \end{pmatrix}$$

$$P_{x_1} = \begin{matrix} 0° & 45° & 90° & 135° \\ \downarrow & \downarrow & \downarrow & \downarrow \end{matrix}$$
$$P_{x_1} = \begin{pmatrix} -1.5 & -0.59 & 0.75 & 1.5 \\ -1.5 & -1.5 & -0.25 & 1.5 \\ -1.5 & \mathbf{-1.5} & -1.25 & 0.09 \end{pmatrix} \begin{matrix} \leftarrow 1.\ \text{Strahl} \\ \leftarrow 2.\ \text{Strahl} \\ \leftarrow 3.\ \text{Strahl} \end{matrix}$$

$$\begin{matrix} 0° & 45° & 90° & 135° \\ \downarrow & \downarrow & \downarrow & \downarrow \end{matrix}$$
$$P_{x_2} = \begin{pmatrix} -0.75 & -1.5 & -1.5 & -0.09 \\ 0.25 & -1 & -1.5 & -1.5 \\ 1.25 & \mathbf{0.41} & -1.5 & -1.5 \end{pmatrix} \begin{matrix} \leftarrow 1.\ \text{Strahl} \\ \leftarrow 2.\ \text{Strahl.} \\ \leftarrow 3.\ \text{Strahl} \end{matrix}$$

Auf die einzelnen Elemente der Matrizen P_{x_1} und P_{x_2} kann im Code zugegriffen werden, indem man angibt, in welcher

Tab. 5.1 Matrixzeilen und Messwerte für alle 18 Strahlen bei der Bestrahlung der 3×3 Pixel aus der Zusatzaufgabe von Arbeitsblatt 1

Strahl	Messwert m_i	$\vec{d}_{big}$-Eintrag	Matrixzeile								
1	17	3	0	0	1	0	0	1	0	0	1
2	12	8	0	1	0	0	1	0	0	1	0
3	7	13	1	0	0	1	0	0	1	0	0
4	19.4	0.6	0	0	0	0	0	0.6	0	0	1.2
5	10.39	9.61	0	0	1.2	0	0.6	0.6	0	1.2	0
6	6.8	13.2	0	1.2	0	0.6	0.6	0	1.2	0	0
7	11.51	8.49	0	0	0	0	0	$\sqrt{2}$	0	$\sqrt{2}$	0
8	7.27	12.73	0	0	$\sqrt{2}$	0	$\sqrt{2}$	0	$\sqrt{2}$	0	0
9	10.10	9.9	0	$\sqrt{2}$	0	$\sqrt{2}$	0	0	0	0	0
10	9	11	0	0	0	0	0	0	1	1	1
11	13	7	0	0	0	1	1	1	0	0	0
12	14	6	1	1	1	0	0	0	0	0	0
13	9.8	10.2	0	0	0	0	0	0	1.2	0.6	0
14	10.4	9.6	0	0	0	1.2	0.6	0	0	0.6	1.2
15	14.6	5.4	1.2	0.6	0	0	0.6	1.2	0	0	0
16	5.86	14.14	0	0	0	$\sqrt{2}$	0	0	0	$\sqrt{2}$	0
17	15.76	4.24	$\sqrt{2}$	0	0	0	$\sqrt{2}$	0	0	0	$\sqrt{2}$
18	15.76	4.24	0	$\sqrt{2}$	0	0	0	$\sqrt{2}$	0	0	0

Zeile Z und **Spalte** S sich das gewünschte Element befindet: PX1[Z,S] und PX2[Z,S].

Didaktischer Kommentar

Die **Schreibweise** PX1[Z,S] kommt während des kompletten Arbeitsblatts 2 immer wieder vor. Dies stellt eine Fehlerquelle für Lernende dar, die keine Programmierkenntnisse haben oder keine Matrizen kennen, da sie sich erst mit dem Zugriff auf die einzelnen Einträge vertraut machen müssen.

Es muss darauf geachtet werden, dass bei der Eingabe im Code hinter einem Vektor oder einer Matrix präzisiert wird auf welchen Eintrag zugegriffen werden soll. Es reicht nicht aus nur den Vektor oder die Matrix anzugeben, da in dem Fall die Dimensionen für die Rechnungen nicht stimmen.

Der Zugriff auf Einträge von Vektoren geschieht durch ein [Z] oder [S] hinter der Variablen und bei Matrizen muss ein [Z,S] folgen, damit die Rechnungen ausgeführt werden können. ◄

Unser Ziel für die nächsten Aufgabenteile ist es, die Matrix, die wir im Arbeitsblatt 1 exemplarisch für die Auflösung des Objekts durch vier Pixel bestimmt haben, allgemein für eine beliebige Anzahl von parallelen Strahlen und Winkeleinstellungen zu erstellen. Hierfür beschreiben wir die Strahlen als Geraden im $\mathbb{R}^2$ und entwickeln anschließend ein Modell, mit

dem wir mithilfe des Computers bestimmen können, in welchem Pixel der Strahl welche Distanz zurücklegt. Mit dieser Matrix können wir anschließend die einzelnen Grauwerte ermitteln. Konkret stehen uns die folgenden Schritte bevor:

1. Modellierung der Strahlen
2. Bestimmung der Schnittpunkte der Strahlen mit den Pixelkanten
3. Berechnung der Distanzen, die in den Pixeln zurückgelegt werden
4. Bestimmung des Pixels, in dem eine Distanz zurückgelegt wird

Schritt 1 | Betrachtung eines Strahls
Im Folgenden betrachten wir exemplarisch den hervorgehobenen Strahl aus Abb. 5.9b und wollen dessen Verlauf durch die einzelnen Pixel beschreiben.

Teil a

Arbeitsauftrag
Gib die Koordinaten des Startpunkts (StartPX1 | StartPX2) für den ersten Strahl mit Winkeleinstellung $\theta = 45°$ an. Lies dafür die Werte aus den Matrizen der Startpunkte (P_{x_1} und P_{x_2}) ab.

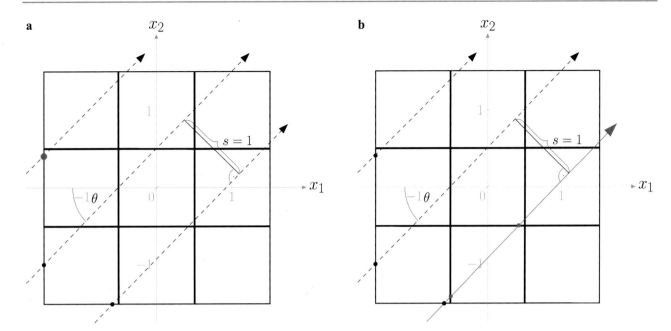

Abb. 5.9 **a** Bestrahlung von neun Pixeln mit drei parallelen Strahlen zum Winkel $\theta = 45°$. Der am linken äußeren Rand markierte Punkt ist der Eintrittspunkt des dritten Strahls zum Winkel θ. **b** Bestrahlung von neun Pixeln mit drei parallelen Strahlen zum Winkel θ. Der markierte durchgehende Strahl wird in den nächsten Aufgabenteilen untersucht

Lösung

➊ Der Strahl tritt bei Punkt $P_S(-0.59|-1.5)$ in das Quadrat ein. Die Eingabe kann über die gegebenen Matrizen geschehen, indem PX1[1,2]

```
StartPX1 = PX1[1,2];
# Die x1-Koordinate des Startpunkts
```

und PX2[1,2]

```
StartPX2 = PX2[1,2];
# Die x2-Koordinate des Startpunkts
```

aufgerufen werden. Die Eingabe lautet:
◄

Teil b

Liegen der Winkel und Eintrittspunkt in das Objekt eines Strahls vor, so kann man die Schnittpunkte des Strahls mit allen Pixelkanten berechnen.

Arbeitsauftrag

Berechne vom in Abb. 5.9b markierten Strahl die ersten beiden Schnittpunkte mit Pixelkanten, welche ebenfalls in der Abbildung markiert sind. Verwende dabei den zuvor bestimmten Startpunkt.

Gib beide Schnittpunkte auf mindestens zwei Nachkommastellen genau an. Beginne dabei mit dem

Schnittpunkt, der am nächsten an dem Startpunkt liegt. Als Hilfestellung kannst du Abb. 5.9b verwenden, in der der Strahl abgebildet ist, dessen Schnittpunkte du bestimmen sollst.

Lösung

➊ Durch den Sinus, Kosinus oder Tangens lassen sich die nächsten Schnittpunkte mit den Pixelkanten bestimmen. Jede Kante hat entweder als x_1- oder als x_2-Koordinate einen der folgenden Werte: $-1.5, -0.5, 0.5$ oder 1.5. Der Winkel beträgt $\theta = 45°$. Die ersten zwei Schnittpunkte sind

$$S_1(-0.5|-1.41) \qquad S_2(0.41|-0.5).$$

Es ist bereits hier möglich die Strahlen mithilfe der Parameterdarstellung ausgehend vom Startpunkt des Strahls im Objekt (s. Gl. (5.5)) zu beschreiben, um damit die Schnittpunkte des Strahls mit den Pixelkanten zu berechnen

$$\begin{pmatrix} x_1 \\ x_2 \end{pmatrix} = \begin{pmatrix} P_{x_1}[Z,S] \\ P_{x_2}[Z,S] \end{pmatrix} + t \cdot \begin{pmatrix} \cosd(\theta) \\ \sind(\theta) \end{pmatrix}. \quad (5.5)$$

Das jeweils angehängte „d" bei den trigonometrischen Funktionen sin() und cos() gibt die verwendete Einheit Grad (engl. *degree*) an. ◄

An dieser Stelle wird auf die in der mathematischen Fachliteratur meist übliche Schreibweise von Matrixeinträgen (z. B. A_{ij} für eine Matrix A) über Indizes verzichtet, da hier bereits x_1 bzw. x_2 im Index stehen. Stattdessen werden die Matrixeinträge in eckigen Klammern angegeben. Dies ist zwar fachlich-mathematisch unüblich, dient jedoch dazu nah an der Schreibweise der Variablen im Code zu bleiben und den Lernenden zusätzliche notationsbedingte kognitive Hürden zu ersparen. ◄

Tipps

Stufe 1: Benötigen die Lernenden bei diesem Aufgabenteil Unterstützung, so bekommen sie folgende Informationen zu den trigonometrischen Funktionen:

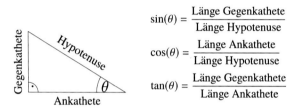

$$\sin(\theta) = \frac{\text{Länge Gegenkathete}}{\text{Länge Hypotenuse}}$$

$$\cos(\theta) = \frac{\text{Länge Ankathete}}{\text{Länge Hypotenuse}}$$

$$\tan(\theta) = \frac{\text{Länge Gegenkathete}}{\text{Länge Ankathete}}$$

Stufe 2: Die Lernenden erhalten als zweiten Tipp Abb. 5.10 mit dem Hinweis, dass sie den Winkel θ und den Startpunkt, in dem der Strahl in das Objekt eintritt, kennen. Damit können sie mithilfe des eingezeichneten Dreiecks und dem Sinus, Kosinus oder Tangens die Länge der Hypotenuse berechnen. ◄

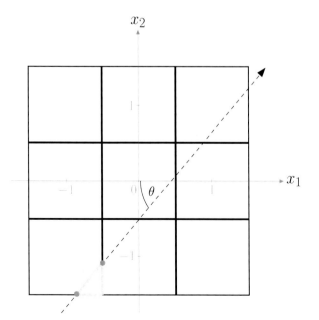

Abb. 5.10 Hilfestellung zur Berechnung des ersten Schnittpunkts mit der ersten vertikalen Pixelkante

Teil c

Die Berechnungen aus Aufgabenteil b sollen nun in den nächsten Schritten für alle Winkel θ verallgemeinert werden. Hierfür werden wir die Strahlen durch Geraden im $\mathbb{R}^2$ beschreiben. Dazu verwenden wir die **Parameterdarstellung** $g : \vec{x} = \vec{p} + t \cdot \vec{v}$, wobei $\vec{p}$ der Stützvektor und $\vec{v}$ der Richtungsvektor des Strahls ist.

Arbeitsauftrag
Überlege dir, warum wir nicht die **Geradengleichung** $g(x_1) = m \cdot x_1 + n$ verwenden können. Notiere deine Antwort.

Lösung

● Die Geradengleichung $g(x_1) = m \cdot x_1 + n$ kann nicht verwendet werden, weil **vertikale** Strahlen nicht als Funktion in Abhängigkeit von x_1 beschrieben werden können. Deshalb wird die Parameterdarstellung zur Beschreibung der Strahlen verwendet. ◄

Infoblatt

Lernende, die Hilfe bei der Parameterdarstellung benötigen oder diese noch nicht aus dem Unterricht kennen, können auf ein Infoblatt zugreifen. Auf diesem wird die Parameterdarstellung von Geraden an einem Beispiel anschaulich erklärt. ◄

Die Richtung der Strahlen ändert sich je nach Einfallswinkel. Damit muss auch der Richtungsvektor in der Parameterdarstellung vom Einfallswinkel des Strahls abhängen.

Arbeitsauftrag
Stelle für die folgenden Winkeleinstellungen die Parameterdarstellung auf: $45°$, $90°$ und $135°$ (s. Abb. 5.11a, b und c).

Hinweis: Wenn du dich mit der Parameterdarstellung noch weiter auseinandersetzen möchtest, kannst du dir die allgemeine Parameterdarstellung von Strahlen in Abhängigkeit vom Winkel überlegen (s. Zusatzaufgabe am Ende dieses Abschnitts).

Lösung

◑ Überlegt man sich, wie die Strahlen in den speziellen Fällen aus Abb. 5.11a, b und c verlaufen, lassen sich die Richtungsvektoren geometrisch bestimmen.

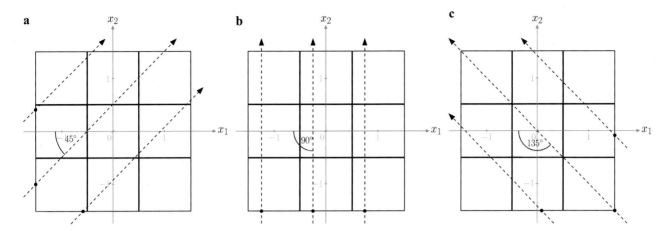

Abb. 5.11 **a** Parallele Strahlen mit Einfallswinkel $\theta = 45°$. **b** Parallele Strahlen mit Einfallswinkel $\theta = 90°$. **c** Parallele Strahlen mit Einfallswinkel $\theta = 135°$

Eine mögliche Eingabe lautet:

```
# Parameterdarstellung der Strahlen
für 45 Grad
ParameterdarstellungX1(t,Z,S) =
PX1[Z,S]+t;
ParameterdarstellungX2(t,Z,S) =
PX2[Z,S]+t;

# Parameterdarstellung der Strahlen
für 90 Grad
ParameterdarstellungX1(t,Z,S) =
PX1[Z,S];
ParameterdarstellungX2(t,Z,S) =
PX2[Z,S]+t;

# Parameterdarstellung der Strahlen
für 135 Grad
ParameterdarstellungX1(t,Z,S) =
PX1[Z,S]-t;
ParameterdarstellungX2(t,Z,S) =
PX2[Z,S]+t;
```

Alternativ können die Lernenden auch bereits eine allgemeinere Formel für die Parameterdarstellung aufstellen, welche in der Lösung von Aufgabenteil b in Gl. (5.5) angegeben wurde. Abb. 5.10 zeigt ein Dreieck, das zur Entwicklung des allgemeinen Richtungsvektors verwendet werden kann.
Die Eingabe lautet:

```
ParameterdarstellungX1(t,Z,S) =
PX1[Z,S]+t*cosd(theta[S]);
ParameterdarstellungX2(t,Z,S) =
PX2[Z,S]+t*sind(theta[S]);
```

Von den Lernenden wird hier die allgemeine Schreibweise der Parameterdarstellung nicht verlangt, weshalb sie lediglich die drei Fälle, die in Abbildungen 5.11a, b und c zu sehen sind, betrachten sollen. ◄

Didaktischer Kommentar

Eine häufige Fehlerquelle bei der allgemeinen Formel ist, dass die Lernenden den Sinus und Kosinus ohne Zusatz der verwendeten Einheit eingeben. Dadurch, dass alle Winkel in Grad (engl. *degree*) gespeichert sind, muss hinter die Sinus-, Kosinus- und Tangensfunktionen jeweils ein „d" geschrieben werden. Wird dies nicht berücksichtigt, werden die Winkelangaben von den trigonometrischen Funktionen als Angaben im Bogenmaß interpretiert. ◄

Tipps

Stufe 1: Die Lernenden erhalten den Hinweis, dass die Multiplikation des Parameters bei der Parameterdarstellung mit dem Richtungsvektor dafür sorgt, dass dieser verkürzt bzw. verlängert werden kann. Die Länge des Richtungsvektors spielt somit keine Rolle. Zudem wird die Frage gestellt, um wie viele Längeneinheiten man vertikal nach oben „gehen muss", wenn eine Einheit nach rechts gegangen wird, um auf dem Strahl zu bleiben.

Stufe 2: In dem nächsten Tipp erhalten sie Hinweise zu den trigonometrischen Funktionen (s. Tipp Stufe 1 von Aufgabenteil b). Da die Länge der Hypotenuse frei wählbar ist, kann sie auf 1 gesetzt werden. Damit gilt:

- Länge Gegenkathete $= \sin(\theta)$
- Länge Ankathete $= \cos(\theta)$.

◄

Teil d

Unser Ziel ist es nun, die Schnittpunkte der Strahlen mit den Pixelkanten zu bestimmen, damit du als nächstes die Distanzen berechnen kannst, die der Strahl in jedem Pixel zurücklegt. Zur Berechnung der Schnittpunkte sind die Positionen der Pixelkanten essentiell, damit sie in die Beschreibungen der Strahlen eingesetzt werden können.

Arbeitsauftrag

Gib an, welche Werte für x_1 und x_2 in die Parameterdarstellung zur Schnittpunktberechnung eingesetzt werden müssen, damit alle Schnittpunkte der Strahlen mit den Pixelkanten berechnet werden.

Lösung

❿ Die gesuchten Werte für die x_1- und x_2-Koordinaten sind die der Pixelkanten.
Die Eingabe lautet:

```
x1 = [-1.5 -0.5 0.5 1.5];
x2 = [-1.5 -0.5 0.5 1.5];
```

◀

Als Ausgabe erhalten die Lernenden Abb. 5.12, in der alle Schnittpunkte eingezeichnet sind.

Teil e

In Abb. 5.12 ist zu erkennen, dass auch Schnittpunkte mit Pixelkanten berechnet werden, die außerhalb des Objekts liegen. Diese Schnittpunkte sind für das Aufstellen der gesuchten Matrix nicht interessant und sollten entfernt werden.

Arbeitsauftrag

Führe das folgende Codefeld aus. Es erscheint ein interaktiver Plot des Objekts aus neun Pixeln mit zwei Schiebereglern. Mit den Schiebereglern kannst du das Intervall bestimmen, für die die Schnittpunkte berechnet werden sollen. Der obere Schieberegler stellt die untere Grenze a des Intervalls dar und der untere die obere Grenze b.

Stelle die Regler so ein, dass die Schnittpunkte angezeigt werden, an denen wir im weiteren Verlauf auch interessiert sind.

Lösung

❿ Um den korrekten Plot zu erhalten, müssen die Lernenden die untere Grenze des Intervalls auf $a = -1.5$ und die obere auf $b = 1.5$ schieben. Die Schnittpunkte, die außerhalb dieses Intervalls liegen, sind für die weiteren Berechnungen nicht interessant, da sie uns keine Informationen über Übergänge von einem zum nächsten Pixel im Objekt geben. Sie liegen nämlich außerhalb des Objekts.

Abb. 5.13 zeigt den Plot den die Lernenden bei den korrekten Einstellungen erhalten. ◀

Didaktischer Kommentar

Je nachdem welche Werte die Lernenden für die beiden Grenzen einstellen, so sehen sie unterschiedliche Ausschnitte der Strahlen und somit auch nur Teile der Schnittpunkte. Wählen sie das Intervall zu groß, gehen die Strahlen wieder über das Objekt hinaus und es werden mehr Schnittpunkte angezeigt, als für uns interessant sind. ◀

Als Ausgabe erhalten die Lernenden Abb. 5.13 und die gesuchten Schnittpunkte (engl. *intersection*) der Strahlen mit den Pixelkanten, die innerhalb des Objektes liegen. Die x_1- und x_2-Koordinaten der Schnittpunkte werden in den Matrizen I_{x_1} und I_{x_2} gespeichert.

Die Eingabe der Matrizen I_{x_1} und I_{x_2} im Code folgt durch IX1 und IX2. Jede Spalte in den Matrizen repräsentiert einen Strahl und dessen x_1- bzw. x_2- Koordinaten der einzelnen Schnittpunkte. Die Strahlen einer Winkeleinstellung folgen spaltenweise nacheinander, somit sind die ersten drei Strahlen die für $\theta = 0°$. Die Reihenfolge der Strahlen bei jeder Winkeleinstellung entspricht der Reihenfolge, wie die Strahlen zu Beginn des Arbeitsblattes in P_{x_1} und P_{x_2} gespeichert wurden.

	$\theta = 0°$			$\theta = 45°$			$\theta = 90°$			$\theta = 135°$		
	1.	2.	3.	1.	2.	3.	1.	2.	3.	1.	2.	3.
	↓	↓	↓	↓	↓	↓	↓	↓	↓	↓	↓	↓
$I_{x_1} =$	−1.5	−1.5	−1.5	−0.59	−1.5	−1.5	0.75	−0.25	−1.25	1.5	1.5	0.09
	−0.5	−0.5	−0.5	−0.5	−1	−1.41	0.75	−0.25	−1.25	0.91	0.5	−0.5
	0.5	0.5	0.5	0.41	−0.5	−0.5	0.75	−0.25	−1.25	0.5	−0.5	−0.91
	1.5	1.5	1.5	0.5	0	−0.41	0.75	−0.25	−1.25	−0.09	−1.5	−1.5
	0	0	0	1.41	0.5	0	0	0	0	0	0	0
	0	0	0	1.5	1	0	0	0	0	0	0	0

	$\theta = 0°$			$\theta = 45°$			$\theta = 90°$			$\theta = 135°$		
	1.	2.	3.	1.	2.	3.	1.	2.	3.	1.	2.	3.
	↓	↓	↓	↓	↓	↓	↓	↓	↓	↓	↓	↓
$I_{x_2} =$	−0.75	0.25	1.25	−1.5	−1	0.41	−1.5	−1.5	−1.5	−0.09	−1.5	−1.5
	−0.75	0.25	1.25	−1.41	−0.5	0.5	−0.5	−0.5	−0.5	0.5	−0.5	−0.91
	−0.75	0.25	1.25	−0.5	−0	1.41	0.5	0.5	0.5	0.91	0.5	−0.5
	−0.75	0.25	1.25	−0.41	0.5	1.5	1.5	1.5	1.5	1.5	1.5	−0.09
	0	0	0	0.5	1	0	0	0	0	0	0	0
	0	0	0	0.59	1.5	0	0	0	0	0	0	0

Abb. 5.12 Alle Schnittpunkte,
die zwischen Strahlen und
Pixelkanten entstehen

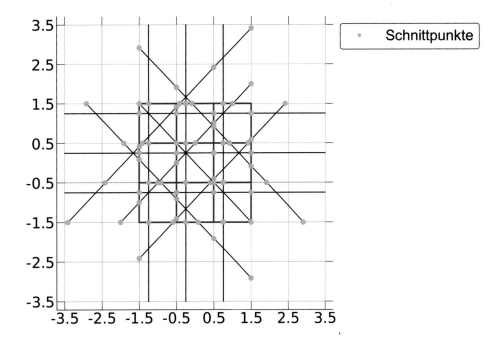

Abb. 5.13 Alle Schnittpunkte,
die zwischen Strahlen und
Pixelkanten entstehen und die
innerhalb des Objektes liegen

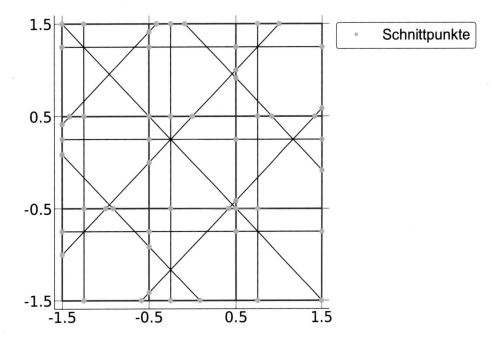

Abb. 5.14 Zusammenhang zwischen Matrix und dem Verlauf der Strahlen durch die Pixel. Das Zeichen * bedeutet, dass der Eintrag ungleich Null sein kann

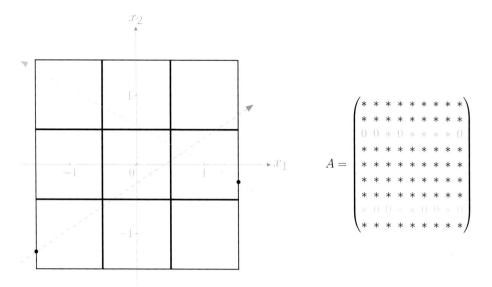

Die gespeicherten Schnittpunkte können nun verwendet werden, um die gesuchte Matrix A des linearen Gleichungssystems aufzustellen. Als Erinnerung: Bei der Matrix A des aufzustellenden Gleichungssystems steht jede Zeile für den Verlauf eines Strahls und die Einträge der jeweiligen Zeile geben an, welche Distanz der entsprechende Strahl in einem Pixel zurücklegt. So beschreibt der Eintrag der dritten Zeile und fünften Spalte, dass der dritte Strahl in Pixel fünf die entsprechende Distanz zurücklegt, was in Abb. 5.14 veranschaulicht wird.

Didaktischer Kommentar

Die kürzere Version von Arbeitsblatt 2 setzt hier an. Die Lernenden erhalten alle auf der ausführlichen Version von Arbeitsblatt 2 erarbeiteten Zusammenhänge und Erkenntnisse werden mithilfe von Abbildungen, Formeln und Text erklärt. Dadurch können sie ab Schritt 1 Aufgabenteil f wieder die gleichen Aufgaben mit dem gleichen Wissen bearbeiten, wie die Lernenden, die die ausführliche Version der Arbeitsblatts bearbeitet haben. ◄

Teil f

Zwar haben wir nun die Schnittpunkte in dem Spezialfall von neun Pixeln berechnet, jedoch wissen wir noch nicht, wie groß die Distanz zwischen zwei Schnittpunkten ist, geschweige denn in welchem Pixel die Strecke zurückgelegt wird.

Arbeitsauftrag

Führe das folgende Codefeld aus. Es erscheint ein interaktiver Plot des Objekts aus neun Pixeln, das von einem Strahl durchstrahlt wird. Zusätzlich werden zwei Schieberegler erstellt. Mit diesen Schiebereglern kannst du

die Steigung und den x_2-Achsenabschnitt des Strahls verändern. Das Ziel ist es ein Vorgehen zu entwickeln mit dem bestimmt wird, wann der Strahl in welchem Pixel ist. Als Unterstützung werden die Abstände senkrecht zum Strahl zu den Mittelpunkten aller Pixel eingezeichnet (s. Abb. 5.15).

Beschreibe, wie die berechneten Schnittpunkte der letzten Aufgabenteile und diese eingezeichneten Abstände verwendet werden können, um

- die Distanz, die ein Strahl in einem Pixel zurücklegt, zu berechnen und
- zu bestimmen, in welchem Pixel der Strahl die Distanz zurücklegt.

Notiere deine Antwort.

Lösung

❶ & ● Ändern die Lernenden die Werte für die Steigung und den x_2-Achsenabschnitt im interaktiven Plot, so sehen sie, dass sich die Abstände vom Strahl zu den Mittelpunkten der Pixel ändern. Diese Erkenntnis kann verwendet werden, um sich ein Vorgehen zu überlegen mit dem bestimmt wird, in welchem Pixel sich der Strahl befindet. Bisher wurden alle Schnittpunkte der Strahlen mit den Pixelkanten berechnet, durch die der Strahl läuft. Der Abstand zwischen zwei Schnittpunkten kann berechnet werden, um die Distanz zu bestimmen, die in einem Pixel zurückgelegt wurde. Von diesen Distanzen können die Mittelpunkte berechnet werden. Nimmt man einen Strahlabschnitt und betrachtet den Abstand zwischen dem Pixel-

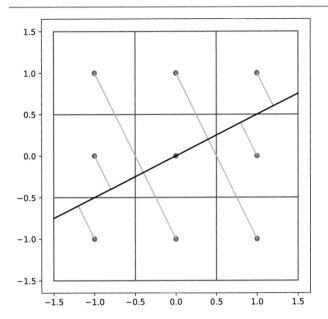

Abb. 5.15 Abstände zwischen einem Strahl und den Pixelzentren, z. T. auch Pixelmittelpunkt genannt am Beispiel des Objekts, das in neun Pixel unterteilt ist

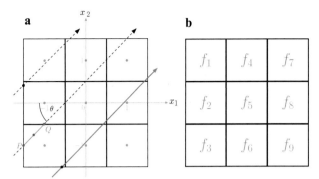

Abb. 5.16 **a** Erklärung zur Vorgehensweise zur Erstellung der Matrix. **b** Pixelnummerierung bei Unterteilung des Objekts in neun Pixel

Schritt 2 | Allgemeine Betrachtung
Die Position, also die Pixelnummer, an die eine zurückgelegte Distanz in Matrix A geschrieben werden muss, kann mithilfe des Abstands zwischen dem Mittelpunkt zweier Schnittpunkte und dem Mittelpunkt eines Pixels bestimmt werden, wie es Abb. 5.16a zeigt. Der exemplarisch eingezeichnete Strahlabschnitt zwischen P und Q befindet sich in Pixel 3, da der Mittelpunkt zwischen den beiden Schnittpunkten P und Q mit den Pixelkanten am nächsten an dem Mittelpunkt von Pixel 3 ist.

Dies nutzen wir nun aus und beschreiben dieses Vorgehen formal.

Teil a
Wir werden den oben erklärten Zusammenhang ausnutzen, um Matrix A aufzustellen. Dafür betrachten wir zunächst eine einzelne Zeile der Matrix. Wir schauen den durchgezogenen Strahl mit Eintrittspunkt $(-0.59 \mid -1.5)$ aus Abb. 5.16 an und wollen für diesen die zugehörige **Matrixzeile** erstellen.

Arbeitsauftrag

Erstelle die Zeile der Matrix, welche die Distanz pro Pixel für den durchgezogenen Strahl aus Abb. 5.16a, beschreibt. Diesen Strahl haben wir auch in Schritt 1 Teil a betrachtet. Beachte die korrekte Pixelnummerierung. Gib diese Zeile auf mindestens zwei Nachkommastellen genau im folgenden Codefeld ein.
Zur Erinnerung: Der Eintrittspunkt des relevanten Strahls lautet $(-1.59 \mid -1.5)$ und die Winkeleinstellung beträgt $\theta = 45°$.

mittelpunkt des Pixels in dem der Strahlabschnitt ist und den Mittelpunkten zwischen den beiden Schnittpunkten mit den Pixelkanten, so fällt Folgendes auf: Der Abstand vom Mittelpunkt zum Pixelzentrum ist bei dem Pixel in dem der Strahl sich befindet am kürzesten. Zudem fällt auf, dass der Mittelpunkt zwischen zwei Schnittpunkten im gleichen Pixel wie die Pixelmitte des relevanten Pixels liegen. Das gesuchte Pixel können wir also bestimmen, indem wir das Pixelzentrum mit dem kleinsten Abstand zu dem Mittelpunkt zwischen den Schnittpunkten bestimmen. ◄

Didaktischer Kommentar

Im weiteren Verlauf wird die Vorgehensweise verwendet, wie sie in der vorherigen Lösung beschrieben wurde. Damit die Lernenden nicht schon weiter lesen und die Vorgehensweise aufschreiben, sondern sich diese oder eine andere erarbeiten, ist an dieser Stelle erneut ein großes Stoppschild. Die Lernenden sollen erst im Material weiter gehen, wenn sie sich ein Vorgehen überlegt haben.

In der Besprechungsphase ist es wichtig, dass insbesondere auf diesen Aufgabenteil eingegangen wird, da er nicht vom Computer überprüft werden kann. ◄

In Schritt 2 befassen wir uns mit den pro Pixel zurückgelegten Distanzen und der Bestimmung des Pixels, in dem die Distanz zurückgelegt wurde, damit am Ende dieses Arbeitsblattes Matrix A vollständig automatisch aufgestellt werden kann.

Lösung

❶ Die Abstände d_i zwischen zwei benachbarten Schnittpunkten, die in den Matrizen I_{x_1} und I_{x_2} gespeichert sind, können gemäß

$$d_i = \sqrt{(I_{x_1}[Z+1,S] - I_{x_1}[Z,S])^2 + (I_{x_2}[Z+1,S] - I_{x_2}[Z,S])^2}$$
$$(5.6)$$

berechnet werden. Durch das Einsetzen von einzelnen benachbarten Schnittpunkten in Gl. (5.6) erhalten die Lernenden die gesuchten Einträge der Matrixzeile. Die Berechnung können sie entweder durch die Verwendung von `Julia` oder mit Stift, Papier und gegebenenfalls einem Taschenrechner durchführen.

Die Matrixzeile mit den korrekten Distanzen lautet:

```
row = [0 0 0.13 0 0.13 1.29
0.13 1.29 0];
```

◀

Teil b
Der Abstand vom Strahl zu dem Mittelpunkt des Pixels, in dem er sich gerade befindet, ist immer kleiner als der Abstand des Strahls zum Mittelpunkt eines anderen Pixels. Wir benötigen somit die Mittelpunkte aller Pixel, um anschließend die Abstände zwischen dem Strahl und den Pixelzentren vergleichen zu können.

Arbeitsauftrag
Gib die Koordinaten aller Pixelzentren ein.

Lösung

❶ Um die Bestimmung der Position des Eintrags zu automatisieren, muss die **Nummerierung der Pixel** und deren **Mittelpunkte** dem Computer mitgeteilt werden. Die Eingabe lautet:

```
MidpointsOfPixels = [1 -1  1;
                     2 -1  0;
                     3 -1 -1;
                     4  0  1;
                     5  0  0;
                     6  0 -1;
                     7  1  1;
                     8  1  0;
                     9  1 -1];
```

Als Rückmeldung erhalten die Lernenden Abb. 5.17. ◀

Teil c
Unser Ziel ist es, eine allgemeine Formel für die **Berechnung des Abstands** zwischen zwei benachbarten Schnittpunkten zu finden.

Arbeitsauftrag
Stelle eine allgemeine Formel für die Berechnung des Abstands zwischen zwei benachbarten Schnittpunkten eines Strahls auf. Überlege dir, welche erarbeiteten Ergebnisse aus Schritt 1 dir dabei helfen können.

Lösung

❶ Der Abstand wird durch den Satz des Pythagoras berechnet: Die Differenzen der x_1-Koordinaten Δx_1 und der x_2-Koordinaten Δx_2 entsprechen den Seitenlängen des Dreiecks:

$$\Delta x_1 = I_{x_1}[Z+1,S] - I_{x_1}[Z,S]$$
$$\Delta x_2 = I_{x_2}[Z+1,S] - I_{x_2}[Z,S]$$

Die Eingabe lautet:

```
distance(Z,S) =
sqrt((IX1[Z+1,S]-IX1[Z,S])^2
        +(IX2[Z+1,S]-IX2[Z,S])^2);
```

Die ausgegebene Matrix wird D genannt (Eingabe im Code durch D).

$$D = \begin{pmatrix} 1 & 1 & 0.121 & 0.707 & 0.121 & 1 & 1 & 1 & 0.828 & 1.414 & 0.828 \\ 1 & 1 & 1.293 & 0.707 & 1.293 & 1 & 1 & 1 & 0.586 & 1.414 & 0.586 \\ 1 & 1 & 0.121 & 0.707 & 0.121 & 1 & 1 & 1 & 0.828 & 1.414 & 0.828 \\ 0 & 0 & 0 & 1.293 & 0.707 & 0 & 0 & 0 & 0 & 0 & 0 \\ 0 & 0 & 0 & 0.121 & 0.707 & 0 & 0 & 0 & 0 & 0 & 0 \end{pmatrix}$$

◀

Tipp

Die Lernenden erhalten bei Bedarf einen Hinweis zu der Schreibweise von benachbarten Einträgen in der Matrix: Rechts neben dem Eintrag `Matrix[Z,S]` befindet sich der Eintrag `Matrix[Z,S+1]`, da die betrachtete Zeile die gleiche bleibt und lediglich eine Spalte weiter (nach rechts) gegangen wird. Der Matrixeintrag unterhalb `Matrix[Z,S]` wird durch `Matrix[Z+1,S]` beschrieben, da er sich in der gleichen Spalte, aber eine Zeile weiter unten befindet. ◀

Teil d
Wie oben erwähnt, kann der Mittelpunkt zwischen zwei Schnittpunkten verwendet werden, um zu bestimmen, in welchem Pixel sich welcher Abschnitt eines Strahls befindet. Deswegen werden wir diese Mittelpunkte bestimmen.

Abb. 5.17 Berechnete
Schnittpunkte und Pixelzentren

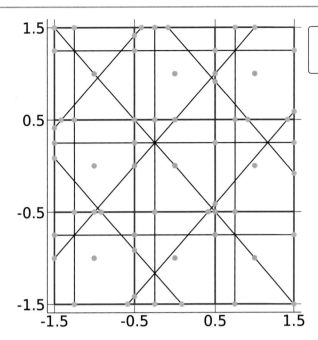

Legende:
· Schnittpunkte
· Pixelmittelpunkte

Arbeitsauftrag

Stelle eine allgemeine Formel für die Berechnung der
x_1- und x_2-Koordinate des Mittelpunkts M_{x_1} und M_{x_2}
(Eingabe im Code durch MX1 und MX2) zwischen zwei
Schnittpunkten auf.

Lösung

❶ Betrachtet man den Strahl entlang seiner Richtung,
so muss ausgehend vom vorderen Schnittpunkt noch die
Hälfte der Entfernung zwischen dem vorderen und dem
nächsten Schnittpunkt in der Richtung des Strahls addiert
werden. Diese kann durch die halbe Differenz zwischen
den x_1- und x_2-Koordinaten der Schnittpunkte berechnet
werden.
Die Eingabe lautet:

```
MX1(Z,S) = IX1[Z,S]+
           1/2*(IX1[Z+1,S]-IX1[Z,S]);
MX2(Z,S) = IX2[Z,S]+
           1/2*(IX2[Z+1,S]-IX2[Z,S]);
```

Alternativ kann der Mittelpunkt durch Einsetzen der hal-
ben Distanz als Parameter in die Parameterdarstellung des
Strahls (s. Gl. (5.5)) berechnet werden.
Die Eingabe lautet:

```
MX1(Z,S) = IX1[Z,S]
           +D[Z,S]/2*cosd(theta[S]);
MX2(Z,S) = IX2[Z,S]
           +D[Z,S]/2*sind(theta[S]);
```

Als Ausgabe erhalten die Lernenden Abb. 5.18. ◀

Tipp

Benötigen die Lernenden Hilfe, so können sie Abb. 5.19
betrachten. Zusätzlich erhalten sie den Hinweis, dass sie
die Hälfte des Verbindungsvektors zwischen den Schnittpunkten zu einem der Schnittpunkte addieren/subtrahieren
können. ◀

Teil e

Wird das zuvor beschriebene Vorgehen angewendet, so kann
bestimmt werden durch welche Pixel jeder Strahl geht.

Arbeitsauftrag

Führe das folgende Codefeld aus.

Die Lernenden erhalten die folgende Matrix *rayTracer* (Eingabe im Code durch rayTracer) als Ausgabe. Sie beschreibt spaltenweise, durch welche Pixel die Strahlen laufen.

$$\textbf{\textit{rayTracer}} = \begin{pmatrix} 3 & 2 & 1 & 3 & 3 & 2 & 9 & 6 & 3 & 8 & 9 & 6 \\ 6 & 5 & 4 & 6 & 2 & 1 & 8 & 5 & 2 & 7 & 5 & 3 \\ 9 & 8 & 7 & 5 & 5 & 4 & 7 & 4 & 1 & 4 & 1 & 2 \\ 0 & 0 & 0 & 8 & 4 & 0 & 0 & 0 & 0 & 0 & 0 & 0 \\ 0 & 0 & 0 & 7 & 7 & 0 & 0 & 0 & 0 & 0 & 0 & 0 \end{pmatrix}$$

Abb. 5.18 Berechnete Schnittpunkte, Pixelzentren und Mittelpunkte zwischen Schnittpunkten

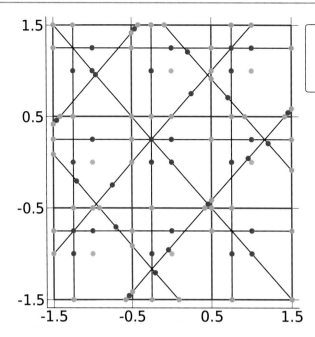

Matrix *rayTracer* kann am Beispiel des sechsten Strahls (sechste Spalte) wie folgt interpretiert werden:
Der sechste Strahl startet in Pixel 2, geht über in Pixel 1 und verlässt das Objekt nach Pixel 4.

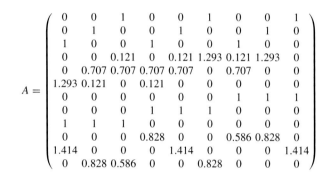

Arbeitsauftrag
Beschreibe die Bedeutung der Matrix, indem du selbst noch zwei weitere solcher Sätze anfertigst.

Lösung

● Die Sätze, die gebildet werden können, sind durch die Spalten in der Matrix beschrieben. Ein weiteres Beispiel lautet:
Der zweite Strahl startet in Pixel 2, geht über in Pixel 5 und verlässt das Objekt nach Pixel 8. ◄

Teil f
Mit diesem Wissen kann nun die gesuchte Matrix A des Gleichungssystems aufgestellt werden. Diese kann in Bezug auf den Verlauf der Strahlen interpretiert werden.

Führen die Lernenden das erste Codefeld aus, so wird ihnen die erstellte Matrix A ausgegeben. Sie sieht wie folgt aus:

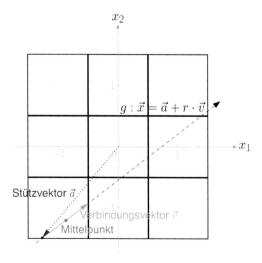

Abb. 5.19 Tipp zur Bestimmung des Mittelpunktes zwischen zwei Schnittpunkten des Strahls mit benachbarten Pixelkanten

Arbeitsauftrag
Wähle einen der beiden Arbeitsaufträge aus:

Zeile: Beschreibe die Bedeutung der einzelnen Einträge einer beliebigen Zeile. Gib dafür die Strahlnummer und die entsprechenden Distanzen, die der Strahl in den Pixeln zurücklegt, an. Dabei beschreibt l_1 (Eingabe im Code durch `l1`) die Distanz, die der Strahl im ersten Pixel mit Absorptionskoeffizient f_1 zurücklegt, l_2 (Eingabe im Code durch `l2`) die im zweiten Pixel und so weiter.

Spalte: Beschreibe die Bedeutung der einzelnen Einträge einer Spalte. Gib dafür die Pixelnummer und die entsprechenden Distanzen, die die Strahlen in dem Pixel zurücklegt, an. Dabei beschreibt l_1 die Distanzen, die der erste Strahl in dem Pixel zurücklegt, l_2 die vom zweiten Strahl und so weiter.

Lösung

● Beispielsätze für die Beschreibung einer Zeile bzw. Spalte der Matrix lauten:

Zeile: Eine Zeile beschreibt den Verlauf eines Strahls. Strahl 6 legt eine Distanz von 1.293 in Pixel 1, 0.121 in Pixel 2 und 0.121 in Pixel 4 zurück. Die restlichen Pixel durchläuft der Strahl nicht (Einträge gleich Null).

Spalte: Eine Spalte beschreibt, welche Strahlen durch ein bestimmtes Pixel verlaufen.
Pixel 6 wird von Strahl 1 und 8 mit der Distanz 1 durchquert, Strahl 4 legt eine Distanz von 1.293 in ihm zurück und Strahl 12 eine Distanz von 0.828. Die restlichen Strahlen laufen nicht durch Pixel 6 durch (Einträge gleich Null). ◄

Didaktischer Kommentar

Der letzte Aufgabenteil lässt sich dem Modellierungsschritt Interpretieren zuordnen, welcher sehr wichtig ist. Da die Lernenden mit vielen verschiedenen Matrizen arbeiten und mal eine Zeile und Mal eine Spalte für den Verlauf eines Strahls steht, ist es wichtig, dass sie sich durch die Interpretation immer vor Augen führen, was die Matrizen in Bezug auf die Computertomographie bedeuten. Insbesondere Aufgabenteil f hat eine hohe Bedeutung, da hier das erste Mal die erwünschte Matrix A automatisch erstellt wurde. ◄

Am Ende von der ausführlichen Version von Arbeitsblatt 2 können die Lernenden zwischen drei Möglichkeiten wählen:

- Sie können eine Zusatzaufgabe zur allgemeinen Schreibweise der Parameterdarstellung zur Beschreibung der Strahlen bearbeiten, falls noch nicht geschehen.
- Sie können eine Zusatzaufgabe zur eigenständigen Erstellung der Matrix A bearbeiten.
- Sie können zum nächsten Arbeitsblatt übergehen.

Bei der gekürzten Version haben die Lernenden nicht die Möglichkeit die Zusatzaufgabe zur allgemeinen Schreibweise der Parameterdarstellung durchzuführen. Die Gleichung wird bereits in der anfänglichen Erklärung der Zusammenhänge, die in der ausführlichen Version erarbeitet wurden, angegeben.

Zusatzaufgabe zur Parameterdarstellung
Die erste Zusatzaufgabe knüpft an die Parameterdarstellung an, die zuvor nur für drei konkrete Winkeleinstellungen bestimmt wurde.

In Schritt 1 Teil d haben wir die Parameterdarstellung für drei verschiedene Winkeleinstellungen bestimmt. In der Realität reichen diese wenigen Winkeleinstellungen jedoch nicht aus, um genügend Informationen für eine Rekonstruktion eines menschlichen Körpers zu erhalten. Deswegen werden wir die Parameterdarstellung der Strahlen so verallgemeinern, dass jeder beliebige Einstellungswinkel θ verwendet werden kann.

Arbeitsauftrag
Schaue dir zunächst noch einmal an, wie du die Parameterdarstellungen in Schritt 1 Teil d aufgestellt hast. Überlege dir anschließend, wie du den Richtungsvektor abhängig vom Winkel θ (Eingabe im Code durch `theta[S]`, da die Variable mehrere Einträge hat) definieren kannst. Gib dann die allgemeine Parameterdarstellung ein.

Lösung

◑ Die allgemeine Parameterdarstellung wird durch

$$\begin{pmatrix} x_1 \\ x_2 \end{pmatrix} = \begin{pmatrix} P_{x_1}[Z,S] \\ P_{x_2}[Z,S] \end{pmatrix} + t \cdot \begin{pmatrix} \cosd(\theta) \\ \sind(\theta) \end{pmatrix}$$

beschrieben.
Die Eingabe lautet, mit der `Julia` spezifischen Syntax:

```
ParameterdarstellungX1(t,Z,S) =
PX1[Z,S]+t*cosd(theta[S]);
ParameterdarstellungX2(t,Z,S) =
PX2[Z,S]+t*sind(theta[S]);
```
◄

Benötigen die Lernenden Hilfe, so erhalten sie Abb. 5.20 mit dem Tipp, dass sie zwei Punkte auf einem Strahl betrachten sollen, die genau eine Längeneinheit auseinander liegen. Anschließend können sie die Längen a und b bestimmen. ◄

Zusatzaufgabe zur Erstellung der Matrix
Am Ende vom Arbeitsblatt 2 wurde die Matrix A vorgegeben. In diesem Zusatzblatt machen wir uns Gedanken dazu, wie der Code aussehen könnte, der dafür sorgt, dass die korrekten Werte an die richtigen Positionen in der Matrix geschrieben werden.

Arbeitsauftrag
Überlege dir, wie durch die bereits bestimmten und vorliegenden Variablen die Position in der Matrix und deren zugehöriger Matrixeintrag bestimmt werden können.

Hierfür kannst du die Matrizen *rayTracer* (Schritt 2 Teil e) und D (Schritt 2 Teil c) verwenden. Gehe zu den Aufgabenteilen zurück, wenn du nicht mehr weißt, was in den Matrizen steht.

Lösung

◐ Die berechneten Abstände zwischen zwei Schnittpunkten, welche in Matrix D gespeichert wurden, müssen in die korrekten Zeilen und Spalten von Matrix A geschrieben werden. Die Positionen können der Matrix *rayTracer* entnommen werden. Diese Matrix enthält in jeder Spalte die Pixel durch die der Röntgenstrahl läuft. Somit gibt die Spalte der Matrix *rayTracer* die Zeile in Matrix A vor. Die Einträge aus *rayTracer* geben an in welche Spalten in Matrix A die zurückgelegten Distanzen geschrieben werden müssen. Die restlichen Einträge bleiben gleich 0.

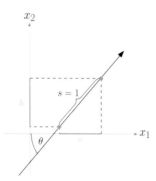

Abb. 5.20 Hilfestellung zur Beschreibung des Richtungsvektors abhängig vom Winkel θ

Die Eingabe lautet:

```
position(Z,S) = rayTracer[Z,S];
entryOfMatrix(Z,S) = D[Z,S];
```
◄

Fazit
Wir haben herausgefunden, wie der **Verlauf der Strahlen** durch das Objekt beschrieben werden kann. Durch die Berechnungen der Distanzen, die der Strahl in jedem Pixel zurücklegt und die Methode zur Bestimmung, in welchem Pixel der Strahl sich befindet, konnte die Matrix A aufgestellt werden. Zudem ist die **Bedeutung der einzelnen Einträge** von A klar geworden.

5.5.3 Arbeitsblatt 3: Rekonstruktion von Bildern

In der bisherigen Modellierung haben wir ein wesentliches Phänomen, das in der Regel bei allen physikalischen Messungen auftritt, vernachlässigt: Ungenauigkeiten und Fehler in den Messwerten.

Die Messfehler führen dazu, dass die linearen Gleichungssysteme, die bei einer realen Computertomographieuntersuchung aufgestellt werden, nicht so leicht zu lösen sind wie es bisher der Fall war.

◑ Auf diesem Arbeitsblatt werden wir Messfehler in unser Modell einbauen und deren Einfluss auf die Qualität unserer Rekonstruktionen anschaulich untersuchen.

Schritt 1 | Messfehler berücksichtigen
Was passiert, wenn man fehlerbehaftete Daten beim Lösen von Gleichungssystemen hat? Zur Beantwortung dieser Frage vergleichen wir im ersten Schritt zwei lineare Gleichungssysteme: eins mit und eins ohne fehlerbehaftete Daten.

Teil a
Zunächst nehmen wir an, dass die Daten nicht fehlerbehaftet sind und stellen ein lineares Gleichungssystem ohne Messfehler auf.

Arbeitsauftrag
Stelle ein beliebiges lineares Gleichungssystem bestehend aus zwei Gleichungen mit zwei Unbekannten auf, das eine eindeutige Lösung hat.

Lösung

◑ Die Lernenden können hier jedes beliebige, lineare und eindeutig lösbare Gleichungssystem verwenden.

Ein Beispiel lautet:

$$\underbrace{\begin{pmatrix} 2 & 3 \\ -1 & 1 \end{pmatrix}}_{A_1} \cdot \begin{pmatrix} x_1 \\ x_2 \end{pmatrix} = \underbrace{\begin{pmatrix} 4 \\ 3 \end{pmatrix}}_{\vec{b}_1}.$$

Die Eingabe von A_1 geschieht im Code durch A1 und von $\vec{b}_1$ durch b1.

Die eindeutige Lösung dieses Beispiels lautet: $\vec{x} = \begin{pmatrix} -1 \\ 2 \end{pmatrix}$.

◀

Teil b
Wenn du dich zurück erinnerst, hatten wir in unserem Gleichungssystem bei der Computertomographie mehr Gleichungen als Unbekannte, weil wir sonst keine eindeutige Lösung erhalten haben. Wir haben es bei der Computertomographie also mit **überbestimmten linearen Gleichungssystemen** zu tun. Diese überbestimmten Gleichungssysteme sollten im Idealfall stets zu einer eindeutigen Lösung führen, damit wir letztlich immer ein eindeutiges Abbild der inneren Struktur eines Objektes erhalten.

Arbeitsauftrag
Erweitere dein Gleichungssystem aus Aufgabenteil a, indem du eine Gleichung hinzufügst, sodass sich die Lösung nicht ändert.

Lösung
❶ Eine zu der Lösung aus Aufgabenteil a passende Erweiterung des Gleichungssystems könnte lauten:

$$\underbrace{\begin{pmatrix} 2 & 3 \\ -1 & 1 \\ 0 & -1 \end{pmatrix}}_{A_2} \cdot \begin{pmatrix} x_1 \\ x_2 \end{pmatrix} = \underbrace{\begin{pmatrix} 4 \\ 3 \\ -2 \end{pmatrix}}_{\vec{b}_2}$$

Die Eingabe von A_2 geschieht im Code durch A2 und von $\vec{b}_2$ durch b2. ◀

Tipp

Um die Lernenden bei Schwierigkeiten zu unterstützen, erhalten sie ein Beispiel, bei dem ein Gleichungssystem wie gefordert um eine weitere Gleichung erweitert wird. Sie können sich an diesem Beispiel orientieren, um eine weitere Gleichung aufzustellen, die die gleiche Lösung hat wie ihr bisheriges Gleichungssystem. ◀

Teil c
Wie erwähnt, haben Messwerte in der Regel Messfehler. Um den Einfluss von Messfehlern zu untersuchen, ändern wir die Einträge des (Messwerte-)Vektors $\vec{b}_2$ etwas ab. Den neuen fehlerbehafteten Vektor bezeichnen wir mit $\vec{b}_3$ (Eingabe im Code durch b3).

Arbeitsauftrag
Verändere die Einträge des Vektors $\vec{b}_2$ von deinem Gleichungssystem aus Aufgabenteil b. Überlege dir, welchen Einfluss die Änderung von $\vec{b}_2$ auf die Lösung des linearen Gleichungssystem hat.

Lösung
❶ Eine mögliche Lösung lautet:

$$\underbrace{\begin{pmatrix} 2 & 3 \\ -1 & 1 \\ 0 & -1 \end{pmatrix}}_{A_3} \cdot \begin{pmatrix} x_1 \\ x_2 \end{pmatrix} = \underbrace{\begin{pmatrix} 4 \\ 3 \\ -1 \end{pmatrix}}_{\vec{b}_3}$$

● Dieses Gleichungssystem lässt sich nun nicht mehr lösen. Die Wahlen der $\vec{b}_3$-Vektoren, die das Gleichungssystem weiter lösbar machen würden, können durch eine Ebene dargestellt werden (s. Abb. 5.21). ◀

Als Ausgabe erhalten die Lernenden einen interaktiven Plot. In diesem ist eine Ebene dargestellt, die alle $b \in \mathbb{R}^3$ enthält, die das Gleichungssystem weiterhin lösbar machen würden. Zudem wird der Punkt, zu dem der Vektor $\vec{b}_3$ (aus dem vorherigen Aufgabenteil) der Ortsvektor ist, hinzugefügt (s. Abb. 5.21).

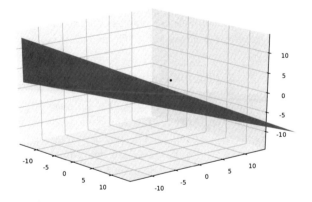

Abb. 5.21 Interaktive Abbildung der Ebene aller möglichen $\vec{b}_3$ für die das Gleichungssystem weiter lösbar ist und der gewählte $\vec{b}_3$

Zusätzlich erhalten sie einen weiteren Arbeitsauftrag in der Ausgabe:

Lösung

● Abb. 5.21 zeigt eine mögliche Ausgabe bei der nicht zu erkennen ist, ob der Punkt (der gewählte Vektor $\vec{b}_3$) auf der Ebene liegt. Die Lernenden können die Grafik mit der Maus rotierten, sodass sie erkennen können, dass der Punkt außerhalb der Ebene liegt. ◄

Didaktischer Kommentar

Durch das Nutzen der interaktiven Graphik können die Lernenden den Blickwinkel auf die Ebene und den Punkt verändern. Beim ersten Ausführen kann es passieren, dass der Punkt hinter der Ebene liegt und somit nicht sichtbar ist.

Die Ebene wird durch die beiden Spaltenvektoren der Matrix A_3 aufgespannt, wobei der Ursprung der Stützvektor ist. Um nun die optimale Lösung zu finden, muss der Punkt der Ebene gefunden werden, der dem Punkt des Ortsvektors von $\vec{b}_3$ am nächsten ist. Dieser gesuchte Punkt auf der Ebene entspricht dem Lotfußpunkt. Die beiden Koeffizienten, welche diesen Lotfußpunkt durch Linearkombination der beiden Spaltenvektoren der Matrix A_3 liefert, ist die gesuchte Lösung. ◄

Teil d
So wie in dem von dir konstruierten Beispiel sind auch die Vektoren der Messwerte bei der Computertomographie derart, dass wir überbestimmte Gleichungssysteme erhalten, die keine eindeutigen Lösungen haben. Grund dafür sind Messfehler.

Deswegen entwickeln wir ein Modell, mit dem solche Gleichungssysteme dennoch „bestmöglich" gelöst werden können. Mit anderen Worten: Wir wollen die innere Struktur des untersuchten Objektes trotz Messfehler bestmöglich bestimmen. Übertragen auf das Gleichungssystem aus Aufgabenteil c bedeutet das, dass wir den Punkt in der Ebene bestimmen wollen, der dem Punkt von Vektor $\vec{b}_3$ am nächsten ist.

Lösung

❶ Der nächstgelegene Punkt ist der, durch den die Gerade läuft, welche senkrecht zur Ebene steht. Der Richtungsvektor dieser Gerade ist der Normalenvektor der Ebene. Wird der Schnittpunkt zwischen der Geraden und der Ebene bestimmt, erhalten wir die optimale Lösung. ◄

Teil e
Diesen nächstgelegenen Punkt werden wir nun bestimmen. Konkret werden wir die gesuchte senkrechte Gerade aus Aufgabenteil d aufstellen und den Schnittpunkt von dieser Gerade mit der Ebene bestimmen. Dieser Schnittpunkt entspricht dem Lotfußpunkt des Punktes $\vec{b}_3$ zur Ebene. Dazu benötigst du die Spannvektoren der Ebene, die die Ebene der möglichen Vektoren $\vec{b}_3$ des Gleichungssystems aufspannen. Die Spalten deiner Matrix A_3 sind die beiden Spannvektoren deiner Ebene.

Lösung

❶ Der **Richtungsvektor** der gesuchten Gerade entspricht dem **Normalenvektor** $\vec{n}$ der Ebene. Das heißt, dass er senkrecht auf beiden Spannvektoren der Ebene steht und somit das Skalarprodukt der Spannvektoren der Ebene mit dem Normalenvektor $\vec{n} = \left(n_{x_1}\ n_{x_2}\ n_{x_3} \right)^T$ gleich Null ist[4].

Da wir eine Gerade betrachten, kann man eine der Koordinaten n_{x_1}, n_{x_2} und n_{x_3} auf einen beliebigen Wert festsetzen. Für das vorliegende Beispiel aus Aufgabenteil c lautet ein möglicher Normalenvektor: $\vec{n} = (1\ 2\ 5)^T$.

Führen die Lernenden das Codefeld aus, so wird der Lotfußpunkt ausgegeben. Dieser entspricht dem Punkt auf

---

[4]Das T im Exponent des Zeilenvektors steht für das Transponieren. Das bedeutet, dass die Zeile zu einer Spalte transponiert wird.

Abb. 5.22 Gerade und Punkt als Hilfestellung zur Bestimmung des Lotfußpunkts

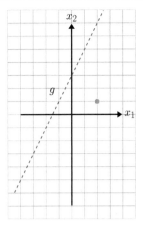

der Ebene, der den geringsten Abstand zum Punkt, zu dem Vektor $\vec{b}_3$ der Ortsvektor ist, aufweist. ◄

Tipps

Stufe 1: Die Lernenden erhalten ein Beispiel zur Berechnung eines zweidimensionalen Vektors, der zu einer gegebenen Gerade senkrecht stehen soll. Ihnen wird die Gerade g und der Punkt aus Abb. 5.22 gegeben. Der nächstgelegene Punkt auf der Gerade zum gegebenen Punkt soll in diesem zweidimensionalen Beispiel bestimmt werden.
Stufe 2: Der nächste Tipp hilft den Lernenden, das Vorgehen auf die Ebene zu übertragen. Dazu erhalten sie den Hinweis, dass der gesuchte Richtungsvektor der Geraden senkrecht auf den beiden Spannvektoren der Ebene stehen muss.
Stufe 3: Schließlich wird beispielhaft der Normalenvektor am Beispiel aus Stufe 2 bestimmt. Die Lernenden können das Vorgehen anschließend auf die Spannvektoren aus ihrem eigenen Beispiel übertragen. ◄

Didaktischer Kommentar

Die Gleichungssysteme der Lernenden haben womöglich keine ganzzahligen Lösungen. Dies führt dazu, dass sich durch die vielen Umformungen viele Rundungsfehler ergeben. Die Lernenden sollen stets auf vier Nachkommastellen genau rechnen. ◄

Schritt 2 | Rekonstruktion eines Objekts

Auf dem zweiten Arbeitsblatt haben wir ein allgemeines Verfahren für die Erstellung der Matrix A des Gleichungssystems $A \cdot \vec{f} = \vec{d}$ entwickelt. Im ersten Schritt haben wir uns mit der Lösbarkeit von linearen Gleichungssystemen beschäftigt, wenn wir Messfehler berücksichtigen. Bei der Computertomographie spielen diese Messfehler ebenfalls eine Rolle. Das entwickelte Verfahren zur Bestimmung einer guten Näherungslösung kann auf die Rekonstruktion eines Bildes

übertragen werden. Dabei müssen wir jedoch untersuchen, wie gut die Rekonstruktion eigentlich ist.

☾ Wir werden das Verfahren deswegen zunächst zur Rekonstruktion von **bekannten** Computertomographie-Bildern der Brust eines Menschen anwenden, welches in Abb. 5.23a zu sehen ist. Dies machen wir, um bewerten zu können, wie gut unser Verfahren tatsächlich funktioniert. Anschließend werden wir das Verfahren auf die Rekonstruktion von unbekannten Objekten übertragen.

Das Computertomographie-Bild betrachten wir vorerst in weniger guter Auflösung und erhöhen diese immer weiter, um zu untersuchen, ob das Lösungsverfahren für alle Auflösungen gleich gut funktioniert.

Didaktischer Kommentar

Bei der Computertomographie handelt es sich um ein so genanntes **inverses Problem.** Bekannter sind direkte Probleme bei denen von der Ursache auf die Wirkung geschlossen wird (vgl. Gardiner, 2016). Bei inversen Problemen geschieht das Gegenteil: Das Ziel ist es, von der Wirkung (hier die Änderung in der Ein- und Austrittsintensität) die Ursache (in unserem Fall die innere Körperstruktur) zu bestimmen. Übliche Herausforderungen bei der Bearbeitung inverser Probleme sind, dass sie nicht immer lösbar sind und falls sie lösbar sind dann ist die Lösung nicht unbedingt eindeutig (vgl. Rieder, 2003). Beide Probleme sind uns in Arbeitsblatt 1 bereits begegnet (s. Abschn. 5.5.1 für die Existenz und Eindeutigkeit). Ein dritter wichtiger Aspekt bei inversen Problemen ist die Stabilität der Lösung. Ist eine Lösung stabil, so weist sie bei kleinen Messfehlern in den Daten nur Fehler in der gleichen Größenordnung auf (vgl. Rieder, 2003). Bei vielen inversen Problemen ist die Stabilität der Lösung nicht erfüllt. Selbst bei sehr kleinem Rauschen in den Messdaten, entstehen riesige Fehler in der Lösung. Um dennoch Lösungen für instabile inverse Probleme zu erhalten gibt es so genannte **Regularisierungsmethoden.** Diese sorgen dafür, dass die entstehenden Fehler in der Lösung kleiner werden. Eine dieser Methoden erarbeiten die Lernenden in Schritt 2 auf diesem Arbeitsblatt. Eine andere Methode, die in der angewandten Mathematik häufige verwendet wird, können die Lernenden auf dem Zusatzblatt (s. Abschn. 5.5.4) entwickeln.

Es kann passieren, dass die Rekonstruktion mit einer geringen Auflösung sehr nah am eigentlich Computertomographie-Bild ist. Man könnte vermuten, dass die Rekonstruktion bei einer höheren Auflösung des Computertomographie-Bildes immer besser die innere Struktur des Objektes darstellen müsste. Dies ist jedoch im allgemeinen Fall nicht so. Mit steigender Auflösung – somit auch steigender Anzahl an Gleichungen – steigt der Fehler und die Rekonstruktion entfernt sich immer weiter

Abb. 5.23 **a** Originale
Abbildung des Querschnitts eines
menschlichen Oberkörpers. **b**
Abbildung des Querschnitts des
Oberkörpers in einer Auflösung
von 64×64

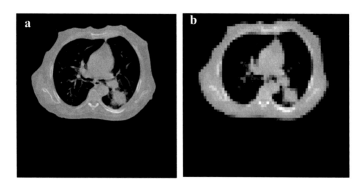

von der realen Struktur. Dies liegt daran, dass die Matrix, die zum Lösen des Problems aufgestellt wird immer **schlechter konditioniert** ist (vgl. Mueller & Siltanen, 2012). Das heißt, dass beim invertieren der Matrix immer größere Rechenfehler auftreten. Die bestimmte Matrix weicht somit von der eigentlichen ab. Auch wenn diese Rechenfehler nur sehr gering sind, führen die zusätzlichen Messfehler am Ende zu großen Fehlern in der Lösung.

Die Lernenden können nach Aufgabenteil d ein verlinktes Infoblatt zu inversen Problemen durchlesen, wenn sie an dem mathematischen Hintergrund interessiert sind. ◀

Teil a
Durch das Ausführen des Codefelds in dieser Teilaufgabe wird das Bild des Brustkorbes ausgegeben. Die Auflösung (engl. *resolution*) des Bildes kann variiert werden, indem der Wert der Variable *r* (Eingabe im Code durch r) verändert wird. ☺ Es ist zu beachten, dass für die Auflösung nur Zweierpotenzen, also 2^j, eingegeben werden können. Dies liegt daran, dass das Originalbild 512 Pixel breit und hoch ist und wir das ganze Bild rekonstruieren wollen. Die einzigen Teiler von 512 sind die Potenzen von 2. Verwenden wir andere Auflösungen, so kann nicht mehr das ganze Bild betrachtet werden, weil die 512 Pixel nicht ganzzahlig auf die neue Auflösung aufgeteilt werden können.

Je größer die Zahl ist, die gewählt wird, desto länger dauert das Ausführen des Codefelds. Deshalb sollte keine Auflösung größer als 64 gewählt werden.

Arbeitsauftrag
Gib verschiedene Werte für *r* ein und betrachte die Ausgabe.

Lösung

Als Ausgabe erhalten die Lernenden – abhängig von der gewählten Auflösung – unterschiedliche Abbildungen. Abb. 5.23b zeigt eine Auflösung von 64×64 Pixeln. ◀

Teil b
In diesem Aufgabenteil setzen wir das bisher Erarbeitete zusammen: Wir verwenden die automatische Erstellung von Matrix *A*, um anschließend das Vorgehen von Julia zur Bestimmung der nächstgelegenen Lösung zu verwenden. Hierbei werden Messfehler berücksichtigt.

Arbeitsauftrag
Du kannst untersuchen, welchen Einfluss die Größe der Messfehler auf den Fehler der Rekonstruktion hat. Lege dazu einen beliebigen prozentualen Fehler *p* für die Messwerte fest (Eingabe im Code durch p) und gib diesen Wert als Dezimalzahl (d. h. $1 \triangleq 100\,\%$) ein.

Wie ändert sich der Fehler auf die Rekonstruktion, wenn du den prozentualen Messfehler variierst? Überlege dir, was das in Bezug auf die Computertomographie bedeutet und notiere deine Antwort.

Didaktischer Kommentar

In Julia wird die Methode der kleinsten Quadrate mit minimaler Norm verwendet, um die optimale Lösung zu bestimmen. ◀

Lösung

● Wird zu den Daten ein Messfehler hinzugefügt und das bisherige Verfahren verwendet, um die nächstgelegene Lösung zu finden, so entsteht als Rekonstruktion ein ähnliches Bild wie das aus Abb. 5.24. Hier wurde ein normalverteilter Fehler von 5 % verwendet. Dieser Fehler wird auf jeden einzelnen Messwert addiert.

Je größer der Fehler gewählt wird, desto weiter entfernt, ist die Rekonstruktion vom realen Bild. In der Computertomographie liegt der Fehler auf die Messdaten üblicherweise zwischen 0.01 % − 10 %. Die Lernenden können im Internet recherchieren, wie groß Messfehler bei Messgeräten sind.

Abb. 5.24 Erste Rekonstruktion durch Bestimmung der nächstgelegenen Lösung durch Methode von AB3 Schritt 1 (Fehler 5 %)

Der Abbildung ist zu entnehmen, dass die Qualität noch nicht ausreicht, um den Querschnitt des Oberkörpers ausreichend gut zu rekonstruieren. Hätte ärztliches Fachpersonal diese Abbildung als Grundlage für die Diagnose, könnten sie nicht erkennen, ob die untersuchte Person gesund ist oder nicht. ◀

Teil c

Es wird ersichtlich, dass die bisherige Methode (Bestimmung der nächstgelegenen Lösung) zu einer Rekonstruktion führt, die nicht sehr nah an dem gesuchten Bild ist. Wir werden in dieser Teilaufgabe bewerten, wie „groß" der Unterschied zwischen dem tatsächlichen Bild und dem von uns rekonstruierten Bild ist. Wir beschäftigen uns also mit dem Fehler unserer Rekonstruktion. Dazu schauen wir uns ein Beispiel an, welches in Abb. 5.25 dargestellt ist.

Wie kann der Unterschied zwischen den beiden Bildern berechnet werden?

Arbeitsauftrag

Überlege dir eine Möglichkeit, wie der Unterschied zwischen dem Vektor vom gesuchten Bild $\vec{f}$ (Eingabe im Code durch f) und dem rekonstruierten Bild $\vec{f}_r$ (Eingabe im Code durch fr) berechnet werden kann. Du kannst die Zahlen der gegebenen Vektoren aus Abb. 5.25 bei deiner Rechnung verwenden.

Begründe die Wahl der Fehlerberechnung. Interpretiere das Ergebnis in Bezug auf die Computertomographie. Notiere deine Antwort.

Lösung

◗ Eine Möglichkeit, den Unterschied zwischen den beiden Vektoren zu messen, ist es den **relativen, prozentualen Fehler** zu bestimmen. Die Formel hierfür lautet

$$e_{\text{rel}} = \frac{\left\| \vec{f} - \vec{fr} \right\|}{\left\| \vec{f} \right\|} \cdot 100.$$

Sie können die Multiplikation mit 100 auch weglassen. Alternativ können die Lernenden mit den konkreten Zahlen der gegebenen Vektoren arbeiten. Statt der Norm können sie im Zähler den Betrag der Differenz und im Nenner die Summe der Einträge von $\vec{f}$ verwenden.

Mögliche Eingaben lauten:

```
error = norm(f-fr)*100/norm(f);
oder
error = abs(5+30+155+70)*100/(5+20+5+30);
```

● Es wird der relative Fehler betrachtet, da dieser berechnet, wie groß der Fehler in Bezug auf den gewünschten Vektor ist. Der absolute Fehler gibt den Lernenden keine Auskunft über die Güte der Rekonstruktion, da die Zahl bei unbekannten Bildern riesig oder winzig sein kann. Dies hängt zum einen davon ab, wie viele Pixel in dem Bild berücksichtigt werden. Je mehr Pixel betrachtet werden, desto größer wird dieser Fehler, jedoch kann nicht eingeschätzt werden, ob dies an der Menge der Pixel liegt oder nicht. Zusätzlich hängt der Fehler, welcher relativ zum Messwert ist, davon ab ob das Bild dunkel oder hell ist. Da helle Bilder im Computer durch Pixelwerte nah an 255 dargestellt werden und dunkle nah an 0, kann auch dies zu Verwirrungen führen. Durch den absoluten Fehler ist es schwer zu beurteilen, wann der Fehler eine akzeptable Größe annimmt.

Beträgt der Fehler auf den Messwerten beispielsweise 5 %, so liegt der Fehler bei der Rekonstruktion bei ungefähr 50 %. Der ausgegebene hohe Fehler zeigt, dass die Rekonstruktionsmethode noch verbessert werden sollte. Ein Computertomograph der nur so ungenau funktioniert, hilft nicht bei der Analyse der inneren Struktur eines Objekts. ◀

Didaktischer Kommentar

Es wird nicht erwartet, dass die Lernenden auf Anhieb die oben vorgestellte Lösung eingeben. Vielmehr erhalten die Lernenden spezifische Rückmeldung zu folgenden fehlerhaften Lösungen:

- `error = f-fr`
  Rückmeldung: Fehler werden immer als positive Zahlen angegeben. Wenn du den Fehler so berechnest, können auch negative Fehler entstehen.
- `error = abs.(f-fr)`
  Rückmeldung: Beachte, dass wir Vektoren betrachten. Dafür musst du die Länge der Vektoren betrachten. Zudem hast du den absoluten Fehler berechnet. Berechne den Fehler relativ zum originalen Vektor.

Abb. 5.25 a) Links: Originalvektor für eine Auflösung von 2 × 2 Pixeln; b) Rechts: Gestörter Vektor für eine Auflösung von 2 × 2 Pixeln

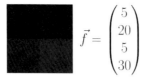

$$\vec{f} = \begin{pmatrix} 5 \\ 20 \\ 5 \\ 30 \end{pmatrix}$$

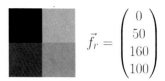

$$\vec{f_r} = \begin{pmatrix} 0 \\ 50 \\ 160 \\ 100 \end{pmatrix}$$

- error = norm(f-fr)
  Rückmeldung: Du hast den absoluten Fehler berechnet. Berechne den Fehler relativ zum originalen Vektor.

Diese Rückmeldungen sollen die Formulierung des gesuchten Fehlermaßes unterstützen.
Da mit Vektoren gerechnet wird, gibt es bei der Betragsfunktion abs(.) eine Besonderheit: Nach dem abs muss ein Punkt eingefügt werden. Das bedeutet, dass elementweise die Funktion auf den Vektor angewendet wird. ◀

Tipps

Stufe 1: Die Lernenden erhalten den Hinweis, dass die Abweichung zwischen vorliegenden und exakten Daten meistens durch das Verhältnis von der Differenz beider Messwerte zu dem exakten Messwert gegeben wird.

Stufe 2: Die Lernenden erhalten den Hinweis, im Internet nach relativen Fehlern zu suchen. ◀

Teil d

Um das Bild mit fehlerbehafteten Daten besser rekonstruieren zu können, werden wir das bisher entwickelte Modell erweitern. Eine mögliche Modellverbesserung ist es, viele weitere Strahlen zu betrachten. Das in unserer Methode aufgestellte Gleichungssystem ist dadurch **stark überbestimmt.** Das Problem wird so gewissermaßen **regularisiert.** Dies ist in der Tat eine gängige Herangehensweise bei solchen Problemen. Werden viel mehr Gleichungen berücksichtigt, als man eigentlich benötigt, so erhält das Gleichungssystem trotz Messfehlern immer mehr Informationen zur exakten Lösung. Das führt dazu, dass die rekonstruierte Lösung sich der exakten immer weiter annähert.

Arbeitsauftrag

Erweitere dein Gleichungssystem aus Schritt 1 Teil c, indem du weitere Gleichungen hinzufügst. Diese sollten ebenfalls Messfehler enthalten. Messfehler liegen in der Regel in einem Intervall um den exakten Wert herum. Deshalb sollte der hinzugefügte Messfehler im Betrag maximal so groß werden wie der, den du in Schritt 1 Teil c verwendet hast.

Führe das Codefeld aus. Es wird eine interaktive Abbildung (s. Abb. 5.26) ausgegeben. Vergleiche diese Abbildung mit der aus Schritt 1 Teil c. Was fällt dir auf? Notiere deine Antwort.

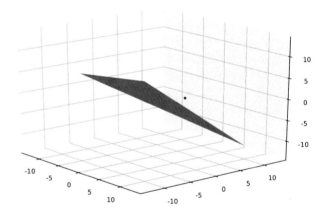

Abb. 5.26 Interaktive Abbildung der Ebene aller ins Dreidimensionale projizierte $\vec{b}_4$-Vektoren für die das Gleichungssystem weiter lösbar ist und der Punkt zu dem der gewählte $\vec{b}_4$-Vektor der Ortsvektor ist

Lösung

❑ Es wird weiterhin das Beispiel von Schritt 1 Teil c betrachtet. Eine Erweiterung könnte wie folgt aussehen:

$$A_4 = \begin{pmatrix} 2 & 3 \\ -1 & 1 \\ 0 & -1 \\ 1 & 1 \\ -3 & 2 \\ -1 & 3 \\ 2 & -2 \end{pmatrix} \quad \text{und} \quad \vec{b}_4 = \begin{pmatrix} 4 \\ 3 \\ 0 \\ 2 \\ 1 \\ 6 \\ -2 \end{pmatrix}$$

Als Ausgabe erhalten die Lernenden eine interaktive Abbildung (s. Abb. 5.26) mit einer Ebene. Die Ebene stellt die ins Dreidimensionale projizierten $\vec{b}_4$-Vektoren dar, die das Gleichungssystem lösen. Der Punkt ist der Punkt zu dem der ins Dreidimensionale projizierte $\vec{b}_4$-Vektor der Ortsvektor ist, den die Lernenden eingegeben haben.

● Abhängig davon, wie groß die Lernenden die Messfehler wählen, liegt der Punkt im Vergleich zu Schritt 1 Teil c näher an der Ebene oder weiter von ihr entfernt. Um dies beurteilen zu können, sollte die Ebene so gedreht werden, dass sie im Querschnitt – als Gerade – zu sehen ist. Liegt der Fehler jedoch in der gleichen Größenordnung, wie in Schritt 1, so ist der Punkt näher an der Ebene als vorher. Übertragen auf die Computertomographie bedeutet das, dass die Rekonstruktion näher an dem originalen Computertomographie-Bild ist. ◄

Tipp

Den Lernenden wird anhand von einem Beispiel gezeigt, wie man ein Gleichungssystem zunächst mit eindeutig lösbaren Gleichungen erweitern und anschließend die Messfehler berücksichtigen kann. ◄

Teil e

Wir werden diese Überlegungen nun auf die Rekonstruktion von Computertomographie-Bildern übertragen. Auf Arbeitsblatt 1 Schritt 1 Teil g, haben wir ebenfalls mehr Gleichungen hinzufügt: Wie haben wir dort weitere Gleichungen erhalten?

Welche Größen können wir variieren, um mehr Gleichungen zu erhalten, ohne dass wir die Auflösung verändern?

Arbeitsauftrag

Überlege dir, wie wir mehr Gleichungen erhalten können. Notiere deine Antwort.

Lösung

● Die Anzahl der **parallelen Strahlen** und **Winkel** können erhöht werden. Bei der Anzahl der parallelen Strahlen gibt es jedoch viele Konstellationen bei denen mehr parallele Strahlen keinen Mehrwert bringen, da die Strahlen durch die gleichen Pixel laufen würden, wie bereits andere Strahlen es tun (bspw. horizontale und vertikale Strahlen) oder am Körper vorbei laufen. Diese Strahlen würden keine neuen Informationen für das Gleichungssystem liefern. Es macht somit mehr Sinn die Anzahl der betrachteten Winkel zu verändern. ◄

Didaktischer Kommentar

Nach dieser Aufgabenstellung folgt erneut ein großes Stoppschild für die Lernenden. Sie werden dazu aufgerufen erst weiter zu lesen, wenn sie sich Gedanken zum Aufgabenteil gemacht haben. Beachten sie das nicht, wird ihnen im nächsten Aufgabenteil die Lösung vorweg genommen. ◄

Teil f

Wir werden die Anzahl der betrachteten Strahlen erhöhen, indem wir die Anzahl der betrachteten Winkel und/oder der parallelen Strahlen erhöhen. Die Anzahl der parallelen Strahlen ist bisher gleich der Auflösung r gesetzt. Stellt man sich nämlich senkrechte parallele Strahlen vor, so sollte nur ein Strahl durch eine Spalte von Pixeln geschickt werden. Weitere parallele Strahlen würden keine weiteren Informationen bringen. Also verändern wir die Anzahl der betrachteten Winkel.

Arbeitsauftrag

Setze im folgenden Codefeld verschiedene Formeln für die Anzahl der betrachteten Strahlen ein. Was passiert, wenn die Anzahl steigt?

Definiere die Anzahl der betrachteten Winkel, sodass bei sich ändernder Auflösung die Güte der Rekonstruktion ähnlich ist.

Lösung

❍ Ein Beispiel für die Anzahl der Strahlen wäre $2 \cdot r$. Das entstehende Bild der Rekonstruktion ist bei einer ursprünglichen Auflösung von 64×64 in Abb. 5.27 zu sehen. Wichtig ist, dass die Lernenden eine Formel in Abhängigkeit von r aufstellen, damit sie die Anzahl der betrachteten Winkel bei steigender Auflösung nicht anpassen müssen. ◄

Tipp

Haben die Lernenden Schwierigkeiten dabei eine Formel zu finden, bei der die Güte der Rekonstruktion bei sich ändernder Auflösung gleich bleibt, so erhalten sie den Tipp, dass sie die Anzahl der betrachteten Winkel `NumberOfAngles` abhängig von der Auflösung definieren können. ◄

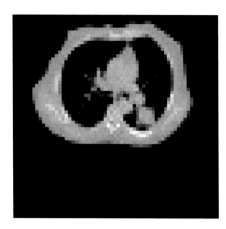

Abb. 5.27 Verbesserte Rekonstruktion durch Bestimmung der nächstgelegenen Lösung des erweiterten Gleichungssystems (Fehler 5 %)

Teil g

> **Arbeitsauftrag**
> Interpretiere das Ergebnis der Rekonstruktion von Aufgabenteil f in Bezug auf die Computertomographie. Notiere deine Antwort.

Lösung

● Die Rekonstruktionen zeigen, dass sie durch Bestrahlungen mit sehr viel mehr Strahlen immer besser werden (s. Tab. 5.2). Es ist möglich die innere Struktur des Brustkorbes zu erkennen, wie es auch im gegebenen Computertomographie-Bild 5.23a möglich ist. Problem ist jedoch, dass Röntgenstrahlen schädlich für den Menschen sind. Wir sollten aus medizinischer Sicht nicht einfach viele Strahlen durch einen Körper schicken. Ziel ist es deshalb, eine Strahlenanzahl zu finden, die dafür sorgt, dass die Rekonstruktion ausreichend gut ist. Mehr Strahlen sollten nicht verwendet werden.

Aus diesen Gründen wird im Zusatzblatt eine andere Rekonstruktionsmethode betrachtet (s. Abschn. 5.5.4). ◄

Tab. 5.2 Relative Fehler für verschiedene Auflösung bei der Verwendung von $2 \cdot r$ Strahlen

Auflösung	Fehler in %
4	12.15
8	11.59
16	6.86
32	5.18
64	3.58

Schritt 3 | Rekonstruktion anderer Objekte
Im letzten Schritt werden wir überprüfen, ob die Rekonstruktion auch bei anderen Bildern gut genug funktioniert, um zu erkennen, was abgebildet ist. Hierfür liegen acht reale Computertomographie-Bilder zur Auswahl (engl. *choice*) vor. Die Bilder heißen `Bild1`, ..., `Bild8`.

> **Arbeitsauftrag**
> Wähle ein Bild aus und gib dessen Namen im Code ein (Variable `choice`). Notiere anschließend, was du auf der Rekonstruktion erkennen kannst und ob die Qualität ausreichend oder ausbaufähig ist.

Lösung

In Abb. 5.28a–d, 5.29a–d, 5.30a–d und 5.31a–d sind zum einen die acht Computertomographie-Bilder zu sehen, die die Lernenden verwenden können (jeweils Abb. a und c). Zum anderen werden mögliche Rekonstruktionen dargestellt (jeweils Abb. b un d).

● Es lässt sich erkennen, dass mit dem entwickelten Vorgehen auch fremde Computertomographie-Bilder rekonstruiert werden können. Die entstehenden Bilder sind noch etwas undeutlich. Das deutet darauf hin, dass das Verfahren noch weiter verbessert werden kann, jedoch ist auf jeder Abbildung zu erkennen, welches Tier durchleuchtet wurde (Bild 1: Schlange, Bild 2: Eidechse, Bild 3: Fisch, Bild 4: Fledermaus, Bild 5: Chamäleon, Bild 6: Schildkröte, Bild 7: Seepferdchen, Bild 8: Frosch). ◄

Fazit
Wir haben unser Ziel erreicht, Messfehler bei der Rekonstruktion des Bildes zu berücksichtigen. Zunächst haben die Messfehler dafür gesorgt, dass die Rekonstruktionen nicht mehr ansatzweise dem ursprünglichen Bild entsprachen. Durch die Hinzunahme weiterer Strahlen und damit weiterer Gleichungen konnten wir die Rekonstruktionen verbessern. Es sind weiterhin Fehler in den Abbildungen zu erkennen, jedoch ist das gescannte Objekt gut zu identifizieren.

Zuletzt haben wir noch überprüft, ob das Vorgehen auf andere Objekte übertragen werden kann. Dies hat erfolgreich funktioniert. Dennoch sollte unsere Methode noch weiter verbessert werden, um den medizinischen Ansprüchen gerecht zu werden.

Didaktischer Kommentar

Am Ende des Workshops sollte mit den Lernenden zusammen im Plenum eine Abschlussdiskussion durchgeführt werden. Wir haben für diese Präsentationsfolien, welche

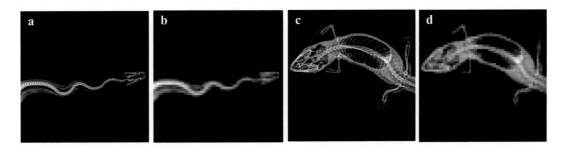

Abb. 5.28 **a** Bild 1. (Quelle: Zoo Oregon, USA). **b** Rekonstruktion von Bild 1. **c** Bild 2. (Quelle: Zoo Oregon, USA). **d** Rekonstruktion von Bild 2

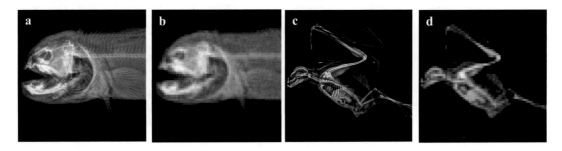

Abb. 5.29 **a** Bild 3. (Quelle: Zoo Oregon, USA). **b** Rekonstruktion von Bild 3. **c** Bild 4. (Quelle: Zoo Oregon, USA). **d** Rekonstruktion von Bild 4

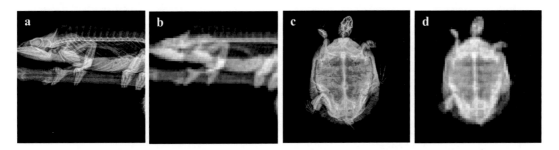

Abb. 5.30 **a** Bild 5. (Quelle: Zoo Oregon, USA). **b** Rekonstruktion von Bild 5. **c** Bild 6. (Quelle: Zoo Oregon, USA). **d** Rekonstruktion von Bild 6

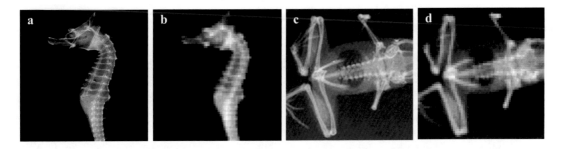

Abb. 5.31 **a** Bild 7. (Quelle: Bild von Sandra J. Raredon, Smithsonian Institution). **b** Rekonstruktion von Bild 7. **c** Bild 8. (Quelle: Rittmeyer et al., 2012). **d** Rekonstruktion von Bild 8

auf der Workshop-Plattform liegen, und Notizen, welche gerne zur Verfügung gestellt werden können.

In der Abschlussdiskussion sollte insbesondere auf folgende Punkte eingegangen werden:

- Die geleistete Arbeit wird in Bezug zum mathematischen Modellierungskreislauf gesetzt. Konkret wird geschaut wann die Lernenden sich in welchem Schritt befanden und was sie sich an dieser Stelle überlegt haben, um weiter zu kommen.
- Da es sich bei der Computertomographie um ein inverses Problem handelt, ist es wichtig, dass insbesondere auf die besonderen Eigenschaften dieser Probleme eingegangen wird. Der Umgang mit inversen Problemen, so wie es im Workshop gehandhabt wird, entspricht dem Umgang mit inversen Problemen in der fachlichen Mathematik. Das sollten die Lernenden erfahren. Darüber hinaus sind folgende Punkte eine Grundlage für eine mögliche Diskussion:
  - Die Anzahl der Strahlen, die für die Rekonstruktion durch den Körper geschickt werden, garantiert einem, dass eine Lösung existiert. Zudem kann untersucht werden, ob sie eindeutig ist.
  - Sobald Messfehler berücksichtigt werden, werden sie bei der Rekonstruktion verstärkt. Durch Regularisierungen (hier: Überbestimmung des LGS) können Rekonstruktionen erzeugt werden, die nah an der tatsächlichen inneren Struktur vom untersuchten Körper sind.
  - Das Modell kann immer weiter verbessert werden: Betrachtung von mehr Pixeln, weitere Verbesserung der Rekonstruktion, Erstellung von dreidimensionalen Rekonstruktionen, Code beschleunigen,…

◄

Die Lernenden haben anschließend die Möglichkeit auf einem Zusatzblatt eine andere Art der Regularisierung der Lösung kennenzulernen. Die neue Art der Regularisierung wird **Tikhonov Regularisierung** genannt.

5.5.4 Zusatzblatt: Verbesserung des Rekonstruktionsverfahrens

Didaktischer Kommentar

Dieses Zusatzblatt richtet sich an leistungsstarke Lernende. Von den Lernenden wird auf diesem Zusatzblatt erwartet, dass sie sich in neue Zusammenhänge einlesen können. Es wird weniger kleinschrittig vorgegangen. Das bedeutet, dass zwischen den Aufgabenteilen größere inhaltliche

Sprünge stattfinden und mehr Umformungsschritte durchgeführt werden müssen. Nichtsdestotrotz liegen auch hier wieder Tippkarten zur Verfügung, die die Lernenden bei Bedarf verwenden können. Ebenso erhalten die Lernenden Rückmeldungen zu ihren Codeeingaben.

Auf dem Zusatzblatt wird eine durchaus komplexe Modellierung betrachtet, weshalb die Aufgabenstellungen nicht offen formuliert sind. Ziel dieses Zusatzblattes ist es Lernenden einen tiefer gehenden Einblick in komplexe mathematische Methoden zu erlauben. ◄

Rekapitulieren wir vorab, was wir bisher erarbeitet haben (s. Abb. 5.32):

Uns liegen fehlerbehaftete Messwerte $\vec{m}$ bzw. fehlerhafte Differenzen $\vec{d}$ vor, welche von den exakten Messwerten bzw. Differenzen abweichen. Wir haben gesehen, dass wir das Gleichungssystem $A \cdot \vec{f} = \vec{d}$ nur näherungsweise lösen können. Nehmen wir den bestimmten Vektor $\vec{f}$ und rechnen $A \cdot \vec{f}$ aus, erhalten wir einen neuen Differenzenvektor $\vec{d}_{cal}$, wobei allgemein $\vec{d}_{cal} \neq \vec{d}$ gilt (s. AB 3 Schritt 1 Teil c, Abschn. 5.5.3). Zudem erhielten wir mit dem Vektor $\vec{f}$ eine fehlerbehaftete Grauwertverteilung. Um den Fehler zu minimieren, haben wir weitere Strahlen und damit weitere Messungen hinzugenommen. Damit haben wir das Gleichungssystem überbestimmt: $A \cdot \vec{f}_{über} = \vec{d}_{über}$. Wir haben im Prinzip mehr Infos hinzugenommen und dadurch den Fehlereinfluss regularisiert.

● Die Hinzunahme von mehr Strahlen ist jedoch unerwünscht, da diese für den Menschen schädlich sind. Aufgrund ihrer hohen Energie können sie Gewebe und Organe beschädigen, die vorher gesund waren. Deswegen werden wir ein anderes Modell entwickeln, um eine gute Rekonstruktion $\vec{f}$ zu bestimmen.

Schritt 1 | Rekonstruktion durch ein Minimierungsproblem

Teil a

Wir betrachten weiterhin das Computertomographie-Bild des Brustkorbes (s. Abb. 5.23a). Wie auf Arbeitsblatt 3 wird durch r die Auflösung festgelegt. Diese werden wir zunächst auf 4 setzen, damit die Rechenzeit nicht so lange dauert. Am Ende des Zusatzblattes können wir das Bild mit einer besseren Auflösung betrachten.

Wir betrachten erneut das Problem, dass sich unser Gleichungssystem $A \cdot \vec{f} = \vec{d}$ nicht lösen lässt, wobei die Matrix A dem Computer vorliegt und der Vektor $\vec{f}$ (Eingabe im Code durch f) gesucht ist. Wir wollen die nächstgelegene und somit optimale Grauwertverteilung $\vec{f}_{opt}$ (Eingabe im Code durch f_opt) finden. Die optimale Lösung soll möglichst nah an der realen Verteilung sein. Das bedeutet auch, dass $\vec{d}_{opt}$, wobei $\vec{d}_{opt} = A \cdot \vec{f}_{opt}$ gilt, möglichst nah an $\vec{d}$ (Eingabe im Code durch d) sein sollte.

Abb. 5.32 Die erarbeitete Rekonstruktionen aus Arbeitsblatt 3 (Oben und Mitte (s. Abschn. 5.5.3)) sollen im Zusatzblatt verbessert werden (unten)

1. Ansatz: $A \cdot \vec{f} = \vec{d}$ $\longrightarrow$ $\vec{f}$ $\rightsquigarrow$

2. Ansatz:
Überbestimmtes LGS $\quad A \cdot \vec{f}_{\text{über}} = \vec{d}_{\text{über}}$ $\longrightarrow$ $\vec{f}_{\text{über}}$ $\rightsquigarrow$

Ziel: $A \cdot \vec{f}_{\text{opt}} = \vec{d}_{\text{opt}}$ $\longrightarrow$ $\vec{f}_{\text{opt}}$ $\rightsquigarrow$

Arbeitsauftrag

Speichere für r den Wert 4 ein. Gib dann eine Funktion für den Abstand (Eingabe im Code durch `distance`) ein, die den Unterschied zwischen Vektor $\vec{d}$ und $\vec{d}_{\text{opt}}$ berechnet. Verwende in deiner Funktion die beiden Vektoren $\vec{d}$ und $\vec{f}_{\text{opt}}$. Wir werden anschließend diese Funktion verwenden, um genau diesen Vektor $\vec{f}_{\text{opt}}$ zu bestimmen.

Lösung

❶ Der Abstand wird durch $\left\| \vec{d}_{\text{opt}} - \vec{d} \right\|^2 = \left\| A \cdot \vec{f}_{\text{opt}} - \vec{d} \right\|^2$ berechnet.
Die Eingabe lautet:

```
distance(A,f_opt,d)=norm(A*f_opt-d)^2;
```
◀

Tipp

Bei Bedarf erhalten die Lernenden eine Erklärung, was die Norm ist. ◀

Didaktischer Kommentar

Es wird nicht erwartet, dass die Lernenden diese Funktion auf Anhieb selbstständig aufstellen, vielmehr erhalten die Lernenden bei anderen (nicht gesuchten) Eingaben im Code spezifische Rückmeldungen. Diese können die Lernenden nutzen um Schritt für Schritt die gesuchte Funktion herzuleiten. Als Grundlage für die Rückmeldungen dient, dass die Lernenden eintragen, dass die Distanz die Differenz zwischen $A \cdot \vec{f}_{\text{opt}}$ und $\vec{d}$ sei. Anschließend werden sie weiter geleitet bis hin zur korrekten Funktion. ◀

Teil b

Nun haben wir eine Funktion in Abhängigkeit des Vektors $\vec{f}_{\text{opt}}$, die den Abstand zwischen $\vec{d}$ und $\vec{d}_{\text{opt}}$ bestimmt. Unser Ziel ist es, $\vec{f}_{\text{opt}}$ so zu wählen, dass dieser Abstand möglichst klein wird. Im Prinzip müssen wir ein Optimierungsproblem lösen:

Finde den Vektor $\vec{f}_{\text{opt}}$, der die Funktion für den Abstand minimiert. Diese quadratische Funktion besitzt ein eindeutiges Minimum.

Arbeitsauftrag

Vervollständige den folgenden Satz:

Um die Grauwerte des nächstgelegenen Bildes zu bestimmen, kann die obige Funktion für den Abstand _____ und gleich _____ gesetzt werden.

Lösung

❶ Die korrekte Vervollständigung lautet:

Um die Grauwerte des nächstgelegenen Bildes zu bestimmen, kann die obige Funktion für den Abstand **abgeleitet** und gleich **null** gesetzt werden.

◀

Wir werden das vorgeschlagene Vorgehen (ableiten und Null-stelle der Ableitung bestimmen) nun auf die Zielfunktion unseres Minimierungsproblems anwenden. Da die von uns verwendete Matrix und der Messwertevektor sehr groß sind, schauen wir uns zunächst ein kleines Beispiel an. Anschließend werden wir diese Vorgehensweise auf ein komplexeres Beispiel übertragen.

Teil c

Unsere Funkion für den Abstand soll nach $\vec{f}_{\text{opt}}$ abgeleitet werden. Ableitungen werden in der Schule nur für Funktionen betrachtet, die von einer Variable abhängen, nicht aber von Vektoren.

In den nächsten Aufgaben werden wir feststellen, dass sich dies aber auch auf Vektoren verallgemeinern lässt.

Arbeitsauftrag

Drücke deine Funktion für den Abstand zunächst durch die einzelnen Einträge der Matrix A, des Vektors $\vec{f}_{\text{opt}}$ und des Differenzenvektors $\vec{d}$ aus. Verwende dazu die unten stehende Matrix A und die beiden Vektoren $\vec{f}_{\text{opt}}$ und $\vec{d}$. Multipliziere die Funktion soweit aus, wie möglich. Mache diesen Schritt auf dem Papier bis du die Funktion nicht weiter umformen kannst.

Der Übersichtlichkeit wegen schreiben wir im Folgenden wieder $\vec{f}$ anstelle von $\vec{f}_{\text{opt}}$.

$$A = \begin{pmatrix} A_{1,1} & A_{1,2} \\ A_{2,1} & A_{2,2} \end{pmatrix} \quad \vec{f} = \begin{pmatrix} f_1 \\ f_2 \end{pmatrix} \quad \vec{d} = \begin{pmatrix} d_1 \\ d_2 \end{pmatrix}.$$

Tipp

Neben dem Hinweis, dass sie sich ein im Material eingebettetes Video zur Erklärung der Matrix-Vektor-Multiplikation anschauen können, können die Lernenden bei Bedarf den Lösungsvorschlag der erwarteten Umformungen einsehen und ihre eigenen Überlegungen kontrollieren. ◄

Lösung

❶ Die Funktion für die Distanz lässt sich umformen zu

$$\left\| A \cdot \vec{f} - \vec{d} \right\|^2 = (A_{1,1} \cdot f_1 + A_{1,2} \cdot f_2 - d_1)^2 + (A_{2,1} \cdot f_1 + A_{2,2} \cdot f_2 - d_2)^2$$

Der Rechenweg befindet sich auf dem Tipp zu dieser Aufgabe.
Die Eingabe lautet:

```
formula(f,A,d) =
(A[1,1]*f[1]+A[1,2]*f[2]-d[1])^2
```

```
+(A[2,1]*f[1]+A[2,2]*f[2]-d[2])^2;
```

◄

Leitet man eine Funktion, die von einem Vektor abhängt, nach dem Vektor $\vec{f}$ ab, bedeutet das, dass man mehrere einzelne Ableitungen durchführen muss. Man muss die Funktion nach jedem Eintrag des Vektors $\vec{f}$ ableiten. Am Ende kommt als Ableitung der Funktion ein Vektor raus. Die Einträge des Vektors entsprechen jeweils einer Ableitung: In der ersten Zeile steht die Ableitung nach dem ersten Eintrag von $\vec{f}$ sprich f_1, in der zweiten Zeile die Ableitung nach f_2 und so weiter.

Teil d

Um die optimale Lösung mithilfe dieser Funktion zu bestimmen, müssen wir die umgeformte Abstandsfunktion also nach f_1 und f_2 ableiten.

Arbeitsauftrag

Leite die Abstandsfunktion aus Aufgabenteil c nach f_1 und f_2 ab. Gib deine Ableitung nach f_1 für `derivative_f1` und die nach f_2 für `derivative_f2` im folgenden Codefeld ein.

Lösung

❶ Man erhält nach Berücksichtigung der Kettenregel folgende Ableitungen:

$$\frac{\partial \left\| A \cdot \vec{f} - \vec{d} \right\|^2}{\partial f_1} = 2 \cdot (A_{1,1} \cdot f_1 + A_{1,2} \cdot f_2 - d_1) \cdot A_{1,1}$$
$$+ 2 \cdot (A_{2,1} \cdot f_1 + A_{2,2} \cdot f_2 - d_2) \cdot A_{2,1}$$

$$\frac{\partial \left\| A \cdot \vec{f} - \vec{d} \right\|^2}{\partial f_2} = 2 \cdot (A_{1,1} \cdot f_1 + A_{1,2} \cdot f_2 - d_1) \cdot A_{1,2}$$
$$+ 2 \cdot (A_{2,1} \cdot f_1 + A_{2,2} \cdot f_2 - d_2) \cdot A_{2,2}$$

Die Eingabe lautet:

```
derivative_f1(A,f,d) =
2*(A[1,1]*f[1]+A[1,2]*f[2]-d[1])*
A[1,1]
 +2*(A[2,1]*f[1]+A[2,2]*f[2]-d[2])*
A[2,1];
derivative_f2(A,f,d) = 2*(A[1,1]*f[1]+
A[1,2]*f[2]-d[1])*A[1,2]
 +2*(A[2,1]*f[1]+A[2,2]*f[2]-d[2])*
A[2,2];
```

◄

Stufe 1: Bei Bedarf erhalten die Lernenden den Hinweis, dass sie die Kettenregel verwenden müssen.

Stufe 2: Die Lernenden erhalten eine Beispielfunktion, welche von mehreren Variablen abhängt. Von dieser Funktion wird der Gradient berechnet, sodass die Lernenden das Vorgehen auf die eigene Funktion übertragen können. Der Vektor, der sich nach der partiellen Ableitung der Abstandsfunktion ergibt, wird Gradient genannt. Der Gradient zeigt in die Richtung der größten Änderung. ◄

Teil e

Setzt man die Gleichungen gleich Null und formt sie etwas um, so können f_1 und f_2 berechnet werden. Diese Rechnungen überlassen wir dem Computer.

Die Lernenden können die Umformungen, die `Julia` an dieser Stelle übernimmt in einem Infoblatt selbst per Hand durchführen. Dabei verwenden die Lernenden die Vektor-Matrix-Schreibweise, um den Gradienten zu beschreiben. Dies hat den Vorteil, dass nicht mehr händisch nach jeder Variablen in der Abstandsfunktion abgeleitet werden muss.

    Dies ist auch insofern sinnvoll, da bei der Computertomographie mehrere tausend unbekannte f_i vorliegen nach denen abgeleitet werden müsste. ◄

Gib im nachfolgenden Codefeld eine Zweierpotenz für die Auflösung der Rekonstruktion ein. Im Hintergrund wird die Rekonstruktion des Bildes mithilfe deiner Gleichungen berechnet. Als Ausgabe erhältst du die Rekonstruktion des Computertomographie-Bildes und den relativen Fehler.

Teil f

Ändere den Wert für r im vorherigen Aufgabenteil. Du kannst Zweierpotenzen verwenden. Je größer du die Auflösung wählst, desto länger dauert die Berechnung. Wähle deshalb keine Zahl größer als 64. Beurteile wie gut die Rekonstruktion ist, die du jeweils erhältst.

● Die Lernenden erhalten ähnlich schlechte Rekonstruktionen, wie nach Arbeitsblatt 3 Schritt 2 Teil b (s. Abb. 5.24). Der Fehler liegt je nach Auflösung weit über 50 %. ◄

Es ist zu erkennen, dass die Rekonstruktion deutlich schlechter ist, als die Rekonstruktion, die wir am Ende von Arbeitsblatt 3 erhalten haben. Wir müssen die Lösung erneut regularisieren. In Arbeitsblatt 3 haben wir das gemacht, indem wir mehr Strahlen durch das Objekt geschickt haben, sodass das Gleichungssystem überbestimmt wurde. Diesmal wollen wir einen anderen Weg finden.

Schritt 2 | Regularisierung der Rekonstruktion
Um zu verstehen, wie wir das Problem mathematisch anders beschreiben können, müssen wir untersuchen, warum der relative Fehler so riesig ist.

Teil a
Für eine Auflösung von $r = 8$ lauten die ersten sechs Einträge der beiden Vektoren $\vec{f}$ und $\vec{f}_{\text{exact}}$ des vorherigen Schrittes wie folgt:

$$\vec{f}_{\text{exact}} = \begin{pmatrix} 0 \\ 0.008 \\ 0.039 \\ 0.141 \\ 0.063 \\ 0.067 \end{pmatrix} \quad \text{und} \quad \vec{f} = \begin{pmatrix} 0.346 \\ 0.027 \\ 0.376 \\ 0.242 \\ 0.244 \\ 0.174 \end{pmatrix}.$$

Vergleiche die ersten fünf Einträge der beiden Vektoren $\vec{f}$ und $\vec{f}_{\text{exact}}$ miteinander. Notiere, was dir auffällt.

● Die Einträge von $\vec{f}$ sind immer **größer** als die Einträge von $\vec{f}_{\text{exact}}$.
Dies geschieht, weil das Programm immer größere Zahlen einsetzt, um zu schauen, ob das Minimierungsproblem so besser gelöst werden kann. ◄

◗ Um bessere Rekonstruktionen zu erhalten, müssen wir einen Weg finden, dass die Einträge von $\vec{f}$ klein bleiben. Das erreicht man durch das Addieren eines Summanden in unserem Minimierungsproblem:

$$\|A \cdot \vec{f} - \vec{d}\|_2^2 + q \cdot \|\vec{f}\|_2^2.$$

Der neue, angefügte Term führt zu einer „Bestrafung" bei der Optimierung. Dieser Term regularisiert die Lösung, weshalb dieses Vorgehen Tikhonov Regularisierung genannt wird. Wie stark „bestraft" wird, kann durch den Parameter q bestimmt werden. Wählt man q sehr groß, so ist die Lösung zu stark regularisiert. Wählt man q hingegen sehr klein (nahe 0), so erhält man wieder die gleiche Lösung, wie in Schritt 1 Teil h.

Konkret wird beim Suchen nach der optimalen Lösung bestraft, wenn die Einträge im Vektor f sehr groß werden, denn dann nimmt der Wert der Funktion, die wir minimieren, zu.

Teil b

Je nach Auflösung muss q (Eingabe im Code durch q) anders gewählt werden, da die Einträge von $\vec{f}_{exact}$ sich durch die Wahl der Auflösung ändern.

> **Arbeitsauftrag**
>
> Lege einen beliebigen Wert für r fest. Bewerte die Güte der erhaltenen Rekonstruktion. Hierfür erhältst du zusätzlich zur Rekonstruktion den relativen Fehler.

> **Lösung**
>
> ● Zu dieser Aufgabe gibt es keine „richtige" Lösung, da der Wert für q abhängig von der gewählten Auflösung ist. Um die Güte der Rekonstruktion zu bestimmen, erhalten die Lernenden wieder den relativen Fehler als Ausgabe.
>
> Vergleicht man die relativen Fehler aus diesem Aufgabenteil mit denen aus Arbeitsblatt 3 Schritt 2 Teil f (s. Tab. 5.2), so fällt auf, dass die neue Rekonstruktionsmethode besser ist, als die von Arbeitsblatt 3. Zudem verwendet sie weniger Strahlen und ist somit auch weniger schädlich für die Patienten.
>
> Mögliche Orientierungswerte für den relativen Fehler und Werte von q sind Tab. 5.3 zu entnehmen. ◄

5.6 Ausblick und Vorschlag für eine weiterführende Modellierungsaufgabe

Das Thema dieses Workshops bietet die Möglichkeit sich noch offener mit der Computertomographie auseinanderzusetzen. In diesem Abschnitt wird eine Möglichkeit für eine weiterführende Modellierungsaufgabe genannt, die an die Inhalte der Workshops anknüpft und die den Lernenden einen kreativen Einsatz von Mathematik ermöglichen soll.

Im Rahmen des Workshops haben die Lernenden ein Modell aufgestellt, das die erste Version des Computertomographie-Scanners beschreibt. Es gibt noch weitere Arten, wie Objekte bestrahlt werden. Diese werden

Tab. 5.3 Mögliche Eingaben für q und daraus resultierende Fehler in Bezug zur tatsächlichen inneren Struktur

Auflösung	q	Fehler in %
4	1	27.18
4	0.1	15.99
4	0.001	20.55
8	1	24.52
8	0.1	16.13
8	0.001	24.0
16	1	14.94
16	0.1	11.49
16	0.001	21.61
32	1	48.14
32	0.1	41.87
32	0.001	48.2
64	1	32.1
64	0.1	27.92
64	0.001	40.5

in Abb. 5.2 (s. Abschn. 5.3.1) gezeigt. Eine Gemeinsamkeit, die alle Computertomographen aufweisen, ist, dass sich sowohl die Röntgenröhre als auch der Detektor um das zu scannende Objekt herum drehen. In heutigen, moderneren Computertomographen werden die Strahlen meist kegelförmig durch den Körper geschickt. Dabei kann man weiterhin drei verschiedene Arten unterscheiden: Ist die Röntgenröhre weit genug vom Objekt entfernt und der Kegel groß genug, so wird der ganze Körper in einem durchstrahlt (s. Abb. 5.2(c)). Ist die Quelle der Strahlen nah beim Körper, so wird nicht das komplette Objekt in jeder Winkeleinstellung gescannt (s. Abb. 5.2(d)). Erzeugt die Röntgenröhre stärker gebündelte Röntgenstrahlen, so bestrahlen sie nur einen kleinen Ausschnitt des Körpers, sodass die Röntgenröhre verschoben werden muss, damit das ganze Objekt durchstrahlt wird (s. Abb. 5.2(b)).

Die Lernenden könne sich eine der drei weiteren Scanarten aussuchen und ein Modell zur Beschreibung der Strahlen entwickeln, damit die Matrix A aufgestellt werden kann. Dies kann in zwei verschiedenen Niveaus umgesetzt werden:

- Im Rahmen einer Projektwoche können die Lernenden selbstständig Code schreiben. Als Hilfestellung steht hierfür eine Einführung in die Sprache `Julia` zur Verfügung in der beispielsweise auch auf for-Schleifen und if-Bedingungen eingegangen wird. Ziel kann es hier sein die Rekonstruktionen der verschiedenen Bestrahlungsarten mit der gleichen Anzahl an Strahlen miteinander zu vergleichen.

- Eine Umsetzungsmöglichkeit für einen sehr viel kürzeren Zeitraum wäre die Lernenden Überlegungen zur Beschreibung der Strahlen einer anderen Bestrahlungsart mit Stift und Papier durchführen zu lassen. So können sie insbesondere die Mathematik dahinter erarbeiten und, wenn es die Zeit zulässt, sich Pseudo-Code überlegen.

Danksagung Zur Entwicklung dieses Workshops haben viele Personen in verschiedenen Formen und Stadien beigetragen. Die Autorin möchte sich an dieser Stelle bei allen für ihre Unterstützung bedanken. Ein besonderer Dank gilt Thomas Camminady, da er zu Beginn bei den ersten Programmierungen des Workshops tatkräftig zur Seite stand. Des Weiteren dankt die Autorin Maike Wolff (ehemals Sube), Pia Stammer und Jochen Barwind für das kritische und konstruktive Korrekturlesen dieses Kapitels.
Der Workshop zur Computertomographie ist nur mit echten Daten und Computertomographie-Bildern realisierbar. Deshalb dankt die Autorin an dieser Stelle insbesondere dem Zoo in Oregon, USA und der Smithsonian Institution in Washington, USA für die Erlaubnis Computertomographie-Bilder verschiedener Tiere verwenden zu dürfen. Ein weiterer Dank gilt dem fachtierärztlichen Zentrum für Kleintiere in Flensburg und der Abteilung für geologische Wissenschaften der Universität in Austin, USA für die Bereitstellung von Bildern für das erarbeitete Material.

Literatur

Gardiner, T. (2016). *Teaching mathematics at secondary level.* Open Book Publishers.

Grumme, T., Kluge, W., Lange, S., Meese, W., & Ringel, K. (1998). *Zerebrale und spinale Computertomographie.* Schering AG.

Mueller, J. L., & Siltanen, S. (2012). *Linear and nonlinear inverse problems with practical applications.* Society for Industrial und Applied Mathematics.

Rieder, A. (2003). *Keine Probleme mit Inversen Problemen – Eine Einführung in ihre stabile Lösung.* Vieweg & Sohn.

Rittmeyer, E. N., Allison, A., Gründler, M. C., Thompson, D. K. & Austin, C. C. (2012). Ecological Guild Evolution and the Discovery of theWorld's Smallest Vertebrate. *PLoS ONE, 7*(1). https://doi.org/10.1371/journal.pone.0029797.

Schlegel, W., Karger, C. P., & Jäkel, O. (2018). *Medizinische Physik: Grundlagen – Bildgebung – Therapie – Technik.* Springer.

Yarusskaya, A. & Donina, K. (2002). Density of bone, the physics factbook. https://hypertextbook.com/facts/2002/AnnaYarusskaya.shtml. Zugegriffen: 6. Febr. 2021.

Musik-Streamingdienste – Datenkomprimierung am Beispiel von Liedern

6

Kirsten Wohak und Jonas Kusch

Zusammenfassung

Streaming-Dienste wie Spotify, Netflix und Deezer sind für viele Menschen mittlerweile ein fester (und lieb gewonnener) Bestandteil des Alltags. Sowohl die Konsumierenden als auch die Konzerne haben ein Interesse daran, Lieder und Videos so zu komprimieren, dass trotz hoher Streaming-Qualität möglichst geringe Datenmengen verbraucht werden. Wie kann das realisiert werden? In diesen Workshops verwenden die Lernenden mathematische Modellierung und lineare Algebra, um Musik nach ihrem eigenen, zuvor entwickelten Hörmodell zu komprimieren. Durch die Darstellungsmöglichkeit von Liedern im Raum der Frequenzen können solche Frequenzen aus einem Lied entfernt werden, die außerhalb des jeweiligen Hörmodells liegen. Die Lernenden stellen sich der Herausforderung, einen guten Kompromiss zwischen Kompression und Qualität eines Liedes zu finden.

6.1 Einleitung

In diesem Kapitel werden zwei Workshops zu diesem Thema vorgestellt:

Workshop für die Mittelstufe:	Workshop für die Oberstufe:
Zielgruppe: Lernende ab Klasse 9	**Zielgruppe:** Lernende ab Klasse 11
Lerneinheiten: 4–5 Doppelstunden à 90 min (s. Anhang F)	**Lerneinheiten:** 5–6 Doppelstunden à 90 min (s. Anhang F)
Vorkenntnisse: Lineare und quadratische Funktionen	**Vorkenntnisse:** Funktionsgleichungen, Trigonometrische Funktionen, Vektoren

Im Mittelpunkt dieses Kapitel steht die didaktische Aufbereitung der Audiokompression, basierend auf Schmidt (2016). Die fortschreitende Digitalisierung in den letzten Jahrzehnten wäre ohne Datenkomprimierung nicht möglich gewesen. Obwohl Datenkomprimierung für den/die Endnutzer/in meist unbemerkt abläuft, bildet sie den Grundstein der digitalen Kommunikation (Videokonferenzen, Fotos, Musik, Videos, Sprachaufzeichnungen etc.). Insbesondere Musik kann inzwischen soweit komprimiert werden, dass ganze Musiksammlungen auf einem Handy gespeichert werden können. Wie es möglich ist, Musik ohne Qualitätsverluste derart zu komprimieren, wird in diesen Workshops erarbeitet.

Als Grundlage dient das mp3-Komprimierungsverfahren. Die korrekte Bezeichnung des Datei-Formats lautet eigentlich MPEG-1 Audio Layer III, die Dateinamenserweiterung ist „.mp3". Entwickelt wurde es hauptsächlich vom Frauenhofer Institut für Integrierte Schaltungen IIS in Erlangen. Dass die Entwicklung oft als „deutsche Erfolgsgeschichte" beschrieben wird, kann noch durch heutige Zahlen gerechtfertigt werden (vgl. Miller, 2015): Auf der Internetseite des IIS heißt es, dass sich die durch mp3 induzierten Steuereinnahmen für Bund und Länder auf mindestens 300 Mio. EUR pro Jahr belaufen. Des Weiteren ergeben die Lizenzerträge der Fraunhofer-Gesellschaft aus den mp3-Patenten jährlich einen hohen zweistelligen Millionenbetrag. Ferner seien mindestens 9.000 Arbeitsplätze in Deutschland direkt bedingt durch mp3, zum Beispiel im Handel oder bei Herstellern von mp3-Playern.

Kennzeichnend für das mp3-Verfahren ist das gute Verhältnis zwischen Speicherplatz und Qualität der komprimierten Audiodatei. Das Verfahren stützt sich im Wesentlichen auf ein psychoakustisches Hörmodell (vgl. Brandenburg, 1999). Vereinfacht gesagt werden bei der Komprimierung die Frequenzen aus dem originalen Lied entfernt, die das menschliche Gehör nicht wahrnehmen kann. Die Ursachen dafür können verschieden sein. Beispielsweise gibt es Frequenzen, die außerhalb des Hörbereichs des Menschen liegen. Dieser umfasst bei Jugendlichen die Frequenzen von 20 Hz bis 20 kHz (vgl. Eska, 1997).

K. Wohak (✉) · J. Kusch
Karlsruher Institut of Technology (KIT), Steinbuch Centre for Computing (SCC), Eggenstein-Leopoldshafen, Deutschland
E-mail: wohak@kit.edu

J. Kusch
E-mail: jonas.kusch@kit.edu

© Der/die Autor(en), exklusiv lizenziert durch Springer-Verlag GmbH, DE, ein Teil von Springer Nature 2022
M. Frank und C. Roeckerath (Hrsg.), *Neue Materialien für einen realitätsbezogenen Mathematikunterricht 9*,
Realitätsbezüge im Mathematikunterricht, https://doi.org/10.1007/978-3-662-63647-3_6

6.2   Übersicht über die Inhalte der Workshops

Zum Thema Datenkomprimierung wurden zwei Workshops entwickelt. Das Material beider Workshops wird im Rahmen dieses Kapitels beschrieben. Die beiden Workshops richten sich aufgrund ihrer jeweiligen mathematischen Schwerpunkte an unterschiedliche Zielgruppen: Lernende der Mittel- (genannt Workshop I) bzw. Oberstufe (genannt Workshop II). Da Workshop I ein Teil von Workshop II ist, wird im Folgenden Workshop II vorgestellt. Die Abgrenzungen zu Workshop I werden anschließend in Abschn. 6.6 aufgezeigt.

Mathematische Inhalte

Der Schwerpunkt des Workshops für die Mittelstufe liegt auf der Modellierung von Tönen und Dreiklängen sowie der Erstellung eines psychoakustischen Hörmodells. Dabei finden zahlreiche mathematische Begriffe und Konzepte Anwendung, die aus dem Bereich Analysis bekannt sind. Der Schwerpunkt des Workshops für die Oberstufe hingegen liegt auf der Fourier-Transformation und dem damit verbundenen Basiswechsel, der für die Audiokompression benötigt wird. Im Gegensatz zum Workshop für die Mittelstufe, in dem die Fourier-Transformation als Blackbox verwendet wird, erarbeiten die Lernenden sich den Wechsel zwischen Zeit- und Frequenzraum, der bei der Fourier-Transformation vollzogen wird.

Die mathematischen Inhalte dieser Workshops sind (notwendiges Vorwissen ist unterstrichen):

- Funktionsbegriff (allgemeines Konzept) – Workshop I & II
- Geradengleichung (Steigung, Achsenabschnitt) – Workshop I & II
- Quadratische Gleichungen (Nullstellen, Scheitelpunktform) – Workshop I & II
- trigonometrische Funktionen (Sinus) – Workshop I & II
- Vektoren (Definition, Addition, Multiplikation) – Workshop II
- Matrizen (Multiplikation) – Workshop II
- Basiswechsel – Workshop II
- Fourier-Transformation – Workshop I & II
- Diskretisierung – Workshop I & II
- Integration (insb. partielle Integration) – Workshop I & II

Außermathematische Inhalte

Beide Workshops sind sowohl inner- sowie auch außermathematisch reichhaltig und bieten damit die Möglichkeit, fächerübergreifende Projekte (z. B. Mathematik, Physik, Musik und Informatik) durchzuführen. Insbesondere die folgenden Inhalte eignen sich für fächerübergreifendes Lernen:

- Töne als Schwingungen
- Dreiklänge
- Syntax von formaler, informatischer Sprache
- for-Schleifen und if-Bedingungen als Programmierbefehle (Workshop II)

Des Weiteren bestehen Parallelen zwischen den Workshops Datenkomprimierung und Shazam (s. Kap. 7). Eine detaillierte Unterscheidung dieser Workshops und Möglichkeiten die Lernmaterialien zu kombinieren, können in Anhang E.1 gefunden werden.

6.3   Einstieg in die Problemstellung und Hintergrundwissen

Wo setzt man bei der Komprimierung eines Liedes an? Der reine Klang gibt zunächst keine klaren Anhaltspunkte. Selbst die graphische Darstellung des Signals per Computer oder Oszilloskop im Zeitraum (Zeit auf der x-Achse) bringt einen bei dieser Fragestellung nicht weiter. Naheliegend ist, dass die im Lied enthaltenen Frequenzen ermittelt und mit diesen gearbeitet wird. Die Frequenzen die vom menschlichen Gehör (aus welchen Gründen auch immer) nicht wahrgenommen werden können, können entfernt werden. Dazu müssen die in einem Lied auftretenden Frequenzen erst bestimmt werden. Das geschieht mithilfe der Fourier-Transformation. Nach dieser Transformation liegt ein Signal nicht mehr als Funktion der Zeit, sondern als Funktion der Frequenz, vor. Im Frequenzraum können nicht nur die im Lied enthaltenen Frequenzen abgelesen, sondern auch relativ unkompliziert Frequenzen entfernt werden, die gemäß des psychoakustischen Modells überflüssig sind. Dadurch wird der Speicherplatz komprimiert, da weniger Frequenzen und deren dazugehörigen Amplituden gespeichert werden müssen. Durch Rücktransformation in den Zeitraum erhält man das Lied, welches im Frequenzraum nun deutlich weniger Speicherplatz benötigt und im besten Fall kaum an Ton-Qualität verloren hat.

6.3.1   Das psychoakustische Hörmodell

Das psychoakustische Hörmodell ist das Herzstück des mp3-Komprimierungsverfahrens. Es liefert die Regeln, nach denen Frequenzanteile aus dem zu komprimierenden Musikstück herausgefiltert werden. Führend im Forschungsbereich der Psychoakustik waren in den 1980ern die Bell Laboratories in den USA (vgl. Lane, 1926; Munson, 1943). Sie führten Studien mit zahlreichen Probanden durch, um das Hörmodell

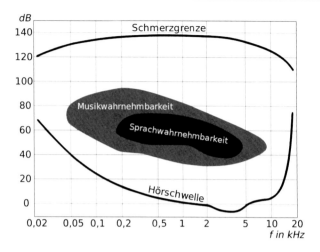

Abb. 6.1 Beispiel eines psychoakustischen Modells eines Menschen (Quelle: Tehdog, 2012)

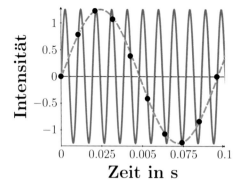

Abb. 6.2 Eine hohe Frequenz wird aufgrund zu kleiner Samplingrate nicht detektiert

zu optimieren (vgl. Steinberg, 1928, S. 77). Dies gestaltete sich durchaus schwierig, da jeder Mensch über eine individuelle Wahrnehmung verfügt, die im Modell berücksichtigt werden muss.

Bedingt durch den Aufbau des menschlichen Gehörs gibt es eine untere und eine obere Grenze für Frequenzen, die wahrgenommen werden können. ☽ Wie bereits oben erwähnt, sind in der Regel die Frequenzen zwischen 20 Hz und 20 kHz hörbar[1]. Wie gut ein Ton im konkreten Fall wahrgenommen wird, hängt dabei immer von der Kombination aus Frequenz und Lautstärke (s. Abb. 6.1) sowie Konstitution (Alter, Gesundheitszustand, Aufmerksamkeit etc.) des Individuums ab. Generell können tiefe Töne erst wahrgenommen werden, wenn sie eine Lautstärke von 70dB erreichen[2]. Höhere Frequenzen hingegen können wir bereits ab wenigen Dezibel hören.

Um das psychoakustische Hörmodell auf akustische Signale anzuwenden, müssen jedoch erst die Frequenzen bestimmt werden, die in einem Lied vorkommen. Dafür wird die Fourier-Transformation verwendet.

6.3.2 Die Fourier-Transformation

Betrachtet man Audiosignale, so liegen sie zu Beginn im Zeitraum vor, welches man sich anhören kann. Sie können

sich über die Zeit verändern, ☽ wobei zunächst von einem gleich bleibenden Ton ausgegangen wird. Jeder Ton kann durch eine Sinusschwingung mit einer bestimmten Frequenz (Tonhöhe) und Amplitude (Tonlautstärke) beschrieben werden. In manchen Anwendungen, wie beispielsweise der Kompression, ist es essentiell herauszufinden, welche Frequenz den Ton erzeugt. Genau dies ermöglicht die **Fourier-Transformation** (vgl. Brigola, 2012, S. 223 ff.). Für bestimmte Frequenzen wird untersucht, ob sie mit der im Ton enthaltenen Frequenz übereinstimmt und anhand dessen die Amplituden (Fourier-Koeffizienten) aller untersuchten Frequenzen berechnet. Trägt man die Amplituden aller Frequenzen gegen ihre Frequenz auf, so erhält man das **Amplitudenspektrum** des Tons, welches in diesem Fall lediglich einen Peak – nämlich bei der Frequenz des Tons – aufweist (vgl. Brigola, 2012, S. 26).

Um die Amplitude und die dazugehörige Frequenz des Tons detektieren zu können, wird eine gewisse **Samplingrate** vorausgesetzt (vgl. Mallat, 2009, S. 7). Diese gibt an, wie viele Samples (Auswertungen des Tons) für einen vorgegebenen Zeitraum zur Verfügung stehen. Ist die Samplingrate zu klein, kann es passieren, dass sehr hohe Frequenzen nicht detektiert und deren Anteil irrtümlicherweise einer kleinen Frequenz zugeschrieben werden (s. Abb. 6.2). Dies wird **Aliasing** genannt (vgl. Mallat, 2009, S. 61).

Es ist möglich die Fourier-Transformation kontinuierlich durchzuführen[3]. In der Signalverarbeitung werden jedoch diskrete Zeitschritte t_j, mit $j = 1, \ldots, n$ verwendet, weshalb im Folgenden die diskrete Fourier-Transformation vorgestellt und hergeleitet wird. Hierfür betrachten wir zunächst die mathematische Beschreibung eines Tons S

---

[1]Die Symbole ☽, ☾, ☽ und ● spiegeln die Modellierungsschritte wieder. Die genaue Bedeutung der einzelnen Symbole wird in Abschn. 1.1 detaillierter beschrieben.

[2]Bei Dezibel handelt es sich um keine festgelegte Einheit, sondern ein Verhältnis zweier Größen der gleichen Art – hier der Lautstärke. In diesen Workshops wird als Bezugswert die Hörschwelle des Tons mit der Frequenz 1 kHz verwendet. Es können somit auch negative Dezibelwerte vorliegen. Diese bedeuten, dass die Töne bereits bei geringeren Lautstärken als der Ton mit 1 kHz wahrgenommen werden können.

---

[3]Falls gewünscht, kann im Kapitel zum Workshop zum Thema Shazam die Theorie nachgelesen werden (s. Abschn. 7.3.2).

$$S(t_j) = \sum_{i=1}^{m} a_i \cdot \sin(2 \cdot \pi \cdot f_i \cdot t_j) + b_i(t_j) \cdot \cos(2 \cdot \pi \cdot f_i \cdot t_j). \quad (6.1)$$

Die Frequenzen f_i, mit $i = 1, \ldots, m$ beschreiben alle Frequenzen nach denen im Ton gesucht wird. Betrachtet man die Fourier-Transformation auf einem Zeitintervall, das größer ist als die Zeit auf dem der Ton zur Verfügung steht, so ist es möglich den betrachteten Ton durch eine Linearkombination von unendlich vielen Sinusfunktionen zu beschreiben. Warum Kosinusfunktionen vernachlässigt werden können wird in Abschn. 6.3.3 erklärt.

◑ Im Workshop wird zur Beschreibung eines Signals statt einer unendlichen Summe von Sinusfunktionen eine endliche Summe betrachtet. Dies stellt eine Vereinfachung dar. Da die in der Signalverarbeitung üblicherweise verwendete diskrete Fourier-Transformation nur endlich viele Frequenzen und deren dazugehörigen Amplituden liefert, reicht es jedoch aus eine endliche Summe zu betrachten (vgl. Stein, 2000). Um alle Frequenzen detektieren zu können, werden gleich viele Zeitschritte wie auch Frequenzen betrachtet, also ist $n = m$.

Der betrachtete Ton aus Gl. (6.1) lässt sich aufgrund der Vereinfachungen beschreiben durch

$$S(t_j) = \sum_{i=1}^{m} a_i \cdot \sin(2 \cdot \pi \cdot f_i \cdot t_j). \qquad (6.2)$$

Die in diesem Ton vorkommenden Amplituden a_i sollen nun bestimmt werden. Dabei wird die diskrete Orthogonalität der Sinusfunktionen ausgenutzt. Diese besagt

$$\frac{T}{n} \cdot \sum_{j=1}^{n} \sin(2 \cdot \pi \cdot f_i \cdot t_j) \cdot \sin(2 \cdot \pi \cdot f_k \cdot t_j) = \begin{cases} \frac{T}{2} & f_i = f_k \neq 0 \\ 0 & \text{sonst} \end{cases}.$$
$$(6.3)$$

Dabei sind f_i und f_k ganzzahlige Vielfache voneinander.

Wir wollen die Koeffizienten aller Sinusfunktionen vom Ton berechnen. Dafür wird folgender Term berechnet

$$\sum_{j=1}^{n} \frac{T}{n} \cdot S(t_j) \cdot \sin(2 \cdot \pi \cdot f_k \cdot t_j). \qquad (6.4)$$

Dieser kann am Ende nach den Amplituden, die in dem Ton S enthalten sind, umgeformt werden. Zunächst setzen wir jedoch $S(t_j)$ (s. Gl. (6.2)) in Gl. (6.4) ein und erhalten

$$\sum_{j=1}^{n} \frac{T}{n} \cdot S(t_j) \cdot \sin(2 \cdot \pi \cdot f_k \cdot t_j)$$
$$= \sum_{j=1}^{n} \sum_{i=1}^{n} \frac{T}{n} \cdot a_i \cdot \sin(2 \cdot \pi \cdot f_i \cdot t_j) \cdot \sin(2 \cdot \pi \cdot f_k \cdot t_j).$$

Wendet man nun die diskrete Orthogonalität der Sinusfunktionen aus Gl. (6.3) an, bleibt nur ein Summand übrig, nämlich der, in dem beide Sinusfunktionen die gleiche Frequenz

enthalten ($f_i = f_k$). In diesem Summanden gilt $i = k$. Wir erhalten

$$\sum_{j=1}^{n} \frac{T}{n} \cdot S(t_j) \cdot \sin(2 \cdot \pi \cdot f_k \cdot t_j)$$
$$= \sum_{i=1}^{n} a_i \cdot \frac{T}{n} \cdot \sum_{j=1}^{n} \sin(2 \cdot \pi \cdot f_i \cdot t_j) \cdot \sin(2 \cdot \pi \cdot f_k \cdot t_j)$$
$$= a_i \cdot \frac{T}{2}.$$

Die Amplituden lassen sich somit durch

$$a_i = \frac{2}{n} \cdot \sum_{j=1}^{n} S(t_j) \cdot \sin(2 \cdot \pi \cdot f_i \cdot t_j), \quad i = 1, \ldots, m, \quad (6.5)$$

berechnen. Betrachtet man Gl. (6.5), so fällt auf, dass dort zwei Indizes verwendet werden, nämlich i und j. Hierbei bezieht sich j auf den Zeitpunkt und i auf die Frequenz und dazugehörige Amplitude. Die Summe lässt sich durch eine **Matrix-Vektor-Multiplikation** darstellen. Der Ton S ist nur von j abhängig und kann in einem Vektor gespeichert werden. Jeder Eintrag des Vektors enthält den Ton zu einem bestimmten Zeitpunkt t_j. Der restliche Teil der Gl. (6.5) – sprich die Sinusfunktion – ist von beiden Indizes abhängig. Die Sinusfunktionen können in einer Matrix $W \in \mathbb{R}^{m \times n}$ (s. Abb. 6.3) angeordnet werden, wobei i in jeder Zeile und j in jeder Spalte konstant ist:

$$W_{i,j} = \frac{2}{n} \cdot \sin(2 \cdot \pi \cdot f_i \cdot t_j). \qquad (6.6)$$

◑ Die Berechnung des Vektors $\vec{a} = (a_1, \ldots, a_m)^T$ kann somit als Matrix-Vektor-Multiplikation interpretiert werden

$$\vec{a} = W \cdot \vec{S}. \qquad (6.7)$$

Hierbei enthält der j-te Eintrag von $\vec{S}$ den Ton zum Zeitpunkt t_j. Durch Gl. (6.7) wird ein Basiswechsel vom Zeit- in den Frequenzraum durchgeführt. Dies ist für den Prozess der Audiokompression enorm wichtig, da nur in der Darstellung im Frequenzraum Frequenzen aus einem komplexeren Signal entfernt werden können.

Ein großer Vorteil der Fourier-Transformation ist, dass sie jederzeit rückgängig gemacht werden kann. Das bedeutet, man kann beliebig zwischen Zeit- und Frequenzraum hin- und herwechseln – je nachdem, wo die Berechnung oder Interpretation gerade einfacher erscheint. Das ist nicht selbstverständlich und liegt daran, dass Matrix W invertierbar ist.

Abb. 6.3 Struktur der Matrix W

$$\left.\begin{array}{c} \\ \text{Frequenzen} \downarrow \\ \\ \end{array}\right. \begin{pmatrix} \frac{2}{n} \cdot \sin(2 \cdot \pi \cdot f_1 \cdot t_1) & \frac{2}{n} \cdot \sin(2 \cdot \pi \cdot f_1 \cdot t_2) & \dots & \frac{2}{n} \cdot \sin(2 \cdot \pi \cdot f_1 \cdot t_n) \\ \frac{2}{n} \cdot \sin(2 \cdot \pi \cdot f_2 \cdot t_1) & \frac{2}{n} \cdot \sin(2 \cdot \pi \cdot f_2 \cdot t_2) & \dots & \frac{2}{n} \cdot \sin(2 \cdot \pi \cdot f_2 \cdot t_n) \\ \vdots & \vdots & \ddots & \vdots \\ \frac{2}{n} \cdot \sin(2 \cdot \pi \cdot f_m \cdot t_1) & \frac{2}{n} \cdot \sin(2 \cdot \pi \cdot f_m \cdot t_2) & \dots & \frac{2}{n} \cdot \sin(2 \cdot \pi \cdot f_m \cdot t_n) \end{pmatrix} = W$$

$$\overset{\text{Zeitschritte}}{\longrightarrow}$$

Abb. 6.4 Struktur der Matrix V

$$\overset{\text{Frequenzen}}{\longrightarrow}$$

$$\left.\begin{array}{c} \\ \text{Zeitschritte} \downarrow \\ \\ \end{array}\right. \begin{pmatrix} \sin(2 \cdot \pi \cdot f_1 \cdot t_1) & \sin(2 \cdot \pi \cdot f_2 \cdot t_1) & \dots & \sin(2 \cdot \pi \cdot f_m \cdot t_1) \\ \sin(2 \cdot \pi \cdot f_1 \cdot t_2) & \sin(2 \cdot \pi \cdot f_2 \cdot t_2) & \dots & \sin(2 \cdot \pi \cdot f_m \cdot t_2) \\ \vdots & \vdots & \ddots & \vdots \\ \sin(2 \cdot \pi \cdot f_1 \cdot t_n) & \sin(2 \cdot \pi \cdot f_2 \cdot t_n) & \dots & \sin(2 \cdot \pi \cdot f_m \cdot t_n) \end{pmatrix} = V$$

Schauen wir uns nun die inverse Fourier-Transformation an: Liegt der Ton im Frequenzraum vor (sprich man hat den Vektor der Amplituden $\vec{a}$), so muss man diesen in den Zeitraum transformieren, um sich den Ton anhören zu können. ◗ Den zeitdiskreten Ton $\vec{S}$ erhält man aus den Amplituden gemäß der folgenden Gleichung

$$S_i = \sum_{j=1}^{m} a_j \cdot \sin(2 \cdot \pi \cdot f_j \cdot t_i), \quad i = 1, \dots, n. \quad (6.8)$$

Diese n Gleichungen können ebenfalls durch eine Matrix-Vektor-Multiplikation zusammengefasst werden, die direkt den Ausgangston $\vec{S}$ berechnet

$$\vec{S} = V \cdot \vec{a}, \quad (6.9)$$

wobei

$$V_{i,j} = \sin(2 \cdot \pi \cdot f_j \cdot t_i). \quad (6.10)$$

Ebenso wie bei W bleibt bei $V \in \mathbb{R}^{n \times m}$ der Index i in jeder Zeile und j in jeder Spalte konstant (s. Abb. 6.4). Der Unterschied besteht darin, dass sich diesmal der Zeitpunkt mit i und die Frequenz mit j verändert. Bei W ist dies genau umgekehrt.

Führt man beide Transformationen nacheinander aus, so kann man den originalen Ton $\vec{S}$ rekonstruieren

$$\vec{S} = V \cdot W \cdot \vec{S}. \quad (6.11)$$

Das bedeutet, dass W die inverse Matrix von V ist.

Gl. (6.11) ist eins der Ergebnisse, die sich die Lernenden im Workshop für die Oberstufe erarbeiten. Sie stellen beide Matrizen auf und führen die Basiswechsel selbstständig durch. Im Workshop für die Mittelstufe wird die Fourier-Transformation zwar durchgeführt, die genaue Funktionsweise (konkrete Gleichungen und Berechnungen der Fourier-Koeffizienten) und die mathematischen Hintergründe (inver-

tierbare Basiswechselmatrizen) werden aber nicht näher erläutert. Es wird jedoch sehr wohl thematisiert, dass es sich um einen Basiswechsel zwischen zwei Darstellungsräumen handelt, der die Komprimierung der Signale im Frequenzraum ermöglicht.

Schaut man sich die beiden Matrizen W und V an, so fällt auf, dass sie sich sehr ähneln. Der Unterschied ist, dass die Sinusfunktionen in den Einträgen der Matrizen verschiedene Vorfaktoren besitzen: Matrix V besitzt den Vorfaktor 1 und Matrix W den Vorfaktor $\frac{2}{n}$. ◗ Werden beide durch den gleichen Vorfaktor $\sqrt{\frac{2}{n}}$ ersetzt, so ändert sich nicht das Ergebnis, wenn beide Basiswechsel hintereinander durchgeführt werden, da beide Matrizen lediglich anders normiert werden. Dadurch erhält man zwei Matrizen die jeweils das transponierte voneinander sind. Das bedeutet, dass der Basiswechsel durch die Normierung orthogonalisiert wurde.

Diese Normierung erklärt auch, warum man in der Literatur oft verschiedene Schreibweisen der Fourier-Transformation findet. Mehr Hintergrundinformationen zur Fourier-Transformation können beispielsweise in Brigola (2012), Dahmen und Reusken (2008) und Mallat (2009) gefunden werden.

Umgesetzt wird die Fourier-Transformation in Anwendungen mithilfe der schnellen Fourier-Transformation (engl. *Fast Fourier-Transformation* (FFT)). Diese ermöglicht es die notwendigen Berechnungen weitaus effizienter durchzuführen, sodass weniger Rechenschritte durchgeführt werden müssen. Bei der hier vorgestellten diskreten Fourier-Transformation müssen n^2 Multiplikationen und Additionen zur Berechnung von jeder einzelnen Amplitude durchgeführt werden. Bei der FFT wird die Anzahl an Multiplikationen auf $n \log_2 n$ und die Anzahl an Additionen auf $3n \log_2 n$ reduziert (vgl. Mallat, 2009, S. 78). Aus diesem Grund ist die schnelle Fourier-Transformation ein bedeutsamer Algorithmus. Wie genau der Algorithmus funktioniert, wird in dem Workshop jedoch nicht behandelt. Der Fokus liegt hier auf dem Verständnis der Fourier-Transformation als Basiswechsel.

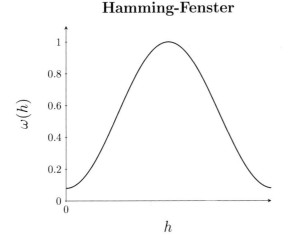

Hamming-Fenster

Abb. 6.5 Visualisierung des Hamming-Fensters mit $a_0 = 0.54$

6.3.3 Das Hamming-Fenster

Im letzten Abschnitt wurde ein einzelner Ton untersucht. Betrachtet man nun ein Lied, so ist klar, dass sich die Zusammensetzungen des Signals mit der Zeit ändern. Wendet man die Fourier-Transformation ohne Weiteres auf das komplette Signal an[4], so werden alle im Lied enthaltenen Frequenzen bestimmt, jedoch weiß man nicht, zu welchem Zeitpunkt die Frequenzen in dem Lied abgespielt werden. Um den Zeitpunkt zu bestimmen, werden so genannte Fensterfunktionen verwendet (vgl. Mallat, 2009, S. 92 ff.). Bei der Anwendung von Fensterfunktionen wird nur noch ein Ausschnitt des Signals betrachtet. Im Normalfall bedeutet das, dass der Anfangs- und Endpunkt des betrachteten Ausschnitts des Signals nicht periodisch ohne Sprünge fortgesetzt werden kann. Die Konsequenz ist, dass die Sprünge bei der Anwendung der Fourier-Transformation mit analysiert werden. Dadurch werden Frequenzen detektiert, die im ursprünglichen Signal nicht enthalten sind. Dieser Effekt wird Leck-Effekt genannt (vgl. Brigola, 2012, S. 337).

Je nach Wahl der Fensterfunktion detektiert die **gefensterte Fourier-Transformation** unterschiedlich viele Frequenzen die eigentlich nicht im Signal enthalten sind. In diesem Workshop wird das **Hamming-Fenster** verwendet, jedoch nicht mit den Lernenden thematisiert. Als Hintergrundwissen für die Lehrkraft wird dennoch erklärt, worum es sich dabei handelt.

Das Hamming-Fenster $\omega(h)$ ist wie folgt definiert (vgl. Hamming, 1983):

$$\omega(h) = a_0 - (1 - a_0) \cdot \cos\left(\frac{2\pi h}{H}\right), \quad 0 \leq h \leq H. \quad (6.12)$$

Außerhalb vom Intervall $[0, H]$ ist das Fenster gleich Null (s. Abb. 6.5). H steht für die Anzahl der Punkte, über die die diskrete Fourier-Transformation in dem Intervall durchgeführt wird – also für die Länge des Blockes. Zudem gilt $a_0 \in [0.5, 1]$.

Beim Hamming-Fenster handelt es sich um eine glatte Funktion. Multipliziert man einen Ausschnitt des Signals mit dem Hamming-Fenster, wird dieses zu Beginn und Ende des Ausschnitts deutlich gedämpft (s. Abb. 6.5). Dies ist vorteilhaft, da wir so auf den Zeitintervallen Kosinusfunktionen vernachlässigen können und alle Signale durch Sinusfunktionen beschreiben können. Zudem führt es dazu, dass der betrachtete Ausschnitt des Signals durch die Dämpfungen so verändert wird, dass die Sprünge zwischen dem Anfangs- und Endwert im Intervall verkleinert werden. Dadurch wird der Leck-Effekt verkleinert und es werden weniger Frequenzen detektiert, die nicht im Signal enthalten sind.

6.4 Aufbau der Workshops

Die Workshops setzen sich jeweils aus vier digitalen Arbeitsblättern zusammen. Für die Bearbeitung kann den Lernenden ein Antwortblatt ausgeteilt werden auf dem sie an ausgewählten Stellen Überlegungen notieren können, um die Besprechungsphasen zu erleichtern. Der Inhalt sowie Aufbau der einzelnen Arbeitsblätter sind in beiden Workshops sehr ähnlich. Lediglich die Gliederung unterscheidet sich etwas (s. Abb. 6.22). Der inhaltliche Unterschied zwischen den beiden Versionen ist lediglich, dass im Material für die Mittelstufe die Fourier-Transformation als Blackbox verwendet wird. Das Material der Oberstufe ermöglicht hingegen, die Erarbeitung der Transformation als Matrix-Vektor-Multiplikation.

> **Übersicht**
> **Musik-Streamingdienste – Datenkomprimierung am Beispiel von Liedern**
>
> - AB 1: Einen Ton mathematisch modellieren
> - AB 2: Die Fourier-Transformation am Beispiel von Dreiklängen
> - AB 3: Die Komprimierung von Musik
> - AB 4: Das Komprimierungsverfahren optimieren

[4]Hierbei setzen wir voraus, dass das Signal periodisch fortgesetzt werden kann, was eine legitime Annahme ist, wenn das komplette Signal betrachtet wird.

In Anhang ist eine Abfolge der Arbeitsblätter mit schulmathematischer Anknüpfung inklusive möglicher Diskussionsphasen zu finden (s. Anhang. F.1). Dieser Ablaufplan bietet eine kompakte Übersicht über behandelte Mathematik in jedem einzelnen Arbeitsblatt, wobei auch auf die Unterschiede der beiden Workshops eingegangen wird. Zudem ist im Anhang F.2 ein exemplarischer Stundenverlaufsplan für den Oberstufen-Workshop zu finden, der die Durchführung des Projekts im Rahmen von fünf Doppelstunden (je 90 min) beschreibt. Der Stundenverlaufsplan für eine Beispieldurchführung des Workshops für die Mittelstufe wird nicht extra getrennt noch einmal angegeben, da er sehr ähnlich zu dem der Oberstufe ist. Die Durchführung für die Mittelstufe ist gleich lang. Die Lernenden benötigen etwas länger für das erste Arbeitsblatt, jedoch sind sie bei der Bearbeitung des zweiten Arbeitsblatts schneller, da dies aufgrund der wegfallenden mathematischen Erarbeitungen weitaus kürzer ist. Der Stundenverlaufsplan lässt sich somit abändern, indem die Besprechungsphase des ersten Arbeitsblatts in die zweite Doppelstunde gezogen wird.

6.5 Vorstellung der Workshopmaterialien

☾ Bevor mit der Bearbeitung der Problemstellung – also der Komprimierung von Liedern – begonnen werden kann, muss eine Annahme getroffen werden:
Es wird davon ausgegangen, dass die Signale bereits in digitaler Form vorliegen. Das bedeutet, dass die Analog-Digital-Umwandlung der akustischen Signale bereits stattgefunden hat. Insbesondere wird die Aufnahme von Musik mittels Abtastung (Sampling) in diesen Workshops nicht thematisiert.

Didaktischer Kommentar

Bevor die Lernenden mit der Bearbeitung der Arbeitsblätter beginnen, sollten sie eine gemeinsame Einführung in die Problemstellung im Plenum durch die Lehrkraft erhalten. Wir haben hierfür Präsentationsfolien für einen Beispielvortrag und auch Notizen zu den einzelnen Folien erstellt. Die Folien befinden sich auf der Workshop-Plattform (sie werden heruntergeladen, wenn das Passwort für die Lösungsvorschläge eingegeben wurde) und die Notizen können bei uns angefragt werden.
Der Vortrag enthält unter anderem die folgenden Aspekte:

- Nach einer anfänglichen Motivation wird darauf eingegangen, wie ein Tongemisch aufgebaut ist, nämlich aus der Überlagerung mehrerer Töne beziehungsweise Sinusfunktionen.
- Mit den Lernenden wird erarbeitet, welche Eigenschaften von Tönen charakteristisch für Teiltöne eines Gemischs sind (Frequenz/Tonhöhe und Amplitude/Lautstärke) und wie Töne mathematisch beschrieben werden können.
- Dies dient beides als Grundlage dafür die Funktionsweise der Fourier-Transformation zu verstehen, wobei

nur darauf eingegangen wird, dass nach der Transformation das Amplitudenspektrum erhalten wird, und nicht auf die Funktionsweise.
- Zuletzt wird das Vorhaben auf den mathematischen Modellierungskreislauf (s. Kap. 1) übertragen, damit die Lernenden diesen während der Arbeit am Workshop vor Augen haben und ihre durchgeführten Schritte in Bezug hierauf reflektieren.

◄

Nach einer Einführung in die Problemstellung, starten die Lernenden mit der Bearbeitung der Arbeitsblätter. Im Folgenden wird das Material des Oberstufen-Workshops vorgestellt, da dieses das Material des Mittelstufen-Workshops enthält und darüber hinaus geht. Im Anschluss (s. Abschn. 6.6) wird darauf eingegangen, welche Elemente für die Mittelstufe wegfallen.

6.5.1 Arbeitsblatt 1: Einen Ton mathematisch modellieren

Ziel des Workshops ist es, zu lernen, wie Daten komprimiert werden. Wir schauen uns das am Beispiel von Musik an. Die notwendigen Grundlagen (Modellierung von Tönen, Funktionsweise des menschlichen Gehörs) werden auf dem ersten Arbeitsblatt vermittelt.

Das erste Arbeitsblatt entspricht dem ersten Arbeitsblatt des Workshops zum Thema Shazam, weshalb an dieser Stelle nicht weiter darauf eingegangen wird. Leser/innen können das Material in Abschn. 7.5.1 ansehen. Es entfällt lediglich Aufgabe 3, die dem Aufbau einer Musikdatenbank dient, die im vorliegenden Workshop nicht benötigt wird.

6.5.2 Arbeitsblatt 2: Die Fourier-Transformation am Beispiel von Dreiklängen

Im Material vom zweiten Arbeitsblatt erarbeiten sich die Lernenden die Struktur der Basiswechselmatrizen, die den Kern der diskreten Fourier-Transformation ausmachen. Diese werden verwendet, um die Frequenzen von Dreiklängen zu bestimmen[5].

Unser Ziel ist es, am Ende des Workshops ein unbekanntes Lied zu komprimieren. Das bedeutet, dass man bestimmte Frequenzen aus dem Lied entfernen muss (s. Abb. 6.6). Ganz links ist das **zeitabhängige akustische Signal** zu sehen.

---

[5]Die wesentlichen Bausteine der Arbeitsblätter und deren jeweilige Besonderheiten werden in Abschn. 2.3.2 beschrieben. Um den strukturellen Aufbau der Arbeitsblätter besser nachvollziehen zu können, wird dem Leser/der Leserin die Lektüre dieses Abschnitts empfohlen.

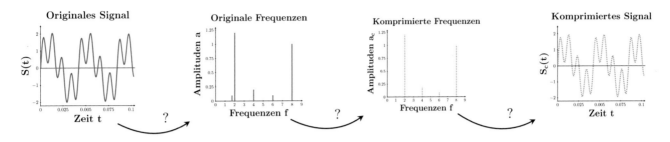

Abb. 6.6 Die drei bisher unbekannten Schritte der Komprimierung eines Liedes: Ganz links ist das akustische Ausgangssignal zu sehen. Die im Lied enthaltenen Frequenzen werden bestimmt (Plot weiter rechts), damit geeignete Frequenzen entfernt werden können (Plot weiter rechts). Der Graph rechts außen zeigt das resultierende komprimierte akustische Signal

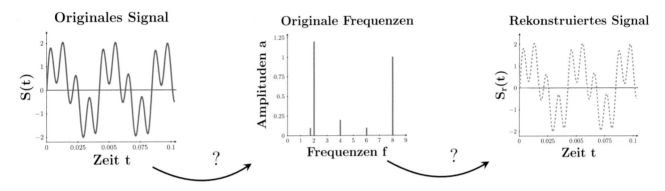

Abb. 6.7 Unbekannte Mittel zur Durchführung der zwei Schritte zur Änderung der Darstellung ohne Komprimierung des Liedes: das ursprüngliche akustische Signal (links), die Frequenzen des ursprünglichen akustische Signals mit zugehörigen Amplituden (Mitte) und das rekonstruierte akustische Signal (rechts)

Zeitabhängig bedeutet, dass es sich mit der Zeit ändert, also mathematisch gesehen eine Funktion der Zeit ist. Dieses Signal wird mittels geeigneter mathematischer Methoden in seine einzelnen Frequenzen mit den dazugehörigen Amplituden zerlegt. Im Frequenzraum können wir, wie gewünscht, das Signal komprimieren, indem wir redundante Frequenzen eliminieren. Ein abschließender Wechsel zurück in den Zeitraum liefert das **zeitabhängige komprimierte Signal**, das ganz rechts zu sehen ist.

Voraussetzung für das oben beschriebene Vorgehen ist die Zerlegung des Liedes in seine elementaren (Sinus-)Töne. Diese Zerlegung ist in der Regel nicht trivial, da die Frequenzen komplexerer Signale weder dem Klang entnommen, noch am Graph abgelesen werden können. Wir müssen uns etwas anderes einfallen lassen.

Der Schlüssel ist die **Fourier-Transformation.** Sie nutzt aus, dass man akustische Signale als Summe von Sinusschwingungen verschiedener Frequenzen darstellen kann. Konkret zerlegt sie ein akustisches Signal in seine einzelnen Sinusschwingungen und bestimmt die Frequenzen und Amplituden dieser Schwingungen.

Wir werden in diesem Arbeitsblatt einen Algorithmus entwickeln, der die Frequenzen eines akustischen Signals bestimmt und anschließend wieder in das zeitliche Signal umwandelt. Damit wir überprüfen können, ob der Algorithmus korrekt ist, gehen wir wie folgt vor:

- Wir starten mit einem bekannten Signal.
- Wir entwickeln einen vereinfachten Algorithmus und wenden ihn auf das bekannte Signal an.
- Wir überprüfen durch die Interpretation des Ergebnisses, ob der Algorithmus funktioniert.
- Wir führen – falls nötig – eine Modellverbesserung durch und überprüfen den neuen Algorithmus.
- Wir wenden unseren geprüften Algorithmus auf unbekannte Signale an.

↻ Zu Beginn wollen wir das Signal noch nicht komprimieren, sondern zunächst einen Weg finden, um die im akustischen Signal enthaltenen Sinusschwingungen zu bestimmen. Anschließend setzen wir diese wieder zum Ausgangssignal zusammen. Das Vorgehen wird in Abb. 6.7 dargestellt. Die Mathematik hinter den einzelnen Schritten werden wir nun untersuchen.

Tab. 6.1 Frequenzen der eingestrichenen Töne (gleichstufige Stimmung)

Ton	Frequenz in Hz
c	262
cis/des	277
d	294
dis/es	311
e	330
f	349
fis/ges	370
g	392
gis/as	415
a	440
ais/b	466
h	494

Aufgabe 1 | Dreiklänge erstellen

❍ Um die grundlegende Idee der Fourier-Transformation zu verstehen, betrachten wir zunächst Dreiklänge bevor wir uns einem ganzen Lied widmen[6]. Als Dreiklang wird in der Musik ein dreitoniger Akkord bezeichnet, der aus bestimmten Frequenzen besteht. Diese akustischen Signale sind komplexer als Töne, aber weniger komplex als gängige Musik.

Hier ist ein Beispiel für einen Dreiklang, der die Frequenzen 277 Hz, 330 Hz und 440 Hz enthält:

$$S(t) = \sin(277 \cdot 2\pi \cdot t) + \sin(330 \cdot 2\pi \cdot t) + \sin(440 \cdot 2\pi \cdot t). \tag{6.13}$$

Ziel ist es, im Folgenden einen eigenen Dreiklang zu erstellen sowie anschließend die Frequenzen unbekannter Dreiklänge mithilfe der Fourier-Transformation zu bestimmen.

Teil a

Um einen harmonischen Klang sicherzustellen, werden für Dreiklänge nur bestimmte Töne miteinander kombiniert. Tab. 6.2 zeigt, welche Töne zu einem wohlklingenden Dreiklang zusammengefasst werden können. Tab. 6.1 gibt die Frequenzen dieser Töne an. Mithilfe der Tabellen sieht man, dass unser Beispiel S aus den Tönen a, cis und e zusammengesetzt ist. Es handelt sich also um einen A-Dur Dreiklang.

---

[6]Die folgende Aufgabe ist nahezu identisch zum Anfang von Arbeitsblatt 2 vom Workshop zum Thema Shazam (s. Abschn. 7.5.2). Sie wird hier dennoch in aller Vollständigkeit vorgestellt, um zu garantieren, dass dieses Kapitel unabhängig von Kap. 7 gelesen werden kann.

Arbeitsauftrag

Erstelle einen Dreiklang aus Tab. 6.2. Definiere *Signal* (Eingabe im Code durch `Signal`) dazu als Summe dreier geeigneter Sinusschwingungen. Als Ausgabe erhältst du den zeitlichen Graph deines Dreiklangs. Zusätzlich kannst du dir den Dreiklang anhören.

Lösung

❍ Eine mögliche Wahl ist der Dreiklang A-Dur. Die Eingabe hierfür lautet:

```
Signal(t) = sin(277*2*pi*t)+
sin(330*2*pi*t)+sin(440*2*pi*t);
```
◀

Als Ausgabe erhalten die Lernenden den zeitlichen Graph des Dreiklangs, den sie eingegeben haben. Der Graph zu A-Dur wird in Abb. 6.8 dargestellt.

Didaktischer Kommentar

Ein üblicher Fehler bei diesem Aufgabenteil ist, dass die Lernenden drei Frequenzen im Argument einer einzigen Sinusfunktion addieren. Erklärt man den Lernenden, dass sie dadurch lediglich eine Sinusschwingung mit einer entsprechend hohen Frequenz erzeugen, erkennen sie ihren Fehler. Zudem kopieren manche Lernende den Text der Sinusfunktionen (s. Gl. (6.13)) aus dem Arbeitsblatt und fügen sie als Eingabe ein. Dies führt bei `Julia` aufgrund von unbekannten Zeichen (Multiplikationspunkt · und π) zu Fehlern. Stattdessen muss die Gleichung abgetippt werden und anstelle von · ein Sternchen * und anstatt von π schlicht pi verwendet werden. ◀

Die drei Frequenzen, die der/die Lernende verwendet hat, werden in dem Vektor $\overrightarrow{freq}$ gespeichert.

Das t in unserer Formel signalisiert, dass der Dreiklang zeitabhängig ist. Analoge Signale sind naturgemäß **kontinuierlich**. Das bedeutet, dass der Wert des Signals zu jedem beliebigen Zeitpunkt, also lückenlos, vorliegt. Bei der Signalverarbeitung ist das jedoch nicht der Fall. Es werden aus der kontinuierlichen Zeitspanne in regelmäßigen, meist sehr kleinen Abständen Zeitpunkte heraus gepickt. Nur an diesen **diskreten Zeitpunkten** wird das Signal ausgewertet. ❍ Die Resultate liegen dann in Form eines Vektors $\vec{t}$ vor. Um das zu berücksichtigen, unterteilen wir eine Zeitspanne – beispielsweise eine Sekunde – in viele kleine Zeitschritte. Für diese Zeitpunkte können wir uns den Dreiklang anhören. Wenn der Abstand zwischen den einzelnen Zeitpunkten klein genug ist, hört man keinen Unterschied zum kontinuierlichen Signal.

Tab. 6.2 Dur- und Molldreiklänge über verschiedenen Grundtönen

Grundton	Durdreiklang		Molldreiklang	
	Name	**Akkord**	**Name**	**Akkord**
c	C-Dur	c–e–g	C-Moll	c–es–g
cis/des	Des-Dur	Des–f–as	Des-Moll	des–e–as
d	D-Dur	d–ges–a	D-Moll	d–f–a
dis/es	Es-Dur	es–g–b	Es-Moll	es–ges–b
e	E-Dur	e–as–h	E-Moll	e–g–h
f	F-Dur	f–a–c	F-Moll	f–as–c
fis/ges	Ges-Dur	ges–b–des	Ges-Moll	ges–a–des
g	G-Dur	g–h–d	G-Moll	g–b–d
gis/as	As-Dur	as–c–es	As-Moll	as–h–es
a	A-Dur	a–des–e	A-Moll	a–c–e
ais/b	B-Dur	b–d–f	B-Moll	b–des–f
h	H-Dur	h–es–ges	H-Moll	h–d–ges

Abb. 6.8 Zeitlicher Graph vom Dreiklang A-Dur

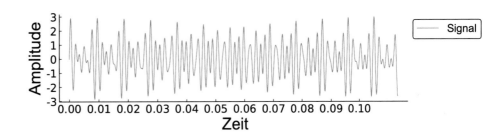

⟳ Wir verwenden 21000 Zeitschritte, das sind ca. 48 μs zwischen zwei aufeinander folgenden Zeitpunkten.

⟳ Im nächsten Schritt nehmen wir an, dass wir die im Signal enthaltenen Frequenzen bereits bestimmt haben – wie das genau funktioniert, spielt zunächst keine Rolle. Das schauen wir uns in Aufgabe 2 an. Wir wollen diese Frequenzen nutzen, um daraus den originalen Ton S_r zu rekonstruieren, so wie es Abb. 6.9 zeigt.

Wir wissen schon, dass Teiltöne zur Erstellung von Tongemischen mit der jeweiligen Amplitude multipliziert und anschließend miteinander addiert werden. Setzt man die Amplitude der nicht auftretenden Teiltöne auf Null, können wir Frequenzen, die gar nicht im Signal enthalten sind, genauso behandeln, wie solche die enthalten sind. Wir betrachten alle Frequenzen von 1 Hz bis 21000 Hz. Diese speichern wir in dem Vektor $\vec{f}$. Drei dieser Frequenzen entsprechen genau denen aus dem Vektor $\overrightarrow{freq}$, in dem die von deinem Dreiklang gespeichert sind. Zudem müssen wir in unserem Vorgehen berücksichtigen, dass wir nicht mehr die kontinuierliche Zeit t betrachten, sondern die Zeitschritte $t_1, t_2, \ldots, t_{21000}$.

Weil die konkreten Werte der Sinusfunktionen von zwei Variablen (Zeit und Frequenz) abhängen, kann man diese Werte in einem Rechteckschema anordnen. Ein solches Schema nennt man allgemein Matrix. Dabei ändert sich die Frequenz mit der Spalte und die Zeit mit der Zeile (s. Abb. 6.10).

Betrachten wir 21000 Zeitpunkte und ebenso viele Frequenzen, entsteht eine sehr große Matrix. ⟳ Um die Erar-

beitung der Mathematik zu erleichtern, werden wir zunächst mit nur 21 Frequenzen und Zeitschritten arbeiten. Im Hintergrund werden die Matrizen anschließend vergrößert, sodass der Dreiklang unter realistischen Bedingungen rekonstruiert wird.

Didaktischer Kommentar

Die Überlegungen hinter der diskreten Fourier-Transformation sind unabhängig von der Dimension der verwendeten Matrizen. Durch die geringere Anzahl an Frequenzen erhalten die Lernenden also weiterhin einen vollwertigen Einblick in die Funktionsweise. ◀

Die resultierende Matrix ist in Abb. 6.10 dargestellt. Diese Matrix V können wir verwenden, um aus den einzelnen Tönen das Ausgangssignal zu rekonstruieren.

Teil b

Damit wir mit Matrix V arbeiten können, müssen wir dem Programm sagen, wie sie aussieht und aufgebaut ist. Wir betrachten die Frequenzen von 1 Hz bis 21 Hz. Diese sind im Vektor $\vec{f}$ gespeichert. Die Frequenzen sind aufsteigend sortiert. Zudem haben wir 21 Zeitschritte, welche im Vektor $\vec{t}$ gespeichert sind. Auf die Einträge des Vektors $\vec{f}$ bzw. $\vec{t}$ kannst du im Code mithilfe von f[1], f[2],... bzw. t[1], t[2],... zugreifen.

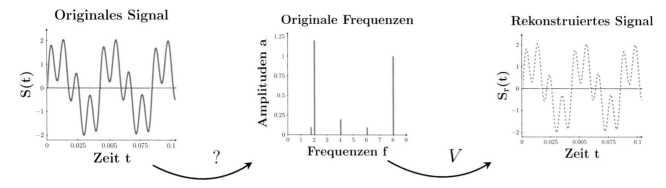

Abb. 6.9 Verwendung der Matrix V zur Änderung der Darstellung von dem Frequenzraum zum Zeitraum ohne Komprimierung. Das Mittel für den andere Darstellungswechsel ist weiterhin unbekannt

Abb. 6.10 Struktur der Matrix V

$$
\text{Zeitschritte} \downarrow \quad \begin{pmatrix} \sin(2 \cdot \pi \cdot f_1 \cdot t_1) & \sin(2 \cdot \pi \cdot f_2 \cdot t_1) & \dots & \sin(2 \cdot \pi \cdot f_{21} \cdot t_1) \\ \sin(2 \cdot \pi \cdot f_1 \cdot t_2) & \sin(2 \cdot \pi \cdot f_2 \cdot t_2) & \dots & \sin(2 \cdot \pi \cdot f_{21} \cdot t_2) \\ \vdots & \vdots & \ddots & \vdots \\ \sin(2 \cdot \pi \cdot f_1 \cdot t_{21}) & \sin(2 \cdot \pi \cdot f_2 \cdot t_{21}) & \dots & \sin(2 \cdot \pi \cdot f_{21} \cdot t_{21}) \end{pmatrix} = V
$$

(über der Matrix: Frequenzen →)

Für jede Zeile und Spalte der Matrix V soll der Eintrag der Matrix entsprechend, wie es in Abb. 6.10 gezeigt wird, angepasst werden. Für die sich ändernden Größen (nämlich die Einträge der Frequenz und Zeit) werden die Laufvariablen i und j verwendet. Dabei durchläuft i (Eingabe im Code durch `i`) durch die Zeilen und j (Eingabe im Code durch `j`) die Spalten. Möchte man also den Eintrag in der dritten Zeile und siebten Spalte beschreiben, beträgt $i = 3$ und $j = 7$.

verhält es sich genauso mit der Zeilennummer – sprich j. Diese Erkenntnis ist wichtig, damit die Lernenden den nächsten Aufgabenteil leichter bearbeiten können. ◄

Tipp

Als Unterstützung erhalten die Lernenden eine leicht abgewandelte Version von Abb. 6.11. Die Lernenden müssen selbst die Werte für i und j außerhalb der Matrix ergänzen. ◄

Teil c
Nun wollen wir die Matrix eingeben.

Arbeitsauftrag
Stelle die Matrix V (Eingabe im Code durch `V`) zunächst mit Stift und Papier auf. Überlege dir, welche Werte i und j bei verschiedenen Einträgen von V annehmen und, wie i und j in dem Eintrag selbst berücksichtigt werden können, damit er sich, wenn sich i und j ändern, mit ändert.
Beobachtest du eine Regelmäßigkeit? Notiere deine Antwort.

Arbeitsauftrag
Stelle die Matrix V auf, indem du den unteren Algorithmus (genannt for-Schleifen) vervollständigst.

- Trage in den ersten beiden NaNs den kleinsten und größten Wert ein, den i annimmt.
- Trage hinter j den kleinsten und größten Wert ein, den j annimmt.
- Ersetze das letzte NaN mit dem allgemeinen Matrixeintrag in Abhängigkeit von i und j.

Lösung

Eine mögliche Lösung kann aussehen, wie es in Abb. 6.11 dargestellt ist.
Den Lernenden soll auffallen, dass sich bei änderndem Eintrag der Matrix V die Einträge der verwendeten beiden Vektoren $\vec{f}$ und $\vec{t}$ ebenfalls ändern. Genauer muss der Eintrag des Vektors $\vec{f}$ betrachtet werden, der mit der Spaltennummer – sprich i – übereinstimmt. Für den Vektor $\vec{t}$

Abb. 6.11 Mögliche
Überlegung, um die
Zusammenhänge zwischen den
Laufvariablen i und j und den
Einträgen von V zu bestimmen

$$
\begin{array}{cc}
& \begin{array}{cccc} i=1 & i=2 & & i=21 \\ \downarrow & \downarrow & & \downarrow \end{array} \\
\begin{array}{c} j=1 \;\rightarrow \\ j=2 \;\rightarrow \\ \\ j=21 \;\rightarrow \end{array} &
\begin{pmatrix}
\sin(2\cdot\pi\cdot f_1\cdot t_1) & \sin(2\cdot\pi\cdot f_2\cdot t_1) & \dots & \sin(2\cdot\pi\cdot f_{21}\cdot t_1) \\
\sin(2\cdot\pi\cdot f_1\cdot t_2) & \sin(2\cdot\pi\cdot f_2\cdot t_2) & \dots & \sin(2\cdot\pi\cdot f_{21}\cdot t_2) \\
\vdots & \vdots & \ddots & \vdots \\
\sin(2\cdot\pi\cdot f_1\cdot t_{21}) & \sin(2\cdot\pi\cdot f_2\cdot t_{21}) & \dots & \sin(2\cdot\pi\cdot f_{21}\cdot t_{21})
\end{pmatrix} = V
\end{array}
$$

Lösung

❶ Zu Beginn des Codefelds wird eine Matrix der benötigten Größe definiert, in der nur Nullen stehen. Deren Einträge werden durch zwei verschachtelte for-Schleifen überschrieben. In Abb. 6.10 erkennt man, dass alle Einträge der Matrix die gleiche Struktur haben:

$$\sin(2\cdot\pi\cdot f_j\cdot t_i). \tag{6.14}$$

Die Einträge unterscheiden sich lediglich durch die Komponenten der Vektoren $\vec{t}$ und $\vec{f}$. Schaut man sich eine Spalte an, so sieht man, dass sich in jeder Zeile der Eintrag von $\vec{t}$ um eins erhöht. Der Eintrag von $\vec{f}$ hingegen bleibt konstant. Betrachtet man die Zeilen, beobachtet man das Umgekehrte.

Da i die Zeile angibt und in der i-ten Zeile der i-te Zeitschritt betrachtet wird, muss die Variable $\vec{t}$ mit i indiziert werden. Analoges gilt für die Spalten, die durch j repräsentiert werden, und die Frequenzen. Folglich muss $\vec{f}$ mit j indiziert werden.

Die Eingabe lautet:

```
V = zeros(21,21); # Die Anfangsmatrix
    mit nur Nulleinträgen
for i = 1:21 # i durchläuft die
    Zeilen der Matrix
    for j = 1:21 # j durchläuft die
        Spalten der Matrix
        V[i,j] = sin(2*pi*f[j]*t[i]);
    end
end
```

◀

Infoblatt

Die Lernenden können auf ein digitales Infoblatt zugreifen, auf welchem for-Schleifen genauer erklärt werden. Zudem gibt es dort kleine Übungsaufgaben, die mit der Syntax vertraut machen.
Ferner bieten for-Schleifen eine gute Möglichkeit, enger mit der Informatik-Lehrkraft zusammenzuarbeiten. ◀

Tipp

Zusätzlich zum Infoblatt können die Lernenden sich einen Tipp ansehen. In diesem sollen die Lernenden benachbarte Zeilen und Spalten der Matrix vergleichen und schauen, was sich in den Einträgen verändert. ◀

Didaktischer Kommentar

Bei Lernenden die for-Schleifen noch nicht kennen oder im Allgemeinen wenig Programmiererfahrung haben, passiert es, dass sie Folgendes in die for-Schleife schreiben:

```
sin(2*pi*j*i).
```

Sie vergessen die beiden Vektoren $\vec{t}$ und $\vec{f}$ mit im Argument vom Sinus zu berücksichtigen. Durch einen Hinweis auf Abb. 6.10 und eine genauere Betrachtung der Einträge der Matrix kann im Gespräch mit den Lernenden Gl. (6.14) erarbeitet werden. ◀

Die Matrix, die im vorherigen Aufgabenteil aufgestellt wurde, kann man für die Rekonstruktion von jedem Lied, jedem Dreiklang und jedem Geräusch verwenden, wenn wir sie auf 21000 Zeitschritte und Frequenzen erweitern. Sie ist allgemein definiert, weil die diskreten Frequenzen (die wir hören können) verwendet werden.

Hat man einen Vektor mit allen Amplituden der einzelnen Frequenzen und Matrix V, ist es möglich, den ursprünglichen Dreiklang zu rekonstruieren. Das können wir uns an einem einfachen Beispiel veranschaulichen, indem wir den Dreiklang zu ganz konkreten Zeitschritten betrachten. Fangen wir mit dem ersten Zeitschritt t_1 an.

Ganz am Anfang des Arbeitsblatts haben wir gesagt, dass der Dreiklang durch

$$
\begin{aligned}
S(t) &= \sin(\mathit{freq}_1 \cdot 2\pi \cdot t) + \sin(\mathit{freq}_2 \cdot 2\pi \cdot t) \\
&\quad + \sin(\mathit{freq}_3 \cdot 2\pi \cdot t) \\
&= a_1 \cdot \sin(\mathit{freq}_1 \cdot 2\pi \cdot t) + a_2 \cdot \sin(\mathit{freq}_2 \cdot 2\pi \cdot t) \\
&\quad + a_3 \cdot \sin(\mathit{freq}_3 \cdot 2\pi \cdot t)
\end{aligned}
$$

beschrieben wird, wobei die drei Amplituden a_1, a_2 und a_3 gleich Eins gesetzt sind. Ausgewertet zum Zeitpunkt t_1 bedeutet das:

$$S(t_1) = a_1 \cdot \sin(freq_1 \cdot 2\pi \cdot t_1) + a_2 \cdot \sin(freq_2 \cdot 2\pi \cdot t_1)$$
$$+ a_3 \cdot \sin(freq_3 \cdot 2\pi \cdot t_1).$$

$$(6.15)$$

Multipliziert man nun den Amplitudenvektor, der alle Amplituden aller Frequenzen zwischen 1 Hz und 21000 Hz enthält (s. Gl. (6.16)), mit der ersten Zeile der Matrix V, so erhält man ebenso Gl. (6.15). Das liegt daran, dass alle Amplituden – bis auf die der Frequenzen $freq_1$, $freq_2$ und $freq_3$, welche alle auch im Vektor $\vec{f}$ enthalten sind – Null sind.

$$\vec{f} = \begin{pmatrix} 1 \\ 2 \\ \vdots \\ freq_1 \\ \vdots \\ \vdots \\ freq_2 \\ \vdots \\ \vdots \\ freq_3 \\ \vdots \\ 20999 \\ 21000 \end{pmatrix} \quad \begin{matrix} \\ \\ \\ freq_1 \rightarrow \\ \\ \\ \\ freq_2 \rightarrow \\ \\ \\ \\ freq_3 \rightarrow \\ \\ \\ \\ \end{matrix} \begin{pmatrix} 0 \\ \vdots \\ 0 \\ 1 \\ 0 \\ \vdots \\ 0 \\ 1 \\ 0 \\ \vdots \\ 0 \\ 1 \\ 0 \\ \vdots \\ 0 \end{pmatrix} = \vec{a} \quad (6.16)$$

Teil d
Der Vektor $\vec{a}$ (Eingabe im Code durch a) beinhaltet die Amplituden zu den Frequenzen von 1 Hz bis 21000 Hz. Der Vektor besteht im Fall vom Dreiklang (aus Aufgabenteil a) überwiegend aus Nullen. Nur in drei Komponenten hat er eine Eins; das sind gerade die Komponenten, die zu den im Dreiklang enthaltenen Frequenzen gehören.

Arbeitsauftrag
Übertrage das für den ersten Zeitschritt beschriebene Vorgehen auf alle Zeitschritte, sodass der gesamte Dreiklang durch eine einzige Rechnung rekonstruiert wird. Welche Formel ergibt sich?
Schreibe die Formel auf, die den rekonstruierten Dreiklang $\vec{S_r}$ (Eingabe im Code durch Sr) mithilfe von V und $\vec{a}$ (Eingabe im Code durch a) berechnet.

Lösung

❶ Man erhält den Dreiklang zu allen Zeitpunkten, wenn man jede Zeile der Matrix V mit dem Amplitudenvektor $\vec{a}$ multipliziert. Fasst man alles in einer Rechnung zusammen, erhält man die Matrix-Vektor-Multiplikation:

```
Sr = V*a;
```
◄

Tipp

Wenn die Lernenden noch keine Matrix-Vektor-Multiplikation im Mathematikunterricht behandelt haben, haben sie die Möglichkeit, sich zu diesem Thema ein, an der Stelle eingefügtes, kurzes Video anzuschauen.
Stufe 1: Des Weiteren können die Lernenden auf einen Tipp mit kleinen Aufgaben zugreifen. Im Rahmen dessen sollen sie die Überlegungen, die zum ersten Zeitpunkt in Gl. (6.15) durchgeführt wurden, auf weitere Zeitpunkte übertragen und die aufgestellten Gleichungen anschließend betrachten. Dabei soll ihnen auffallen, dass die sich ändernden Größen pro Zeitschritt genau den Einträgen der dazugehörigen Zeile aus Matrix V entsprechen. Wird also beispielsweise Zeitpunkt t_5 betrachtet, entspricht dies der Multiplikation der fünften Zeile von Matrix V mit dem Vektor $\vec{a}$.
Stufe 2: Zudem gibt es noch einen Tipp, in dem auf die Dimensionen von Matrizen und Vektoren eingegangen wird. In diesem Zusammenhang wird auch erklärt, unter welchen Voraussetzungen Vektoren und Matrizen für eine Multiplikation kompatibel sind. ◄

Didaktischer Kommentar

In der Schule wird den Lernenden in der Regel zunächst ein neuer mathematischer Inhalt beigebracht bevor sie verstehen, wofür dieser verwendet werden kann. Gerade in der Oberstufe ist es immer schwieriger für Lernende nachzuvollziehen wofür sie bestimmte Mathematik in ihrem Leben benötigen werden. Aufgrund der hohen Relevanz von Matrizen in diesem Workshop kann das Material als Motivation verwendet werden. Anschließend ist klar, dass es sinnvoll ist sich intensiver mit Matrizen zu beschäftigen. Zudem haben die Lernenden direkt eine Anwendung von Matrizen, die aus ihrem eigenen Alltag stammt. ◄

Als Ausgabe erhalten die Lernenden eine Audiodatei mit dem rekonstruierten Dreiklang. So können sie sich diesen anhören und überprüfen, ob die Rekonstruktion mit dem Dreiklang aus Aufgabenteil a übereinstimmt.

156   K. Wohak und J. Kusch

Aufgabe 2 | Dreiklänge bestimmen
Mithilfe der Matrix-Vektor-Multiplikation können wir zwischen zwei Darstellungen wechseln:

- **Darstellung im Zeitraum:** Vektor, der den Schalldruck zu verschiedenen Zeitpunkten angibt (s. Ausgabe von Aufgabe 1 Teil a)
- **Darstellung im Frequenzraum:** Vektor, der die zu den verschiedenen Frequenzen gehörenden Amplituden angibt (s. Gl. (6.16)).

Sobald wir den Vektor mit den Amplituden kennen, können wir das ursprüngliche Tongemisch im Zeitraum durch eine Multiplikation mit der Matrix V erzeugen.

Wir sind bisher davon ausgegangen, dass die im Signal enthaltenen Frequenzen bekannt sind und haben auf Basis dieser Annahme Signale rekonstruiert. In der Regel weiß man aber nicht, aus welchen Frequenzen ein aufgezeichnetes Signal besteht. ❍ Die Amplituden aller Frequenzen können mithilfe folgender Gleichung bestimmt werden:

$$a_i = \frac{2}{n} \cdot \sum_{j=1}^{n} \sin(2 \cdot \pi \cdot f_i \cdot t_j) \cdot S(t_j). \qquad (6.17)$$

$S(t_j)$ bezeichnet weiterhin den Wert deines Dreiklangs S zum Zeitpunkt t_j. Die Amplituden der Frequenzen, die nicht in dem Signal vorkommen, sind dann gleich Null.

Infoblatt

Die Lernenden können sich auf einem Infoblatt anschauen, wie die Formel für die Amplituden zustande kommt (vgl. Abschn. 6.3.2). Zusätzlich zur mathematisch Herleitung wird im Jupyter-Notebook die Orthogonalität von Sinusfunktionen mithilfe einer eingebundenen GeoGebra-Datei veranschaulicht. Ein Screenshot hiervon ist in Abb. 6.12 zu sehen.

Die Lernenden haben die Möglichkeit sich verschiedene Sinusfunktionen (f, g und h) mit unterschiedlichen Frequenzen anzeigen zu lassen. Zudem können sie sich die Graphen der multiplizierten Sinusfunktionen anschauen. Dabei steht beispielsweise fg für die Multiplikation der Funktionen f und g. Betrachten sie die Flächen zwischen der Funktion fg und der x-Achse, fällt auf, dass das Integral auf einer Periode Null ist, da die Flächen ober- und unterhalb der x-Achse gleich groß sind. Die Funktion ff ist jedoch komplett oberhalb der x-Achse, sodass die Fläche einen Wert größer Null ergibt. ◄

Didaktischer Kommentar

Dieses Infoblatt richtet sich nur an sehr motivierte und interessierte Lernende. Der Inhalt wird nicht für den weiteren Verlauf des Workshops vorausgesetzt. ◄

Um herauszufinden, wie groß die Amplitude a_i der Frequenz f_i ist, wird für jeden Zeitschritt t_j geprüft, welchen Beitrag diese Frequenz leistet. Die Resultate aller Zeitpunkte werden addiert. Man kann alle Amplituden simultan berechnen, indem man sich erneut der Matrix-Vektor-Multiplikation bedient. Die Sinusschwingungen sind erneut von zwei Indizes abhängig und können somit wieder in einer Matrix, genannt W, angeordnet werden. Die Multiplikation von W mit dem Signal(-vektor) $\vec{S}$ liefert dann die gesuchten Amplituden (s. Abb. 6.13).

Teil a
Um Matrix W aufzustellen, müssen wir herausfinden, wie die einzelnen Einträge der Matrix aussehen. Den Term $S(t_j)$ aus Gl. (6.17) können wir zunächst ignorieren, da wir nur die Matrix aufstellen wollen und anschließend diese mit dem Vektor multiplizieren können.

Abb. 6.12 Screenshot der eingebundenen GeoGebra-Datei zur Veranschaulichung der Orthogonalität von Sinusfunktionen

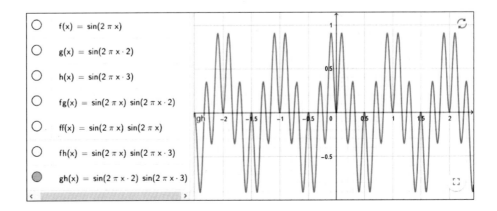

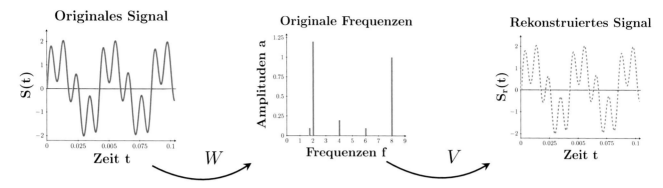

Abb. 6.13 Verwendung der Matrix V zum Wechsel von der Darstellung im Frequenzraum zur Darstellung im Zeitraum und der Matrix W für den umgekehrten Darstellungswechsel (ohne Komprimierung)

Arbeitsauftrag

Setze nacheinander verschiedene Werte für jeweils i und j in Gl. (6.17) ein. Dadurch erhältst du die Einträge der Matrix W (Eingabe im Code durch W), wenn du den Teil des Signals $\vec{S}$ weg lässt. Auf die Einträge $W_{i,j}$ kannst du im Code durch W[i,j] zugreifen. Der Wert, den du für i einsetzt, steht für die Zeile und der von j für die Spalte der Matrix W.

- Setze zuerst: $i = 1$ und $j = 1$. Du berechnest dadurch $W_{1,1}$. Das ist der erste Eintrag in der ersten Spalte.
- Setze $i = 1$ und $j = 2$ bedeutet $W_{1,2}$. Das ist der erste Eintrag in der zweiten Spalte.
- Setze $i = 2$ und $j = 1$ bedeutet $W_{2,1}$. Das ist der erste Eintrag in der zweiten Zeile.

Hinweis: Die erste Zahl in den eckigen Klammern hinter dem W steht für die Zeile und die zweite Zahl für die Spalte.

Lösung

❶ Die Summe in Gl. (6.17) entspricht dem Produkt eines Zeilenvektors, der den zeitlichen Verlauf eines Sinustons (mit konstanter Frequenz) beschreibt, mit dem Spaltenvektor, der unser Signal (im Zeitraum) beschreibt. Folglich darf sich die Frequenz der Sinusfunktionen innerhalb einer Zeile der Matrix W nicht ändern; die Zeit hingegen muss sich mit der Spalte ändern. Umgekehrt verhält es sich bei den Spalten (Zeit konstant, Frequenz komponentenabhängig).

Der Wert von i steht für die Zeile und der von j für die Spalte der Matrix W. Das bedeutet, dass i die Laufvariable für die Frequenzen und j die für die Zeitschritte ist.

- Für $i = 1$ und $j = 1$ lautet eine Eingabe:

```
W11 = 2/n*sin(2*pi*f[1]*t[1]);
```

- Für $i = 1$ und $j = 2$ lautet eine Eingabe:

```
W12 = 2/n*sin(2*pi*f[1]*t[2]);
```

- Für $i = 2$ und $j = 1$ lautet eine Eingabe:

```
W21 = 2/n*sin(2*pi*f[2]*t[1]);
```

Die Lernenden müssen den Koeffizient $\frac{2}{n}$ nicht in den Einträgen von W berücksichtigen. Sie können die Matrix später mit dem Vorfaktor multiplizieren. ◄

Teil b

Betrachte deine Eingaben aus Aufgabenteil a.

- Wie haben sich die Einträge von W verändert, wenn der Eintrag einer anderen Zeile oder Spalte berechnet wurde?
- Welche Laufvariable bleibt entlang einer Zeile konstant? Welche Laufvariable bleibt entlang einer Spalte konstant?

Arbeitsauftrag

Beantworte die beiden oben aufgelisteten Fragen. Notiere deine Antwort.

◑ Betrachtet man die Lösungen von Aufgabenteil a, so kann man anhand der drei Einträge Schlussfolgerungen auf den Aufbau der Spalten und Zeilen der Matrix W ziehen:

- Betrachtet man mehrere Einträge einer Zeile aus Matrix W, sprich beispielhaft die beiden Einträge $W_{1,1}$ und $W_{1,2}$, so fällt auf, dass in der Zeile die Frequenz gleich bleibt. Der Zeitschritt hingegen verändert sich.
- Betrachtet man mehrere Einträge einer Spalte aus Matrix W, sprich beispielhaft die beiden Einträge $W_{1,1}$ und $W_{2,1}$, so fällt auf, dass in der Spalte der Zeitschritt gleich bleibt. Die Frequenz hingegen verändert sich.

◄

Da der Aufbau der Matrix W, im Gegensatz zu Aufgabe 1 Teil c, nicht vorgegeben wird, müssen die Lernenden selber herausfinden, wie sich die Einträge über die Zeilen und Spalten hinweg ändern. Eine Unterstützung hierfür ist Aufgabenteil a. Haben die Lernenden weiterhin Schwierigkeiten zu sehen, dass die Frequenz jeweils in der Zeile konstant bleibt und die Zeit sich ändert und es umgekehrt ist für die Spalten, können sie weitere beispielhafte Werte für i und j in Gl. (6.17) einsetzen und sich diese in der Struktur der Matrix notieren. Dadurch erhalten sie den Aufbau von W auf Papier. Anschließend sollen sie überprüfen, wie sich die Laufvariablen pro Zeile oder Spalte verhalten. ◄

Teil c

Nun stellen wir die komplette Matrix W auf.

Vervollständige die beiden verschachtelten for-Schleifen im nächsten Codefeld, sodass der Code die gesuchte Matrix W erzeugt. Wir betrachten dabei erneut das kleine Beispiel mit 21 Frequenzen und 21 Zeitschritten. Als Laufvariable wird i für die Zeilen und j für die Spalten verwendet.

◑ Die Eingaben aus Aufgabenteil a, werden nun auf allgemeine i und j übertragen. Wie im vorherigen Aufgabenteil gilt auch hier, dass der Faktor $\frac{2}{n}$ in die Matrix mit aufge-

nommen werden kann, aber nicht muss.
Die Eingabe lautet wie folgt:

```
W = zeros(21,21); # Die Anfangsmatrix
    mit nur Nulleinträgen
for i = 1:21 # i durchläuft die Zeilen
    der Matrix
        for j = 1:21 # j durchläuft die
            Spalten der Matrix
        W[i,j] = 2/n*
            sin(2*pi*f[i]*t[j]);
        end
end
```

Als Ausgabe erhalten die Lernenden eine Abbildung ihrer erzeugten Matrix W (s. Abb. 6.14).
Ziehen die Lernenden den Faktor $\frac{2}{n}$ nicht in die Matrix, so wird die Matrix trotzdem als korrekt anerkannt. Auch sie erhalten eine Abbildung ihrer erstellten Matrix W (s. Abb. 6.15).
Zudem erhalten sie den Hinweis, dass im weiteren Verlauf mit der um den Faktor $\frac{2}{n}$ ergänzten Matrix gerechnet wird. Deren Matrix wird somit elementweise durch n geteilt und mit 2 multipliziert. ◄

Die Lernenden können erneut auf die Infoblatt zur for-Schleife zugreifen. ◄

Die Einträge der Matrizen V und W sind sehr ähnlich. Deshalb ist ein typischer Fehler, dass die Lernenden nicht darauf achten, welche Laufvariable in welchem Vektor ($\vec{f}$ oder $\vec{t}$) berücksichtigt werden muss. Aus diesem Grund verwenden die Lernenden oft bei der Erstellung Matrix W ebenfalls i bei den Zeitschritten und j bei den Frequenzen, obwohl eigentlich das umgekehrte korrekt ist. Ist dies der Fall können explizit die aufgeschriebenen Einträge der Matrix W aus Aufgabenteil a mit Abb. 6.10 (der Matrix V) verglichen werden. ◄

Teil d

Die erstellte Matrix W verwenden wir, um die Amplituden zu berechnen.

Abb. 6.14 Struktur der Matrix W mit Berücksichtigung des Faktors $\frac{2}{n}$

$$\text{Frequenzen} \downarrow \begin{pmatrix} \frac{2}{n} \cdot \sin(2 \cdot \pi \cdot f_1 \cdot t_1) & \frac{2}{n} \cdot \sin(2 \cdot \pi \cdot f_1 \cdot t_2) & \dots & \frac{2}{n} \cdot \sin(2 \cdot \pi \cdot f_1 \cdot t_{21}) \\ \frac{2}{n} \cdot \sin(2 \cdot \pi \cdot f_2 \cdot t_1) & \frac{2}{n} \cdot \sin(2 \cdot \pi \cdot f_2 \cdot t_2) & \dots & \frac{2}{n} \cdot \sin(2 \cdot \pi \cdot f_2 \cdot t_{21}) \\ \vdots & \vdots & \ddots & \vdots \\ \frac{2}{n} \cdot \sin(2 \cdot \pi \cdot f_{21} \cdot t_1) & \frac{2}{n} \cdot \sin(2 \cdot \pi \cdot f_{21} \cdot t_2) & \dots & \frac{2}{n} \cdot \sin(2 \cdot \pi \cdot f_{21} \cdot t_{21}) \end{pmatrix} = W$$

Zeitschritte →

Abb. 6.15 Struktur der Matrix W ohne Berücksichtigung des Faktors $\frac{2}{n}$

$$\text{Frequenzen} \downarrow \begin{pmatrix} \sin(2 \cdot \pi \cdot f_1 \cdot t_1) & \sin(2 \cdot \pi \cdot f_1 \cdot t_2) & \dots & \sin(2 \cdot \pi \cdot f_1 \cdot t_{21}) \\ \sin(2 \cdot \pi \cdot f_2 \cdot t_1) & \sin(2 \cdot \pi \cdot f_2 \cdot t_2) & \dots & \sin(2 \cdot \pi \cdot f_2 \cdot t_{21}) \\ \vdots & \vdots & \ddots & \vdots \\ \sin(2 \cdot \pi \cdot f_{21} \cdot t_1) & \sin(2 \cdot \pi \cdot f_{21} \cdot t_2) & \dots & \sin(2 \cdot \pi \cdot f_{21} \cdot t_{21}) \end{pmatrix} = W$$

Zeitschritte →

Arbeitsauftrag

Stelle eine Gleichung auf, mit der wir den Vektor der Amplituden $\vec{a}$ berechnen können, wenn der Vektor $\vec{S}$ (Eingabe im Code durch S), der deinen Dreiklang im zeitlichen Verlauf beschreibt, bekannt ist.

Lösung

➔ Man erhält den Vektor der Amplituden als Produkt von W mit dem Spaltenvektor $\vec{S}$:

```
a = W*S;
```

Dadurch, dass der Faktor $\frac{2}{n}$ bereits in der Matrix W enthalten ist, muss obiges Produkt nicht mehr mit diesem Koeffizient multipliziert werden. Geben die Lernenden die Gleichung mit dem Vorfaktor ein, so erhalten sie eine Erinnerung, dass der Faktor $\frac{2}{n}$ bereits in die Matrix W gezogen wurde und sie ihre Eingabe entsprechend anpassen müssen. ◄

Teil e

Wir haben einen Weg gefunden, um zu bestimmen, mit welchen Amplituden die einzelnen Frequenzen jeweils in unserer Aufnahme enthalten sind. Mathematisch wechseln wir dabei von einer (Vektor-)Darstellung des Signals im Zeitraum zu einer (Vektor-)Darstellung des Signals im Frequenzraum. Wie wir vom Frequenzraum zurück zur ursprünglichen Zeitraum-Darstellung kommen, wissen wir aus Aufgabe 1.

Arbeitsauftrag

Überprüfe, ob die Matrizen W und V tatsächlich dazu geeignet sind das Signal $\vec{S}$ zu rekonstruieren. Wir nennen das rekonstruierte Signal $\vec{S}_r$. Gib dafür in dem folgenden Codefeld die komplette Formel ein, die das gegebene Signal $\vec{S}$ vom Zeitraum in den Frequenzraum und wieder zurück in den Zeitraum umformt.
Dies ist eine wichtige Erkenntnis, notiere diese Gleichung.

Lösung

➔ Den Vektor der Amplituden $\vec{a}$ erhält man – gemäß des letzten Aufgabenteils – durch die Gleichung

$$\vec{a} = W \cdot \vec{S}. \tag{6.18}$$

In der ersten Aufgabe wurde erarbeitet, dass man eine Rekonstruktion des Signals $\vec{S}_r$ durch

$$\vec{S}_r = V \cdot \vec{a} \tag{6.19}$$

erhält. Werden beide Ergebnisse zusammengesetzt, erhält man:

$$\vec{S}_r = V \cdot W \cdot \vec{S}. \tag{6.20}$$

Die Eingabe lautet:

```
Sr = V*W*S;
```

◄

Tipps

Stufe 1: Benötigen die Lernenden Unterstützung, erhalten sie den Tipp, sich Abb. 6.13 anzuschauen und diese Schritt für Schritt zu durchlaufen. Dabei sollen sie sich überlegen, welche Rechnungen im jeweiligen Schritt erforderlich sind.

Stufe 2: Als weiterer Hinweis erhalten die Lernenden den Tipp, sich die Lösungen von Aufgabe 1 Teil d und Aufgabe 2 Teil d aufzuschreiben, sprich Gl. (6.18) und (6.19). Anschließend können sie diese ineinander einsetzen. ◄

Didaktischer Kommentar

Ein häufiger Fehler ist, dass die Lernenden die Matrizen und den Vektor in der falschen Reihenfolge miteinander multiplizieren, da sie wissen, dass bei Skalaren das Kommutativgesetz gilt. Dass dies bei Matrizen nicht mehr der Fall ist, lässt sich gut anhand der Dimensionen der Matrizen sowie des Vektors veranschaulichen. ◄

Als Ausgabe erhalten die Lernenden eine Audioaufnahme des rekonstruierten Dreiklangs, welche sie mit der Audiospur ihres ursprünglich erstellten Dreiklangs aus Aufgabe 1 Teil a vergleichen können. Ihnen sollte auffallen, dass sie identisch klingen. Das bedeutet, dass die Rekonstruktion erfolgreich war.

Teil f

Bis hierher haben wir mit einem selbst erstellten Signal gearbeitet, dessen Frequenzzusammensetzung uns von Anfang an bekannt war. Der besondere Wert der oben durchgeführten Zerlegung liegt aber gerade darin, dass sie zur Analyse **unbekannter** Aufnahmen genutzt werden kann. Wir wollen nun mithilfe der Fourier-Transformation einen unbekannten Dreiklang identifizieren.

Arbeitsauftrag
Führe das folgende Codefeld aus. Als Ausgabe erhältst du einen Graph, der die Darstellung des unbekannten Dreiklangs im Frequenzraum zeigt. An diesem können die zu den einzelnen Frequenzen gehörenden Amplituden abgelesen werden.

Als Ausgabe erhalten die Lernenden Abb. 6.16. Die Abbildung ist interaktiv, sodass sie die Frequenzen bestimmen können, indem sie die Maus über die Abbildung bewegen.

Um welchen Dreiklang handelt es sich? Hierfür können erneut Tab. 6.1 und 6.2 verwendet werden.

Arbeitsauftrag
Lies aus dem erstellten Amplitudenspektrum die Frequenzen des Dreiklangs ab. Trage den Namen des Dreiklangs (beispielsweise C-Dur, F-Moll oder B-Dur) unten ein. Dabei wird das Tongeschlecht (Dur oder Moll) durch einen Bindestrich vom Grundton getrennt.

Lösung

● Beim unbekannten Dreiklang handelt es sich um ein Es in Moll. Die Eingabe lautet:

$$\text{name = "Es-Moll";}$$

◄

Didaktischer Kommentar

An dieser Stelle erhalten die Lernenden einen Hinweis, dass sie darauf achten sollen, dass sie keine Leerzeichen bei der Eingabe verwenden. Zudem ist es wichtig, dass die Eingabe in Anführungszeichen steht, damit die Funktionen erkennen können, dass es sich um eine Zeichenfolge (string) und keine Variable handelt. ◄

Aufgabe 3 | Aufeinander folgende Dreiklänge
Hört man sich ein Lied an, so fällt der Unterschied zum Dreiklang direkt auf. Ein Lied ist deutlich dynamischer, da die Mischung der Frequenzen nicht wie beim Dreiklang konstant ist, sondern sich mit der Zeit ändert. Mathematisch bedeutet das, dass sich die Frequenzraum-Darstellung eines Liedes (im Gegensatz zu der eines Dreiklangs) im zeitlichen Verlauf ändert. Für die erfolgreiche Komprimierung eines Liedes müssen wir die Frequenzraum-Darstellung zu jedem Zeitpunkt kennen.

Wie man ein Lied innerhalb einzelner Zeitschritte hinsichtlich seiner spektralen Zusammensetzung analysiert, wird in dieser Aufgabe erarbeitet. ↻ Als Lied dient hier zur Vereinfachung die **Abfolge dreier verschiedener Dreiklänge**, an der die Vorgehensweise gut veranschaulicht werden kann.

Teil a

Arbeitsauftrag
Hör dir die zu untersuchende Akkordfolge an, indem du das folgende Codefeld ausführst.

Der Ausgabe können die Lernenden entnehmen, dass die Audiospur sechs Sekunden lang ist. Dies ist für Aufgabenteil d wichtig.

Abb. 6.16 Amplitudenspektrum eines unbekannten Dreiklangs

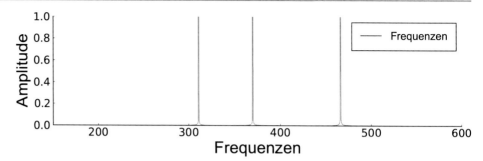

Teil b

Wir wollen nun die neun Frequenzen bestimmen, die in der Dreiklangabfolge enthalten sind. Dazu wenden wir die gleiche Methode an, wie zuvor bei der Bestimmung eines unbekannten Dreiklangs: die Fourier-Transformation.

> **Arbeitsauftrag**
> Führe das folgende Codefeld aus, um dir die neun Frequenzen (es handelt sich um drei Dreiklänge) ausgeben zu lassen, die in der Dreiklangabfolge enthalten sind.

Die Lernenden erhalten als Ausgabe Abb. 6.17. Die Abbildung ist interaktiv, sodass sie die Frequenzen mit maximalen Amplituden bestimmen können, indem sie die Maus über die Abbildung bewegen.

Teil c

> **Arbeitsauftrag**
> Trage die Frequenzen, die sich aus Aufgabenteil b ergeben, im folgenden Codefeld ein. Gib dafür drei Frequenzen für den ersten Dreiklang, drei für den zweiten und drei für den dritten Dreiklang an.
> Um zu überprüfen, ob die Dreiklänge, die du erstellt hast, mit der gegebenen Dreiklangabfolge übereinstimmen, kannst du dir deine erstellte Abfolge anhören und mit der aus Aufgabenteil a vergleichen.

> **Lösung**
> ● Anhand des bisherigem Wissen ist es nicht möglich zu wissen, welche Töne zu welchem Dreiklang gehören. Eine mögliche Lösung ist es, die Frequenzen aufsteigend den Dreiklängen zuzuordnen. Sprich die ersten drei Frequenzen erstellen den ersten Dreiklang, Frequenz 4 – 6 den zweiten und der Rest den dritten. Die Eingabe hierfür lautet:

```
# Erster Dreiklang
frequency1 = 262;
frequency2 = 294;
frequency3 = 311;
# Zweiter Dreiklang
frequency4 = 330;
frequency5 = 349;
frequency6 = 392;
# Dritter Dreiklang
frequency7 = 415;
frequency8 = 466;
frequency9 = 494;
```

Die Dreiklangabfolge, die durch diese drei Dreiklänge entsteht, klingt anders als die gegebene von Aufgabenteil a. Die Lernenden erhalten üblicherweise ebenfalls eine Dreiklangabfolge, die anders klingt als die gegebene, außer sie wählen per Zufall die korrekten Frequenzen für jeden Dreiklang. Die korrekte Zuordnung der Frequenzen zu den Dreiklängen ist die folgende:

```
# Erster Dreiklang
frequency4 = 294;
frequency5 =  349;
frequency6 =  466;
# Zweiter Dreiklang
frequency1 = 262;
frequency2 =  330;
frequency3 =  415;
# Dritter Dreiklang
frequency7 =  311;
frequency8 =  392;
frequency9 =  494;
```

Die Reihenfolge der Eingabe der Frequenzen pro Dreiklang spielt hierbei keine Rolle. ◄

Es fällt auf, dass das Ergebnis nicht mit der ursprünglichen Dreiklangabfolge übereinstimmt. Das liegt daran, dass am Amplitudenspektrum nicht abzulesen ist, welche drei Frequenzen jeweils welchen Dreiklang erzeugen.

Abb. 6.17 Amplitudenspektrum der aus drei Dreiklängen zusammengesetzten Abfolge

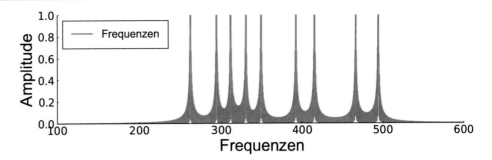

Teil d

Um herauszufinden, wann welche Frequenzen abgespielt werden, darf die Fourier-Transformation nur innerhalb der Zeitintervalle durchgeführt werden, in denen sich die Zusammensetzung der einzelnen Sinustöne nicht ändert. Das bedeutet, wir müssen unsere Dreiklangabfolge in Zeitintervalle, in denen jeweils nur ein Dreiklang zu hören ist, unterteilen. In jedem dieser Intervalle wird dann separat die Fourier-Transformation durchgeführt (vgl. Abschn. 6.3.2).

Arbeitsauftrag
Gib im folgenden Codefeld die Anzahl der Blöcke und die Länge der Blöcke ein, um herauszufinden, ob die fehlende Unterteilung in Blöcke der einzige Grund war, warum die Frequenzbestimmung kein zufriedenstellendes Ergebnis geliefert hat.

Lösung

◑ Das Signal ist sechs Sekunden lang (dies wird in der Ausgabe von Aufgabenteil a angezeigt) und beinhaltet drei Dreiklänge à 2 s. Das bedeutet, dass das Signal in drei Blöcke à 2 s unterteilt werden muss. Dadurch umfasst jeder Block genau einen Dreiklang. Die Eingabe lautet:

```
NumberOfBlocks = 3;
LengthOfBlocks = 2; # in Sekunden
```
◄

Als Ausgabe erhalten die Lernenden die Amplitudenspektren der einzelnen Dreiklänge (s. Abb. 6.18a–c).

Teil e

Im letzten Aufgabenteil wurde die Fourier-Transformation einzeln auf jeden Dreiklang angewendet, sodass die Frequenzen den Amplitudenspektren entnommen werden können. Um welche drei Dreiklänge handelt es sich?

Arbeitsauftrag
Trage die Namen der drei Dreiklänge im folgenden Codefeld ein.

Lösung

● Mithilfe der drei Amplitudenspektren lassen sich die Frequenzen der Dreiklänge bestimmen:
Der erste Dreiklang beinhaltet die Frequenzen 294 Hz, 349 Hz und 466 Hz.
Der zweite Dreiklang besteht aus folgenden Frequenzen 262 Hz, 330 Hz und 415 Hz.
Der dritte Dreiklang enthält die Frequenzen 311 Hz, 392 Hz und 494 Hz.
Mithilfe der Tab. 6.1 und 6.2 (s. Abschn. 6.5.2) lassen sich die Dreiklänge bestimmen.
Die Eingabe lautet:

```
# Erster Dreiklang
name1 = "B-Dur"; # Name des ersten
Dreiklangs
# Zweiter Dreiklang
name2 = "As-Dur"; # Name des zweiten
Dreiklangs
# Dritter Dreiklang
name3 = "E-Moll"; # Name des dritten
Dreiklangs
```
◄

Als Ausgabe erhalten die Lernenden das auf ihrer Eingabe basierende Audiosignal. Dadurch können sie überprüfen, ob dieses, wie gewollt, mit der ursprünglichen Dreiklangabfolge übereinstimmt.

Am Ende vom Arbeitsblatt 2 können die Lernenden zwischen verschiedenen Möglichkeiten wählen:

- Sie können eine Zusatzaufgabe zur Unterteilung von Signalen in Blöcke bearbeiten.
- Sie können eine Zusatzaufgabe zur Fourier-Transformation machen, in der die Sägezahlfunktion durch Sinus- und Kosinusfunktionen angenähert wird.
- Sie können zum nächsten Arbeitsblatt übergehen.

Abb. 6.18 a
Amplitudenspektrum des ersten
Dreiklangs der Dreiklangabfolge.
b Amplitudenspektrum des
zweiten Dreiklangs der
Dreiklangabfolge. **c**
Amplitudenspektrum des dritten
Dreiklangs der Dreiklangabfolge

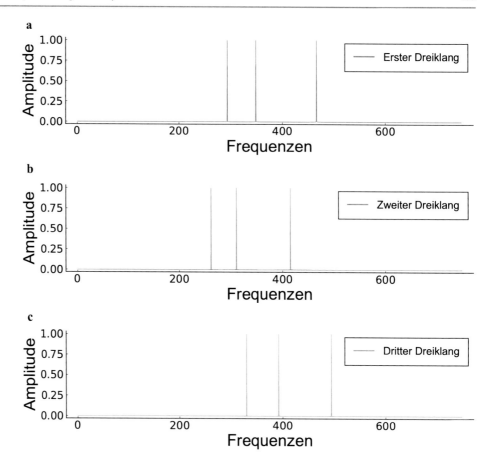

Zusatzaufgabe | Unterteilung in Blöcke

Wir haben gerade eine Aufnahme von sechs Sekunden in drei Blöcke unterteilt, die jeweils eine Länge von zwei Sekunden hatten. Bei einem Lied, das üblicherweise zwischen zwei und vier Minuten lang ist, reicht es nicht aus, drei Blöcke zu verwenden.

Arbeitsauftrag
Überlege dir, in wie viele Blöcke du ein Lied einteilen würdest, und begründe deine Antwort. Beziehe in deine Überlegungen mit ein, wie sich die Größe der Blöcke auf die Matrizen V und W auswirkt.

Didaktischer Kommentar

Bei dieser sehr offenen Zusatzaufgabe gibt es keine automatische Überprüfung der Lösung, da es nicht die eine richtige Lösung gibt. Die Lernenden können sich ihre Überlegungen auf einem Blatt notieren.

Den Lernenden sollte klar werden, dass Lieder aufgrund ihrer Dynamik (schnelle Abfolge verschiedener Tonmischungen) in sehr viele, ziemlich kleine Blöcke unterteilt werden müssen. Bleibt die Samplingrate (vgl. Abschn. 6.3.2) konstant, so ändert sich die Größe der Matrizen, je nach Größe der Blöcke. Umfasst ein Block eine größere Zeitspanne, so umfasst er auch mehr Samples. Die Matrix muss somit vergrößert werden, um mehr Zeitpunkte zu erfassen. Wird hingegen die Anzahl der Samples, bei sich ändernder Blockgröße, konstant gelassen, so ändert sich nichts an den Matrizen selbst, jedoch an der Interpretation. Abhängig von der Samplingrate können nämlich verschiedene Frequenzen überhaupt nur detektiert werden. Ist die Samplingrate unterhalb von 44 100 Hz/sec können nicht mehr alle Frequenzen zwischen 1 Hz und 21 000 Hz abgetastet werden. Das liegt daran, dass die Samples in diesem Fall zu weit voneinander entfernt sind und dadurch Einflüsse von Schwingungen mit höheren Frequenzen nicht wahrgenommen werden können (s. Abb. 6.2 in Abschn. 6.3.2).
◄

Zusatzaufgabe | Approximation der Sägezahnfunktion
Diese Zusatzaufgabe ist identisch zu der vom Workshop Shazam in Abschn. 7.5.2. Gerne kann dort alles Weitere nachgelesen werden.

Fazit

Wir haben herausgefunden, wie der **Basiswechsel** vom Raum der Zeit zum Raum der Frequenzen und umgekehrt durchgeführt werden kann. Das hat uns ermöglicht, einen gegebenen Dreiklang korrekt zu rekonstruieren. Entscheidend ist, dass nur die Darstellung im Frequenzraum erlaubt, die spektrale Zusammensetzung eines Signals zu bestimmen und zu verändern. Ein Wechsel zwischen den Darstellungen bildet daher die Grundlage der Datenkomprimierung.

Zudem haben wir die Fourier-Transformation auf verschiedene Signale angewendet: Zu Beginn wurde ein gleich bleibender Dreiklang analysiert. Am Ende wurde schon ein sich über die Zeit änderndes Signal betrachtet. Der Unterschied besteht hauptsächlich darin, dass bei der Untersuchung von sich über die Zeit ändernden Signalen die Unterteilung des Signals in Intervalle berücksichtigt werden muss. In jedem dieser Intervalle wurde anschließend separat die Fourier-Transformation durchgeführt. Mit dieser Methode kann man die spektrale Zusammensetzung von Liedern in bestimmten Intervallen berechnen. Aufgrund der schnellen Abfolge verschiedener Tongemische in Liedern, müssen bei deren Analyse viele kurze Blöcke verwendet werden. Mit diesem Wissen ausgestattet, können wir uns nun der Komprimierung von Liedern widmen.

6.5.3 Arbeitsblatt 3: Die Komprimierung von Musik

Alle Lernenden erstellen im Zuge des Workshops ihr eigenes Hörmodell und komprimieren ein Lied gemäß diesem Modell. Die Lernenden entwickeln selbstständig eine Strategie, ein Lied gemäß ihrem Hörmodell zu komprimieren. Anschließend übersetzten sie diese Strategie im Rahmen des mathematischen Modells in konkrete Gleichungen.

Nachdem auf dem letzten Arbeitsblatt die Frage geklärt wurde, wie man die Frequenzen und dazugehörigen Amplituden in einem akustischen Signal bestimmt, soll nun geklärt werden, welche Frequenzen aus dem originalen Signal im Rahmen der Komprimierung entfernt werden können. Am Ende des Workshops sollst du drei verschiedene Kriterien kennen, nach denen Töne aus einem Lied entfernt werden können.

Konflikt: Qualität vs. Quantität
Fast immer, wenn die Forderung gestellt wird, Daten zu komprimieren, um verfügbaren Speicherplatz effizienter nutzen zu können, ist damit ein **Qualitätsverlust** verbunden. Auch die

Entwickler des mp3-Komprimierungsverfahrens waren mit der Herausforderung konfrontiert, die Größe von Musikdateien zu verringern ohne dass die Qualität der Lieder hörbar darunter leidet. Dazu wurde ein **komplexes Hörmodell** entwickelt, welches die Töne, die der Mensch gar nicht oder nur sehr schlecht wahrnehmen kann, aus den Musikstücken entfernt.

Im Folgenden werden wir ein Lied auf die gleiche Weise komprimieren.

Die Lernenden können sich das Lied – ohne Komprimierung – anhören, wenn sie das sich an dieser Stelle im Workshop befindende Codefeld ausführen.

Aufgabe 1 | Zu hohe und zu tiefe Töne
Es liegt nahe, dass gerade die Frequenzen ohne Qualitätseinbußen entfernt werden können, die vom **menschlichen Gehör** ohnehin nicht wahrgenommen werden. Mit diesem Arbeitsblatt kannst du herausfinden, welche Frequenzen das (in deinem Fall) sind, indem du deine **Hörschwelle** bestimmst.

Teil a

Didaktischer Kommentar

Damit die Lernenden ihr Gehör nicht beschädigen, ist es wichtig, dass sie bei dieser Aufgabe die Lautstärke des Geräts höchstens bis zur Hälfte des Maximums aufdrehen (falls nötig kann anschließend vorsichtig nachjustiert werden).

Die Lernenden werden die Grenzen ihres eigenen Gehörs mithilfe von Videos bestimmen, da die Töne, die `Julia` erstellt nicht exakt die angegebenen Frequenzen aufweisen. Das führt zu Ungenauigkeiten bei der Bestimmung der Hörschwellen. ◄

Zunächst wird getestet, welche Frequenz die **höchste Frequenz** ist, die gerade noch wahrgenommen werden kann. Zur Bestimmung dieser Frequenz liegt ein Video vor.

Arbeitsauftrag
Gib die höchste Frequenz, die du noch hören konntest, für $F_{\text{upperBorder}}$ (Eingabe im Code durch `F_upperBorder`) ein.

Lösung

◐ Eine mögliche Eingabe lautet:

```
F_upperBorder = 17000;
```
◄

Übliche Eingaben von den Lernenden liegen zwischen 17000 Hz und 20000 Hz. Je jünger die Lernenden sind, desto besser ist ihr Gehör noch.

Wenn es Lernende gibt, die nur sehr niedrige Frequenzen wahrnehmen können, so kann dies an den Kopfhörern liegen, da die Übertragung nicht für alle Frequenzen bei allen Kopfhörern gleich gut ist. Ist dies der Fall, sollten die Lernenden für diesen Aufgabenteil andere Kopfhörer verwenden oder den Aufgabenteil ohne Kopfhörer durchführen.

Das gleiche gilt für den nächsten Aufgabenteil. ◄

Teil b

Jetzt wird getestet, welche Frequenz die **niedrigste Frequenz** ist, die gerade noch wahrgenommen werden kann. Zur Bestimmung dieser Frequenz liegt ebenfalls ein Video vor.

Arbeitsauftrag
Gib die niedrigste Frequenz, die du noch hören konntest, für $F_{lowerBorder}$ (Eingabe im Code durch `F_lowerBorder`) ein.

Lösung

◑ Eine mögliche Eingabe lautet:

```
F_lowerBorder = 20;
```
◄

Diese beiden Grenzen deines Gehörs sollen nun auf das Lied angewendet werden. Dafür gehen wir so vor, wie auf Arbeitsblatt 2: Wir wandeln das Lied vom Zeitraum in den Frequenzraum um und transformieren es zurück in den Zeitraum. Diesmal werden wir jedoch das Lied zusätzlich im Frequenzraum komprimieren (s. Abb. 6.19).

Bisher haben wir folgende Gleichung verwendet, um aus dem Audiosignal $\vec{S}$ den Amplitudenvektor zu berechnen und

aus diesem wiederum das **zeitabhängige Signal** $\vec{S}_r$ zu rekonstruieren:

$$\vec{S}_r = V \cdot W \cdot \vec{S}.$$

Für die Komprimierung $\vec{S}_c$ wollen wir die Frequenzen, die außerhalb deines Gehörs liegen, aus dem Lied entfernen. Das lässt sich am einfachsten umsetzen, indem man die Amplituden der nicht hörbaren Frequenzen auf Null setzt und die Amplituden der übrigen (also der hörbaren) Frequenzen nicht verändert. ◑ Dies kann durch eine Multiplikation mit einer geeigneten **Diagonalmatrix** D realisiert werden. Die Diagonalelemente werden bei der Multiplikation mit den Amplituden einzelner Frequenzen multipliziert.

Infoblatt

Es steht ein digitales Infoblatt zum Thema Diagonalmatrizen zur Verfügung. Anhand eines kleinen Beispiels wird erklärt, wie eine solche Matrix aufgebaut ist und was sie bei der Multiplikation mit einem Vektor bewirkt. ◄

Teil c

Es werden wieder die gleichen Zeitpunkte t_j, wie in Arbeitsblatt 2, und alle ganzzahligen Frequenzen zwischen 1 Hz und 21000 Hz betrachtet, von denen wir bekanntermaßen nicht alle hören können. Wir müssen uns überlegen, wie wir Frequenzen gemäß der in Aufgabenteilen a und b bestimmten Hörschwellen aus unserem Lied entfernen können.

Arbeitsauftrag
Im folgenden Codefeld wird die Diagonalmatrix D mithilfe einer for-Schleife verbunden mit einer if-Anweisung erstellt. Auf diese Weise kann man den einzelnen Diagonalelementen der Matrix verschiedene Werte zuweisen. Es ist beispielsweise möglich den Wert des Diagonalelements abhängig von der Größe der Frequenz zu wählen, zu der die Amplitude gehört. Schaue dir das Infoblatt zu if-Anweisungen an, wenn du nicht weißt, wie eine if-Anweisung funktioniert.

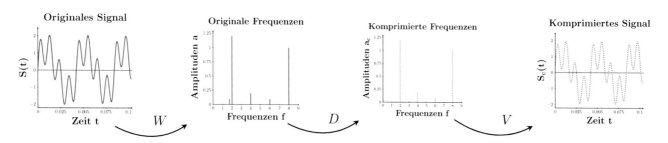

Abb. 6.19 Verwendung der Matrix W zur Änderung des Darstellungsraumes (von Zeit zu Frequenz). Anschließend werden Frequenzen durch Multiplikation mit der Matrix D entfernt. Die übrigen Frequenzen werden verwendet, um mithilfe der Matrix V eine Darstellung des komprimierten Liedes im Zeitraum zu erhalten

Vervollständige die if-Anweisung, indem du dem Diagonalelement $D_{i,i}$ (Eingabe im Code durch `D[i,i]`), abhängig von der Frequenz $\vec{f}$, den richtigen Wert zuweist. Verwende dabei für die Bedingungen der if-Anweisung Variablen und nicht Zahlen.

Lösung

Der Amplitudenvektor besteht aus 21000 Einträge. Dies bedeutet, dass die Diagonalmatrix D eine riesige Matrix ist. Um lange Rechenzeiten zu verhindern, wird erneut das kleine Beispiel betrachtet bei dem n – ebenso wie bei Arbeitsblatt 2 – auf 21 gesetzt wird. Aus diesem Grund ist es umso wichtiger, dass die Lernenden mit Variablen arbeiten und nicht mit Zahlen.

❶ Damit die Frequenzen unter- und oberhalb des hörbaren Bereichs der Lernenden entfernt werden, müssen deren Amplituden mit Null multipliziert werden. Die Frequenzen innerhalb des Hörbereichs hingegen sollen ihre Lautstärke beibehalten. Ihre Amplituden können folglich mit Eins multipliziert werden. Diese Fallunterscheidung lässt sich als if-Anweisung realisieren.
Die Eingabe lautet:

```
for i = 1:21
    if f[i] < F_lowerBorder
        D[i,i] = 0; # Parameter
für unterhalb deines Gehörs
    elseif f[i] > F_upperBorder
        D[i,i] = 0; # Parameter
für oberhalb deines Gehörs
    else
        D[i,i] = 1; # Parameter für
innerhalb deines Gehörs
    end
end
```
◀

Teil d
Die soeben aufgestellte Matrix D wollen wir in unsere Berechnungen von Arbeitsblatt 2 (s. Abschn. 6.5.2) einbauen.

Arbeitsauftrag
Gib im folgenden Codefeld die komplette Gleichung ein, die

1. das im Zeitraum gegebene Signal $\vec{S}$ in die Frequenzraum-Darstellung (Amplitudenvektor) überführt,

2. im Frequenzraum die Frequenzen entfernt, die gemäß deines Hörmodells redundant sind, und
3. das komprimierte Signal zurück in die Zeitraum-Darstellung $\vec{S_c}$ (Eingabe im Code durch `Sc`) überführt.

Notiere diese Gleichung, da sie eine wichtige Erkenntnis darstellt.

Lösung

❶ Um die Frequenzraum-Darstellung von $\vec{S}$ zu erhalten, multipliziert man (von links) mit W. Die Multiplikation mit D komprimiert das Signal gemäß unserem Modell im Frequenzraum. Die Zeitraum-Darstellung des komprimierten Signals erhält man durch abschließende Multiplikation mit der Matrix V.
Die Eingabe lautet:

```
Sc = V*D*W*S;
```
◀

Tipp

Als Unterstützung werden die Lernenden sukzessive durch die einzelnen Schritte der Rechnung geführt. Sie sollen sich, wie es in Abb. 6.19 veranschaulicht ist, überlegen, durch welche Rechnung der jeweilige Schritt umgesetzt werden kann. ◀

Aufgabe 2 | Lied komprimieren

Teil a
Wir wollen nun das Hörmodell anwenden, um unser Lied zu komprimieren. Konkret müssen dabei die folgenden ungeordneten Schritte in einer zu bestimmenden Reihenfolge durchgeführt werden:

- a: tiefe/hohe Töne entfernen
- b: komprimiertes Lied abspielen
- c: Lied in Blöcke unterteilen
- d: Lied zusammensetzen
- e: Amplituden bestimmen durch Fourier-Transformation

Arbeitsauftrag
Überlege dir, in welcher Reihenfolge die oben aufgeführten Schritte sinnvollerweise durchlaufen werden müssen. Gib die korrekte Reihenfolge der Schritte im folgenden Codefeld an, indem du jeweils den Buchstaben eingibst, der vor dem entsprechenden Schritt steht. Nach Ausführung des Codefeldes kannst du dir einen Teil deines komprimierten Lieds anhören.

Lösung

Damit ein Lied komprimiert werden kann, muss es zunächst in kleinere Blöcke unterteilt werden, innerhalb derer das Amplitudenspektrum näherungsweise konstant ist. Anschließend kann die Fourier-Transformation genutzt werden, um die Amplituden der betrachteten Frequenzen zu bestimmen. Die Amplituden der nicht-wahrnehmbaren Töne können auf Null gesetzt werden. Daraufhin kann das komprimierte Lied im Zeitraum zusammengesetzt und abgespielt werden.

Bei der Eingabe ist es wichtig, dass die Lernenden die doppelten Anführungszeichen um die Eingaben nicht entfernen. Die Eingabe lautet:

```
firstStep = "c";
secondStep = "e";
thirdStep = "a";
fourthStep = "d";
fifthStep = "b";
```
◀

Didaktischer Kommentar

Aufgrund der intensiveren Auseinandersetzung mit der hinter dem Prozess der Kompression liegenden Mathematik, wird die richtige Reihenfolge aller Schritte auf einmal abgefragt. Durch diesen Aufgabenteil wird das bisher erarbeitete rekapituliert. Die Lernenden können sich überlegen, was sie in Arbeitsblatt 2 und 3 bisher in welcher Reihenfolge umgesetzt haben. Dies entspricht dem gesuchten Vorgang. ◀

Teil b

In der in Aufgabenteil a durchgeführten Audiokomprimierung wurden die Grenzen deines Hörmodells aus Aufgabe 1 der Teile a und b verwendet. Das Lied klingt noch genauso wie vorher, weshalb man vermuten kann, dass noch mehr Frequenzen aus dem Lied entfernt werden können. Deine Aufgabe ist es nun, durch Ausprobieren sinnvolle Grenzfrequenzen zu finden und zu schauen, welche Komprimierung maximal möglich ist, ohne den Klang des Liedes zu verschlechtern.

Arbeitsauftrag

Gib für *lowestFrequency* und *highestFrequency* jeweils verschiedene Frequenzen an, unter- bzw. oberhalb derer die restlichen Frequenzen aus dem Lied entfernt werden sollen. Führe anschließend das Codefeld aus. In der Ausgabe kannst du dir einen Teil deines komprimierten Lieds anhören. Zusätzlich wird dir angezeigt, wie viel Speicherplatz das komprimierte Lied durch deine Wahl im Vergleich zum Original benötigt.

Lösung

◑ & ● Die Lernenden sollen verschiedene Werte für die Variablen *lowestFrequency* und *highestFrequency* einsetzen und die Stärke der Kompression sowie die damit einhergehende Qualität des Liedes beurteilen. Auf dem Antwortblatt haben sie die Möglichkeit, die Eingaben und Erkenntnisse in Form einer Tabelle festzuhalten.

Üblicherweise erreichen die Lernenden Kompressionen auf knapp unter 30% des zuvor benötigten Speicherplatzes des Lieds.

Eine mögliche Eingabe lautet:

```
lowestFrequency = 70;
highestFrequency = 5000;
```

Diese Wahl der Variablen führt zu einer Kompression des Lieds auf 23.09% des zuvor benötigten Speicherplatzes. ◀

Fazit

Wir haben einen Weg gefunden, wie wir Lieder komprimieren können, und das auch getan. Das Signal im Zeitraum musste zunächst durch die Fourier-Transformation in den Frequenzraum umgewandelt werden. In dieser Darstellung können die Frequenzen, die außerhalb des Hörmodells liegen, aus dem Lied entfernt werden. Um das komprimierte Lied anzuhören, muss das Signal wieder in den Zeitraum umgewandelt werden. Tatsächlich ist es möglich mehr Frequenzen zu entfernen, als wir anhand der Grenzen unseres Hörmodells gedacht hätten, sodass wir Kompressionen auf knapp unter 30% des zuvor benötigten Speicherplatzes des Lieds erreichen können.

6.5.4 Arbeitsblatt 4: Das Komprimierungsverfahren optimieren

Das Entfernen von sehr tiefen und hohen Tönen ist nicht die einzige Möglichkeit, Lieder zu komprimieren. In der nachfolgenden Modellverbesserung beziehen wir ein weiteres psychoakustisches Phänomen in unser Modell ein.

Aufgabe 1 | Ähnliche Teiltöne

Teil a

Wir werden nun ein akustisches Phänomen untersuchen, das mit dem **Abstand zwischen verschiedenen Frequenzen** zusammenhängt (vgl. Gelfand, 2018).

> **Arbeitsauftrag**
> Gib im folgenden Codefeld sechs Frequenzen zwischen 100 Hz – 1500 Hz ein, die jeweils mindestens 50 Hz auseinander liegen. Wähle $freq_1$ und $freq_2$ (Einagbe im Code durch `freq1` und `freq2`) dabei so, dass sie maximal 50 Hz auseinander liegen. Wenn du das Codefeld ausführst, werden alle Töne gleichzeitig abgespielt. Höre dir das resultierende Tongemisch an.

> **Lösung**
>
> ◑ Eine mögliche Eingabe lautet:
>
> ```
> freq1 = 150;
> freq2 = 200;
> freq3 = 1010;
> freq4 = 390;
> freq5 = 800;
> freq6 = 1477;
> ```
>
> ◀

Zusätzlich zu der Möglichkeit, sich das Tongemisch anzuhören, erhalten die Lernenden den zeitlichen Verlauf des Gemischs (s. Abb. 6.20).

Teil b

Um zu untersuchen, welchen Einfluss ähnliche Frequenzen auf das Tongemisch haben, fügen wir dem Tongemisch aus Aufgabenteil a einen weiteren Ton hinzu.

> **Arbeitsauftrag**
> Gib im folgenden Codefeld bei $freq_7$ eine Frequenz ein, die „nah" an $freq_1$ ist. Der Abstand sollte nicht größer als 50 Hz sein.

> **Lösung**
>
> ◑ Eine mögliche Eingabe lautet:
>
> ```
> freq7 = 110;
> ```
>
> ◀

Nach korrekter Eingabe können die Lernenden sich das neue Tongemisch anhören. Zudem erhalten sie erneut einen zeitlichen Verlauf des Gemischs (s. Abb. 6.21).

Teil c

Hör dir die Tongemische aus den Aufgabenteilen a und b nacheinander an. Was fällt dir auf?

> **Arbeitsauftrag**
> Notiere deine Beobachtungen und führe erst anschließend das Codefeld aus. Dadurch wird die Lösung verraten.

> **Lösung**
>
> ● Die beiden Tongemische klingen sehr ähnlich. Im einen Gemisch kann ein leichtes Schwanken wahrgenommen werden, was im anderen Gemisch nicht so stark auffällt. Stellt man sich jedoch vor, dass das Gemisch aus noch weiteren Tönen besteht, so wird klar, dass die eine Frequenz aus dem Gemisch gelöscht werden kann, ohne dass die Qualität des Gemischs geändert wird. ◀

Teil d

Wir haben eine Möglichkeit gefunden, unser Lied noch weiter zu komprimieren: Liegen zwei Frequenzen in einem Tongemisch „nah" beieinander, so kann man eine der beiden weglassen ohne den Klang des Gemischs zu verändern. Im nächsten Schritt wollen wir daher Frequenzen aus dem Lied löschen, die gemäß dieser neuen Erkenntnis überflüssig sind.

> **Arbeitsauftrag**
> Gib für *distanceToNeighbor* den minimalen Abstand an, den zwei auftretende Frequenzen zueinander haben dürfen, und übernehme die Werte für *lowestFrequency* und *highestFrequency* von Arbeitsblatt 3. Verändere so lange die verschiedenen Parameter *lowestFrequency*, *highestFrequency* und *distanceToNeighbor* bis du mit der Qualität, aber auch der Reduzierung des benötigten Speicherplatzes, zufrieden bist. In der Ausgabe kannst du dir einen Teil des komprimierten Liedes anhören. Zusätzlich wird dir angezeigt, wie viel Speicherplatz das komprimierte Lied durch deine Wahl im Vergleich zum Original benötigt.

> **Lösung**
>
> ◑ & ● Bei diesem Aufgabenteil gibt es keine eindeutige Lösung, da die Wahrnehmung der Kompression subjektiv

Abb. 6.20 Zeitlicher Verlauf des erstellten Tongemischs bestehend aus sechs Frequenzen

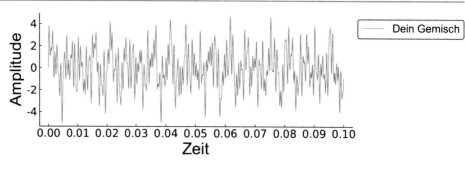

Abb. 6.21 Zeitlicher Verlauf des erstellten Tongemischs bestehend aus sieben Frequenzen

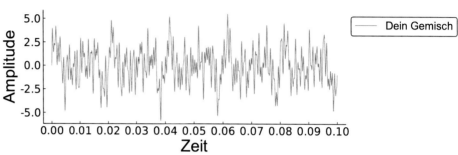

ist. Üblicherweise erhalten die Lernenden eine Kompression auf um die 15% des ursprünglich benötigten Speicherplatzes. Im Vergleich dazu komprimiert mp3 auf 10%. Die Lernenden erreichen also demzufolge bereits gute und realistische Ergebnisse.
Eine mögliche Eingabe lautet:

```
lowestFrequency = 20;
highestFrequency = 5000;
distanceToNeighbor = 10;
```

Diese Wahl der Variablen führt zu einer Kompression des Lieds auf 12.83% des zuvor benötigten Speicherplatzes. ◄

Am Ende dieses Arbeitsblatts können die Lernenden eine offen gestellte Zusatzaufgabe bearbeiten. Dazu steht ihnen ein komplett leeres Codefeld (ohne vorgefertigte Codeschnipsel) zur Verfügung, in dem sie eigene Ideen umsetzten und austesten können. Diese Zusatzaufgabe kann auf zahlreiche Weisen bearbeitet werden und wird daher nicht durch die Feedbackfunktion überprüft.

Zusatzaufgabe: Zu leise Töne
Das Hörmodell des Menschen liefert eine weitere Möglichkeit, Musik zu komprimieren. Die Hörschwelle eines Menschen ist nicht für alle Frequenzen gleich groß, sondern hängt von der Lautstärke des abgespielten Tons ab (s. Abb. 6.1, Abschn. 6.3). Bei Dezibel handelt es sich um keine festgelegte Einheit, sondern ein Verhältnis zweier Größen der gleichen Art – hier der Lautstärke. In Abb. 6.1 wird als Bezugswert die Hörschwelle des Tons mit der Frequenz 1000 Hz verwendet. Es können somit auch negative Dezibelwerte vorliegen.

Diese bedeuten, dass die Töne bereits bei geringeren Lautstärken als der Ton mit 1000 Hz wahrgenommen werden können. Beispielsweise nimmt man einen Ton mit 3000 Hz bereits ab einer Lautstärke von ca. −10 dB war, während ein Ton mit 50 Hz erst oberhalb von 40 dB hörbar ist.
Das bedeutet, dass jede Frequenz einen spezifischen Schwellwert (für die Lautstärke) besitzt, unterhalb dessen der Ton nicht wahrgenommen werden kann. Sinustöne, die den Schwellwert ihrer individuellen Frequenz nicht erreichen, können dementsprechend entfernt werden.

Arbeitsauftrag
Schreibe einen Algorithmus, der alle Frequenzen mit den zugehörigen Schwellwerten für die Lautstärke speichert.
Die Verwendung von for-Schleifen und/oder if-Anweisungen kann hier von Vorteil sein. Falls dir diese Begriffe nichts sagen oder du noch einmal nachlesen möchtest, wie sie funktionieren und in Julia implementiert werden, kannst du dir die Tipps dazu anschauen.

Fazit
Nach Arbeitsblatt 3, in dem das Lied bereits einmal komprimiert wurde, haben die Lernenden sich in diesem Arbeitsblatt eine weitere Art der Komprimierung erarbeitet und diese umgesetzt. Es können nicht nur Töne aus den Liedern entfernt werden, die wir nicht hören können, sondern auch solche, die „nah" an einem anderen Ton liegen, der im Lied vorkommt und nicht entfernt wird. Dieses Phänomen funktioniert nur,

wenn ein Tongemisch aus sehr vielen Tönen besteht, was bei Liedern im Allgemeinen der Fall ist.

Didaktischer Kommentar

Am Ende des Workshops sollte mit den Lernenden zusammen im Plenum eine Abschlussdiskussion durchgeführt werden. Wir haben für diese Präsentationsfolien, welche auf der Workshop-Plattform liegen, und Notizen, welche gerne zur Verfügung gestellt werden können.

In der Abschlussdiskussion sollte insbesondere auf folgende Punkte erneut eingegangen werden:

- Die Schritte, die bei der Musikkomprimierung nacheinander durchlaufen werden, sollten erneut besprochen werden. Insbesondere kann auf die verschiedenen Arten der Komprimierung eingegangen werden, wobei erneut Bezug auf die Basiswechsel genommen werden kann.
- Zudem kann die geleistete Arbeit in Bezug zum mathematischen Modellierungskreislauf (s. Kap. 1) gesetzt werden. Konkret kann geschaut werden, wann die Lernenden sich in welchem Schritt befanden und was sie sich an dieser Stelle überlegt haben, um weiter zu kommen.

◄

6.6 Abgrenzung zwischen dem Workshopmaterial der Mittel- und Oberstufe

In den vorherigen Abschnitten wurde das Material des Workshops für die Oberstufe vorgestellt. Dieses enthält das Material der Mittelstufe. Die beiden Workshops richten sich aufgrund ihrer jeweiligen mathematischen Schwerpunkte an unterschiedliche Zielgruppen. Der Schwerpunkt der Lernmaterialien für die Mittelstufe liegt mehr auf der Modellierung von Tönen und Dreiklängen, sowie der Erstellung eines psychoakustischen Hörmodells.

Abb. 6.22 gibt einen Überblick darüber, welche Inhalte in beiden Workshops gleich sind (mittlere Spalte) und an welchen Stellen Unterschiede vorliegen (links: Workshop I und rechts: Workshop II). Ebenso kann der Abbildung entnommen werden, wo im Material die behandelten Themen in beiden Workshops gefunden werden kann, da sie aufgrund der verschiedenen Ausführungen nicht komplett synchron sind.

Der Einstieg in die Problemstellung, das erste Arbeitsblatt, das vierte Arbeitsblatt sowie der Ausblick sind in beiden Workshops identisch. Auch einige Inhalte von Arbeitsblatt 2 und 3 sind in beiden Workshops enthalten (s. Abb. 6.22, mittlere Spalte).

Nachfolgend werden die Unterschiede in den Arbeitsblättern 2 und 3 genauer vorgestellt:

Im zweiten Arbeitsblatt unterscheidet sich das Material für die Mittel- und Oberstufe sehr. Die Mittelstufe erzeugt und bestimmt verschiedene Dreiklänge, wobei die Fourier-Transformation im Hintergrund abläuft und nicht genauer thematisiert wird. Das bedeutet, dass der Großteil des hier vorgestellten Materials von Arbeitsblatt 2 entfällt. Die übrig gebliebenen Aufgabenteile entsprechen dem Arbeitsblatt 2 aus dem Workshop zum Thema Shazam, weshalb an dieser Stelle darauf verwiesen und nicht weiter drauf eingegangen wird (s. Abschn. 7.5.2). Aufgabe 3 vom Arbeitsblatt 2 der Oberstufe (s. Abschn. 6.5.2) entspricht der ersten Aufgabe des dritten Arbeitsblattes der Mittelstufe. Das restliche dritte Arbeitsblatt der Oberstufe schließt – fast vollständig – hiernach an. Der Unterschied liegt darin, dass im Material der Mittelstufe nach der Bestimmung der Grenzen des Gehörs nicht die Frequenzen selbstständig (durch Matrizen) aus dem Signal gefiltert werden. Dies findet im Hintergrund als Blackbox statt, sodass die Lernenden direkt mit der Bestimmung der Reihenfolge der notwendigen Schritte für die Kompression weiter machen. Diese Eingabe ist im Workshop für die Mittelstufe auf mehrere Codefelder verteilt. Dadurch erhalten sie direkt nach jeder Eingabe eine Rückmeldung, ob der ausgewählte Schritt der korrekte ist.

6.7 Ausblick und Vorschlag für eine weiterführende Modellierungsaufgabe

Das Thema dieser Workshops bietet die Gelegenheit, sich noch offener mit der Datenkomprimierung auseinanderzusetzen. In diesem Abschnitt wird eine weiterführende Modellierungsaufgabe vorgestellt, die an die Inhalte der Workshops anknüpft und einen kreativen Einsatz von Mathematik ermöglicht.

Im Rahmen des Workshops haben die Lernenden ein Modell aufgestellt, das akustische Signale komprimiert. Auch Dateien mit anderen Formaten können komprimiert werden. Das JPEG-Format ist ein Beispiel für erfolgreiche Datenkomprimierung im Bereich der Bildverarbeitung. Wenn Bilder in guter Qualität als Rohdaten gespeichert werden, benötigen sie sehr viel Speicherplatz. Daher wurden Methoden entwickelt, Bilder deutlich platzsparender, aber mit ähnlich hoher Qualität zu speichern. Die Lernenden können sich überlegen, welche Informationen in einem Bild besonders wichtig sind. Als Diskussionsgrundlage kann ein Schwarz-Weiß-Bild dienen, bei dem die Übergänge zwischen hellen und dunklen Bereichen besonders deutlich sind. Genau diese Übergänge sind einer der wichtigsten Ansatzpunkte bei der Reduzierung der Größe einer Bilddatei. Weitere Informationen zur Bildkomprimierung gibt es in „Orthogonalität und Approximation" von Heitzer (2012).

Nachdem ein Plan entwickelt wurde, wie ein Bild komprimiert werden kann, kann dieser umgesetzt und an konkreten

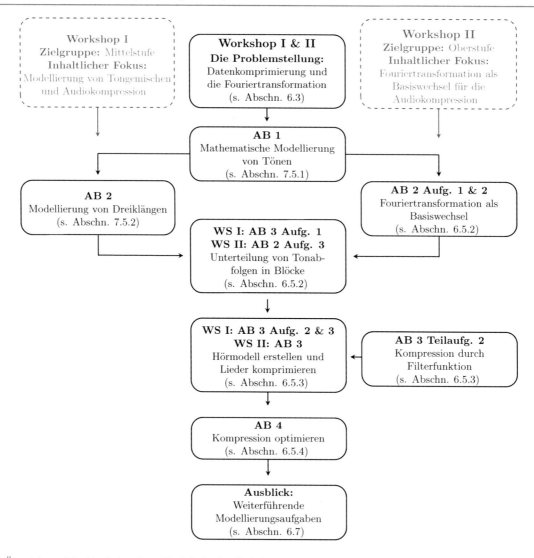

Abb. 6.22 Übersicht, welche Abschnitte dieses Kapitels für den Workshop der Mittelstufe (Workshop I) bzw. der Oberstufe (Workshop II) relevant sind

Beispielen evaluiert werden. Die offene Modellierung anhand der Bildkomprimierung kann in zwei verschiedenen Niveaus umgesetzt werden:

- Im Rahmen einer Projektwoche können die Lernenden selbstständig Code schreiben. Als Hilfestellung steht eine Einführung in die Programmiersprache `Julia` zur Verfügung, in der beispielsweise auch auf for-Schleifen und if-Anweisungen eingegangen wird. Eine mögliche Zielsetzung kann sein, ähnliche Kompressionsraten wie JPEG zu erzielen.
- Eine Umsetzungsmöglichkeit für einen sehr viel kürzeren Zeitraum ist, die Lernenden Überlegungen zur Bildkomprimierung mit Stift und Papier anstellen zu lassen. Eine Internetrecherche ist dabei ein wesentlicher Bestandteil. Zudem kann die Mathematik hinter der Kompression er-

arbeitet werden und – wenn es die Zeit zulässt – passender Pseudo-Code entwickelt werden.

Wollen die Lernenden sich weiter mit der Audiokomprimierung beschäftigen, so bietet die Auseinandersetzung mit der schnellen Fourier-Transformation (FFT) eine Möglichkeit (s. Abschn. 6.3.2). Der FFT Algorithmus ist effizienter und beruht darauf, dass das Signal geschickt halbiert wird. Weitere Informationen gibt es in Mallat (2009). Lernende können tiefer in de Funktionsweise des Algorithmus einsteigen, diesen auf andere Signal anwenden und ihre Ergebnisse vorstellen.

Danksagung An der Entwicklung dieser Workshops waren viele Personen beteiligt. Allen Mitwirkenden sei an dieser Stelle ein herzliches Dankeschön ausgesprochen. Ein besonderer Dank gilt Kai Krycki, der den Workshops zugrunde liegenden Code programmiert hat. Außerdem danken die Autor/innen Lars Schmidt, der im Rahmen seiner Bachelorarbeit eine erste Version des Workshops für die Mittelstufe entwickelt hat. Ein weiterer Dank gilt Maike Gerhard für die technische Umsetzung des Mittelstufen-Workshops in `Julia`.

Literaturverzeichnis

Brandenburg, K. (1999). MP3 and AAC explained. In *17th International Conference on High-Quality Audio Coding*. Audio Engineering Society.

Brigola, R. (2012). *Fourier-Analysis und Distributionen - Eine Einführung mit Anwendungen*. Editon swk.

Dahmen, W., & Reusken, A. (2008). *Numerik für Ingenieure und Naturwissenschaftler*. Springer.

Eska, G. (1997). *Schall und Klang: Wie und was wir hören*. Springer Basel AG.

Gelfand, S. A. (2018). *Hearing - An introduction to psychological acoustics*. CRC Press.

Hamming, R. W. (1983). *Digital filters. Prentice-Hall signal processing series*. Prentice-Hall.

Heitzer, J. (2012). *Orthogonalität und approximation*. Wiesbaden.

Lane, C. E. (1926). Auditory mAsking. *Bell Laboratories Record, 2*(3), 96–97.

Mallat, S. (2009). *A wavelet tour of signal processing - The sparse way*. Academic Press.

Miller, F. (2015). *Die mp3-story: Eine deutsche Erfolgsgeschichte*. Carl Hanser Verlag GmbH & Company KG.

Munson, W. A. (1943). How little do we hear? *Bell Laboratories Record, 21*(10), 341–346.

Schmidt, L. (2016). *Didaktisch-methodische Ausarbeitung eines Lernmoduls zum Thema mp3 Komprimierung im Rahmen eines mathematischen Modellierungstages für Schülerinnen und Schüler der Sekundarstufe II*. RWTH Aachen.

Stein, J. Y. (2000). *Digital signal processing: A computer science perspective*. John Wiley & Sons Inc.

Steinberg, J. C. (1928). Fundamentals of speech, hearing and music. Bell laboratories. *Record, 7*(3), 75–80.

Tehdog. (2012). Hörfläche des (normalhörenden) Menschen als Schalldruckpegel in Abhängigkeit von der Frequenz. Gemeinfrei. https://de.wikipedia.org/wiki/H%C3%B6rfl%C3%A4che#/media/Datei:Hoerflaeche.svg. Zugegriffen: 2. Sept. 2020.

Wie erkennt die App Shazam ein Musikstück?

Maike Gerhard und Jonas Kusch

Zusammenfassung

Shazam ist eine Smartphone-App, die Musikstücke innerhalb weniger Sekunden erkennt. Ein einfacher Klick auf die App genügt, um zahlreiche Informationen (Titel, Interpret/in, Text, Musiklabel) über einen Song zu erhalten, der einem bis dato zumindest namentlich noch unbekannt war. Zur Identifikation von Songs nutzt Shazam sogenannte „akustische Fingerabdrücke". Diese sind für jeden Song einzigartig, aber weniger komplex als der Song in seiner Gesamtheit. Demzufolge sind sie mit menschlichen Fingerabdrücken, die beispielsweise von der Polizei zur Identifikation von Personen verwendet werden, vergleichbar. Wie Shazam genau bei der Erkennung von Musikstücken vorgeht, wird in diesem Workshop erarbeitet. Ein besonderer Fokus liegt dabei auf den mathematischen Konzepten, welche die Basis dieser Vorgehensweise bilden.

- **Zielgruppe:** Lernende ab Klasse 9
- **Lerneinheiten:** 4 Doppelstunden à 90 min (s. Anhang G.1)
- **Vorkenntnisse:** Lineare, quadratische und trigonometrische Funktionen

7.1 Einleitung

Im Mittelpunkt dieses Kapitels steht die didaktische Aufbereitung des Shazam Algorithmus, basierend auf Steffen [2016]. Heute kennen wir Shazam als App, die Musikstücke blitzschnell erkennt und den Nutzenden daraufhin nicht nur Titel und Interpret/in des Stücks, sondern auch zusätzliche Informationen (wie bspw. den Text) mitteilt. Jedoch gab es Shazam nicht immer in dieser nutzerfreundlichen Form. Als Shazam noch in den Kinderschuhen steckte, war der Nutzungsprozess deutlich umständlicher.

Der ursprüngliche Entwickler der App, Shazam Entertainment Limited, wurde 1999 gegründet und setzte sich zum Ziel, einen Algorithmus zur Erkennung von Musikstücken zu entwickeln. Bereits drei Jahre später, im Jahr 2002, wurde dieses Ziel erreicht, jedoch blieb der Erfolg von Shazam zunächst aus. Dies hatte vor allem zwei Gründe: Zum einen war die Musikdatenbank von Shazam noch recht überschaubar. Zum anderen gab es Shazam noch nicht als praktische Smartphone-App. Stattdessen musste eine kostenpflichtige Kurzwahlnummer angerufen werden, um den Song auf Band aufzeichnen zu lassen. Konnte der Song einem Titel in der Datenbank zugeordnet werden, wurde dies den Nutzenden in Form einer SMS mitgeteilt (vgl. Shazam Entertainment 2020). Dieser Prozess war umständlich. Seinen Durchbruch hatte Shazam folglich erst im Jahr 2008, in welchem die App als eine der ersten Apps überhaupt im Apple App Store veröffentlicht wurde (vgl. Shazam Entertainment 2020). Im Jahr 2017 kündigte Apple an, das Unternehmen Shazam Entertainment Limited für 400 Mio. US$ kaufen zu wollen. Die Übernahme wurde ein Jahr später abgeschlossen (vgl. Wikipedia contributors o. D.).

Heute ist Shazam weltweit beliebt und gehört zu den Marktführern im Bereich der Musikerkennung. Bis Ende 2017 wurde die App eine Milliarde Mal heruntergeladen (vgl. Smith 2020). Nach Schätzungen aus dem Jahr 2018 hat Shazam jährlich zwischen 300 und 400 Mio. aktive Nutzer/innen; pro Monat wird die App von etwa 150 Mio. Nutzer/innen verwendet (vgl. Smith 2020). Diese Nutzer/innen stellten im Jahr 2019 etwa 20 Mio. Datenabfragen pro Tag (vgl. Copper o. D.). Vor allem die hohe Geschwindigkeit, mit der Songs erkannt werden, und die mittlerweile enorm große Datenbank, die etwa 8 Mio. Lieder umfasst (Stand Januar 2018) (vgl. Copper o. D.), zeichnen Shazam aus. Hinzu kommt, dass die App auch bei Störgeräuschen und/oder schlechter Mikrofonqualität die

M. Gerhard (✉)
Rheinisch-Westfälische Technische Hochschule Aachen, Aachen, Deutschland
E-mail: maike.gerhard@rwth-aachen.de

J. Kusch
Karlsruher Institut of Technologie (KIT), Eggenstein-Leopoldshafen, Deutschland
E-mail: jonas.kusch@kit.edu

M. Frank und C. Roeckerath (Hrsg.), *Neue Materialien für einen realitätsbezogenen Mathematikunterricht 9*, Realitätsbezüge im Mathematikunterricht, https://doi.org/10.1007/978-3-662-63647-3_7

richtigen Ergebnisse liefert, was eine Nutzung an lauten Orten, wie beispielsweise im Club, beim Einkaufen oder in der Bahn, ermöglicht (vgl. Pearson o. D.).

7.2   Übersicht über die Inhalte des Workshops

Die mathematischen Inhalte des Workshops sind (notwendiges Vorwissen ist unterstrichen):

Mathematische Inhalte

- Funktionen (allgemeines Konzept)
- Trigonometrische Funktionen (Amplitude, Frequenz, Periodendauer)
- Geradengleichungen (Steigung, Achsenabschnitte)
- Quadratische Gleichungen (Nullstellen, Scheitelpunktform)
- Integration (insb. partielle Integration)
- Fourier-Transformation

Das Beherrschen der Integration ist lediglich für eine freiwillige Zusatzaufgabe notwendig. Der Workshop kann daher auch von Lernenden bearbeitet werden, die noch nicht integrieren können. Vorkenntnisse zur Fourier-Transformation[1] sind nicht notwendig.

> **Kommentar zur Nomenklatur**
>
> In diesem Workshop bezeichnet „Fourier-Transformation" die konkrete Methode zur Berechnung des Frequenzspektrums. „Fourier-Analyse" bezeichnet im Gegensatz dazu die übergeordnete Theorie. ◄

Außermathematische Inhalte

Der Workshop bietet die Möglichkeit auch fächerübergreifende Projekte (z. B. mit den Fächern Physik, Musik oder Informatik) durchzuführen. Dafür eignen sich insbesondere die folgenden Themen:

- (harmonische) Schwingungen
- Dreiklänge
- Signalverarbeitung

Des Weiteren bestehen Parallelen zwischen den Workshops Shazam und Datenkomprimierung (s. Kap. 7). Eine detaillierte Unterscheidung dieser Workshops und Möglichkeiten, die Lernmaterialien zu kombinieren, können in Anhang E.1 eingesehen werden.

7.3   Einstieg in die Problemstellung

Was Shazam so erfolgreich macht, ist das Konzept, von jedem Musikstück einen akustischen Fingerabdruck zu erstellen. Dieser Fingerabdruck ist – genau wie beim Menschen – einzigartig und gleichzeitig deutlich weniger komplex als der Song selbst: Er besteht aus den Tönen, die in einem Song dominieren, also am lautesten sind, und deren zeitlicher Abfolge. Shazam speichert nicht die Songs, sondern nur deren Fingerabdrücke in der Datenbank und erreicht so eine massive Reduzierung der zu verarbeitenden Datenmenge. Die Verwendung von Fingerabdrücken macht die Musikerkennung daher deutlich effizienter und schneller. Zusätzlich benutzt Shazam ein intelligentes Verfahren beim Durchsuchen der Datenbank. Diese beiden Aspekte machen auch heute noch den Erfolg von Shazam aus.

Im nachfolgenden Abschnitt wird die Funktionsweise von Shazam erläutert. Dazu wird ein Überblick über die einzelnen Schritte des Musikerkennungsprozesses gegeben. Im Laufe des Workshops liegt der Fokus auf dem Algorithmus zur Erstellung der akustischen Fingerabdrücke sowie der Theorie hinter diesem Algorithmus – der Fourier-Analyse.

7.3.1   Die Funktionsweise von Shazam

Bei Verwendung der Shazam-App, wird zunächst ein kurzer Teil des unbekannten Musikstückes mit dem Mikrofon des Smartphones aufgenommen. Diese Audioaufnahme wird in einem ersten Verarbeitungsschritt gefiltert, um störende Hintergrundgeräusche zu verringern. Anschließend wird auf dem Smartphone der akustische Fingerabdruck der Aufnahme erstellt. Dazu identifiziert die App mittels FourierTransformation die dominierenden Frequenzen im Musikstück sowie deren zeitliche Abfolge (s. unteren Kasten in Abb. 7.1). Der Fingerabdruck wird zum Server von Shazam geschickt. Dieser vergleicht den Fingerabdruck der Aufnahme systematisch mit den Fingerabdrücken, die in der ShazamDatenbank hinterlegt sind, bis gegebenenfalls eine Übereinstimmung gefunden wird (s. oberen Kasten in Abb. 7.1). Abschließend sendet der Server das Ergebnis zurück an die Smartphone-App. Im Falle eines Treffers erfährt der/die Benutzer/in auf diese Weise, um welchen Song es sich handelt (vgl. Kataoka o. D.).

Die Shazam-Datenbank nimmt bei diesem Vorgang eine enorm wichtige Rolle ein. Songs, deren Fingerabdrücke nicht in der Datenbank gespeichert sind, können auch nicht erkannt werden. Der Umfang der Datenbank entscheidet also über den Erfolg der App. Daher ist es essenziell, die Datenbank

---

[1] Falls gewünscht, können solche Vorkenntnisse mithilfe des OberstufenWorkshops zum Thema Datenkomprimierung (s. Abschn. 6.5.2), in dem die Funktionsweise der Fourier-Transformation erarbeitet wird, erworben werden.

Abb. 7.1 Funktionsweise von
Shazam

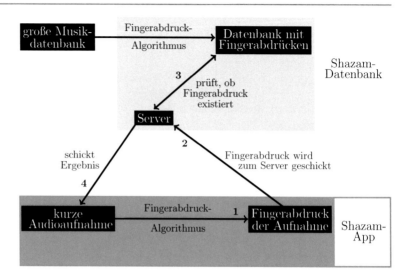

Abb. 7.1 Funktionsweise von Shazam

ständig zu aktualisieren und kontinuierlich zu erweitern. Dazu werden große externe Musikdatenbanken verwendet. Anfangs war die, sich damals noch im Aufbau befindende, Datenbank eine der großen Schwachstellen von Shazam. Heute ist die Datenbank riesig. Im Januar 2018 umfasste sie circa 8 Mio. Lieder (vgl. Copper o. D.), sowohl Klassiker als auch brandneue Stücke.

7.3.2 Grundlagen der Fourier-Analyse

Alle Schallquellen (bspw. Musikinstrumente, Stimmbänder, Lautsprecher) verursachen mechanische Schwingungen in der Luft, die sich in Form von Schallwellen ausbreiten und so auch das menschliche Ohr erreichen. Dort werden sie vom Trommelfell aufgenommen und im Gehirn in mehreren Schritten weiterverarbeitet bis wir sie schließlich **hören**. Schwingungen in der Luft sind daher die Grundlage unserer auditiven Wahrnehmung. Mithilfe eines Computers oder eines Oszilloskops können diese, naturgemäß der auditiven Wahrnehmung vorbehaltenen Schwingungen, sogar sichtbar gemacht werden.

Es gibt Schallereignisse, deren erzeugende Schwingung durch eine Sinusfunktion beschrieben werden kann (s. Abb. 7.2). Solche Schallereignisse lassen sich dementsprechend besonders einfach modellieren. Man nennt sie **Sinustöne** oder auch (reine) Töne. Sinustöne entstehen in der Natur so gut wie nie. Außerdem sind sie aufgrund natürlicher Reibungsprozesse, die zu einer Dämpfung der Schwingung führen, in ihrer perfekten Form nur schwer zu erzeugen. Dennoch gibt es Hilfsmittel, wie beispielsweise Stimmgabeln, mit denen sich (abklingende) Sinustöne hinreichend genau realisieren lassen.

Von Musikistrumenten gespielte Noten, sind keine Sinustöne, wie Abb. 7.3 verdeutlicht. Diese Abbildung zeigt das Schallereignis einer Gitarre, welche die Note d (bzw. in eng-

lischer Notation D3) spielt. Die von der Gitarre erzeugte Schwingung ist bereits deutlich komplexer als ein Sinuston. Allerdings kann man nachweisen, dass das in Abb. 7.3 gezeigte Signal eine Überlagerung mehrerer Sinustöne (der Grundschwingung und sogenannter Oberschwingungen) ist. Man nennt eine solche Überlagerung Klang. Die hier am Beispiel eines Musikinstrumentes angestellte Beobachtung lässt sich verallgemeinern und genau darin liegt die große (theoretische) Bedeutung des Sinustons:

◑ **Jedes akustische Signal kann als Summe von Sinusschwingungen dargestellt werden.**

Eine solche Darstellung erhält man mithilfe der Fourier-Transformation. Nach Anwendung der Fourier-Transformation liegt das Signal nicht mehr als Funktion der Zeit, sondern als Funktion der Frequenz vor. Auf diese Weise lässt sich bestimmen, welche Frequenzen im Signal enthalten sind und wie groß ihr Anteil jeweils ist. Die Fourier-Transformation ist für viele Anwendungen

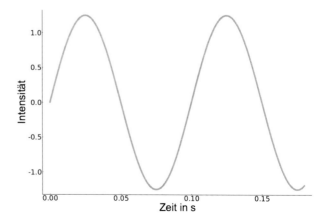

Abb. 7.2 Erzeugende Schwingung eines Sinustons

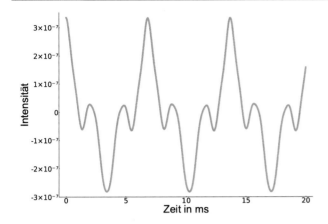

Abb. 7.3 Von einer Gitarre, welche die Note d spielt, erzeugte Schwingung

– nicht nur im Bereich Musik, sondern beispielsweise auch bei der Bildverarbeitung oder Schalllokalisation – von großer Bedeutung. Sie stellt die Grundlage moderner Signalverarbeitung und digitaler Kommunikation dar.

7.4   Aufbau des Workshops

In diesem Workshop wird erarbeitet, wie man mittels Fourier-Transformation den akustischen Fingerabdruck eines Songs erstellt und wie Shazam beim Abgleich solcher Fingerabdrücke vorgeht. Im Rahmen dessen wird zunächst die mathematische Modellierung von Tönen thematisiert. Anschließend werden Grundlagen der Fourier-Analyse anhand einfacher Beispiele (Dreiklänge) vermittelt.

> **Übersicht**
> - AB 1: Einen Ton mathematisch modellieren
> - AB 2: Die Fourier-Transformation am Beispiel von Dreiklängen
> - AB 3: Modell zur Erkennung eines Musikstückes
> - AB 4: Verbesserung des Modells
>
> Arbeitsblatt 2 enthält eine optionale Zusatzaufgabe, für deren Bearbeitung das Beherrschen der (partiellen) Integration notwendig ist.

Im Anhang (s. Anhang G.1 bzw. G.2) werden eine Abfolge der Arbeitsblätter (s. Tab. G.1) und ein exemplarischer Stundenverlaufsplan (s. Tab. G.2–G.5) angegeben. Ersterer fasst den gesamten Workshop kompakt in tabellarischer Form zusammen. Letzterer teilt den Workshop in 90-minütige Doppelstunden ein, um eine Orientierungshilfe bei der konkreten Unterrichtsplanung zu bieten.

Bei sehr vielen Aufgaben in diesem Workshop erhalten die Lernenden die Möglichkeit, sich die von ihnen erzeugten akustischen Signale anzuhören. Außerdem werden die Graphen der zugehörigen Schwingungen geplottet. Dieses akustische und visuelle Feedback soll unter anderem eine eigenständige Korrektur fehlerhafter Lösungen erleichtern. Um die Geräuschkulisse im Unterricht zu reduzieren, sollten Kopfhörer verwendet werden. **Um Hörschäden vorzubeugen, muss sichergestellt werden, dass der Ton niemals (ob absichtlich oder versehentlich) zu laut abgespielt wird.**

7.5   Vorstellung der Workshopmaterialien

☺ Während der Aufnahme des Musikausschnittes werden neben der Musik auch immer Störgeräusche aufgezeichnet. Dazu gehören Umgebungsgeräusche (wie bspw. Wind, Verkehr, Gespräche), aber auch Rauschen, das von verschiedenen Quellen im Übertragungssystem selbst erzeugt wird. Wir nehmen an, dass diese Störgeräusche bereits aus der Aufnahme entfernt wurden und wir mit dem reinen Nutzsignal arbeiten. Das bedeutet, dass wir den ersten Verarbeitungsschritt der App (vgl. Abschn. 7.3.1) im Rahmen des Workshops nicht explizit behandeln.

Wie man unerwünschtes Rauschen in einem Nutzsignal mithilfe geeigneter Frequenzfilterung verringern kann, ließe sich bei Interesse anhand einer weiterführenden Modellierungsaufgabe erarbeiten (vgl. Abschn. 7.6).

> **Didaktischer Kommentar**
>
> Bevor mit der Bearbeitung des ersten Arbeitsblattes begonnen wird, sollte eine Einführung ins Thema durch die Lehrkraft stattfinden. Inhaltlich kann man sich dabei an Abschn. 7.3 orientieren. Außerdem haben wir Präsentationsfolien für diesen Einstieg vorbereitet, die auf dem Server zur Verfügung stehen.
>
> Falls gewünscht, kann in den Einführungsvortrag ein **Experiment** mit Stimmgabeln integriert werden. Für dessen Durchführung benötigt man
>
> - ein Smartphone mit Shazam- und phyphox-App,
> - Stimmgabeln mit Resonanzkörpern (mind. zwei verschiedene Frequenzen),
> - Anschlaghammer.
>
> Das Experiment soll zeigen, wie sich die physikalischen Eigenschaften Lautstärke und Tonhöhe in die mathematische Modellierung eines Tones übersetzten, nämlich als Amplitude und Frequenz. Es läuft wie folgt ab:
>
> 1. Schließen Sie Ihren Laptop zur Bildschirmübertragung an einen Beamer an.

2.Öffnen Sie auf Ihrem Smartphone die App phyphox und wählen Sie unter der Überschrift Akustik das Programm „Audio Autokorrelation" aus.

3.Wählen Sie unter Einstellungen (die drei Punkte oben rechts) „Fernzugriff erlauben" aus.

4.Bestätigen Sie den anschließenden Aufruf mit „ok" und geben Sie die unten erscheinende URL in den Internetbrowser Ihres Laptops ein. Anschließend kann die App über den Laptop bedient werden. Zur Aufnahme eines Tons muss der „Play-Button" gedrückt werden. Damit die Schwingungskurve besser analysiert werden kann, sollte nach dem Anstimmen der Stimmgabel die Aufnahme pausiert werden, sodass man die Schwingung zu einem eingefrorenen Zeitpunkt betrachten kann.

5.Stimmen Sie eine der Stimmgabeln an und nehmen sie den Ton wie oben beschrieben auf. Stimmen Sie die gleiche Stimmgabel noch einmal an, aber diesmal **lauter,** und nehmen Sie den Ton wieder auf. Wiederholen Sie dieses Vorgehen, bis die Lernenden herausfinden, dass die Lautstärke der Amplitude der zugehörigen Schwingung entspricht.

6.Stimmen Sie eine beliebige Stimmgabeln an und nehmen sie den Ton wie oben beschrieben auf. Stimmen Sie danach eine Stimmgabel mit einer deutlich **anderen Frequenz** an und nehmen Sie auch diesen Ton auf. Wiederholen Sie dieses Vorgehen, bis die Lernenden herausfinden, dass die Höhe des Tons der Frequenz der zugehörigen Sinusschwingung entspricht (bzw. mit der Periodendauer zusammenhängt).

◄

7.5.1 Arbeitsblatt 1: Einen Ton mathematisch modellieren

Auf dem ersten Arbeitsblatt befassen wir uns hauptsächlich mit Sinustönen. Das hat zwei Gründe: Zum einen lassen sich diese Signale leicht beschreiben – nämlich durch Sinusfunktionen. Zum anderen kann jedes akustische Signal (für unsere Zwecke hinreichend genau) als endliche Summe solcher Sinustöne dargestellt werden.

❍ Ein Sinuston g (s. Abb. 7.4) kann modelliert werden durch

$$g(t) = A \cdot \sin(2\pi \cdot f \cdot t),$$

wobei

- A die **Amplitude** bezeichnet. Die Amplitude ist der Betrag der maximalen Auslenkung der Schwingung aus der Nulllage. Physikalisch entspricht sie der Lautstärke des Tons. Je größer die Amplitude, desto lauter der Ton;
- f die **Frequenz** bezeichnet. Die Frequenz gibt die Anzahl der Schwingungen pro Sekunde an. Ihre Einheit ist *Hertz*

($[f]$ = Hz = 1/s). Die Frequenz ist der Kehrwert der **Periodendauer** T ($f = 1/T$). Die Periodendauer bezeichnet den zeitlichen Abstand zweier aufeinanderfolgender Maxima (oder auch zweier aufeinanderfolgender Minima) und besitzt folglich die Einheit *Sekunde* ($[T]$ = s). Je größer die Frequenz f, desto kleiner die Periodendauer T – also der Abstand zwischen den Maxima bzw. Minima. Physikalisch entspricht die Frequenz der Tonhöhe.

Didaktischer Kommentar

Schwingungen, die sich durch Funktionen der Form

$$A \cdot \sin(2\pi f t + \phi_0)$$

beschreiben lassen, nennt man **harmonische Schwingungen**. Folglich ist auch ein Sinuston eine harmonische Schwingung. Es bietet sich an (ggf. in Zusammenarbeit mit dem Physikunterricht), weitere Beispiele für harmonische Schwingungen zu sammeln und Analogien zu ziehen. Durch mechanische Systeme (Federpendel, Fadenpendel bei kleiner Auslenkung) kann die Schwingung direkt, d. h. ohne Zuhilfenahme eines Oszilloskops oder Computers, sichtbar gemacht werden. Elektrische Schwingkreise verdeutlichen die vielseitige Anwendbarkeit des Modells. Der Nullphasenwinkel ϕ_0 entspricht einer Verschiebung auf der Zeitachse und stellt in unserem Kontext keine definierende Eigenschaft der Schwingung dar. Denn eine solche Verschiebung ist keine intrinsische Eigenschaft des Tons, sondern wird durch den Beginn der Audioaufnahme festgelegt. Das kann mit den Lernenden diskutiert werden.

◄

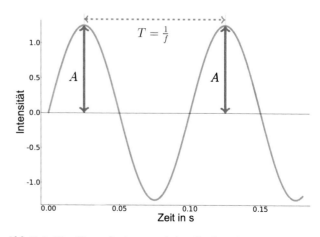

Abb. 7.4 Eine Sinusschwingung mit Amplitude A (fett gedruckte Pfeile) und Periodendauer T (gestrichelter Pfeil)

Aufgabe 1 | Die Amplitude eines Tons
Teil a
Gegeben ist der in Abb. 7.5 dargestellte Sinuston auf dem Intervall 0 s bis 0.1 s.

Arbeitsauftrag
Bestimme die Amplitude und die Frequenz des abgebildeten Sinustons und trage sie unter `amplitude` bzw. `frequency` im Codefeld ein.

Lösung

◐ Die Amplitude ist 1, das kann leicht abgelesen werden. Der Graph zeigt 20 Schwingungen pro 0.1 s^2. Das entspricht 200 Schwingungen pro Sekunde. Die Frequenz ist also 200 Hz.
    Beispiel für korrekte Eingabe[3]:

```
amplitude = 1; frequency = 200;
```
◀

Tipps

Stufe 1: Die Lernenden werden an die Definition der Frequenz erinnert und es wird erklärt, wie man die Periodendauer bestimmen kann.
Stufe 2: Die Definition der Amplitude wird wiederholt. Außerdem wird eine konkrete Hilfestellung zur Bestimmung der Anzahl der Schwingungen pro Sekunde gegeben. ◀

Teil b
Je größer die Amplitude gewählt wird, desto lauter wird der Ton wahrgenommen.
    Wie muss die Amplitude geändert werden, damit ein Ton entsteht, der leiser bzw. lauter als der Ton aus Teil a (vgl. Abb. 7.5) ist?

Arbeitsauftrag
Ordne der Variablen `amplitudeQuietTone` einen Wert zu, sodass ein Ton mit dieser Amplitude leiser ist als der Ton aus Teil a. Ordne analog der Variablen

`amplitudeLoudTone` einen Wert zu, sodass ein Ton mit dieser Amplitude lauter ist als der Ton aus Teil a.

Lösung

◐ Einen leiseren Ton erhält man, wenn die Variable `amplitudeQuietTone` im Intervall (0, 1) liegt. Einen lauteren Ton erhält man, wenn die Variable `amplitudeLoudTone` größer als 1 ist.
    Beispiel für korrekte Eingabe:

```
amplitudeQuietTone = 0.5;
amplitudeLoudTone = 2;
```
◀

Teil c1
Bisher war die Amplitude des Sinustons über die Zeit konstant. Nun soll die Lautstärke des Tons mit der Zeit variieren. Der Ton besitzt folglich die Form

$$g(t) = A(t) \cdot \sin(2\pi \cdot f \cdot t),$$

mit einer von der Zeit abhängigen Amplitude A.

Arbeitsauftrag
Überlege dir, wie die Amplitude $A(t)$ in Abhängigkeit der Zeit t gewählt werden muss, damit die Lautstärke des zugehörigen Tons zum Zeitpunkt $t = 0$ s den Wert Null hat und lineares Wachstum besitzt. Definiere `linearAmplitude` durch einen entsprechenden Ausdruck in t.

Lösung

◐ Alle Lösungen der Form $A(t) = m \cdot t$ mit positivem m sind korrekt. Das entspricht einer Ursprungsgeraden mit positiver Steigung.
    Beispiel für korrekte Eingabe:

```
linearAmplitude(t) = t;
```
◀

Tipp

Falls die Lernenden Schwierigkeiten beim Lösen der Aufgaben haben, werden ihnen verschiedene Geraden inklusive der zugehörigen Geradengleichungen angezeigt. Die Geraden haben verschiedene Steigungen und y-Achsenabschnitte. ◀

---

[2] Die Symbole ◔, ◑, ◕ und ● spiegeln die Modellierungsschritte wieder. Die genaue Bedeutung der einzelnen Symbole wird in Abschn. 1.1 detaillierter beschrieben.
[3] In den Lösungen wird der Code, der von den Lernenden eingegeben wird, fett hervorgehoben. Alle übrigen angegebenen Bestandteile des Codes sind bereits auf dem digitalen Arbeitsblatt vorhanden.

Abb. 7.5 Sinuston

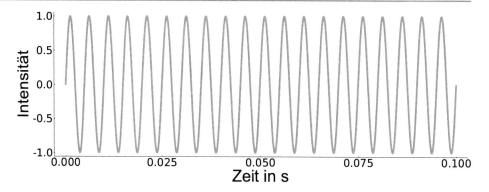

Eine negative Steigung m würde ebenfalls das gewünschte Resultat liefern (einen Ton, der lauter wird), denn für die Lautstärke des Tons ist lediglich der Betrag der Amplitude entscheidend. Oben haben wir die Amplitude jedoch als „Betrag der maximalen Auslenkung der Schwingung" definiert. Somit ist die Amplitude per Definition positiv. Negative m werden als Lösung nicht akzeptiert. ◄

Teil c2
Wir betrachten weiterhin Töne der Form

$$g(t) = A(t) \cdot \sin(2\pi \cdot f \cdot t).$$

Arbeitsauftrag
Überlege dir, wie die zeitabhängige Amplitude eines Tons gewählt werden muss, der dieselben Bedingungen erfüllt wie der Ton aus Teil c1, der aber im Vergleich schneller an Lautstärke gewinnt. Definiere `steeperAmplitude` durch einen entsprechenden Term in t.

Die richtige Lösung hängt von der Eingabe in Teil c1 ab.

Lösung

◑ Alle Lösungen der Form $A(t) = n \cdot t$ mit $n > m$ sind korrekt, wobei m die Steigung aus Teil c1 ist.
Beispiel für korrekte Eingabe:

```
steeperAmplitude(t) = 2t;
```
◄

Es steht derselbe **Tipp** zur Verfügung, wie in Teil c1.

Teil d
Nun soll ein abklingender Ton der Länge 1 s erzeugt werden. Dabei wird nur das Zeitintervall von 0 s bis 1 s betrachtet. Wie

sich der Ton außerhalb dieses Zeitbereiches verhält, spielt keine Rolle.

Arbeitsauftrag
Definiere die Amplitude `decreasingAmplitude` durch einen Term in t, der linear fällt und zum Zeitpunkt $t = 1$ s den Wert Null hat.

Lösung

◑ Alle Lösungen der Form $A(t) = mt - m$ mit $m < 0$ sind korrekt. Es handelt sich um fallende Gerade, deren Nullstelle bei 1 liegt.
Beispiel für korrekte Eingabe:

```
decreasingAmplitude(t) = 1-t;
```
◄

Es steht derselbe **Tipp** zur Verfügung wie in Teil c1.

Aufgabe 2 | Die Frequenz eines Tons
Teil a
Je höher ein Ton klingt, desto höher ist seine Frequenz und desto kleiner ist seine Periodendauer. Bisher hatten alle Töne eine Frequenz von 200 Hz:

$$\sin(200 \cdot 2\pi \cdot t), \ t \geq 0. \tag{7.1}$$

Nun werden wir dazu übergehen, die Frequenz der Töne zu ändern. Betrachtet wird der Ton

$$g(t) = \sin(F \cdot 200 \cdot 2\pi \cdot t), \ t \geq 0, \tag{7.2}$$

dessen Frequenz vom Faktor F abhängt.

Arbeitsauftrag
Überlege dir, wie der Frequenz-Faktor F zu wählen ist, damit der obige Ton g (s. Gl. 7.2) höher bzw. tiefer klingt als der Referenzton in (7.1). Weise den Variablen `F_higher` (Faktor für den höheren Ton) bzw. `F_lower` (Faktor für den tieferen Ton) entsprechende Werte zu. Beide Werte sollten zwischen 0 und 6 liegen, damit das Ergebnis gut hörbar bleibt.

Lösung

◑ Einen höheren Ton erhält man mit einem Frequenz-Faktor `F_higher` im Intervall $(1, 6)$. Einen tieferen Ton erhält man mit einem Frequenz-Faktor `F_lower` im Intervall $(0, 1)$.
Beispiel für korrekte Eingabe:

```
F_higher = 2; F_lower = 0.5;
```
◀

Teil b
Wir betrachten nun Signale der Form

$$g(t) = \sin(F(t) \cdot 200 \cdot 2\pi \cdot t).$$

Solche Sinusschwingungen stellen keine Töne dar, da sich ihre Frequenz mit der Zeit ändert.

Arbeitsauftrag
Wie muss der Term für $F(t)$ aussehen, damit

- die Frequenz von g linear wächst,
- das Produkt $F(t) \cdot 200$ zum Zeitpunkt $t = 0$ s den Wert 200 besitzt und
- das Produkt $F(t) \cdot 200$ zum Zeitpunkt $t = 0.1$ s den Wert 400 besitzt?

Definiere `F` im Code durch einen Term in t, der die drei genannten Bedingungen erfüllt.

Lösung

◑ Es muss eine Gerade durch die Punkte $(0, 1)$ und $(0.1, 2)$ aufgestellt werden. Die eindeutige Lösung ist $F(t) = 10t + 1$.
Beispiel für korrekte Eingabe:

```
F(t) = 10*t+1;
```
◀

Tipps

Stufe 1: Beim Aufstellen der Geradengleichung müssen die Lernenden berücksichtigen, dass $F(t)$ nicht der Frequenz selbst entspricht, sondern nur einem Faktor, der mit 200 Hz multipliziert wird.
Stufe 2: Den Lernenden wird mitgeteilt, dass die Gerade durch die Punkte $(0, 1)$ und $(0.1, 2)$ gesucht wird. Zusätzlich wird der zugehörige Graph gezeigt. ◀

Aufgabe 3 | Erstelle deinen eigenen „Song"
Bei Shazam geht es darum, ein Musikstück in einer großen Datenbank wiederzufinden. ◑ Da gängige Musik sehr kompliziert ist, dienen in diesem Workshop einfache Summen von Sinusschwingungen als „Songs". Anhand solcher Signale lässt sich die Funktionsweise der Fourier-Transformation besonders gut verdeutlichen und erklären. Ein Beispiel für eine solche Summe ist hier zu sehen:

$$S(t) = 3 \cdot \sin(2000 \cdot 2\pi \cdot t) + 0.5 \cdot \sin(4100 \cdot 2\pi \cdot t)$$
$$+ \sin(1000 \cdot 2\pi \cdot t). \tag{7.3}$$

Der obige „Song" enthält Töne der Frequenzen 2, 4.1 und 1 kHz. Dabei ist der 2 kHz-Ton am lautesten und der 4.1 kHz-Ton am leisesten.

Tatsächlich sind einfache Sinusschwingungen oft der Ausgangspunkt moderner Songs – nämlich immer dann, wenn Musik in einem Musikstudio mittels Synthesizern erzeugt wird: Gestartet wird mit einer einfachen Sinusschwingung. Dann werden nach und nach verschiedene (Faltungs-)Filter über das Signal gelegt, bis man den gewünschten Sound emuliert. Diesen Sound kann man dann zeitlich wiederholen und mit einem passenden Beat versehen.

Jetzt sollen eigenen Songs aus Sinustönen erstellt werden. Dabei ist zu beachten, dass der Hörbereich des (jungen) Menschen die Frequenzen von 20 bis 20 000 Hz umfasst und dass Töne über 16 000 Hz als sehr unangenehm bis schmerzlich empfunden werden können.

Arbeitsauftrag
Definiere `S` durch deinen eigenen Song, also durch die Summe beliebiger Sinusschwingungen. Ordne der Variable `duration` die gewünschte Länge deines Songs, gemessen in Sekunden, zu.

Hinweis: Du kannst deine Eingabe gerne variieren und untersuchen, wie sich einzelne Parameter auf den Klang des Songs auswirken.

Lösung

❍ Jede Summe von Sinusschwingungen beliebiger Länge ist eine Lösung. Die Lösung wird nicht in Julia überprüft. Beispiel für korrekte Eingabe:

```
S(t) = 3*sin(200*2*pi*t)
+ 0.5*sin(400*2*pi*t) + 0.2*sin(50*
    2*pi*t);
duration = 2;
```
◄

Didaktischer Kommentar

Hier sollen die Lernenden motiviert werden, mehrere Songs zu erstellen, um zu erleben wie sich

- die Anzahl der Summanden,
- die Wahl der Frequenzen und
- die Wahl der Amplituden

auf den Klang und auf den Graphen des Songs auswirken.
◄

Es folgen Zusatzaufgaben, die bearbeitet werden sollten, falls ausreichend Zeit zur Verfügung steht.

Zusatzaufgabe A | Töne, die leiser und lauter werden
In dieser Aufgabe geht es um Schwingungen der Form

$$A(t) \cdot \sin(2\pi \cdot f \cdot t),$$

deren zeitabhängige Amplituden A nicht mehr durch lineare Funktionen beschrieben werden können.

Teil a
In Aufgabe 1 haben wir Töne mit monoton wachsenden oder monoton fallenden Amplituden erzeugt. Nun behandeln wir Amplituden, die kein solches Monotonieverhalten aufweisen.

Arbeitsauftrag
Erzeuge einen Ton, der zunächst leiser und dann wieder lauter wird. Definiere dazu die zeitabhängige Amplitude `fallRiseAmplitude` durch einen geeigneten Term in t. Gebe für `t_min` den Zeitpunk ein, zu dem die Lautstärke minimal ist. Lege durch die Variablen `start` (Untergrenze) und `stop` (Obergrenze) das Zeitintervall fest, auf dem der Ton betrachtet wird. Dieses muss den Zeitpunkt `t_min` enthalten.

Lösung

❍ Es gibt verschiedene Möglichkeiten, die Amplitude zu definieren. Hier werden exemplarisch zwei Lösungswege vorgestellt. Nach unserer Erfahrung entscheidet sich ein Großteil der Lernenden für eine dieser Lösungen.

1. Möglichkeit: Durch eine nach oben geöffnete Parabel
Die verwendete Parabel darf höchstens eine Nullstelle besitzt – sonst wird der Ton leiser, lauter, leiser und wieder lauter (denn der Betrag ist der kritische Faktor). Eine gültige Amplitude hat demnach die Form $A(t) = a(t + b)^2 + c$ mit $a > 0$ und $c \geq 0$. Der Zeitpunkt t_{min} stimmt in diesem Fall mit der ersten Koordinate des Scheitelpunkts überein, d. h. $t_{min} = -b$. Jedes Zeitintervall, das t_{min} enthält, ist zulässig. Beispiel für korrekte Eingabe:

```
fallRiseAmplitude(t) = (t - 0.5)^2;
t_min = 0.5;
start = 0;
stop = 1;
```

2. Möglichkeit: Durch eine Sinus- oder Kosinusfunktion
Wir diskutieren hier die Sinusfunktion, also $A(t) = \sin(t)$. Der Betrag des Sinus fällt von $\pi/2$ bis π und wächst dann wieder bis $3\pi/2$. Wählt man das Zeitintervall $[\pi/2, \ 3\pi/2]$, so gilt $t_{min} = \pi$. Um weiterhin nur positive Amplituden zu nutzen, verwendet man das Quadrat der Sinusfunktion $\sin^2(t)$. Da der Sinus auf diesem Arbeitsblatt omnipräsent ist, ist diese Lösung naheliegend. Sie ist – im Gegensatz zur ersten Möglichkeit – jedoch nur auf einem beschränkten Intervall gültig.
Beispiel für korrekte Eingabe:

```
fallRiseAmplitude(t) = sin(t)^2;
t_min = pi;
start = 0.5pi;
stop = 1.5pi;
```
◄

Tipp

Falls die Lernenden Schwierigkeiten beim Lösen der Aufgaben haben, wird ihnen die erste Lösungsmöglichkeit nahegelegt. Dazu werden zwei nach oben geöffnete Parabeln gezeigt, die eine bzw. keine Nullstelle besitzen. Außerdem wird die allgemeine Scheitelpunktform einer quadratischen Funktion angegeben. ◄

Teil b
Nun betrachten wir den umgekehrten Fall: erst lauter, dann leiser. Um den Effekt besser hören zu können, wird die Frequenz des Tons auf 50 Hz gesetzt.

Arbeitsauftrag
Erzeuge einen Ton, dessen Lautstärke zuerst 0 beträgt, dann bis zu einem von dir gewählten Zeitpunkt t_max anwächst und anschließend wieder auf 0 fällt. Definiere dazu die zeitabhängige Amplitude riseFallAmplitude durch einen geeigneten Term in t. Gib den Zeitpunkt t_max im Code an. Trage außerdem unter onset bzw. ending den Anfang bzw. das Ende des Tons ein.

Lösung

❶ Analog zu Teil a gibt es mehrere Lösungen, von denen zwei vorgestellt werden.

1. Möglichkeit: Durch eine nach unten geöffnete Parabel mit zwei Nullstellen
Die Gleichung lautet $A(t) = a(x-b)(x-c)$ mit $a < 0$ und (ohne Beschränkung der Allgemeinheit) $b < c$. Dann ist b der Anfang des Tons, c das Ende des Tons und $t_{max} = (b+c)/2$.
Beispiel für korrekte Eingabe:

```
riseFallAmplitude(t) = -t*(t-1);
t_max = 0.5;
onset = 0;
ending = 1;
```

2. Möglichkeit: Durch eine Sinus- oder Kosinusfunktion
Eine mögliche Lösung ist $A(t) = \sin(t)$ auf dem Intervall $[0, \pi]$. Dann ist 0 der Anfang des Tons, π das Ende des Tons und $t_{max} = \pi/2$.
Beispiel für korrekte Eingabe

```
riseFallAmplitude(t) = sin(t);
t_max = 0.5pi;
onset = 0;
ending = pi;
```
◀

Tipp

Falls die Lernenden Schwierigkeiten beim Lösen der Aufgaben haben, wird ihnen wieder die Lösung mittels Parabel nahegelegt. Dazu werden Graphen von nach unten geöffneten Parabeln mit jeweils zwei Nullstellen gezeigt. Die allgemeine Scheitelpunktform wird angegeben. Die Null-

stellen müssen ggf. von den Lernenden selbst bestimmt werden. ◀

Didaktischer Kommentar

In den Tipps wird die Lösung mittels Parabel nahegelegt, weil die Lernenden aus dem Mathematikunterricht wissen, wie sich die Funktionsgleichung einer quadratischen Funktion auf die Gestalt von deren Graph auswirkt (Stichwort: Steckbriefaufgabe). Beispielsweise können mit der Scheitelpunktform die Koordinaten des Scheitelpunktes festgelegt werden; mit der faktorisierten Form können die Nullstellen festgelegt werden. Die gezielte Manipulation von trigonometrischen Funktionen fällt in der Regel schwerer. ◀

Zusatzaufgabe B | Signale mit sich ändernden Frequenzen
Es werden Schwingungen betrachtet, deren Frequenz sich mit der Zeit ändert, genauer Signale der Form

$$g(t) = \sin(F(t) \cdot 200 \cdot 2\pi \cdot t). \qquad (7.4)$$

F nennen wir Frequenz-Faktor.

Teil a
Das Signal g soll nun mit der Zeit tiefer werden.

Arbeitsauftrag
Trage die Grenzen start (Untergrenze) und stop (Obergrenze) des Zeitintervalls, auf dem das Signal betrachtet werden soll, ein. Definiere die zeitabhängige Variable decreasingFrequency so, dass das Signal g aus Gl. 7.4 mit dem Frequenz-Faktor decreasingFrequency auf dem gewählten Intervall tiefer wird.

Lösung

❶ Es gibt wieder verschiedene Lösungen. Beispielsweise kann man F als monoton fallende lineare Funktion wählen.
Beispiel für korrekte Eingabe:

```
start = 0; stop = 1; decreasing
Frequency(t) =
2-t;
```
◀

Didaktischer Kommentar

Achtung: Da die Zeit nun quadratisch im Argument des Sinus auftaucht, verhält sich die Frequenz anders, als die Lernenden eventuell zunächst vermuten. Ein Beispiel dazu: Wählt man $F(t) = 2 - t$, so wird der Ton g auf dem Intervall [0, 1] tiefer und dann wieder höher, obwohl der Betrag von F auf ganz [0, 2] monoton fällt. Dies liegt daran, dass das Argument des Sinus nun eine quadratische Funktion in t ist, deren Scheitelpunkt bei $t = 1$ liegt. Es ist hier besonders wichtig, dass die Lernenden ihre Eingabe anhand des Graphen selbst überprüfen. In Julia findet keine automatische Prüfung der Eingabe statt. ◄

Teil b
Jetzt soll g zunächst tiefer und dann wieder höher werden.

Arbeitsauftrag
Trage die Grenzen start (Untergrenze) und stop (Obergrenze) des Zeitintervalls, auf dem das Signal betrachtet werden soll, ein. Definiere die zeitabhängige Variable fallRiseFrequency so, dass das Signal g aus Gl. 7.4 mit dem Frequenz-Faktor fallRiseFrequency auf dem gewählten Intervall erst tiefer und dann wieder höher wird.

Lösung

◑ Eine einfache Lösung besteht darin, F so zu wählen, dass das Argument des Sinus eine quadratische Funktion in t ist. Die Frequenz des Signals g fällt dann bis zum Scheitelpunkt dieser quadratischen Funktion und wächst anschließend wieder.
   Beispiel für korrekte Eingabe:

```
start 0;
stop = 2;
fallRiseFrequency(t) =
t-2;
```
◄

Didaktischer Kommentar

1. Ältere Lernende können sich, ggf. mit Unterstützung der Lehrkraft, den Begriff der momentanen (Kreis-)Frequenz als Ableitung des Phasenwinkels erarbeiten. Der Phasenwinkel (oder kurz die Phase) ist das zeitabhängige Argument des Sinus. Da der Ton $\sin(200 \cdot 2\pi t)$ eine Frequenz von 200 Hz hat, liegt die Vermutung nahe, dass die Schwingung

$$\sin(F(t) \cdot 200 \cdot 2\pi t)$$

eine zeitabhängige Frequenz von $F(t) \cdot 200$ Hz hat. Dass dem nicht so ist, erkennen die Lernenden am visuellen Feedback zu ihren Eingaben. Die Lernenden sollen sich

überlegen, warum das so ist. Als Denkanstoß kann eine Analogie zur momentanen Geschwindigkeit gezogen werden:

- Geschwindigkeit $\hat{=}$ Änderung/Ableitung des Ortes,
- Frequenz $\hat{=}$ Änderung/Ableitung der Phase.

Damit lässt sich die Lösung von Zusatzaufgabe B vollständig verstehen: Ist F eine lineare Funktion, so entspricht der Phasenwinkel einer quadratischen Funktion mit Scheitelpunkt t_{min}. Die momentane (Kreis-)Frequenz ist folglich eine Gerade mit Nullstelle t_{min}.

2. Im Rahmen der zwei Zusatzaufgaben bietet es sich an, die Amplitudenmodulation (AM) und Frequenzmodulation (FM) im allgemeinen Kontext zu thematisieren. Dies kann auch fächerübergreifend im Physikunterricht geschehen. Modulation ist ein gängiges Verfahren zur Übertragung von Nutzsignalen. Insbesondere ermöglicht es die hochfrequente Übertragung von niedrigfrequenten Nutzsignalen, wie beispielsweise Sprache oder Musik.
   Ein Beispiel, das allen Lernenden aus dem Alltag bekannt sein sollte, ist der Rundfunk. An diesem Beispiel kann die Funktionsweise der beiden Modulationsarten erarbeitet werden. Ausgehend von einem Nutzsignal und einem Träger, sollen die Lernenden überlegen, wie das Nutzsignal den Träger bei AM bzw. FM (qualitativ) verändert. Warum ist Modulation für den Rundfunk, wie wir ihn kennen, absolut notwendig (Stichworte: Koexistenz mehrerer Sender, Größe der Antennen)? Wie funktioniert eigentlich ein Radio? Einigen Lernenden erschließt sich möglicherweise das erste Mal, warum einige, meist lokale Radiosender Dezimalzahlen im Namen tragen.
   ◄

Fazit
Wir haben verschiedene akustische Signale (insb. Sinustöne) modelliert und durch gezielte Manipulation von Parametern (Amplitude und Frequenz) die physikalischen Eigenschaften (Lautstärke und Höhe) dieser Töne beeinflusst.

7.5.2 Arbeitsblatt 2: Die Fourier-Transformation am Beispiel von Dreiklängen

Shazam verwendet zur Erkennung von Songs **akustische Fingerabdrücke**. Zur Erstellung eines solchen Fingerabdrucks benutzt Shazam in erster Linie die **dominierenden Frequenzen** in einem Musikstück – das sind die Frequenzen der jeweils lautesten Teiltöne. Denn die zeitliche Abfolge dieser Frequenzen ist für jeden Song einzigartig und wird nicht durch die Lautstärke beeinflusst, mit der ein Stück abgespielt wird. Allerdings ist ein Song sehr viel komplexer als ein Sinuston, was die Bestimmung der enthaltenen Frequenzen durch einfaches Ablesen der Periodendauer unmöglich macht (vgl. dazu Abb. 7.3).

Es gibt jedoch ein Werkzeug, das es erlaubt, beliebig komplexe akustische Signale in einzelne Frequenzen zu zerlegen: die **Fourier-Transformation** (benannt nach Joseph Fourier, s. Abb. 7.6). Auch der von Shazam zur Erstellung des akustischen Fingerabdrucks genutzte Algorithmus bedient sich der Fourier-Transformation.

Ziel dieses Arbeitsblattes ist, den Lernenden erste Grundlagen der Fourier-Analyse zu vermitteln und die Funktionsweise der Fourier-Transformation zu veranschaulichen.

Die Einführung in die Fourier-Analyse geschieht in diesem Workshop mithilfe von Dreiklängen. Das gleichzeitige Erklingen unterschiedlicher Töne nennt man in der Musik Akkord. Als Dreiklang (engl. *triad*) wird ein dreitöniger Akkord bezeichnet, der aus bestimmten Intervallen besteht – in der Regel aus zwei übereinander geschichteten Terzen. Obwohl diese akustischen Signale auf den ersten Blick unspektakulär erscheinen mögen – sind sie doch nicht viel komplexer als ein Sinuston –, bilden sie die Grundlage der westlichen Musik (Rock, Pop, Klassik, Schlager, etc.). ◑ Sie können mathematisch durch die Addition dreier geeigneter Sinusschwingungen modelliert werden. Hier ist ein Beispiel:

$$S(t) = \sin(440 \cdot 2\pi \cdot t) + \sin(277 \cdot 2\pi \cdot t) + \sin(330 \cdot 2\pi \cdot t).$$
$$(7.5)$$

Wir beschränken uns in diesem Workshop auf Dur- und Molldreiklänge. Bei einem Durdreiklang liegen zwischen dem

Grundton (das ist der tiefste Ton in der Grundstellung eines Dreiklangs) und dem mittleren Ton vier Halbtöne, das ist eine große Terz; zwischen dem mittleren und dem oberen Ton liegen drei Halbtöne, also eine kleine Terz. Im Gegensatz dazu liegt beim Molldreiklang eine kleine Terz zwischen Grundton und mittlerem Ton und eine große Terz zwischen dem mittleren und dem oberen Ton. Tab. 7.2 zeigt, welche Dreiklänge sich nach diesem Prinzip über den zwölf Grundtönen der chromatischen Tonleiter (s. Tab. 7.1) bilden lassen. Die Frequenzen der einzelnen (eingestrichenen) Töne können in Tab. 7.1 abgelesen werden. Die angegebenen Werte sind gerundet und setzen eine gleichstufige Stimmung voraus, das bedeutet, die Frequenzen zweier aufeinanderfolgender Töne unterscheiden sich um den Faktor $\sqrt[12]{2} \approx 1.059$.

Gl. 7.5 beschreibt folglich einen A-Dur Dreiklang.

Didaktischer Kommentar

1. In Tab. 7.2 sind alle Dreiklänge aufgeführt, die sich nach den beschriebenen Regeln theoretisch über den Tönen einer Klaviatur (in der gleichstufigen Stimmung über eine Oktave) bilden lassen. In der Musik betrachtet man in der Regel bestimmte Tonleitern, z. B. eine Dur-Tonleiter, und lässt innerhalb der Dreiklänge nur solche Töne zu, die in dieser Tonleiter enthalten sind – sogenannte leitereigene Töne. Das führt dazu, dass deutlich weniger Dreiklänge gebildet werden können. Mit dem Tonvorrat der C-Durtonleiter lassen sich beispielsweise nur sieben Dreiklänge bilden (drei Durdreiklänge, drei Molldreiklänge und ein verminderter Dreiklang).

2. Zur Erarbeitung des musikalischen Hintergrundwissens und zur Vertiefung in das Thema bietet sich fächerübergreifender Unterricht mit dem Fach Musik an. Naheliegende Themen sind beispielsweise:

Abb. 7.6 Jean Baptiste Joseph Fourier (1768–1830) (https://de. wikipedia.org/wiki/Joseph Fourier)

Tab. 7.1 Frequenzen der eingestrichenen Töne (gleichstufige Stimmung)

Ton	Frequenz in Hz
c^1	262
cis^1/des^1	277
d^1	294
dis^1/es^1	311
e^1	330
f^1	349
fis^1/ges^1	370
g^1	392
gis^1/as^1	415
a^1	440
ais^1/b^1	466
h^1	494

Tab. 7.2 Dur- und Molldreiklänge über verschiedenen Grundtönen

Grundton	Durdreiklang		Molldreiklang	
	Name	Akkord	Name	Akkord
c	C-Dur	c–e–g	C-Moll	c–es–g
cis/des	Des-Dur	Des–f–as	Des-Moll	des–e–as
d	D-Dur	d–ges–a	D-Moll	d–f–a
dis /es	Es-Dur	es–g–b	Es-Moll	es–ges–b
e	E-Dur	e–as–h	E-Moll	e–g–h
f	F-Dur	f–a–c	F-Moll	f–as–c
fis/ges	Ges-Dur	ges–b–des	Ges-Moll	ges–a–des
g	G-Dur	g–h–d	G-Moll	g–b–d
gis/as	As-Dur	as–c–es	As-Moll	as–h–es
a	A-Dur	a–des–e	A-Moll	a–c–e
ais/b	B-Dur	b–d–f	B-Moll	b–des–f
h	H-Dur	h–es–ges	H-Moll	h–d–ges

- Grundstellung, erste und zweite Umkehrung eines Dreiklangs;
- Unterschiede zwischen den Tongeschlechtern (Dur und Moll);
- verminderter und übermäßiger Dreiklang;
- Vierklänge.

◄

Im Folgenden werden eigene Dreiklänge erstellt sowie die Frequenzen unbekannter Dreiklänge mithilfe der Fourier-Transformation analysiert.

Aufgabe 1 | Dreiklänge erstellen

Arbeitsauftrag
Implementiere zwei beliebige Dreiklänge aus Tab. 7.2. Definiere dazu S.1 und S.2 als Summe dreier geeigneter Sinustöne.

Lösung

❶ Die Lösung hat jeweils die Form

$$S(t) = \sin(f_1 \cdot 2\pi t) + \sin(f_2 \cdot 2\pi t) + \sin(f_3 \cdot 2\pi t).$$

Dabei müssen die Frequenzen f_1, f_2 und f_3 so gewählt werden, dass ein Dreiklang aus Tab. 7.2 entsteht. Beispiel für korrekte Eingabe:

```
S.1(t) = sin(262*2*pi*t)+
sin(330*2*pi*t)+sin(392*2*pi*t);
S.2(t) = sin(294*2*pi*t)+
sin(349*2*pi*t)+sin(440*2*pi*t);
```
◄

Aufgabe 2 | Dreiklänge erkennen

In Aufgabe 1 wurden Sinustöne zu Dreiklängen zusammengesetzt. Nun wird die umgekehrte Problemstellung betrachtet: Die in einem (unbekannten) Dreiklang enthaltenen Frequenzen sollen bestimmt werden.

Teil a

Zunächst bekommen die Lernenden dazu nur den Graphen (s. Abb. 7.7) und den Klang des Dreiklangs zur Verfügung gestellt.

Arbeitsauftrag
❶ Versuche nur anhand von Klang und Graph des Dreiklangs herauszufinden, welche drei Töne bzw. Frequenzen im Dreiklang enthalten sind. Notiere deine Vermutung auf einem Zettel.

Tipps

Stufe 1: Die Lernenden werden dazu aufgefordert, ihre Vorgehensweise bei der Bestimmung der Frequenz eines Tons (Aufgabe 1 a von Arbeitsblatt 1) auf den Dreiklang zu übertragen.
Stufe 2: Den Lernenden wird mitgeteilt, dass es überhaupt nicht schlimm ist, wenn sie keine (zufriedenstellende) Lösung finden. Sie sollen einfach ihre Vermutung notieren oder festhalten, dass sie die Frequenzen nicht ermitteln konnten. ◄

Didaktischer Kommentar

Die Lösung (H-Dur: 494, 311 und 370 Hz) erhalten die Lernenden erst in Teil b dieser Aufgabe. Hier geht es in

Abb. 7.7 Graph des
unbekannten Dreiklangs

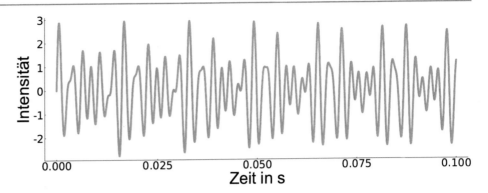

erster Linie darum, dass die Lernenden selbst erfahren, wie
schwierig die Zerlegung akustischer Signale ohne geeignete (mathematisch-technische) Hilfsmittel ist. ◄

Das richtige mathematische Werkzeug ist in diesem Fall die
Fourier-Transformation. Sie „zerlegt" ein akustisches Signal
in seine einzelnen Sinustöne und liefert die Frequenzen und
Amplituden dieser Töne.

Abb. 7.8 veranschaulicht die Funktionsweise der Fourier-
Transformation: Teil a zeigt das akustische Ausgangssignal.
Teil b zeigt die Zerlegung dieses Signals in einzelne Sinus-
schwingungen. Es ist gut zu erkennen, dass das akustische
Signal die Summe von vier Sinustönen unterschiedlicher Frequenzen und Amplituden ist. Trägt man die Amplitude jedes
Teiltons gegen seine Frequenz auf, erhält man das in c ab-
gebildete **Amplitudenspektrum**. Mit diesem kann leicht
bestimmt werden, welche Frequenzen zu welchem Anteil
in einem Signal enthalten sind. Wendet man die Fourier-
Transformation auf das Ausgangssignal in a an, so ist das
Ergebnis das Amplitudenspektrum in c. Ein weiteres Ergebnis
ist das Phasenspektrum, auf das im Rahmen dieses Workshops
aber nicht näher eingegangen wird. Insgesamt ermöglicht
die Fourier-Transformation also einen Wechsel vom Zeit- in
den Frequenzraum.

Da ein Dreiklang aus drei Tönen zusammengesetzt ist, enthält sein Amplitudenspektrum genau drei Peaks.

Teil b

Nun soll der unbekannte Dreiklang aus Teil a noch
einmal identifiziert werden – diesmal mithilfe der Fourier-
Transformation. Dazu werden für die Lernenden zwei
Abbildungen in Julia generiert. Die erste zeigt den schon
bekannten Graphen des Dreiklangs (s. Abb. 7.7). Die zweite
zeigt sein Amplitudenspektrum.

Didaktischer Kommentar

Die Schritte „Mathematisieren" und „mathematisch Arbeiten" aus dem Modellierungskreislauf (s. Abb. 1.2) sind hier
bereits geleistet worden, sodass die Lernenden sich auf das
Interpretieren konzentrieren können. Das hat zwei Gründe:

Zum einen soll durch eine gezielte Fokussierung auf einzelne Modellierungsschritte verhindert werden, dass (insb.
junge) Lernende überfordert werden. Zum anderen ist die
eigenständige Erstellung eines Amplitudenspektrums in
Julia nicht ganz einfach. Lernende, die weder Erfahrung
mit Julia noch im Bereich der Signalverarbeitung haben,
benötigen dazu eine gründliche Vorbereitung (ggf. mit Unterstützung durch die Lehrkraft). Das Erstellen von Fre-
quenzspektren kann aber durchaus als weiterführende Modellierungsaufgabe formuliert werden (s. Abschn. 7.6). ◄

Arbeitsauftrag

Nutze die Abbildungen, um herauszufinden, um welchen Dreiklang es sich handelt. Trage den Namen des
Dreiklangs für die Variable name ein. Dabei wird das
Tongeschlecht (Dur oder Moll) durch einen Bindestrich
vom Grundton getrennt; der Grundton wird groß geschrieben (vgl. Tab. 7.2).

Lösung

● Am Amplitudenspektrum liest man ab, dass der Dreiklang die Frequenzen 494, 311 und 370 Hz enthält. Es handelt sich daher laut Tab. 7.2 um einen H-Dur Dreiklang.
Die Eingabe lautet:

```
name = "H-Dur";
```
◄

Teil c

Hier soll ein weiterer Dreiklang unter Nutzung von Graph und
Amplitudenspektrum identifiziert werden.

Arbeitsauftrag

Gehe analog zu Teil b vor. Trage den Namen des Dreiklangs für die Variable name ein.

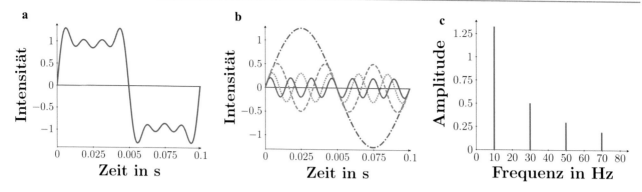

Abb. 7.8 **a** Ausgangssignal. **b** Zerlegung. **c** Amplitudenspektrum

---

Lösung

● Am Amplitudenspektrum liest man ab, dass der Dreiklang die Frequenzen 277, 330 und 415 Hz enthält. Es handelt sich daher laut Tab. 7.2 um einen Des-Moll Dreiklang. Die Eingabe lautet:

```
name = "Des-Moll";
```
◄

Teil d

Es folgt ein dritter Dreiklang.

Arbeitsauftrag

Gehe analog zu Teil b vor. Trage den Namen des Dreiklangs für die Variable name ein.

Lösung

● Am Amplitudenspektrum liest man ab, dass der Dreiklang die Frequenzen 392, 466 und 294 Hz enthält. Es handelt sich daher laut Tab. 7.2 um einen G-Moll Dreiklang. Die Eingabe lautet:

```
name = "G-Moll";
```
◄

Aufgabe 3 | Einen Dreiklang nachbilden

Analog zu Aufgabe 2 soll auch hier zunächst ein Dreiklang anhand zweier Abbildungen (Graph und Amplitudenspektrum) identifiziert werden. Anschließend soll der erkannte Dreiklang reproduziert werden. Dazu werden zunächst die drei einzelnen Sinustöne in beliebiger Reihenfolge separat implementiert. Dann wird aus diesen Tönen der Dreiklang gebildet. Ein akustischer und visueller Vergleich von Original und Reproduktion zeigt, ob die Lösung korrekt ist.

Arbeitsauftrag

Definiere zuerst die zeitabhängigen Variablen tone1, tone2 und tone3 jeweils durch einen der im Dreiklang enthaltenen Sinustöne. Definiere danach die Größe S.3 durch den Dreiklang selbst.

Lösung

◑ Am Amplitudenspektrum liest man ab, dass der Dreiklang die Frequenzen 349, 440 und 262 Hz enthält. Die einzelnen Töne sind daher:

```
tone1(t) = sin(349*2*pi*t);
tone2(t) = sin(440*2*pi*t);
tone3(t) = sin(262*2*pi*t);
```

Der Dreiklang ist ein F-Dur Dreiklang:

```
S.3(t) = tone1(t) + tone2(t) +
tone3(t);
```
◄

Es folgt eine Zusatzaufgaben, die nur von Lernenden bearbeitet werden kann, welche die (partielle) Integration beherrschen.

Zusatzaufgabe | Approximation der Sägezahnfunktion

Didaktischer Kommentar

In dieser Aufgabe führen die Lernenden die kontinuierliche Fourier-Transformation einmal selbst per Hand durch. Dadurch wird einerseits die Funktionsweise der Fourier-Transformation offengelegt (sie ist keine „Blackbox" mehr). Anderererseits wird deutlich, wieviel Arbeit uns die Verwendung von Computern erspart. Daher empfehlen wir ausdrücklich, diese Aufgabe von Lernenden, welche die notwendigen mathematischen Fähigkeiten besitzen, bearbeiten zu lassen. ◀

Fourier-Transformation per Hand
Mithilfe der Fourier-Transformation kann ein beliebiges periodisches Signal g als Summe von Sinus- und Kosinusschwingungen[4] dargestellt werden. ◑ Die Frequenzen dieser Schwingungen sind gerade die Frequenzen, die im Ausgangssignal g enthalten sind. In der Regel erhält man eine Summe mit unendlich vielen Summanden, also eine Reihe – die sogenannte **Fourier-Reihe**. Die Darstellung von g als Fourier-Reihe hat folgende Gestalt:

$$g(t) = \frac{a_0}{2} + \sum_{n=1}^{\infty}(a_n\cos(n\omega_0 t) + b_n\sin(n\omega_0 t)),$$

wobei die Kreisfrequenz ω_0 durch

$$\omega_0 = \frac{2\pi}{T}$$

definiert ist und T die Periode der zu zerlegenden Funktion g ist. Das Summenzeichen $\sum_{n=1}^{\infty}$ summiert dabei die einzelnen Terme $(a_n\cos(n\omega_0 t) + b_n\sin(n\omega_0 t))$ auf, wobei n alle Indizes von 1 bis ∞ durchläuft. Es kann durchaus vorkommen, dass nur endlich viele der Koeffizienten a_n, b_n ungleich 0 sind. Nur in diesem Fall ist die Fourier-Reihe eine **endliche** Summe.

Die **Fourier-Koeffizienten** a_0, a_n und b_n (für $n \in \mathbb{N}$) hängen natürlich von der Funktion g ab. Sie lassen sich mittels Integration gemäß der Gleichungen

$$a_0 = \frac{2}{T}\int_{-\frac{T}{2}}^{\frac{T}{2}} g(t)\,\mathrm{d}t, \quad a_n = \frac{2}{T}\int_{-\frac{T}{2}}^{\frac{T}{2}} g(t)\cos(\omega_0 n t)\,\mathrm{d}t$$

und

$$b_n = \frac{2}{T}\int_{-\frac{T}{2}}^{\frac{T}{2}} g(t)\sin(\omega_0 n t)\,\mathrm{d}t$$

berechnen. Falls die zu untersuchende Funktion g symmetrisch ist, kann man auf folgende Regel zurückgreifen: Ist die Funktion **achsensymmetrisch**, d. h. $g(-t) = g(t)$, so sind alle Koeffizienten $b_n = 0$. Ist die Funktion **punktsymmetrisch**, d. h. $g(-t) = -g(t)$, so sind alle Koeffizienten $a_n = 0$.

Die Fourier-Transformation soll nun an einer konkreten Funktion, nämlich der Sägezahnfunktion, durchgeführt werden. Die Sägezahnfunktion g ist die 2π-periodische Fortsetzung, d. h. $g(t + 2\pi) = g(t)$ für alle $t \in \mathbb{R}$, der **Identität** auf dem Intervall $[-\pi, \pi)$, welche durch

$$\mathrm{id}_{[-\pi,\pi)} : [-\pi, \pi) \to \mathbb{R}, \ \mathrm{id}_{[-\pi,\pi)}(t) = t$$

gegeben ist. Die Sägezahnfunktion hat die in Abb. 7.9 dargestellte Gestalt.

Teil a

Arbeitsauftrag
Bestimme die Periode T der Sägezahnfunktion g sowie den Wert von ω_0 und trage deine Lösung zur Überprüfung im Code ein.

Lösung
◑ Die Periode der Sägezahnfunktion beträgt $T = 2\pi$ und damit ist $\omega_0 = \dfrac{2\pi}{T} = 1$.
  Beispiel für korrekte Eingabe:

```
T = 2*pi;
omega0 = 1;
```
◀

Teil b
Diese Aufgabe soll ausschließlich mit Stift und Papier (also ohne Computer-Unterstützung) gelöst werden.

Arbeitsauftrag
Berechne in Abhängigkeit von n die Fourier-Koeffizienten a_0, a_n und b_n, die in der Fourier-Reihe der Sägezahnfunktion g auftreten. Benutze dazu die oben angegebenen Integralgleichungen und die Tatsache, dass für $t \in [-\pi, \pi)$ gilt: $g(t) = t$.

Hinweis: Beachte die Symmetrie der Sägezahnfunktion!

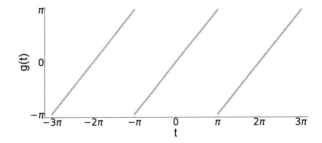

Abb. 7.9 Die Sägezahnfunktion

---

[4]Wegen $\cos(\alpha) = \sin(\pi/2 - \alpha)$ ist das kein Widerspruch zur Aussage, dass man Signale als Summen von Sinusschwingungen darstellen kann. Die Verwendung des Kosinus ist aber eleganter und auch üblich.

Lösung

● Da die Funktion punktsymmetrisch ist, gilt $a_n = 0$ für alle $n \in \mathbb{N}_0$.
Weiter gilt für $n \in \mathbb{N}$:

$$
\begin{aligned}
b_n &= \frac{1}{\pi} \int_{-\pi}^{\pi} t \cdot \sin(nt)\, dt \\
&= \frac{1}{\pi} \cdot \left(\left[-\frac{t}{n} \cdot \cos(nt) \right]_{-\pi}^{\pi} + \frac{1}{n} \cdot \int_{-\pi}^{\pi} \cos(nt)\, dt \right) \\
&= \frac{1}{\pi} \cdot \left(-\frac{\pi}{n} \cdot \cos(n\pi) - \frac{\pi}{n} \cdot \cos(-n\pi) + \frac{1}{n^2} \left[\sin(nt) \right]_{-\pi}^{\pi} \right) \\
&= -\frac{2}{n} \cdot \cos(n\pi) = (-1)^{n+1} \cdot \frac{2}{n}
\end{aligned}
$$

Die Lösung wird nicht sofort in Julia geprüft. Teil c baut jedoch auf dem Resultat von Teil b auf, sodass eine indirekte Überprüfung stattfindet. ◀

Tipps

Tipp 1: Falls die Lernenden Schwierigkeiten bei der Integration haben, werden sie an die Regeln der partiellen Integration erinnert. Außerdem wird die weitere Vorgehensweise skizziert. ◀

Tipp 2: Falls die Lernenden Schwierigkeiten bei der Auswertung des Kosinus haben, wir ihnen der Graph des Kosinus angezeigt. ◀

Teil c

Arbeitsauftrag
Berechne mithilfe der in Teil b gefundenen Formel für die Koeffizienten die Summe

$$
\frac{a_0}{2} + \sum_{n=1}^{5} (a_n \cos(n\omega_0 t) + b_n \sin(n\omega_0 t)),
$$

also den Anfang (bis $n = 5$) der Fourier-Reihe von g. Trage diese Summe für g_5 ein.

Lösung

● Der Anfang der Fourier-Reihe (bis $n = 5$) ergibt sich aus den in Teil b gefundenen Fourier-Koeffizienten:

$$
\begin{aligned}
f_5(t) &= \frac{a_0}{2} + \sum_{n=1}^{5} (a_n \cos(n\omega_0 t) + b_n \sin(n\omega_0 t)) \\
&= \sum_{n=1}^{5} (-1)^{n+1} \cdot \frac{2}{n} \sin(nt) \\
&= 2\sin(t) - \sin(2t) + \frac{2}{3}\sin(3t) - \frac{1}{2}\sin(4t) + \frac{2}{5}\sin(5t).
\end{aligned}
$$

Eine mögliche Eingabe lautet:

```
F(t) = 2*sin(t)-sin(2*t)+2/3*
sin(3*t)-1/2*sin(4*t)+
2/5*sin(5*t);
```
◀

Didaktischer Kommentar

Die Lösung dieser Zusatzaufgabe sollte unbedingt im Plenum besprochen und festgehalten werden. Unsere Erfahrungen zeigen, dass die Lernenden teilweise Schwierigkeiten beim Lösen der Aufgabe (insbesondere bei der Integration) haben und dementsprechend unterstützt werden müssen. ◀

Fazit

Wir haben mittels Fourier-Transformation erstellte Amplitudenspektren genutzt, um Dreiklänge zu identifizieren. In der Zusatzaufgabe haben wir ohne Computer-Unterstützung die in einem Signal enthaltenen Frequenzen und die zugehörigen Amplituden (in Form von Fourier-Koeffizienten) berechnet.

7.5.3 Arbeitsblatt 3: Modell zur Erkennung eines Musikstückes

Die Vorgehensweise von Shazam besteht darin, die Frequenzen der jeweils lautesten Teiltöne in einem aufgenommenen Songausschnitt mit den dominierenden Frequenzen von Songs in einer Datenbank zu vergleichen. Bei diesem Vergleich ist die zeitliche Abfolge der dominierenden Frequenzen entscheidend.

Um die zu einem bestimmten Zeitpunkt dominierende Frequenz zu bestimmen, unterteilt Shazam die Musikstücke in kleine Zeitintervalle und führt in jedem dieser Intervalle eine Fourier-Transformation durch. Auf diese Weise erhält man für jedes Zeitintervall ein Amplitudenspektrum. In diesen Amplitudenspektren sucht Shazam jeweils nach der Frequenz mit der maximalen Amplitude, also der Frequenz des lautesten Teiltons, und speichert diese Frequenz mit dem dazugehörigen Zeitpunkt ab. Es entsteht ein sogenanntes **Spektrogramm** (s. Abb. 7.10). Dieses Spektrogramm stellt die dominierenden Frequenzen im zeitlichen Verlauf dar. Es ist für jedes Musikstück einzigartig, genau wie der Fingerabdruck eines Menschen. Shazam vergleicht nun das kleine Spektrogramm der Aufnahme mit den Spektrogrammen in der Datenbank (s. Abb. 7.10).

Bei diesem Vergleich muss berücksichtigt werden, dass der Songausschnitt in der Regel kürzer ist als die vollständigen Stücke in der Datenbank und üblicherweise nicht zum Anfang eines Songs gehört, sondern zu einem Abschnitt mitten im Song. Daher vergleicht Shazam das Spektrogramm der Aufnahme nicht mit den kompletten Song-Spektrogrammen, sondern nur mit Ausschnitten dieser Spektrogramme. Diese Ausschnitte haben jeweils die gleiche Länge wie die Aufnahme selbst. Man kann sich den Prozess wie folgt vorstellen: Ein Fenster der Länge des Spektrogramms der Aufnahme gleitet über die Spektrogramme der verschiedenen Songs in der Datenbank, bis das im Fenster befindliche Teilspektrogramm mit dem Spektrogramm der Aufnahme übereinstimmt. Das beschriebene Vorgehen wird in Abb. 7.11 veranschaulicht.

Im dargestellten Beispiel wurde eine perfekte Übereinstimmung zwischen der kurzen Aufnahme und einem Mittelteil des Musikstücks gefunden. Bei diesem Musikstück handelt es sich also mit großer Wahrscheinlichkeit um den gesuchten Song (vgl. Abb. 7.11). Ein solcher Vergleich muss mit jedem gespeicherten Song in der Datenbank von Shazam geschehen, bis – im besten Fall – eine Übereinstimmung erzielt wird.

Aufgabe 1 | Den digitalen Fingerabdruck eines Songs erstellen

Eine effektive Implementation des oben beschriebenen Verfahrens ist für das reibungslose Funktionieren der Shazam-App essenziell. ☾ Da der von Shazam benutzte Algorithmus sehr kompliziert ist und Details der Programmierung ohnehin der Geheimhaltung unterliegen, werden wir hier eine vereinfachte Version (weniger Datenpunkte, gröbere Zeitauflösung, kürzere Songs, kleinere Datenbank, keine Datenfehler, etc.) betrachten, die dennoch einen guten Einblick in das grundlegende Konzept ermöglicht. Ausgangspunkt ist das in Abb. 7.10b dargestellte Spektrogramm, an dem wir beispielhaft eine Musikerkennung durchführen.

Ziel ist es, den zum Spektrogramm gehörenden Song in einer bereits programmierten Datenbank zu finden. Dazu muss zunächst der digitale Fingerabdruck des Songs erstellt werden. ☾ Dabei gehen wir in mehreren Schritten vor.

Schritt 1: Target Zones bilden

Um den Fingerabdruck der Aufnahme zu erstellen, teilt Shazam die Datenpunkte im Spektrogramm in Gruppen ein – die sogenannten **Target Zones**. Eine Target Zone besteht in unserem Fall aus jeweils **fünf** zeitlich aufeinander folgenden Datenpunkten, wobei sich zwei benachbarte Target Zones immer genau **zwei** Datenpunkte teilen. Zur Vorbereitung des Fingerabdrucks sollen die Lernenden das Spektrogramm ausdrucken und gemäß der folgenden Aufgaben bearbeiten.

Teil a

Arbeitsauftrag
Nummeriere die Datenpunkte im Spektrogramm nach der Zeit durch.

Lösung

Die Lösung ist in Abb. 7.12 zu sehen. Sie wird in Julia nicht überprüft. ◄

Teil b

Arbeitsauftrag
Zeichne die Target Zones wie oben beschrieben in dein Spektrogramm ein. Gebe danach die Anzahl der Target Zones im Code unter `numberTargetZones` an.

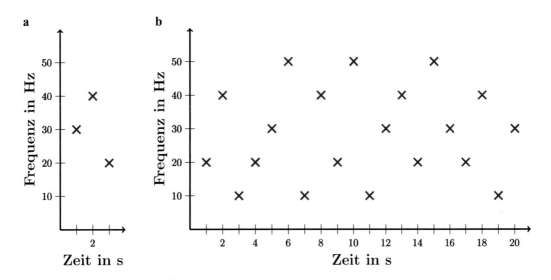

Abb. 7.10 **a** Das Spektrogramm einer kurzen Aufnahme. **b** Spektrogramm des zugehörigen kompletten Musikstücks

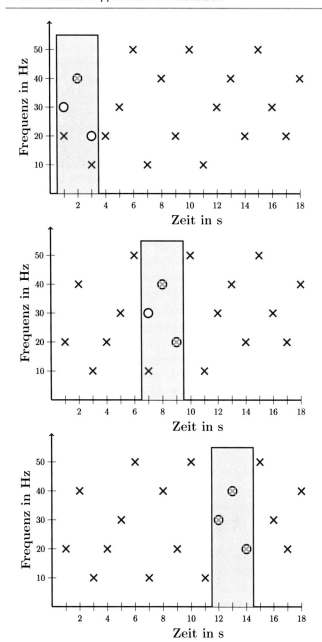

Abb. 7.11 Schematische Darstellung des Suchvorgangs in der Datenbank

Die Lösung ist in Abb. 7.12 zu sehen. Es gibt folglich 6 Target Zones.

Beispiel für korrekte Eingabe:

```
numberTargetZones =  6;
```
◄

Teil c

Jede Target Zone braucht einen Referenzpunkt, den sogenannten **Anchor Point**. Der Anchor Point ist der **erste Datenpunkt** in einer Target Zone.

Arbeitsauftrag

Umkreise alle Anchor Points in deinem Spektrogramm. Bestimme die Zeitpunkte der einzelnen Anchor Points (x-Koordinate im Spektrogramm). Gebe die Menge dieser Zeitpunkte (in Sekunden) unter der Variablen `times_AnchorPoints` im Code an. Dabei werden die einzelnen Zeitpunkte durch Kommas getrennt.

Lösung

❶ Die Lösung ist in Abb. 7.12 zu sehen. Die Anchor Points gehören zu den Zeitpunkten 1, 4, 7, 10, 13 und 16 s. Beispiel für korrekte Eingabe:

```
times_AnchorPoints = Set([1,4,7,10,
13,16]);
```
◄

Didaktischer Kommentar

Bei diesem Bearbeitungsschritt treten häufig Fehler auf, da die Lernenden die Anleitung zur Erstellung der Target Zones nicht gründlich durchlesen. Als Folge haben zwei benachbarte Target Zones oft keine gemeinsamen Punkte. Das Feedback bei Teil b soll den Lernenden ermöglichen, sich selbstständig zu korrigieren. ◄

Schritt 2: Adresse speichern

Shazam ordnet jedem Datenpunkt im Spektrogramm eine sogenannte **Adresse** zu und speichert diese ab. Die Liste der einzelnen Adressen bildet dann den akustischen Fingerabdruck. Die Adresse eines Datenpunktes besteht dabei aus den folgenden drei Daten:

1. Der Frequenz des Anchor Points, in dessen Target Zone sich der Datenpunkt befindet.
2. Der Frequenz des Datenpunktes selbst.
3. Der Zeitdifferenz zwischen Anchor Point und Datenpunkt.

→ **Adresse: (Frequenz Anchor Point, Frequenz Datenpunkt, Zeitdifferenz)**

Abb. 7.12 Einteilung des
Spektrogramms in sechs Target
Zones inklusive hervorgehobener
Anchor Points

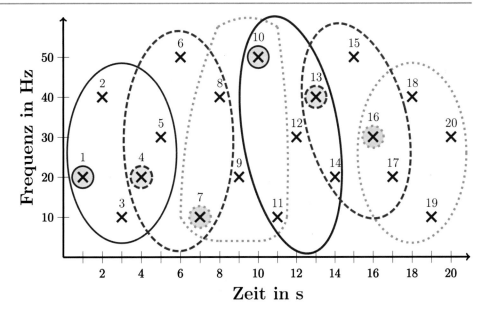

Dabei ist zu beachten, dass es Punkte gibt, die mehr als eine Adresse (nämlich genau zwei Adressen) haben. Das sind gerade die Punkte, die im Schnitt zweier benachbarter Target Zones liegen. Denn jede Target Zone liefert einen anderen Anchor Point als Referenzpunkt, der die Adresse beeinflusst. Folglich ist jede Adresse immer bezüglich einer bestimmten Target Zone. Jede Target Zone umfasst genau fünf Adressen.

Jetzt soll der digitale Fingerabdruck unseres Spektrogramms erstellt werden. Das Gerüst des dazu benötigten Codes liegt bereits vor. Es enthält die Adressen aller Datenpunkte. Einige dieser Adressen sind jedoch noch unvollständig und müssen um die fehlenden Daten ergänzt werden.

> **Arbeitsauftrag**
> Vervollständige alle Adressen, indem du die korrekten Daten einträgst. Beim Ausführen des Codes wird der Fingerabdruck erstellt und als Variable `fingerprint` gespeichert.

Lösung

◗ Wir geben nur die Adressen an, bei denen mindestens ein Datum fehlt.

```
# --- Zweite Target Zone --- # #
Datenpunkt 6: anchorFreq_2 = 20;
pointFreq_6 = 50;
T_delta_6 = 2;


# --- Dritte Target Zone --- # #
Datenpunkt 10: anchorFreq_3 = 10;
pointFreq_10 = 50;
T_delta_10 = 3;


# Datenpunkt 11: anchorFreq_3 =
10; pointFreq_11 = 10;
T_delta_11 = 4;


# --- Sechste Target Zone --- # #
Datenpunkt 16: anchorFreq_6 =
30; pointFreq_16_2 =
30; T_delta_16_2 =
0;


# Datenpunkt 17: anchorFreq_6 =
30; pointFreq_17_2 =
20; T_delta_17_2 =
1;


# Datenpunkt 18: anchorFreq_6 =
30; pointFreq_18 =
40; T_delta_18 = 2;
```

```
# --- Vierte Target Zone --- # #
Datenpunkt 11: anchorFreq_4 = 50;
pointFreq_11_2 = 10;
T_delta_11_2 = 1;

# Datenpunkt 14: anchorFreq_4 =
50; pointFreq_14 = 20;
T_delta_14 = 4;
  # Datenpunkt 19:
anchorFreq_6 = 30;
pointFreq_19 = 10;
T_delta_19 = 3;

# Datenpunkt 20: anchorFreq_6 =
30; pointFreq_20 =
30; T_delta_20 =
4;
◄
```

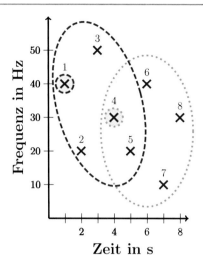

Abb. 7.13 ▲ Spektrogramm einer Aufnahme mit zwei Target Zones

Aufgabe 2 | Die Datenbank durchsuchen
Mit dem in Aufgabe 1 erstellten Fingerabdruck `fingerprint` wird nun die Datenbank nach unserem Songausschnitt durchsucht. Die Ausgabe gibt an, welcher Song zu unserem Songausschnitt passt.

Arbeitsauftrag
Durchsuche die Datenbank nach dem in Schritt 2 von Aufgabe 1 erstellten Fingerabdruck `fingerprint`.

Lösung

Eingabe:
`Shazam.searchDatabase(fingerprint); ◄`

Didaktischer Kommentar

● Die Datenbanksuche liefert zwei Songs, die zu 100 % mit unserem Ausschnitt übereinstimmen. Dieses Ergebnis ist unbefriedigend, da der Algorithmus nicht in der Lage ist, den zugrundeliegenden Song eindeutig zu identifizieren. In der Praxis kann dies dazu führen, dass die App den falschen Song anzeigt. Die Lernenden sollen den Schluss ziehen, dass das Modell einer Verbesserung bedarf. Es sollen verschiedene Ideen für eine solche Verbesserung gesammelt und diskutiert werden. ◄

Fazit
Wir haben den akustischen Fingerabdruck unseres Songausschnittes erstellt und die Datenbank nach diesem Fingerabdruck durchsucht. Unglücklicherweise war das Ergebnis dieser Suche nicht eindeutig. Das Modell muss verbessert werden.

7.5.4   Arbeitsblatt 4: Verbesserung des Modells

Didaktischer Kommentar

Arbeitsblatt 4 beginnt mit einem Zwischenvortrag, der von der Lehrkraft gehalten werden sollte[5]. Dieser Vortrag fasst zunächst das bisherige Vorgehen und das daraus resultierende Ergebnis (**keine** eindeutige Zuordnung des Fingerabdrucks möglich) zusammen. Anschließend werden mögliche Modellverbesserungen genannt. Ausführlich wird auf die Berücksichtigung der zeitlichen Abfolge der Datenpunkte eingegangen, da diese im Rahmen des Arbeitsblattes ins Modell eingebaut wird. Auch wenn diese Verbesserung bereits in der Diskussion mit den Lernenden zur Sprache kam, sollte der Zwischenvortrag gehalten werden. Auf diese Weise wird sichergestellt, dass alle Lernenden die notwendigen Vorkenntnisse zur Bearbeitung der nachfolgenden Aufgaben besitzen.

In Abb. 7.13 sieht man das Spektrogramm einer kurzen Aufnahme inklusive der zugehörigen Target Zones. Abb. 7.14 zeigt die Spektrogramme zweier unterschiedlicher Songs (Song A und Song B), welche jeweils dieselben zwei Target Zones enthalten wie die kurze Aufnahme. Auf Basis unseres bisherigen Modells stimmen beide Songs zu 100 % mit der Aufnahme überein, obwohl ersichtlich ist, dass die Datenpunkte in Song B in der falschen Reihenfolge vorliegen. Um Song B ausschließen zu können, muss die zeitliche Abfolge der Datenpunkte berücksichtigt (d. h. ins Modell aufgenommen) werden.

Für jede Adresse, die sowohl im Fingerabdruck der Aufnahme als auch im Fingerabdruck des Songs vorkommt,

---

[5]Wir haben Präsentationsfolien für diesen Vortrag entwickelt, die auf dem Server zur Verfügung stehen.

muss die Differenz zwischen den Zeitpunkten berechnet werden, die in der Aufnahme bzw. im Song zu dieser Adresse gehören. Da in jeder Adressen bereits der Abstand zum zugehörigen Anchor Point hinterlegt ist, genügt es, die **Zeitdifferenzen (Aufnahme vs. Song) der Anchor Points** zu betrachten – dabei gehen keine Informationen verloren. Folglich müssen wir unser Modell um die Zeitpunkte der Anchor Points erweitern.

Wenn die Zeitdifferenzen für alle Adressen (bzw. die zugehörigen Anchor Points) in etwa gleich sind, dann stimmt die zeitliche Abfolge der Datenpunkte in Aufnahme und Song überein und der Song gehört zur Aufnahme. Weichen die Zeitdifferenzen stark voneinander ab, so kann der Song ausgeschlossen werden.

In Abb. 7.15a und b wird für zwei Songs gezeigt, wie eine realistische Verteilung der Zeitdifferenzen qualitativ aussehen kann. Im linken Histogramm (Abb. 7.15a) ist bei einer Zeitdifferenz ein deutlicher Peak zu erkennen. Das heißt, viele Zeitdifferenzen sind gleich oder weichen nur wenig voneinander ab. Das rechte Histogramm (Abb. 7.15b) zeigt im Gegensatz dazu eine breite Verteilung der Zeitdifferenzen. Das bedeutet, viele verschiedene Zeitdifferenzen kommen in etwa gleich häufig vor. Dementsprechend ist die Wahrscheinlichkeit groß, dass die Aufnahme von dem Song stammt, der zum linken Histogramm gehört. ◄

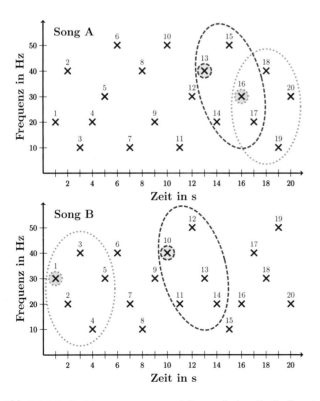

Abb. 7.14 ▶ Spektrogramme von zwei Songs, die jeweils die Target Zones aus Abb. 7.13 enthalten

● Am Ende von Arbeitsblatt 3 wurden zwei Musikstücke gefunden, die auf Basis unseres bisherigen Modells zum erstellten Fingerabdruck passen. Ein solches mehrdeutiges Ergebnis deutet darauf hin, dass das Modell noch nicht präzise genug ist. Ziel dieses Arbeitsblattes ist es, aufbauend auf der Idee des Vortrags, das Modell so zu erweitern, dass die beiden fraglichen Songs unterschieden werden können.

Da die Aufnahme in der Regel nur ein kurzer Ausschnitt eines Songs ist, stimmen die Zeitachsen von Aufnahme und Song nicht überein. Sie sind um eine bestimmte Zeitdifferenz gegeneinander verschoben: Bei den Songs in der Datenbank markiert der Zeitpunkt $t_S = 0\,\text{s}$ immer den Anfang eines Songs. Die Aufnahme kann aber zu einem beliebigen Zeitpunkt im Song gestartet werden. Startet man beispielsweise eine 10 sekündige Aufnahme 40 s nach Beginn eines Songs, so gehört im Spektrogramm des Songs der Abschnitt von $t_S = 40\,\text{s}$ bis $t_S = 50\,\text{s}$ zur Aufnahme. In der Aufnahme selbst startet der gleiche Abschnitt jedoch bei $t_A = 0\,\text{s}$ und endet bei $t_A = 10\,\text{s}$. Die Zeitdifferenz ist in diesem Fall also $\Delta t = t_S - t_A = 40\,\text{s}$.

Um aus den zwei fraglichen Songs den Richtigen zu identifizieren, muss die Verschiebung der Zeitachsen ins Modell aufgenommen werden. Beim Song, der zur Aufnahme gehört, ist **die zeitliche Differenz zwischen einer Adresse in der Aufnahme und ihrem Pendant im kompletten Song für alle Adressen gleich**. Diese Tatsache nutzen wir zur Verbesserung des Modells. Zur Berechnung der Zeitdifferenz vergleichen wir für jede Adresse unserer Aufnahme den Zeitpunkt ihres Anchor Points mit dem Zeitpunkt des Anchor Points, der für dieselbe Adresse im jeweiligen Song gespeichert ist – so geht auch Shazam vor. Da die Adressen selbst bereits ihren Abstand zum Anchor Point enthalten, geht bei diesem Vorgehen keine Information verloren. Es reicht daher aus, das Modell um die Zeitpunkte der Anchor Points (und nicht um die Zeitpunkte aller Adressen) zu erweitern.

Aufgabe 1 | Zeitdifferenzen in Song05 untersuchen
Tab. 7.3 enthält in der zweiten Spalte alle Adressen, die mithilfe von Arbeitsblatt 3 erstellt wurden – also den Fingerabdruck unserer Aufnahme. Die Adressen sind nach Target Zones sortiert (erste Spalte). Innerhalb jeder Target Zone sind die Adressen chronologisch angeordnet, das heißt, ihre Reihenfolge entspricht der zeitlichen Abfolge im Spektrogramm.

Dieselben Adressen sind auch im Fingerabdruck von Song05 zu finden. Daher wurde Song05 als möglicher Kandidat vorgeschlagen. Die dritte Spalte gibt den Zeitpunkt des zur jeweiligen Adresse gehörenden Anchor Points im Song05 an. Die letzten beiden Spalten müssen noch ergänzt werden. Dazu sollen die Lernenden Tab. 7.3 ausdrucken.

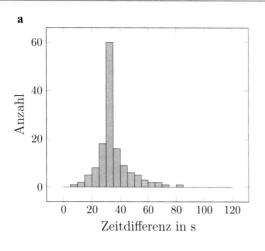
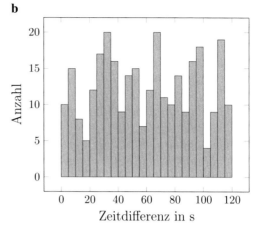

Abb. 7.15 **a** Histogramm der berechneten Zeitdifferenzen des korrekten Songs. **b** Histogramm der berechneten Zeitdifferenzen des korrekten Songs

Teil a

In die vierte Spalte gehört der Zeitpunkt, des zur Adresse gehörenden Anchor Points in unserer Aufnahme.

> **Arbeitsauftrag**
> Trage diesen Zeitpunkt für jede Adresse in die Tabelle ein. Digitalisiere anschließend die vierte Spalte der Tabelle unter dem Namen column4, indem du deren einzelnen Einträge auflistest und jeweils durch Semikolons trennst.

Lösung

◗ Zum Lösen dieser Aufgabe kann das bearbeitete Spektrogramm (s. Abb. 7.12) verwendet werden. Alternativ kann man sich den Code von Aufgabe 1 (Schritt 2) auf Arbeitsblatt 3 genauer ansehen – dort sind die gesuchten Zeitpunkte angegeben. Bei der Syntax können sich die Lernenden an der Variablen column3 orientieren, die der dritten Spalte der Tabelle entspricht und bereits implementiert ist.

Eine mögliche Eingabe lautet:

```
# Definition von Spalte 4 column4 =
[1; 1; 1; 1; 1; 4; 4; 4;
4; 4; 7; 7; 7; 7; 7; 10;
 10; 10; 10; 10; 13; 13; 13;
13; 13; 16; 16; 16; 16; 16];
```
◀

Teil b

In der fünfte Spalte steht die Zeitdifferenz der Anchor Points:

$$\Delta t = (\text{Zeitpunkt Anchor Point in Song05}) -$$
$$(\text{Zeitpunkt Anchor Point in der Aufnahme}).$$

Spalte 5 soll mithilfe von Julia ausgefüllt werden.

> **Arbeitsauftrag**
> Berechne die fünfte Spalte column5 von Tab. 7.3 mithilfe der bereits implementierten Spalten column3 und column4.

Lösung

◗ Die fünfte Spalte ist (in jeder Zeile) die Differenz der dritten und vierten Spalte. Folglich kann man zur Berechnung eine einfache Subtraktion von Spaltenvektoren durchführen.

Einen mögliche Eingabe lautet:

```
# Berechnung von Spalte 5 mithilfe
von column3 und column4 column5 =
column3 - column4;
```
◀

Tipp

Bei Schwierigkeiten wird den Lerneden mitgeteilt, dass man zwei Spalten gleicher Länge addieren oder subtrahieren kann. Dabei wird die Rechenoperation jeweils zei-

Tab. 7.3 Tabelle zu Song05

Target Zone	Adresse	Zeitpunkt Anchor Point in Song05	Zeitpunkt Anchor Point in der Aufnahme	Zeitdifferenz Δt
1	(20, 20, 0)	22		
1	(20, 40, 1)	22		
1	(20, 10, 2)	22		
1	(20, 20, 3)	49		
1	(20, 30, 4)	49		
2	(20, 20, 0)	34		
2	(20, 30, 1)	34		
2	(20, 50, 2)	34		
2	(20, 10, 3)	85		
2	(20, 40, 4)	49		
3	(10, 10, 0)	58		
3	(10, 40, 1)	58		
3	(10, 20, 2)	58		
3	(10, 50, 3)	58		
3	(10, 10, 4)	58		
4	(50, 50, 0)	19		
4	(50, 10, 1)	19		
4	(50, 30, 2)	19		
4	(50, 40, 3)	67		
4	(50, 20, 4)	67		
5	(40, 40, 0)	82		
5	(40, 20, 1)	82		
5	(40, 50, 2)	52		
5	(40, 30, 3)	70		
5	(40, 20, 4)	70		
6	(30, 30, 0)	25		
6	(30, 20, 1)	25		
6	(30, 40, 2)	25		
6	(30, 10, 3)	40		
6	(30, 30, 4)	40		

lenweise durchgeführt, sodass das Ergebnis wieder eine Spalte entsprechender Länge ist. ◄

Didaktischer Kommentar

Obwohl es in dieser Aufgabe um die Implementation und Verwendung von Vektoren geht, taucht das Wort „Vektor" auf dem Arbeitsmaterial für die Lernenden nicht auf. Das liegt daran, dass der Workshop sich auch an Jahrgangsstufen richtet, die Vektoren noch nicht im Unterricht behandelt haben. ◄

Aufgabe 2 | Zeitdifferenzen in Song02 untersuchen

Tab. 7.4 ist das Pendant zu Tab. 7.3; sie bezieht sich jedoch auf Song02. Auch diese Tabelle soll analog zu Aufgabe 1 vervollständigt werden.

Teil a

Arbeitsauftrag

Trage den Zeitpunkt, der in deiner Aufnahmen zum Anchor Point der jeweiligen Adresse gehört, in Spalte 4 ein. Digitalisiere anschließend die vierte Spalte von Tab. 7.4 unter dem Namen `column4`.

Lösung

❍ Die Lösung ist identisch zur Lösung von Aufgabe 1a:

```
# Definition von Spalte 4 column4 =
[1; 1; 1; 1; 1; 4; 4; 4;
4; 4; 7; 7; 7; 7; 7; 10;
```

Tab. 7.4 Tabelle zu Song02

Target Zone	Adresse	Zeitpunkt Anchor Point in Song02	Zeitpunkt Anchor Point in der Aufnahme	Zeitdifferenz Δt
1	(20, 20, 0)	52		
1	(20, 40, 1)	52		
1	(20, 10, 2)	52		
1	(20, 20, 3)	52		
1	(20, 30, 4)	52		
2	(20, 20, 0)	55		
2	(20, 30, 1)	55		
2	(20, 50, 2)	55		
2	(20, 10, 3)	55		
2	(20, 40, 4)	55		
3	(10, 10, 0)	58		
3	(10, 40, 1)	58		
3	(10, 20, 2)	58		
3	(10, 50, 3)	58		
3	(10, 10, 4)	58		
4	(50, 50, 0)	61		
4	(50, 10, 1)	61		
4	(50, 30, 2)	61		
4	(50, 40, 3)	61		
4	(50, 20, 4)	61		
5	(40, 40, 0)	64		
5	(40, 20, 1)	64		
5	(40, 50, 2)	64		
5	(40, 30, 3)	64		
5	(40, 20, 4)	64		
6	(30, 30, 0)	67		
6	(30, 20, 1)	67		
6	(30, 40, 2)	67		
6	(30, 10, 3)	67		
6	(30, 30, 4)	67		

```
  10; 10; 10; 10; 13; 13; 13; 13;
 13; 16; 16; 16; 16; 16];
```
◀

Teil b

Mithilfe von Julia soll wieder die fünfte Spalte berechnet werden. Dazu muss zunächst Spalte 3 eingepflegt werden.

Arbeitsauftrag

Digitalisiere zuerst die dritte Spalte von Tab. 7.4 unter dem Namen column3. Berechne anschließend die fünfte Spalte column5 mithilfe der zwei Varaiblen column3 und column4.

Lösung

❷ Hier müssen zuerst die Daten aus Spalte 3 übertragen werden. Dann geht man wie in Aufgabe 1 vor:

```
# Definition von Spalte 3 column3 =
[52; 52; 52; 52; 52; 55;
55; 55; 55; 55; 58; 58;
 58; 58; 58; 61; 61; 61; 61; 61; 64;
64; 64; 64; 64; 67; 67;
 67; 67; 67];

# Berechnung von Spalte 5 mithilfe von
column3 und column4 column5 =
column3 - column4;
```
◀

Aufgabe 3 | Den richtigen Song bestimmen
Zu welchem Song gehört die Aufnahme nun, zu Song02 oder
Song05?

Arbeitsauftrag
Gib unter `songNumber` die Nummer (2 oder 5) des
Songs ein, von dem unsere Aufnahme stammt.

Lösung

● Die fünfte Spalte von Tab. 7.3 (Song05) enthält un-
terschiedliche Zahlen. In der fünften Spalte von Tab. 7.4
(Song02) steht immer dieselbe Zahl. Das bedeutet, dass al-
le Adressen der Aufnahme jeweils den gleichen zeitlichen
Abstand zu ihrem Pendant in Song02 haben. Bei Song05
ist dies nicht der Fall. Folglich gehört die Aufnahme zu
Song02.
Eingabe:

```
songNumber = 2;
```

Fazit
Wir haben das Modell um die Zeitpunkte der Anchor Points
erweitert. Durch Berücksichtigung der Zeitverschiebung zwischen Aufnahme und Song haben wir den richtigen Song
(Song02) in der Datenbank gefunden.

7.6 Ausblick und Vorschläge für weiterführende Modellierungsaufgaben

Dieser Workshop bietet die Möglichkeit sich durch offene
Modellierungsaufgaben in verschiedene Richtungen zu vertiefen. Drei Möglichkeiten werden hier vorgeschlagen. Alle
Vorschläge verlangen Unterstützung und Vorbereitung durch
die Lehrkraft, die sich ggf. in Julia und den jeweiligen Themenkomplex einarbeiten muss:

• Ein großer Themenkomplex, auf den dieser Workshop
nicht näher eingeht, sind Datenbanken bzw. das Daten-
bankmanagement: Die Lernenden können Ideen sammeln,
wie eine Datenbank (ganz allgemein ohne direkten Bezug
zu Shazam) modelliert werden kann. Anschließend kann
recherchiert werden, welche gängigen Datenbankmodelle
in Wirtschaft und Wissenschaft verwendet werden. Basierend auf einem spezifischen Modell kann – zunächst rein
theoretisch – überlegt werden, wie ein effizienter Algorithmus zum Durchsuchen der Datenbank aussehen kann.

Anschließend können in Julia verschiedene Algorithmen
implementiert sowie mithilfe einer kleinen Datenbank getestet und verglichen werden.
Speziell in Hinblick auf Shazam kann überlegt werden,
in welcher Reihenfolge die Datenbank sinnvollerweise
durchsucht werden sollte. Dabei können verschiedene Kriterien diskutiert werden; beispielsweise die Aktualität eines Songs oder die Anzahl der Abfragen eines Songs
(Popularität). Auch Kombinationen solcher Kriterien sind
denkbar.

• Die Lernenden können eigenständig das Spektrogramm
eines Songs erstellen. Dazu müssen zunächst einige Überlegungen und Recherchen im Bereich Signalverarbeitung
angestellt werden: Um das Spektrogramm zu erstellen, teilt
Shazam das Musikstück in Zeitintervalle ein. Dazu wird
der Song mit sogenannten Fensterfunktionen multipliziert
(Windowing). Es stehen verschiedene Fensterfunktionen
zur Auswahl, beispielsweise die Rechteckfunktion oder
das Hemming Window. Lernende können durch Implementation und Anwenden der Fenster in Julia herausfinden, welche Vor- und Nachteile verschiedene Fensterfunktionen mit sich bringen (Stichwort: Leck-Effect). Es kann
außerdem getestet werden, wie sich verschiedene Parameter (Länge der Fenster, Überlappung der Fenster, etc.) auf
das Spektrogramm auswirken.
Auf der anderen Seite muss recherchiert werden, mit welchen Julia-Tools eine Fourier-Transformation durchgeführt werden kann und wie das Ergebnis, also das berechnete Frequenzspektrum, zu interpretieren ist (Stichwort:
Zuordnung von Frequenzen). Generell kann man in diesem
Zusammenhang Herausforderungen thematisieren, mit denen man bei der digitalen Signalverarbeitung konfrontiert
wird. Es können bekannte Bewältigungsstrategien (bspw.
Zero-Padding) vorgestellt und getestet werden.

• Die Lernenden können Verfahren zur Rauschunter-
drückung bei gemessenen Audiosignalen entwickeln und
implementieren: In der Regel geschieht die Verbesserung
des Signal-Rausch-Verhältnisses durch die Anwendung geeigneter (Frequenz-)Filter (Hochpass, Tiefpass,
Bandpass), die in vielen Programmiersprachen zur
Verfügung stehen. Welcher Filter mit welchen Parametern
(Grenzfrequenz, Ordnung) konkret verwendet wird, hängt
von der spezifischen Anwendung ab. Die Lernenden
sollen überlegen, welche Frequenzen überwiegend im
Rauschen enthalten sind. Diese Frequenzen können dann
mit dem Frequenzbereich verglichen werden, in dem das
Nutzsignal (also das Musikstück) größtenteils „lebt".
Anschließend kann der Filter entsprechend entworfen
werden. Das Ergebnis der Filterung kann mit dem
Ausgangssignal akustisch und visuell verglichen werden.
War die Filterung erfolgreich?

Danksagung Allen an der Entwicklung dieses Workshops beteiligten Personen sei an dieser Stelle herzlich gedankt. Ein besonderer Dank gilt Janna Tinnes, die im Rahmen eines Projekts in ihrem Studium den dem Workshop zugrunde liegenden Code programmiert hat. Zudem danken die Autoren Nils Steffen, der den Workshop im Rahmen seiner Bachelorarbeit entwickelt hat. Des Weiteren wird Kaja Nobel und Lars Alsbach für die Unterstützung bei der technischen Umsetzung gedankt. Zuletzt gilt Steffen Schotthöfer ein Dank für das kritische und konstruktive Korrekturlesen des Kapitels.

Literatur

Copper, T. (o. D.). How Shazam works. https://medium.com/@treycoopermusic/how-shazam-works-d97135fb4582. Zugegriffen: 29. Okt. 2020.

Kataoka, R. A. (o .D.). A little about how Shazam works. https://medium.com/neuronio/a-little-about-how-shazam-works-8b64caa5b6f. Zugegriffen: 29. Okt. 2020.

Pearson, J. A. (o. D.). Shazam announces faster recognition time, in-app search, and over 2 billion followers. http://news.shazam.com/pressreleases/shazam-announces-faster-recognition-time-in-app-search-and-over-2-billion-followers-1264334; Zugegriffen: 13. Juni 2016.

Shazam Entertainment. (2020). Shazam-company information. http://www.shazam.com/de/company. Zugegriffen: 29. Okt. 2020.

Smith, C. (2020). 23 Shazam facts and statistics | By the numbers. https://expandedramblings.com/index.php/shazam-statistics/. Zugegriffen: 29. Okt. 2020.

Steffen, N. (2016). Didaktisch-methodische Ausarbeitung eines Lernmoduls zum Thema Shazam im Rahmen eines mathematischen Modellierungstages für Schülerinnen (Bachelorarbeit, RWTH Aachen). https://blog.rwth-aachen.de/cammp/files/2016/10/thesis-shazam.pdf.

Wikipedia contributors. (o. D.). Shazam (application). https://en.wikipedia.org/wiki/Shazam_(application). Zugegriffen: 28. Sept. 2020.

A.1 Typische Fehler bei Eingaben im Code

Ein Großteil der Fehler, die in Tab. A.1 aufgelistet werden, betrifft alle Workshops gleichermaßen. Während der Durchführung eines Workshops können Lehrende diese Tabelle nutzen, um Ursachen von Fehlermeldungen leichter zu identifizieren. Zu diesem Zweck steht die Tabelle auch Lernenden auf der Workshop-Plattform zur Verfügung (s. Abb. 2.2 in Abschn. 2.3.1).

A.2 Einführung in die Programmiersprache `Julia`

Auf der Workshop-Plattform liegt neben den regulären CAMMP-Workshops ein weiterer Ordner mit einer interaktiven Einführung in die Programmiersprache `Julia` bereit. Diese bietet den Lehrenden die Möglichkeit, sich mit der Syntax von `Julia` vertraut zu machen und vermittelt einen ersten Eindruck vom Aufbau der digitalen Arbeitsblätter (vgl. Abschn. 2.3). Die Bearbeitung der Einführung ist keine notwendige Voraussetzung für den erfolgreichen Einsatz der Workshops im Unterricht. Sie ermöglicht es, sich in der Vorbereitungsphase rudimentär mit den verwendeten Jupyter Notebooks, der Programmiersprache `Julia` und dem generellen Aufbau der digitalen Arbeitsblätter vertraut zu machen. Es werden in erster Linie (aber nicht ausschließlich) solche Grundlagen vermittelt, die für die Bearbeitung der einzelnen Workshops hilfreich sind. Die Einführung ist ebenfalls als Jupyter Notebook realisiert und umfasst konkret:

- `Julia` als Taschenrechner
- Aufbau und Elemente von Jupyter Notebooks (Textfelder, Codefelder)
- elementare Programmierung in `Julia` (Variablen, Vektoren, Matrizen)
- Kontrollstrukturen (if-Bedingungen, for-Schleifen, while-Schleifen)
- Funktionen
- graphische Darstellungen (Plots)

Sofern keine Vorkenntnisse in `Julia` (oder einer ähnlichen Sprache) vorhanden sind, empfehlen wir den Lehrenden die Einführung vor der Durchführung des ersten eigentlichen Workshops zu bearbeiten. Sollte dies aus zeitlichen Gründen nicht möglich sein, helfen didaktische Kommentare in den Workshop-Kapiteln (s. Kap. 3–7) bei der Fehlersuche im Code. Typische Fehler bei der Codeeingabe werden dort benannt.

Bearbeitung und Erweiterung des digitalen Lernmaterials

Das Lernmaterial steht als Open Education Ressource unter der Creative Commons Lizenz (mit Zusatz -BY -SA) zu Verfügung. Die Lernmaterialien dürfen somit gerne bearbeitet und erweitert werden. Ebenso können auf der Workshop-Plattform weiterführende, neue Arbeitsmaterialien erstellt und gestaltet werden. Ideen für weiterführende Aufgaben und Materialien werden im letzten Abschnitt von jedem Workshop-Kapitel beschrieben.

Hinweis: Wurde Material im Account des Lehrenden bearbeitet bzw. neu erstellt, so kann dieses heruntergeladen und den Lernenden (per Mail, Cloud, Schulportal o. ä.) zur Verfügung gestellt werden. Die Lernenden können die entsprechenden Dateien dann mit wenigen Klicks in ihren eigenen Account hochladen.

Tab. A.1 Typische Fehler bei der Codeeingabe sowie gelegentlich auftretende technische Probleme

Typischer Fehler	Falsche Eingabe/ Problem	Korrekte Eingabe/ Lösung
Komma als Dezimaltrennzeichen	1,5	1.5
Falsches Rechenzeichen für die Multiplikation	2 × 4	2 * 4
Verwendung von Sinus, Kosinus und Tangens im Bogen- statt Gradmaß	sin( ), cos( ), tan( )	sind( ), cosd( ), tand( )
Falscher Aufruf von Arkussinus, Arkuskosinus und Arkustangens (Gradmaß)	$\sin\hat{}(-1)$, $\cos\hat{}(-1)$, $\tan\hat{}(-1)$	asind( ), acosd( ), atand( )
Eingabe der Zahl π als Zeichen	π	pi
Formeln aus dem Text kopieren	$\sin(440 \cdot 2\pi \cdot t)$	sin(440*2*pi*t)
Spalten-Vektoren ohne Semikolon zwischen den Einträgen	[1 2 3 4]	[1; 2; 3; 4]
Gleichungssysteme oder Matrizen ohne ein Semikolon am Ende jeder Zeile	[1 2 3 3 1 0 3 1 −1]	[1 2 3; 3 1 0; 3 1 −1]
Kopieren der Zahlenwerte anstatt Nutzung von Variablen	1.1	s (Variable in der dieser Wert gespeichert ist)
Falsche Schreibweise der Variablen (insb. Groß- und Kleinschreibung)	Transmittertime, PMirror	TransmitterTime, Pmirror
Eingaben von Wörtern (strings), bspw. zur Vervollständigung von Sätzen, ohne doppelte (engl.) Anführungszeichen „…"	Wort	"Wort"
ˆ wird bei Eingabe manchmal nicht akzeptiert	ˆ ohne Leertaste	Hinter der Eingabe von ˆ einmal die Leertaste drücken.
Abgespielte Töne können nicht gehört werden	Verwendung des Browsers Firefox	Verwendung eines anderen Browsers (bspw. Chrome)
Erstes Codefeld wird nicht ausgeführt		Erstes Codefeld auf jedem Arbeitsblatt ausführen, bevor nachfolgende Codefelder bearbeitet werden
Kernel nach Inaktivität down (v.a. bei längerer Bearbeitungspause)	Rechts oben steht „No Kernel"	Auf „No Kernel" klicken und julia auswählen
Markdown-Zelle (Textzelle der Arbeitsblätter) wurden doppelt angeklickt.	Bearbeitungsmodus öffnet sich	Textzelle durch Klick auf den Run Button ausführen
Eingabe wurde korrekt eingegeben, aber nicht als korrekt anerkannt		Kernel des Arbeitsblatts neu starten und das komplette Arbeitsblatt neu ausführen

B.1 Abfolge der Arbeitsblätter mit schulmathematischer Anknüpfung

In den Abb. B.1 und B.2 sind je ein Ablauf des Workshops für die Mittelstufe sowie für die Oberstufe dargestellt. Die Nummerierung in den Konzepten A und B gibt die Reihenfolge an, in denen die Arbeitsblätter bearbeitet werden können.

Es ist nicht notwendig alle Arbeitsblätter zu bearbeiten, um den Workshop inhaltlich kohärent abzuschließen. Besteht wenig(er) Zeit für die Durchführung, so kann der Workshop auch bereits nach früheren Arbeitsblättern abgeschlossen werden, ohne den Modellierungsprozess für die Lernenden unvollständig erscheinen zu lassen. Geeignete Stellen für den Abschluss der jeweiligen Workshops werden hier kurz aufgeschlüsselt.

Die Zusatzblätter in den Workshops können als differenzierende Elemente betrachtet werden und müssen nicht zwingend bearbeitet werden.

Kurzversionen des Workshops für die Mittelstufe
Folgende Kurzversionen des Workshops für die Mittelstufe sind denkbar:

- **Kurzversion 1:** Der Workshop kann bereits nach dem vierten Arbeitsblatt beendet werden. Die Leitfrage des Workshops ist dann die Modellierung der Leistung, die durch einen Spiegel erzeugt wird (AB 1–AB 4).
- **Kurzversion 2:** Der Workshop kann nach dem fünften Arbeitsblatt beendet werden. Die Leitfrage ist in diesem Fall die Modellierung der Leistung mitsamt einer ersten Diskussion der optimalen Höhe des Absorberrohrs (AB 1– AB 5)
- **Kurzversion 3:** Der Workshops kann abschlossen werden, nachdem die Lernenden eine beliebige Modellverbesserung umgesetzt haben (AB 1–5 und AB 6 **oder** AB 7).

Kurzversionen des Workshops für die Oberstufe
Folgende Kurzversionen des Workshops für die Oberstufe sind denkbar:

- **Kurzversion 1:** Der Workshop kann abgeschlossen werden, nachdem die Lernenden **einen beliebigen** Algorithmus von Arbeitsblatt 4 bearbeitet haben. Die Lernenden haben bei dieser Kurzversion ein Verfahren zur Optimierung kennengelernt. Das Projekt kann mit einer Diskussion zu Ideen für die Erweiterung bzw. Verbesserung des Modells (z. B. der Schattenwurf zwischen Spiegeln) abgeschlossen werden. Diese Verbesserungen werden dann jedoch nicht mehr umgesetzt (AB 1–AB 3 und **ein** Algorithmus von AB 4).
- **Kurzversion 2:** Analog zur Kurversion 1 kann der Workshop nach **zwei** bis **fünf** Algorithmen von Arbeitsblatt 4 abgeschlossen werden.

B.2 Exemplarische Stundenplanung

Im Folgenden wird eine exemplarische Stundenplanung des Workshops für die Mittelstufe und eine exemplarische Stundenplanung für die Oberstufe aufgezeigt. Beide Planungen sind in Doppelstunden (90 min-Einheiten) unterteilt und sind lediglich als grober Rahmen zu verstehen. Sämtlich Zeiten sind in Minuten angegeben.

Verschiedene Arbeitsphase sind mit 50–70 min länger, als es im Unterricht vielfach üblich ist. Haben die Lernenden bisher wenig Erfahrung mit längeren selbstregulierten Arbeitsphasen, so können problemlos kleinere Besprechungsphasen (bspw. durch Zwischensicherungen von Teilaufgaben) in diese Phasen integriert werden.

Abb. B.1 Exemplarischer
Ablauf des Workshops für die
Mittelstufe

	Arbeits-blatt	Inhalt	A	B	Schulbezug
Baustein 1: Modellierung der Leistung am Rohr	AB 1	Ausrichtung eines Spiegels direkt unter dem Rohr	1	1	Winkelbeziehungen
	AB 2	Leistung am Spiegel	2	2	Trigonometrie
	AB 3	Leistung am Rohr	3	3	Relativer Anteil
	AB 4	Verschiebung des Spiegels	4	4	Trigonometrie
	Diskussion im Plenum möglich				
Baustein 2: Optimierung der Rohrhöhe	AB 5	Optimierung der Rohrhöhe mit Modell von AB 4	5	6	Interpretation von Funktionsgraphen
	Diskussion im Plenum möglich				
	AB 6	Modellverbesserung 1: atmosphärische Effekte	6 oder 7	7 oder 8	Pythagoras, Interpretation von Funktionsgraphen
	AB 7	Modellverbesserung 2: Fehlerberücksichtigung	7 oder 6	8 oder 7	Trigonometrie, Winkelbeziehungen, relativer Anteil, Interpretation des Funktionsgraphen
	AB 8	Kombination von Modellverbesserung 1 & 2	8	9	
	Diskussion im Plenum möglich				
Zusatz (beliebig nach AB 4)	Zusatz-blatt 1	Leistung am Rohr erzeugt durch mehrere Spiegel	9	5	
	Diskussion im Plenum möglich				

Wir empfehlen, in den Besprechungsphasen immer wieder Bezug auf den Modellierungskreislauf zu nehmen und mit den Lernenden zu diskutieren, in welchem Schritt der Modellierung man sich jeweils befindet. Dies trägt dazu bei, dass der Überblick über den gesamten Modellierungsprozess nicht verloren geht. Die in den Stundenverlaufsplänen angegebenen Plenumsdiskussionen lassen sich in der Regel sehr gut lernerzentriert durchführen. In deren Rahmen können auch weiterführende Ideen (bspw. in Hinblick auf mögliche Modellverbesserungen) seitens der Lernenden diskutiert werden.

B.2.1   Stundenplanung – Mittelstufe

Zeitlicher Rahmen: 5 Doppelstunden à 90 min (s. Tab. B.1, B.2, B.3, B.4 und B.5)

Benötigt werden in jeder Einheit:

- der Lerngruppe entsprechende Anzahl an Computern mit Internetzugang, sodass jeweils zu zweit gearbeitet werden kann
- eine Tafel und falls vorhanden ein Beamer für Einführungs-, Wiederholungs- und Besprechungsphasen (im Plenum)

- die im Ordner *printables* auf der Workshop-Plattform abgelegten Antwort- und Dokumentationsblätter für die Lernenden in Papierform
- falls in der ersten Doppelstunde ein Video gezeigt wird: Lautsprecher

B.2.2   Stundenplanung – Oberstufe

Zeitlicher Rahmen: 5 Doppelstunden à 90 min (s. Tab. B.6, B.7, B.8, B.9 und B.10)

Benötigt werden in jeder Einheit:

- der Lerngruppe entsprechende Anzahl an Computern mit Internetzugang, sodass jeweils zu zweit gearbeitet werden kann
- eine Tafel und falls vorhanden ein Beamer für Einführungs-, Wiederholungs- und Besprechungsphasen (im Plenum)
- die im Ordner *printables* auf der Workshop-Plattform abgelegten Antwort- und Dokumentationsblätter für die Lernenden in Papierform
- falls in der ersten Doppelstunde ein Video gezeigt wird: Lautsprecher

Abb. B.2 Exemplarischer Ablauf
des Workshops für die Oberstufe

	Arbeits-blatt	Inhalt	A	B	Schulbezug
Baustein 1: Modellierung der umgesetzten Energie	AB 1	Ausrichtung eines Spiegels direkt unter dem Rohr	1	1	Winkelbeziehungen
	AB 2	Berechnung der über einen Tag umgesetzten Energie	2	4	Riemann-Summen
	Zusatz 1	Modellierung der Leistung am Rohr *(s. AB 2 - 3 im Workshop der Mittelstufe)*		2	Trigonometrie
	Zusatz 2	Verschiebung des Spiegels *(s. AB 4 im Workshop der Mittelstufe)*		3	Trigonometrie
	Diskussion im Plenum				
Baustein 2: Optimierung der Spiegelpositionen	AB 3	Optimierung: **1** Spiegelposition (grafisch)	3	5	Diskussion von Funktionsgraphen (erst zwei- dann dreidimensional)
		Modellerweiterung auf mehrere Spiegel			
		Optimierung: **2** Spiegelpositionen (grafisch)			
		Diskussion im Plenum			
		Optimierung mit Nebenbedingung: Mindestabstand zwischen zwei Spiegeln			Ungleichungen, systematische Variation
		Optimierung automatisieren: Entwicklung eines Verfahrens mit Stift & Papier			Algorithmisches Denken
	Diskussion im Plenum				
	AB 4 Alg 1	Brute-Force-Methode	4	6	Kombinatorik, Algorithmisches Denken, Ungleichungen
	AB 4 Alg 2	Greedy-Algorithmus			Algorithmisches Denken
	AB 4 Alg 3	Musterbasierte Optimierung			
	AB 4 Alg 4	Freie Variablen Optimierung			Ungleichung, lokale und globale Extrema, Ungleichungen
	AB 4 Alg 5	Implementieren des eigenen Algorithmus			Algorithmisches Denken
	AB4 Infoblatt	formelbasierte Positionierung der Spiegel			
	Diskussion im Plenum				
	AB 5	Modellierung von Schattenwurf zwischen Spiegeln	5	7	Geraden in Parameterform, Schnittpunkte, Diskussion von Funktionsgraphen
	Zusatzblatt RayTracer	Vergleich von RayTracer und geometrischem Verschattungsmodell	nach AB 5	8	
	AB 6	Optimierung der Positionen mit erweitertem Modell	6	9	
	Diskussion im Plenum				

Tab. B.1 Exemplarischer Verlauf für die erste Doppelstunde (Mittelstufe)

1. Doppelstunde			
Phase	**Inhalt**	**Sozialform**	**Dauer**
Einstieg	Einstieg in die Problemstellung durch kurzen Lehrervortrag (in die Vorstellung kann ein Kurzvideo zur Funktionsweise von Solarkraftwerken integriert werden, z. B.: www.youtube.com/watch?v=2t5AjB0bGx4 bis Minute 1:07 oder www.youtube.com/watch?v=78TpeC0R1nEe)	Lehrervortrag, Plenum	10–15
Gelenkphase	Einführung in die Nutzung des digitalen Lernmaterials (via Bildschirmübertragung) und der Antwort- und Dokumentationsblätter; Übersicht über zeitlichen Ablauf des Projekts	Plenum	10–15
Arbeitsphase	Bearbeitung von AB 1 (s. Abschn. 3.5.2)	Partnerarbeit	40
Sicherung	Vorstellung und Diskussion der Ergebnisse von AB 1	Plenum	15–20
Zusatz	Lernende, die AB 1 bearbeitet haben, können eigenständig mit AB 2 beginnen (s. Abschn. 3.6.1)	Partnerarbeit	

Tab. B.2 Exemplarischer Verlauf für die zweite Doppelstunde (Mittelstufe)

2. Doppelstunde			
Phase	**Inhalt**	**Sozialform**	**Dauer**
Einstieg	Wiederholung der Ergebnisse der letzten Stunde	Plenum	10
Arbeitsphase	Bearbeitung von AB 2 und 3 (s. Abschn. 3.6.1–3.6.2)	Partnerarbeit	60
Sicherung	Diskussion der Ergebnisse von AB 2	Plenum	10
Ausblick	Diskussion zu Modellverbesserungsmöglichkeiten (lässt sich leicht in die folgende Unterrichtsstunde verschieben)	Plenum	10
Hausaufgabe	Bearbeitung/Fertigstellung von AB 3		

Tab. B.3 Exemplarischer Verlauf für die dritte Doppelstunde (Mittelstufe)

3. Doppelstunde			
Phase	**Inhalt**	**Sozialform**	**Dauer**
Einstieg	Diskussion der Ergebnisse von AB 3	Plenum	10–15
Arbeitsphase	Bearbeitung von AB 4 (s. Abschn. 3.6.3)	Partnerarbeit	60
Sicherung	Vorstellung und Diskussion der Ergebnisse. Dabei sollen die Lernenden bisherige Modellierungsschritte benennen: Spiegelausrichtung, Leistung auf Spiegel, Leistung am Rohr, Modellerweiterung auf horizontal verschobene Spiegel	Plenum	15
Zusatz	Bearbeitung von Zusatzblatt 1 (s. Abschn. 3.6.8)	Partnerarbeit	

Tab. B.4 Exemplarischer Verlauf für die vierte Doppelstunde (Mittelstufe). *Hinweis:* Die Lernenden können selbst entscheiden mit welcher Modellverbesserung (AB 6 oder AB 7) sie beginnen. Für lernschwächere Lernende eignet sich das Arbeitsblatt 6 zu den atmosphärischen Effekten. Arbeitsblatt 7 ist anspruchsvoller und zeitaufwendiger. Schnellere Lernende können beide Modellverbesserungen bearbeiten

4. Doppelstunde			
Phase	**Inhalt**	**Sozialform**	**Dauer**
Einstieg	Wiederholung der Ergebnisse der letzten Stunde	Plenum	5
Arbeitsphase	Bearbeitung von AB 5 (s. Abschn. 3.6.4)	Partnerarbeit	20–25
Sicherung	Vorstellung und Diskussion der Ergebnisse; Diskussion von Modellverbesserungsideen für die Optimierung der Rohrhöhe	Plenum	10–15
Arbeitsphase	Bearbeitung von AB 6 oder AB 7 (s. Abschn. 3.6.5–3.6.6)	Partnerarbeit	45
Zusatz	schnellere Lernende, die eine Modellverbesserung (AB 6 oder AB 7) bereits umgesetzt haben, können entsprechend mit der anderen Modellverbesserung beginnen	Partnerarbeit	

Tab. B.5 Exemplarischer Verlauf für die fünfte Doppelstunde (Mittelstufe)

5. Doppelstunde			
Phase	**Inhalt**	**Sozialform**	**Dauer**
Einstieg	Überblick über Arbeitsstand der einzelnen Schülergruppen	Plenum	5–10
Arbeitsphase	Bearbeitung von AB 6 oder 7. Lernende, die eines dieser beiden ABs bearbeitet haben starten mit AB 8 (s. Abschn. 3.6.7)	Partnerarbeit	50
Sicherung	Vorstellung und Diskussion der Ergebnisse von AB 6–8	Plenum	15
Abschluss	Abschlusspräsentation mit kontextorientierter Diskussion; gesamter Modellierungsprozess wird mit Lernenden resümiert; Ideen für weitere Modellverbesserungen werden gesammelt und diskutiert	Plenum	15
Zusatz	schnellere Lernende, die eine Modellverbesserung (AB 6 oder AB 7) umgesetzt haben, können entsprechend mit der anderen Modellverbesserung beginnen	Partnerarbeit	

Tab. B.6 Exemplarischer Verlauf für die erste Doppelstunde (Oberstufe)

1. Doppelstunde			
Phase	**Inhalt**	**Sozialform**	**Dauer**
Einstieg	Einstieg in die Problemstellung durch kurzen Lehrervortrag (in die Vorstellung kann ein Kurzvideo zur Funktionsweise von Solarkraftwerken integriert werden, z. B.: www.youtube.com/watch?v=2t5AjB0bGx4 bis Minute 1:07 oder www.youtube.com/watch?v=78TpeC0R1nEe)	Lehrervortrag, Plenum	10–15
Gelenkphase	Einführung in die Nutzung des digitalen Lernmaterials (via Bildschirmübertragung) und der Antwort- und Dokumentationsblätter; Übersicht über zeitlichen Ablauf des Projekts	Plenum	10–15
Arbeitsphase	Bearbeitung von AB 1 (s. Abschn. 3.5.2)	Partnerarbeit	30
Sicherung	Vorstellung und Diskussion der Ergebnisse von AB 1	Plenum	10
Arbeitsphase	Lernende, die AB 1 bearbeitet haben, können selbstständig mit AB 2 beginnen	Partnerarbeit	20
Hausaufgabe	Bearbeitung/Fertigstellung von AB 2		

Tab. B.7 Exemplarischer Verlauf für die zweite Doppelstunde (Oberstufe)

2. Doppelstunde			
Phase	**Inhalt**	**Sozialform**	**Dauer**
Einstieg	Diskussion der Ergebnisse von AB 2	Plenum	10
Arbeitsphase	Bearbeitung von AB 3 (s. Abschn. 3.7.2)	Partnerarbeit	30
Sicherung	Vorstellung der Ergebnisse der Optimierung; Diskussion von Modellverbesserungsideen und von Ideen für eigene Optimierungverfahren	Plenum	15
Arbeitsphase	Lernende wählen zwei beliebige der vier Algorithmen von AB 4 (s. Abschn. 3.7.4), diese werden in dieser und in der folgenden Stunde bearbeitet	Partnerarbeit	30
Ausblick	Überblick über den Arbeitsstand der Lernenden; Ausblick auf Verlauf der folgenden Stunde	Plenum	5
Zusatz	Schnellere Lernende können alle 4 Arbeitsblätter zu den Algorithmen bearbeiten	Partnerarbeit	

Tab. B.8 Exemplarischer Verlauf für die dritte Doppelstunde (Oberstufe). *Hinweis:* Die Lernenden können selbst entscheiden mit welchem Algorithmus von Arbeitsblatt 4 sie beginnen. Die Reihenfolge der bearbeiteten Algorithmen ist beliebig

3. Doppelstunde			
Phase	**Inhalt**	**Sozialform**	**Dauer**
Einstieg	Fragen seitens der Lernenden klären	Plenum	5
Arbeitsphase	Lernende arbeiten an den Algorithmen von AB 4 weiter (s. Abschn. 3.7.4).	Partnerarbeit	60
Sicherung	Vorstellung und Diskussion der Ergebnisse der Optimierung mit den vier Algorithmen. Dabei sollen insbesondere Vor- und Nachteile der einzelnen Optimierungsverfahren diskutiert und Modellverbesserungsideen benannt werden.	Plenum	20
Ausblick	Überblick über den Arbeitsstand der Lernenden; Ausblick auf Verlauf der folgenden Stunde	Plenum	5
Zusatz	Implementierung eines eigenen Algorithmus für die Optimierung der Spiegelpositionen (s. Abschn. 3.7.4)	Partnerarbeit	

Tab. B.9 Exemplarischer Verlauf für die vierte Doppelstunde (Oberstufe)

4. Doppelstunde			
Phase	**Inhalt**	**Sozialform**	**Dauer**
Einstieg	Wiederholung der Ergebnisse der letzten Stunde	Plenum	5
Arbeitsphase	Bearbeitung von AB 5 (s. Abschn. 3.7.5)	Partnerarbeit	70
Sicherung	Vorstellung und Diskussion der Ergebnisse; Diskussion von Modellverbesserungsideen; Ausblick auf Verlauf der folgenden Stunde	Plenum	15
Zusatz	Implementierung eines eigenen Algorithmus für die Optimierung der Spiegelpositionen (s. Abschn. 3.7.4)	Partnerarbeit	

Tab. B.10 Exemplarischer Verlauf für die fünfte Doppelstunde (Oberstufe)

5. Doppelstunde			
Phase	**Inhalt**	**Sozialform**	**Dauer**
Einstieg	Wiederholung der Ergebnisse der letzten Stunde	Plenum	5
Arbeitsphase	Bearbeitung von AB 6 (s. Abschn. 3.7.6)	Partnerarbeit	20
Sicherung	Vorstellung und Diskussion der Ergebnisse	Plenum	15
Arbeitsphase	Die Lernenden wählen aus einem der folgenden Rechercheaufträge: *I. Wo sind bereits Fresnel-Kraftwerke in Betrieb und wie viel Energie setzten diese pro Jahr um? II. Wie sind Solarturmkraftwerke aufgebaut? III. Wie kann die Bestrahlungsstärke der Sonne gemessen werden?*	Partnerarbeit	30
Abschluss	Abschlussdiskussion zum Projekt; gesamter Modellierungsprozess wird mit Lernenden resümiert; Ideen für weitere Modellverbesserungen werden diskutiert	Plenum	20

C.1   Abfolge der Arbeitsblätter mit schulmathematischer Anknüpfung

Die folgende Tabelle fasst übersichtlich zusammen, welche Mathematik auf welchem Arbeitsblatt eingesetzt wird und wie diese – häufig höhere Mathematik – im direkten Zusammenhang mit der Schulmathematik steht (s. Tab. C.1).

C.2   Exemplarische Stundenverlaufsplanung

Im folgenden wird eine exemplarische Aufteilung des Materials für Doppelstunden (90 min-Einheiten) aufgezeigt. Dies ist als grober Rahmen zu verstehen und ist für den durchschnittlichen Lernenden geplant. Wird der Workshop an einem Tag oder nur mit kurzen Abständen zwischen den Terminen durchgeführt, so kann die Einstiegsphase zeitlich verkürzt oder ganz weggelassen werden. In der aufgezeigten Form wurde der Workshop auch bereits erfolgreich durchgeführt.

Wichtig ist es, in den Besprechungsphasen auch immer wieder Bezug zum Modellierungskreislauf zu nehmen und mit den Lernenden zu diskutieren, in welchem Schritt sie sich gerade befinden. Dies wirkt unterstützend für die Bearbeitung des Materials. Soweit es nicht anders angegeben ist, sollten die Plenumsphasen lernendenzentriert ablaufen, wobei die Lehrkraft als Moderator zum Einsatz kommt.

Zeitlicher Rahmen insgesamt: 5 Doppelstunden (jeweils 90 min)

Benötigt werden in jeder Einheit (Tab. C.2 und C.3):

- Der Lerngruppe entsprechende Anzahl an Computern mit Internetzugang, sodass jeweils in Partnerarbeit gearbeitet werden kann
- Ein interaktives Whiteboard oder, falls dieses nicht vorhanden ist, ein Beamer, für Einführungs-, Wiederholungs- oder Besprechungsphasen (im Plenum)
- Vortrags- und Besprechungsnotizen, sowie ggf. Musterlösungen für die betreuende Lehrkraft

Hinweis: Der Ausblick (s. 3. Doppelstunde, Tab. C.4) lässt sich leicht in die folgende Unterrichtseinheit verschieben. Dann ist das komplette vierte Arbeitsblatt in der fünften Doppelstunde verordnet (Tab. C.5 und C.6).

M. Frank und C. Roeckerath (Hrsg.), *Neue Materialien für einen Realitätsbezogenen Mathematikunterricht 9,*
Realitätsbezüge im Mathematikunterricht, https://doi.org/10.1007/978-3-662-63647-3_C

Tab. C.1   Übersicht zum Zusammenhang zwischen der verwendeten Mathematik und der Schulmathematik

Arbeitsblatt		Inhalt	Schulbezug
AB 1	A1	Visualisierung von Daten; Forderung nach objektiver Methode zum Finden der „besten" Geraden und Gütebestimmung	Visualisierung und Beschreibung der Lage einer Punktwolke
AB 2	Übung	Eingabehinweis f. den Umgang mit `Julia` (Zugriff Vektoreinträge)	
	A1	Entwickeln einer eigenen Abstandsdefinition	Abstand zw. zwei Punkten bzw. Punkt und Gerade (Norm bzw. Abstand zweier Vektoren); lineare Funktionsgleichung aufstellen; ggf. Betragsfunktion oder quadratische Funktion
	A2	Entwickeln einer allgemein gültigen Abstandsdefinition (Eindeutigkeit und Lösbarkeit v. Minimierungsproblemen) **Diskussion im Plenum**	Funktionaler Zusammenhang (Funktionen minimieren, Verständnis des Begriffs Ableitung); quadratische Funktionsgleichung aufstellen
	A3	Methode der kleinsten Abstandsquadrate und Finden einer Regressionsgerade (ausgedünnter Datensatz)	s. AB 2 A2
	A4	Gütebestimmung: Bestimmtheitsmaß (ausgedünnter Datensatz)	
AB 3	Übung	Summenfunktion in `Julia`	
	A1	Methode der kleinsten Abstandsquadrate und Finden einer Regressionsgerade (voller Datensatz)	s. AB 2 A2
	A2	Gütebestimmung: Bestimmtheitsmaß (voller Datensatz) **Diskussion im Plenum möglich**	
AB 4	A1	Hypothesentest (t-Test) **Diskussion im Plenum**	Hypothesen testen (bei binomialverteilten Zufallsgrößen)
AB 5/6	Zusatz	Funktionenanalyse, Hypothesentest **ggf. Diskussion im Plenum**	Funktionenanalyse, Hypothesen testen

Tab. C.2   Exemplarischer Verlauf für die erste Doppelstunde (Zeitangabe in Minuten)

1. Doppelstunde			
Phase	**Inhalt**	**Sozialform**	**Dauer**
Einstieg	Einführung in die mathematische Modellierung	Lehrervortrag, Plenum	15
Einstieg	Einführung in die Problemstellung	Lehrervortrag, Plenum	10
Organisatorisches	Einführung in die Nutzung von `Julia`	Video, Plenum	10
Arbeitsphase	Bearbeitung von AB 1 (s. Abschn. 4.5.1)	Partnerarbeit	40
Sicherung	Vorstellung und Diskussion der Ergebnisse	Plenum	15

Tab. C.3 Exemplarischer Verlauf für die zweite Doppelstunde (Zeitangabe in Minuten)

2. Doppelstunde			
Phase	**Inhalt**	**Sozialform**	**Dauer**
Einstieg	Wiederholung der Ergebnisse der letzten Stunde	Plenum	10
Arbeitsphase	Bearbeitung von AB 2, Aufg. 1–2 (s. Abschn. 4.5.2)	Partnerarbeit	60
Sicherung	Vorstellung und Diskussion der Ergebnisse (vgl. AB 2, Aufg. 2.b)	Plenum	20

Tab. C.4 Exemplarischer Verlauf für die dritte Doppelstunde (Zeitangabe in Minuten)

3. Doppelstunde			
Phase	**Inhalt**	**Sozialform**	**Dauer**
Einstieg	Wiederholung der Ergebnisse der letzten Stunde	Plenum	5
Arbeitsphase	Bearbeitung von AB 2, ab Aufg. 3 (s. Abschn. 4.5.2)	Partnerarbeit	60
Sicherung	Vorstellung und Diskussion der Ergebnisse	Plenum	15
Ausblick	Diskussion zu den Modellverbesserungsmöglichkeiten (lässt sich leicht in die folgende Unterrichtseinheit verschieben)	Plenum	10

Tab. C.5 Exemplarischer Verlauf für die vierte Doppelstunde (Zeitangabe in Minuten)

4. Doppelstunde			
Phase	**Inhalt**	**Sozialform**	**Dauer**
Einstieg	Wiederholung der Ergebnisse der letzten Stunde	Plenum	5
Arbeitsphase	Bearbeitung von AB 3/4 (s. Abschn. 4.5.3)	Partnerarbeit	70
Sicherung	Vorstellung und Diskussion der Ergebnisse	Plenum	15

Tab. C.6 Exemplarischer Verlauf für die fünfte Doppelstunde (Zeitangabe in Minuten)

5. Doppelstunde			
Phase	**Inhalt**	**Sozialform**	**Dauer**
Einstieg	Wiederholung der Ergebnisse der letzten Stunde	Plenum	5
Arbeitsphase	Bearbeitung von AB 4 (Rest) (s. Abschn. 4.5.4) ggf. Bearbeitung der Zusatzaufgaben (s. Abschn. 4.5.5)	Partnerarbeit	55
Sicherung	Vorstellung und Diskussion der Ergebnisse	Plenum	10
Abschluss	Abschlusspräsentation mit kontextorientierter Diskussion in Bezug auf Aussagekraft mathematischer Modelle, Betrachtung weiterer Klimaindikatoren, Anknüpfungspunkt Ethik, Mensch & Umwelt, Biologie	Plenum	20

D.1 Abfolge der Arbeitsblätter mit schulmathematischer Anknüpfung

In der Abb. D.1 ist eine Abfolge der Arbeitsblätter mit schulmathematischer Anknüpfung des Workshops dargestellt. Diesem kann auf einen Blick entnommen werden, welche Mathematik behandelt wird.

D.2 Exemplarische Stundenplanung

Im folgenden wird eine exemplarische Aufteilung des Materials für Doppelstunden (90 min-Einheiten) aufgezeigt. Dies ist als grober Rahmen zu verstehen und ist für den durchschnittlichen Lernenden geplant. Der zeitliche Abstand zwischen einzelnen Terminen kann die Bearbeitungsdauer deutlich beeinflussen: Wird der Workshop an nur einem Tag oder an dicht aufeinander folgenden Terminen durchgeführt, so kann die Einstiegsphase zeitlich verkürzt oder ganz weggelassen werden. Wichtig ist es, in den Besprechungsphasen auch immer wieder Bezug zum Modellierungskreislauf zu nehmen und mit den Lernenden zu diskutieren, in welchem Schritt sie sich gerade befinden. Dies wirkt unterstützend für die Bearbeitung des Materials. So weit es nicht anders angegeben ist, sollten die Plenumsphasen lernendenzentriert ablaufen, wobei die Lehrkraft als Moderator zum Einsatz kommt.

Zeitlicher Rahmen insgesamt: 5 Doppelstunden (jeweils 90 min) (vgl. Tab. D.1, D.2, D.3, D.4 und D.5)

Benötigt werden in jeder Einheit:

- Der Lerngruppe entsprechende Anzahl an Computern (oder Vergleichbarem) mit Internetzugang, sodass jeweils in Partnerarbeit gearbeitet werden kann
- Ein interaktives Whiteboard oder, falls dieses nicht vorhanden ist, ein Beamer, für Einführungs-, Wiederholungs- oder Besprechungsphasen (im Plenum)
- Vortrags- und Besprechungsnotizen sowie ggf. Musterlösungen für die betreuende Lehrkraft
- Für die erste Doppelstunde: Lautsprecher
- Der Lerngruppe entsprechend ausgedruckte Antwortblätter auf denen die Lernenden ihre Ergebnisse notieren. Dies hilft insbesondere in den Besprechungsphasen.

Abb. D.1 Abfolge der
Arbeitsblätter mit
schulmathematischer
Anknüpfung des Workshops

Arbeitsblatt	Inhalt	Schulbezug
AB 1	Existenz und Eindeutigkeit von Lösungen linearer Gleichungssysteme	Systematische Variation von Variablen, unterbestimmte lineare Gleichungssysteme
	Diskussion im Plenum möglich	
AB 2	Beschreibung der Verläufe der Strahlen durch das Objekt	Parameterdarstellung von Geraden, Satz des Pythagoras, Schnittpunktberechnung von Geraden, euklidischer Abstand zweier Punkte
	Diskussion im Plenum möglich	
AB 3	Rekonstruktion von Scanbildern unter Berücksichtigung von Messfehlern	Überbestimmte lineare Gleichungssysteme, relativer Fehler, Skalarprodukt, Parameterdarstellung von Ebenen
	Diskussion im Plenum möglich	
Zusatzblatt	Verbesserung des Rekonstruktionsverfahrens	Differentialrechnung, Vektoren, Systematische Variation eines Parameters
	Diskussion im Plenum möglich	

Tab. D.1 Exemplarischer Verlauf für die erste Doppelstunde

1. Doppelstunde			
Phase	**Inhalt**	**Sozialform**	**Dauer**
Einstieg	Einführung in die mathematische Modellierung und Einstieg in die Problemstellung mit integriertem Video	Lehrervortrag, Plenum	25
Organisatorisches	Einführung in die Nutzung von `Julia`	Video, Plenum	10
Arbeitsphase	Lernende beginnen mit der Bearbeitung von AB1 (s. Abschn. 5.5.1) (Ergänzung durch Zusatzaufgaben A und B)	Partnerarbeit	45
Sicherung	Diskussion der Ergebnisse von AB1 mit Bezug auf die Existenz und Eindeutigkeit der Lösung bei der Computertomographie	Plenum	10

Tab. D.2 Exemplarischer Verlauf für die zweiten Doppelstunde

2. Doppelstunde			
Phase	**Inhalt**	**Sozialform**	**Dauer**
Einstieg	Begrüßung und Besprechung von Unklarheiten seitens der Lernenden	Plenum	5
Arbeitsphase	Lernende beginnen mit der Bearbeitung von AB2 (s. Abschn. 5.5.2) (Ergänzung durch Zusatzaufgabe 1)	Partnerarbeit	75
Sicherung	Diskussion der Ergebnisse von AB 2, Aufgabe 1	Plenum	10
Hausaufgabe	Rest von AB 2 Aufgabe 1, sofern notwendig		

Tab. D.3 Exemplarischer Verlauf für die dritte Doppelstunde

3. Doppelstunde			
Phase	**Inhalt**	**Sozialform**	**Dauer**
Einstieg	Begrüßung und Besprechung von Unklarheiten seitens der Lernenden	Plenum	5
Arbeitsphase	Lernende beginnen mit der Bearbeitung von AB2 Aufgabe 2 (Ergänzung durch Zusatzaufgabe 2)	Partnerarbeit	75
Sicherung	Diskussion der Ergebnisse von AB 2 mit Bezug auf den Modellierungskreislauf	Plenum	15

Tab. D.4 Exemplarischer Verlauf für die vierte Doppelstunde

4. Doppelstunde			
Phase	**Inhalt**	**Sozialform**	**Dauer**
Einstieg	Begrüßung und Besprechung von Unklarheiten seitens der Lernenden	Plenum	5
Arbeitsphase	Lernende beginnen mit der Bearbeitung von AB3 (s. Abschn. 5.5.3)	Partnerarbeit	75
Sicherung	Diskussion der Ergebnisse von AB 3 Aufgabe 1	Plenum	10
Hausaufgabe	Rest von AB 3 Aufgabe 1, sofern notwendig		

Tab. D.5 Exemplarischer Verlauf für die fünfte Doppelstunde

5. Doppelstunde			
Phase	**Inhalt**	**Sozialform**	**Dauer**
Einstieg	Begrüßung und Besprechung von Unklarheiten seitens der Lernenden		5
Arbeitsphase	Lernende führen die Bearbeitung von AB3 fort (Erweiterung durch Zusatzaufgabe)	Partnerarbeit	70
Sicherung	Diskussion der Ergebnisse von AB 3 im Plenum mit Überlegungen zu weiteren Modellverbesserungen	Plenum	15

E.1 Abgrenzung der Workshops Shazam und Datenkomprimierung

Sowohl in dem Workshop zum Thema Shazam als auch in den zwei Workshops zum Thema Datenkomprimierung (Datenkomprimierung Workshop I und Datenkomprimierung Workshop II) spielt die Fourier-Transformation eine zentrale Rolle. Es gibt jedoch hinsichtlich der Schwerpunktsetzung zwei zentrale Unterschiede:

1. Im Shazam-Workshop und dem Mittelstufen-Workshop zum Thema Datenkomprimierung steht die Wirkungsweise und nicht die Funktionsweise der Fourier-Transformation im Vordergrund. Daher wird die Fourier-Transformation im Kern-Workshop als Blackbox verwendet, welche die Darstellung eines Signals im Zeitraum in die Darstellung desselben Signals im Frequenzraum überführt. Die Lernenden erfahren, auf Basis welcher Grundlagen (Darstellung eines Signals als Summe von Sinusschwingungen) eine solche Umwandlung möglich ist, und lernen, das entstehende Amplitudenspektrum zu interpretieren. Selbst durchführen müssen die Lernenden die Fourier-Transformation nur in einer freiwilligen Zusatzaufgabe. Lediglich in dieser Zusatzaufgabe wird auch näher auf die genaue Funktionsweise (inkl. Berechnung der Fourier-Koeffizienten) eingegangen. Im Gegensatz dazu ist die gezielte Manipulation der Signale im Frequenzraum ein zentraler Aspekt in den Workshops zur Datenkomprimierung. Der Oberstufen-Workshop (Datenkomprimierung Workshop II) legt einen besonderen Fokus auf die Funktionsweise und die Anwendung der Fourier-Transformation, die von den Lernenden selbstständig erarbeitet wird.
2. Der Shazam Workshop arbeitet (zumindest oberflächlich) mit kontinuierlichen Signalen. Folglich wird in der erwähnten Zusatzaufgabe auch die kontinuierliche Fourier-Transformation behandelt. Hier liegt der Fokus auf der Theorie der Fourier-Analyse. Im Gegensatz dazu stehen bei den Datenkomprimierung Workshops die praktischen Aspekte der digitalen Signalverarbeitung im Vordergrund. Es wird mit einem diskreten Zeitmodell gearbeitet und dementsprechend auch die diskrete Fourier-Transformation thematisiert.

Teilweise überschneiden und ergänzen sich die Workshops sogar inhaltlich. Konkret geht es um Arbeitsblätter, die in mehreren Workshops zum Einsatz kommen:

- Arbeitsblatt 1, das die Modellierung von Sinustönen behandelt, ist in allen drei Workshops (Shazam, Datenkomprimierung Workshop I und Workshop II) identisch (s. Abschn. 7.5.1).
- Shazam und Datenkomprimierung Workshop I teilen sich außerdem Arbeitsblatt 2, in dem es um die Erstellung und Analyse von Dreiklängen geht (s. Abschn. 7.5.2).

Um Wiederholungen innerhalb dieses Bandes zu vermeiden, werden die oben genannten Arbeitsblätter nur einmal vorgestellt – und zwar in dem Kapitel zum Thema Shazam. Im Kapitel zum Thema Datenkomprimierung wird an entsprechender Stelle auf die Stellen im Kapitel zum Thema Shazam verwiesen.

Da die Workshops bezüglich ihrer mathematischen Inhalte eng miteinander verknüpft sind und sich, durch die jeweils gesetzten Schwerpunkte, gegenseitig wertvoll ergänzen, bietet es sich an, die Arbeitsblätter von jeweils zwei der drei Workshops (je nach Jahrgangsstufe entweder Shazam und Datenkomprimierung Workshop I oder Shazam und Datenkomprimierung Workshop II) zu einem themenübergreifenden Workshop zu verknüpfen.

Natürlich ist jeder der drei genannten Workshops auch für sich genommen ein vollwertiger und thematisch reichhaltiger Workshop, der auch separat (d. h. ohne Bezug zu anderen Workshops) behandelt werden kann.

F.1 Abfolge der Arbeitsblätter mit schulmathematischer Anknüpfung

In der Abb. F.1 ist eine Abfolge der Arbeitsblätter mit schulmathematischer Anknüpfung des Workshops dargestellt. Diesem kann auf einen Blick entnommen werden, welche Mathematik behandelt wird.

F.2 Exemplarische Stundenplanung

Im folgenden wird eine exemplarische Aufteilung des Materials für die Oberstufe auf fünf Doppelstunden (90 min-Einheiten) vorgeschlagen. Dies ist als grober Rahmen zu verstehen, der sich an einem durchschnittlichen Lerntempo orientiert. Der zeitliche Abstand zwischen einzelnen Terminen kann die Bearbeitungsdauer deutlich beeinflussen: Wird der Workshop an nur einem Tag oder an dicht aufeinander folgenden Terminen durchgeführt, so kann die Einstiegsphase zeitlich verkürzt oder ganz weggelassen werden.

Ein Stundenverlaufsplan für die Mittelstufe wird nicht angegeben. Stattdessen werden die notwendigen Abwandlungen hier genannt: Beide Workshops dauern gleich lang. Die Lernenden der Mittelstufe benötigen etwas länger für das erste Arbeitsblatt, jedoch sind sie bei der Bearbeitung des zweiten Arbeitsblatts schneller, da dies aufgrund der wegfallenden mathematischen Erarbeitungen weitaus kürzer ist. Die Besprechungsphase des ersten Arbeitsblatts kann daher auf den Beginn der zweiten Doppelstunde verschoben werden.

Wichtig ist es, in den Besprechungsphasen immer wieder Bezug zum Modellierungskreislauf (s. Kap. 1) zu nehmen und mit den Lernenden zu diskutieren, in welchem Schritt sie sich gerade befinden. Dies wirkt unterstützend bei der Bearbeitung des Materials. Soweit es nicht anders angegeben ist, sollten die Plenumsphasen lernendenzentriert ablaufen, wobei die Lehrkraft als Moderator zum Einsatz kommt.

Zeitlicher Rahmen insgesamt: 5 Doppelstunden (jeweils 90 min) (vgl. Tab. F.1, F.2, F.3, F.4 und F.5)

Benötigt werden in jeder Einheit:

- Der Lerngruppe entsprechende Anzahl an Computern (oder Vergleichbarem) mit Internetzugang, sodass jeweils in Partnerarbeit gearbeitet werden kann
- Ein interaktives Whiteboard oder, falls dieses nicht vorhanden ist, ein Beamer, für Einführungs-, Wiederholungs- oder Besprechungsphasen (im Plenum)
- Vortrags- und Besprechungsnotizen sowie gegebenenfalls Musterlösungen für die betreuende Lehrkraft
- Für die erste Doppelstunde: Lautsprecher
- Der Lerngruppe entsprechend ausgedruckte Antwortblätter auf denen die Lernenden ihre Ergebnisse notieren. Dies hilft insbesondere in den Besprechungsphasen.

Abb. F.1 Abfolge der
Arbeitsblätter mit
schulmathematischer
Anknüpfung der Workshops (WS
I: Workshop für die Mittelstufe,
WS II: Workshop für die
Oberstufe)

Arbeits-blatt	Inhalt	Schulbezug
AB 1	Mathematische Beschreibung von Tönen	Geraden, Parabeln, Sinusschwingungen
	Diskussion im Plenum möglich	
AB 2	Erstellung und Bestimmung von Dreiklängen durch die Fourier-Transformation	**WS I:** Interpretation von Graphen **WS II:** Sinusschwingungen, Vektor-Matrix Multiplikation
	Diskussion im Plenum möglich	
AB 3	Erstellung und Anwendung des psychoakustischen Hörmodells	**WS I:** Interpretation von Graphen **WS II:** Diagonalmatrix
	Diskussion im Plenum möglich	
AB 4	Optimierung des psychoakustischen Hörmodells	Systematische Variation der Parameter
	Diskussion im Plenum möglich	

Tab. F.1 Exemplarischer Verlauf für die erste Doppelstunde (Dauer in Minuten)

1. Doppelstunde			
Phase	**Inhalt**	**Sozialform**	**Dauer**
Einstieg	Einführung in die mathematische Modellierung und Einstieg in die Problemstellung mit integriertem Video	Lehrervortrag, Plenum	25
Organisatorisches	Einführung in die Nutzung von Julia	Video, Plenum	10
Arbeitsphase	Bearbeitung von AB1 (s. Abschn. 7.5.1) (Ergänzung durch Zusatzaufgaben A und B)	Partnerarbeit	45
Sicherung	Diskussion der Ergebnisse von AB1 mit Bezug auf den Einfluss der Amplitude und Frequenz auf den Klang eines Tons	Plenum	10

Tab. F.2 Exemplarischer Verlauf für die zweiten Doppelstunde (Dauer in Minuten)

2. Doppelstunde			
Phase	**Inhalt**	**Sozialform**	**Dauer**
Einstieg	Begrüßung und Besprechung von Unklarheiten seitens der Lernenden	Plenum	5
Arbeitsphase	Bearbeitung von AB 2 (s. Abschn. 7.5.2 bzw. Abschn. 6.5.2) (Ergänzung durch Zusatzaufgaben A und B)	Partnerarbeit	75
Sicherung	Diskussion der Ergebnisse von AB 2, Aufgabe 1	Plenum	10
Hausaufgabe	Rest von AB 2 Aufgabe 1, sofern notwendig		

Tab. F.3 Exemplarischer Verlauf für die dritte Doppelstunde (Dauer in Minuten)

3. Doppelstunde			
Phase	**Inhalt**	**Sozialform**	**Dauer**
Einstieg	Begrüßung und Besprechung von Unklarheiten seitens der Lernenden	Plenum	5
Arbeitsphase	Fortsetzung der Bearbeitung von AB 2 (Ergänzung durch Zusatzaufgabe C und D)	Partnerarbeit	75
Sicherung	Diskussion der Ergebnisse von AB 2 mit Bezug auf den Modellierungskreislauf und Hervorhebung des Basiswechsels	Plenum	15

Tab. F.4 Exemplarischer Verlauf für die vierte Doppelstunde (Dauer in Minuten)

4. Doppelstunde			
Phase	**Inhalt**	**Sozialform**	**Dauer**
Einstieg	Begrüßung und Besprechung von Unklarheiten seitens der Lernenden	Plenum	5
Arbeitsphase	Bearbeitung von AB3 (s. Abschn. 6.5.3) und AB 4 (s. Abschn. 6.5.4)	Partnerarbeit	75
Sicherung	Diskussion der Ergebnisse von AB 3	Plenum	10

Tab. F.5 Exemplarischer Verlauf für die fünfte Doppelstunde (Dauer in Minuten)

5. Doppelstunde			
Phase	**Inhalt**	**Sozialform**	**Dauer**
Einstieg	Begrüßung und Besprechung von Unklarheiten seitens der Lernenden		5
Arbeitsphase	Fortsetzung der Bearbeitung von AB 4 (Erweiterung durch Zusatzaufgabe E)	Partnerarbeit	75
Sicherung	Diskussion der Ergebnisse von AB 4 mit Überlegungen zu weiteren Modellverbesserungen	Plenum	15

G.1 Abfolge der Arbeitsblätter mit schulmathematischer Anknüpfung

Tab. G.1 gibt einen kompakten Überblick über die Themen und (mathematischen) Inhalte des Workshops. Zusätzlich wird gezeigt, an welchen Stellen eine Diskussion in der Gruppe sinnvoll ist und welche Dateien im Vorfeld des Workshops für die Lernenden ausgedruckt werden sollten.

G.2 Exemplarische Stundenplanung

Im Folgenden wird ein exemplarischer Stundenverlaufsplan gezeigt, der sich mit der Einteilung des Workshops in Doppelstunden von je 90 min befasst. Dabei wird explizit angegeben, in welcher Reihenfolge und in welchem zeitlichen Umfang einzelne Inhalte in den jeweiligen Doppelstunden thematisiert werden. Dennoch ist der Plan (insb. was die Zeitangaben angeht) nur als grobe Orientierungshilfe zu verstehen, da bei jeder Durchführung des Workshops das individuelle Lerntempo der Teilnehmer/innen berücksichtigt werden muss.

Wir empfehlen, in den Besprechungsphasen immer wieder Bezug auf den Modellierungskreislauf zu nehmen und mit den Lernenden zu diskutieren, in welchem Schritt der Modellierung man sich jeweils befindet. Das soll dabei helfen, den Gesamtüberblick über den Modellierungsprozess nicht zu verlieren. Die im Stundenverlaufsplan angegebenen Plenumsdiskussionen lasse sich in der Regel sehr gut lernerzentriert durchführen.

Zeitlicher Rahmen: 4 Doppelstunden à 90 min (s. Tab. G.2, G.3, G.4 und G.5)

Benötigt werden

- der Lerngruppe entsprechende Anzahl an Computern mit Internetzugang, sodass jeweils zu zweit gearbeitet werden kann;
- der Lerngruppe entsprechende Anzahl an Kopfhörern (ein Paar pro Person);
- eine Tafel und falls vorhanden ein Beamer für Einführungs-, Wiederholungs- und Besprechungsphasen (im Plenum);
- die im Ordner *printables* auf der Workshop-Plattform abgelegten Spektrogramme und Tabellen (Song02, Song05, Dreiklänge) für die Lernenden in Papierform.

Falls das **Stimmgabel-Experiment** (s. didaktischen Kommentar am Anfang von Abschn. 7.5) in den Einführungsvortrag eingebaut wird, benötigt man außerdem noch

- Smartphone mit Shazam- und phyphox-App, Stimmgabeln mit Resonanzkörpern sowie einen Anschlaghammer.

Tab. G.1 Abfolge der Arbeitsblätter inklusive Diskussionsphasen

AB	Inhalt	Schulbezug	Dateien zum Ausdrucken
1	Töne modellieren	lineare, quadratische und trigonometrische Funktionen	–
2	Fourier-Transformation	(partielle) Integration, Dreiklänge	Tabellen zum Thema Dreiklänge
Falls, die Zusatzgabe von AB 2 bearbeitet wurde, ist eine Diskussion im Plenum sehr ratsam			
3	Erstellung akustischer Fingerabdrücke	Analyse und Weiterverarbeitung von Funktionsgraphen	Spektrogramm
Diskussion im Plenum, danach Zwischenvortrag			
4	Verbesserung des Modells	Vektorrechnung	Tabelle zu Song05, Tabelle zu Song02
Diskussion im Plenum möglich			

Tab. G.2 Exemplarischer Verlauf für die erste Doppelstunde

1. Doppelstunde			
Phase	**Inhalt**	**Sozialform**	**Dauer in min**
Einstieg	Einstieg in die Problemstellung durch kurzen Lehrervortrag (inkl. Stimmgabel-Experiment)	Lehrervortrag, Plenum	10–15
Gelenkphase	Einführung in die Nutzung des digitalen Lernmaterials (Bildschirmübertragung), Übersicht über zeitlichen Ablauf des Projekts	Plenum	10–15
Pause			10
Arbeitsphase	Bearbeitung von AB 1 (s. Abschn. 7.5.1)	Partnerarbeit	50–60
Hausaufgabe	Fertigstellung von AB 1 (ggf. inkl. Zusatzaufgaben)		

Tab. G.3 Exemplarischer Verlauf für die zweite Doppelstunde

2. Doppelstunde			
Phase	**Inhalt**	**Sozialform**	**Dauer in min**
Einstieg/ Sicherung	Besprechung/Vorstellung der Ergebnisse von AB 1	Plenum	15–20
Arbeitsphase	Bearbeitung von AB 2 (s. Abschn. 7.5.2, erweiterbar durch die Zusatzaufgabe mit Integration)	Partnerarbeit	45–55
Pause			10
Sicherung	Besprechung/Vorstellung der Ergebnisse von AB 2 (**ohne** Zusatzaufgabe)	Plenum	10–15
Hausaufgabe	Nur falls die Lernenden die (partielle) Integration beherrschen: Zusatzaufgabe von AB 2		

Tab. G.4 Exemplarischer Verlauf für die dritte Doppelstunde

3. Doppelstunde			
Phase	**Inhalt**	**Sozialform**	**Dauer in min**
Einstieg/ Sicherung	Wiederholung von AB 2 und ggf. Besprechung/ Vorstellung der Lösung der Zusatzaufgabe	Plenum	15–25
Arbeitsphase	Bearbeitung von AB 3 (s. Abschn. 7.5.3)	Partnerarbeit	30–40
Pause			10
Sicherung	Besprechung/Vorstellung der Ergebnisse von AB 3	Plenum	ca. 15
Diskussion	Ideen für mögliche Modellverbesserungen sammeln und diskutieren	Plenum	ca. 15
Hausaufgabe	Falls keine Zeit für die Diskussion bleibt (das könnte insb. dann passieren, wenn die Zusatzaufgabe von AB 2 bearbeitet und besprochen wurde), sollen sich die Lernenden möglich Modellverbesserung zu Hause überlegen		

Tab. G.5 Exemplarischer Verlauf für die vierte Doppelstunde

4. Doppelstunde			
Phase	**Inhalt**	**Sozialform**	**Dauer in min**
Einstieg	Einstieg in die Modellverbesserung (Berücksichti-gung der Zeitverschiebung) durch den Zwischenvortrag	Lehrervortrag, Plenum	10–20
Arbeitsphase	Bearbeitung von AB 4 (s. Abschn. 7.5.4)	Partnerarbeit	30–40
Pause			10
Sicherung	Besprechung/Vorstellung der Ergebnisse von AB 4	Plenum	10–20
Abschluss	Abschlusspräsentation mit kontextorientierter Diskussion; gesamter Modellierungsprozess wird resümiert; auf abschließende Fragen oder Feedback der Lernenden wird eingegangen	Plenum	ca. 15

Stichwortverzeichnis

Printed in the United States
by Baker & Taylor Publisher Services